"十二五"职业教育国家规划教材

经全国职业教育教材审定委员会审定

果蔬贮藏技术

第三版

王育红　　陈月英　主编

GUOSHU ZHUCANG JISHU

化学工业出版社

·北京·

内 容 简 介

《果蔬贮藏技术》（第三版）紧密结合我国果蔬企业生产实际情况，以果蔬保鲜工职业岗位为导向，以知识和能力培养为重点，主要阐述了采前因素与果蔬贮藏的关系、果蔬的质量与质量评价、果蔬采后生理、果蔬采收和商品化处理、果蔬的贮藏方式与管理、果蔬贮藏病害、常见果品贮藏技术、常见蔬菜贮藏技术、果蔬流通管理9个项目内容，每个项目下有相关的必备知识、拓展知识与实训任务，突出实践实训内容，体现理实一体。本书配有电子课件，可扫描二维码参考使用。

《果蔬贮藏技术》（第三版）适合作为高职高专食品类专业、园艺类专业学生教材，也可作为果蔬保鲜工职业资格考试以及食品企业技术人员参考用书。

图书在版编目（CIP）数据

果蔬贮藏技术/王育红，陈月英主编. —3 版. —北京：
化学工业出版社，2020.7（2024.2 重印）
"十二五"职业教育国家规划教材
ISBN 978-7-122-36878-2

Ⅰ. ①果… Ⅱ. ①王… ②陈… Ⅲ. ①果蔬保藏-职业
教育-教材 Ⅳ. ①TS255.3

中国版本图书馆 CIP 数据核字（2020）第 081775 号

责任编辑：迟 蕾 梁静丽 李植峰　　　　　　　装帧设计：王晓宇
责任校对：李雨晴

出版发行：化学工业出版社（北京市东城区青年湖南街 13 号　邮政编码 100011）
印　　刷：北京云浩印刷有限责任公司
装　　订：三河市振勇印装有限公司
787mm×1092mm　1/16　印张 17　字数 409 千字　　2024 年 2 月北京第 3 版第 4 次印刷

购书咨询：010-64518888　　　　　　　　　　售后服务：010-64518899
网　　址：http://www.cip.com.cn
凡购买本书，如有缺损质量问题，本社销售中心负责调换。

定　　价：49.80 元

《果蔬贮藏技术》（第三版）
编审人员

主　　编　王育红　陈月英

副 主 编　程　舟　陈　莲　林　海

编　　者　（按照姓名汉语拼音排列）

陈　莲（漳州职业技术学院）

陈月英（河南农业职业学院）

程　舟（济宁职业技术学院）

林　海（鹤壁职业技术学院）

农志荣（广西农业职业技术学院）

王育红（河南农业职业学院）

张海芳（内蒙古化工职业技术学院）

张　烨（呼和浩特职业学院）

赵政梅（内蒙古农业大学职业技术学院）

赵　涛（内蒙古商贸职业学院）

赵　勇（海南职业技术学院）

周志强（河南农业职业学院）

主　　审　朱维军（河南农业职业学院）

前　言

　　《果蔬贮藏技术》（第三版）为了贯彻落实《国家职业教育改革实施方案》精神，根据高职高专食品专业人才培养目标，紧紧围绕培养高素质应用型人才要求，按照科学性、针对性、实用性、实践性的原则，紧密结合和把握我国果蔬贮藏现状及未来发展方向，以果蔬贮运职业岗位、真实生产任务或（和）工作过程为导向，突出理论与实践相结合原则，重新构建了职业技能和职业素质基础知识培养内容。在充分听取各使用教材院校的建议和总结近年来果蔬贮藏发展以及课程建设与改革经验的基础上，组织修订本教材，以满足各院校食品类专业建设和课程建设的需要，提高课程教学质量。

　　第三版教材的主要特色如下。

　　职业技能培养以真实工作任务为驱动，按照工作任务单、作业指导书和工作考核单的顺序展开，强化岗位实际操作能力训练。

　　1. 根据现行标准，修订更新内容。自2016年1月第二版教材出版以来，国家和地方又先后颁布和修订有关果蔬贮藏运输方面的国家标准、行业标准和地方标准，对规范我国果蔬贮藏生产活动、规范果蔬的市场流通行为，发挥着重要的作用。在教材修订中，使用新版标准替换了原教材中已终止使用的标准，同时补充了一批新颁布制定的标准内容。

　　2. 为顺应数字化配套资源建设趋势，与本教材配套的立体化资源可参考主编单位——河南农业职业学院果蔬贮藏加工技术省级精品课程网站；电子课件也可扫描二维码学习参考。

　　第三版教材编写分工如下：项目一由程冉编写；项目二由林海编写；项目三由王育红编写；项目四由陈月英编写；项目五由张烨、农志荣编写；项目六由赵改梅编写；项目七由张海芳编写；项目八由陈莲编写；项目九由周志强编写；全书由王育红和陈月英统稿。

　　本书编写承蒙河南农业职业学院朱维军教授审阅，提供了诸多宝贵的修改意见与建议，并得到了农业部职业技能鉴定指导中心专家的悉心指导，编者谨此表示感谢。

　　由于编者水平和编写能力有限，书中不足和疏漏之处在所难免，敬请同行专家和广大读者批评指正。

编者

2021 年 1 月

第一版前言

本教材是根据教育部《关于全面提高高等职业教育教学质量的若干意见》（教高[2006] 16 号文件）和《关于加强高职高专教育教材建设的若干意见》（教高司［2000］19 号文件），结合高职高专食品专业人才培养目标，紧紧围绕培养技能型人才要求编写的。

本教材紧密结合我国果蔬企业生产实际情况，力求反映国内外果蔬贮藏保鲜领域发展的前沿动态，本着科学性、针对性、实用性、实践性的原则，突出理论与实践相结合。教材以职业岗位为导向，以知识和技术应用能力培养为重点，主要阐述了贮藏的基本知识、采收与采后处理、贮藏方式、果品的贮藏技术、蔬菜的贮藏技术、果蔬贮藏期常见病害识别；突出实践教学内容，实验实训主要包括果蔬呼吸强度、可溶性固形物、含酸量、维生素 C 的测定；贮藏环境中氧和二氧化碳含量的测定等。每章后附有实验实训和复习思考题，便于教师教学和学生掌握。

在编写的过程中，重点考虑知识系统性和实用性的统一，保证基础理论知识够用、实践技能过硬的培养目标实现，以适应高等职业教育教学的特点。在行文上，力求文字简练规范，语言通俗易懂，图文并茂，便于学生理解和掌握。

本教材由河南农业职业学院陈月英主编，教育部高等学校高职高专食品类专业教学指导委员会委员朱维军主审。其中陈月英编写绪论，第七章第一～四节，第八章第四、五、六节；程冉编写第一章，第二章；刘新社编写第三章第一节，第四章；张烨编写第三章第二～五节；农志荣编写第五章第二节，第九章；李海林编写第五章第一、三节；马凌云编写第六章；张海芳编写第七章第五～十节；吕耀龙编写第八章第一～三节。全书由陈月英统稿与整理。

本教材在编写过程中得到河南农业职业学院领导和同行的大力支持和帮助，北京农业职业学院赵晨霞提出宝贵意见，在此深表谢意。

由于编写时间仓促，水平有限，不当之处在所难免，敬请指正。

作者

2008 年 1 月

第二版前言

《果蔬贮藏技术》(第二版)遵循"夯实基础、突出技能、提高素养、持续发展"的宗旨,根据果蔬贮运职业岗位要求,紧密结合和把握我国果蔬贮藏现状及未来发展方向,以项目导向、任务驱动、教学做一体化为原则,在充分听取各使用教材院校与部分果蔬贮藏企业的建议和总结近年来果蔬贮藏发展及果蔬贮藏技术课程建设与改革经验的基础上,结合《国家中长期教育改革发展规划纲要 (2010—2020 年)》和《国家高等职业教育发展规划(2011—2015 年)》文件精神以及国家规划教材编写要求组织修订,目的在于培养适合果蔬贮运岗位的技能型专业人才。

与第一版教材相比,第二版教材的主要修改内容及特色列举如下。

1. 以项目为导向,重新构建教材结构。删除原教材的章、节结构,以果蔬贮运职业岗位需求项目重新编写;删除"绪论"和"果蔬贮藏保鲜新技术"内容,以其他形式插入项目中。

2. 以果蔬贮运职业岗位需求为导向,重新构建了职业技能和职业素质基础知识培养内容。将教材中的各项目内容分解为职业素质基础知识和职业技能两大部分。职业素质知识又依据其重要程度分为"背景知识""必备知识"和"拓展知识";职业技能培养以真实工作任务为驱动,按照工作任务单、作业指导书和工作考核单的顺序展开,强化岗位实际操作能力训练。

3. 在项目编写中,增加"网上冲浪"等模块,方便学生课下学习相关内容,以加深对课堂学习知识的认识和理解,拓宽学生专业知识视野,同时培养学生独立学习和自主获取知识的能力。

4. 根据现行标准,修订更新内容。自 2008 年 4 月第一版教材出版以来,国家和地方又先后颁布和修订一大批有关果蔬贮藏运输方面的国家标准、行业标准和地方标准,对规范我国果蔬贮藏生产活动、规范果蔬的市场流通行为,发挥着重要的作用。在教材修订中,使用新版标准替换了原教材中已终止使用的标准,同时补充了一批新颁布制定的标准内容。

5. 为顺应数字化配套资源建设趋势,与本教材配套的立体化资源可参考主编单位——河南农业职业学院果蔬贮藏加工技术省级精品课程网站 http: //course. jingpinke. com/details?uuid=35bf6bbf-124d-1000-bdc8-144ee02f1e73& courseID=SG090548;电子课件也可在 www.cipedu. com. cn 下载学习。

第二版教材编写分工如下:项目一由程冉编写;项目二由林海编写;项目三由王育红编写;项目四由陈月英编写;项目五由张烨、农志荣编写;项目六由赵改梅编写;项目七由张海芳编写;项目八由陈莲编写;项目九由周志强编写;全书由王育红和陈月英统稿。

本书编写承蒙河南农业职业学院朱维军教授审阅,提供了诸多宝贵的修改意见与建议,并得到了农业部职业技能鉴定指导中心专家的悉心指导,编者谨此表示感谢。

由于编者水平和编写能力有限,书中不足和疏漏之处在所难免,敬请同行专家和广大读者批评指正。

编者

2015 年 9 月

目　录

项目一
采前因素与果蔬贮藏的关系

知识目标

1. 了解生物因素对果蔬贮藏的影响；
2. 掌握影响果蔬贮藏的生态环境因素；
3. 掌握影响果蔬贮藏的农业技术因素。

技能目标

1. 能根据生物因素，选用优良品种的果蔬；
2. 能调节适宜的生态因素，提高果蔬品质和耐贮性；
3. 能科学运用农业技术手段，提高果蔬品质和耐贮性。

思政与职业素养目标

1. 介绍祖国幅员辽阔、地理环境多样、果蔬种类丰富，提升学生民族自豪感；
2. 了解采前因素对果蔬贮藏的影响，让学生学会用唯物辩证法的观点看问题（事物发展是内因和外因的辩证统一）；
3. 了解果蔬贮藏发展史，激发学生勇于探索、爱岗敬业和钻研专业精神，树立节约意识和专业报国信念。

背景知识

果蔬贮藏效果的好坏，取决于采收以后的处理措施、贮藏设备和管理技术所创造的环境条件。果蔬贮藏在适宜的温度、湿度和气体成分的条件下，贮藏寿命可以得到延长。然而人们发现果蔬在采收前许许多多因素对其贮藏性影响很大，例如同一种类不同品种果蔬在相同的贮藏环境中，或是来自不同园地或是在不同年份，它们所表现的贮藏性状却不相同；对果树而言，在同一株树上，不同位置的果实在贮藏中的表现也有差别。

所以，新鲜果蔬的耐贮性是在采收之前形成的一种生物学特性。所谓耐贮性是指在适宜的贮藏条件下抗衰老和抵抗贮藏期病害的总能力。采前因素包括生物因素、生态因素、农业技术因素等，它们是决定果蔬贮藏效果的前提。

必备知识一　生物因素

一、种类与品种

1. 起源

起源于热带、亚热带地区的果树有柑橘、香蕉、荔枝、枇杷等；蔬菜有番茄、茄子、辣椒、黄瓜、冬瓜、菜豆等。这些果蔬要求温暖湿润的气候条件，不耐低温，具有一定耐高温能力。在温带栽培时，其生长季节与采收时的气候条件基本相似，产品器官生命活动旺盛，一般不耐长期贮藏，但在深秋季节成熟的柑橘、南瓜、冬瓜等，耐贮性相对较强。

起源于温带地区的果树有苹果、梨、桃、杏等；蔬菜有白菜、甘蓝、萝卜、胡萝卜、大葱、洋葱、大蒜等。它们要求温和湿润的气候条件，果蔬器官的形成正是深秋凉爽之时，有些果蔬采收后即进入休眠期，生命活动非常缓慢，耐贮性较强。但在夏季成熟的苹果，大部分的桃、杏等不耐贮藏。蔬菜中凡是用秋菜在春季栽培时，成熟期在高温季节，耐贮性差。

2. 种类

果品中仁果类如苹果、梨、海棠、山楂等，大多耐贮藏；核果类如桃、杏、李等不耐贮藏；浆果类如草莓、无花果不耐贮藏，但在深秋成熟的葡萄、猕猴桃较耐贮藏。中国柑橘类果品种类较多，依其耐贮性表现为：柚、柠檬最强，甜橙、柑次之，宽皮橘类耐贮性较差。

蔬菜类可食器官多种多样，耐贮性不一致。绿叶菜类如菠菜、莴苣、芹菜、芫荽、不结球白菜等，可食器官生命活动极为旺盛，耐贮性极差；二年生及多年生蔬菜，如结球白菜、马铃薯、洋葱、大蒜、萝卜、胡萝卜耐贮性较强；果菜类如黄瓜、丝瓜、番茄、菜豆不耐贮藏，而冬瓜、南瓜耐贮性较强。

3. 品种

果蔬种类不同，耐贮性显著不同，在同一种类中，不同品种之间耐贮性也有很大差异。仁果类较耐贮藏，红富士、青香蕉、甜香蕉、鸡冠和小国光、秦冠等是苹果中耐贮藏的品种，但伏锦等早熟品种耐贮性差。梨中的巴梨、茄梨、鸭广梨等不作长期贮藏，而鸭梨、雪花梨、茌梨和长把梨等都是品质好或较好而且耐长期贮藏的品种。柑橘中的红橘、早橘、宽皮橘类不耐贮藏，广东的蕉柑则是耐贮藏的品种。甜橙的耐贮藏力一般都较好，可贮 5～6 个月。核果类不耐贮藏，如桃中的橘早生、五月鲜和上海水蜜采后只能存放几天，但晚熟品种如绿化 9 号、大冬桃耐贮性较强，一般而言，不溶质类型的品种比溶质类型品种的果实耐贮藏。

大白菜品种类型较多。一般，中晚熟品种比早熟品种耐贮藏，直筒形比圆球形耐贮藏，青帮比白帮耐贮藏。

4. 果实器官的组织结构和理化特性

由于种类和品种的不同造成了果蔬器官在组织结构和理化特性方面的差异，而这也造成了果蔬耐贮性能的差异。

(1) 组织结构　果蔬器官的组织结构包括形状、大小、外皮组织、表皮附着物及肉质质地等。例如直筒形白菜比圆球形耐贮藏，扁圆形洋葱比凸圆形耐贮藏，尖叶形菠菜比圆叶形耐贮藏；一般中型果比大型果或小型果耐贮藏，据试验，国光苹果中果型大的比小的发生虎皮病的机会多；果蔬器官的完整、致密、坚固的外皮组织、纤维较多，组织有一定的硬度和弹性，均有利于产品的贮藏；发育好的表面保护层如蜡质层、蜡粉和茸毛等有助于贮藏，凡是蜡层、果粉较厚的苹果、梨、葡萄、南瓜、冬瓜都比较耐贮藏。

（2）理化特性　新鲜果蔬的生命活动所产生的一系列生理生化变化，都将影响其耐贮性。植物的叶片是新陈代谢最活跃的营养器官，不耐贮藏，但叶球类已成为养分的贮藏器官，比较耐贮藏。花和果实是繁殖器官，以幼嫩的果实为食用部分以及早熟品种就难以贮藏，老熟的果实就较耐贮藏。块茎、球茎、根菜类蔬菜，以及需要后熟方可食用的果品，多数具有生理休眠或强制休眠状态，这些果蔬最耐贮藏。

二、树龄树势

树龄和树势不同的果树，其产量和果实品质有明显的差异，但对于果实的耐贮性往往容易被人们所忽视。Barker 等认为苹果的树势和树龄对果汁的影响大，树势旺盛的果实，果汁的质量差。Comin 等观察瑞光品种苹果十一年生的树上的果实比三十五年生的树上的果实着色好，在贮藏中发生褐烫病要少 $50\%\sim80\%$。研究发现幼树上的苹果果实大小不一，氮和蔗糖含量高，耐贮性差，容易发生苦痘病，萎蔫快，其他生理病害发生也较多。于绍夫认为苹果苦痘病一般表现是幼树比老树重，旺树比弱树重，结果少的树发病重，大果比小果发病重。广东汕头 $2\sim3$ 年生的蕉柑树，一般表现为果汁可溶性固形物含量低、味较酸、风味差，在贮藏中容易受冷害，易发生水肿病。而五六年生的树，果实品质风味较好，耐贮性较强。

三、结果部位

在同一果树上，不同部位的果实大小、颜色和化学成分以及耐贮性的差异，表现也很明显。一般向阳面的苹果果实稍大，颜色也比背阴面的果实好，在贮藏中不易萎蔫皱缩。据研究，向阳面的果实，钾和干物质含量都较高，而氮和钙的含量则较低。果树外围的果实较大，发生苦痘病的机会比内膛果实多，因为苦痘病发生的原因与果实中钾钙比例有关，外围果实往往是含钾多而含钙少。也有人观察到红玉的斑点病多发生在外围果实上，据研究，被树叶遮盖的苹果与直接受阳光照射的果实比较，大多是干物质、总酸、还原糖和总糖含量都较低，而总氮量则比较高。在普通贮藏库中贮藏的背阴部位的果实腐烂百分率较高，但在低温冷藏库中贮藏，则有相反的表现。国光苹果在贮藏中发生的虎皮病以着色差的内膛果实最多。

由于以上原因生长的果实大小不一，其贮藏性能也存在差异。同一种类、品种的果实，大果实不如中等大小的果实耐贮藏。一方面大果实的硬度降低比小果实要快；另一方面苹果虎皮病、苦痘病，梨果肉褐变等病变均表现为大果实出现早而多，所有果实不能一味贪大。

必备知识二　生态因素

生态因素即生态环境因素，包括地理条件、温度、光照、降雨量、土壤等变化，这些因素的变化无疑会影响果蔬的生长发育，进而影响果蔬的品质、耐贮性和抗病性。

一、温度

果蔬生长期的平均温度，采收前 $4\sim6$ 周的气温和昼夜温差与果蔬的品质、耐贮性密切相关。果树栽培者普遍认为苹果等采收前 $4\sim6$ 周的天气条件，尤其是温度，严重影响果实的商品价值和耐贮性。夏季温度过高的地区，果实成熟早，色泽、品质差，也不耐贮藏。

同一品种的苹果，山东的产品不如辽宁的耐贮藏，有时气温高的地方苹果品质好但不耐贮藏，如四川平原的金冠苹果。

桃树是耐夏季高温的果树，夏季温度高，桃的果实含酸量高，较耐贮藏；如果夏季低温高湿，桃的颜色和成熟度都差，且不耐贮藏。然而，黄肉桃在夏季温度超过32℃时却会影响其颜色和个头大小的发展。

柑橘类、瓜类、茄果类喜欢温暖气候，冬季温度对其耐贮性影响尤甚。冬季温度太低时不耐贮运，如柑橘在温度低于－2℃时果实就会受冻。

白菜类、根菜类及仁果类果品喜欢冷凉的环境。

二、光照

光照的时间、强度和质量与果蔬耐贮性密切相关。适宜的光照时间，果蔬生长发育快，营养状况良好，耐贮性增强。光照充足时，果蔬的干物质明显增加。因光照与花青素的形成密切相关，红色品种的苹果在阳光照射下，树膛内的果实着色好，维生素C含量高，也较耐贮藏。再如暴露在阳光下的柑橘果实与背阴的果实比较，大多是质量轻，皮薄，果汁可溶性固形物含量高，酸和果汁量则较低。这些都说明光照对果实化学成分的形成有明显的影响，当然也会影响到果实的贮藏寿命。

除了光照时间和光照强度外，光照质量也有一定影响，在强光下，一般短波和紫外线对果实着色和耐贮性有利。

三、降雨量

降水量的多少关系着土壤水分、pH值及土壤可溶性盐类的含量，从而影响果蔬的化学组成与耐贮性。降雨多时，减少了光合作用的时间，影响果实耐贮性。如苹果中维生素C含量会因降雨太多而有所减少。降雨量对土壤pH值的影响极大，pH值小于7的酸性土壤，多雨时其可溶性盐类如钙盐等，几乎都被雨水冲走，果树常常缺钙。在干旱地区，土壤中通常含有大量可溶性盐。在果园生产实践中，常用加石灰或灌水来改变土壤pH值。在阳光充足又有适宜降水量的年份，果蔬贮藏性较好。

四、土壤

果蔬品质和贮藏寿命在很大程度上依赖于强大健全的根系，而根系的生长与分布又与土壤的理化性状、水分含量和营养状况密切相关。所以土壤对果蔬的耐贮性影响很大。

不同种类、品种的果蔬，对土壤有不同要求。苹果适宜在质地疏松、通气良好、富含有机质的中性到酸性土壤中生长。一般苹果园土壤的pH值最好维持在6～7之间，否则可能因pH值太低或土壤中含钙量太少、施氮肥过多、含硼太低等原因引起苹果的苦痘病和木栓斑病。甘蓝在黑钙土壤中，蛋白质含量高，沙土中纤维素和维生素C含量高，因而耐贮藏。

总之，土壤的物理化学性状、土壤肥力、可利用矿物质、土壤水分和温度变化等，对果蔬的生长发育和结果起着十分重要的作用，也是影响果实品质和耐贮性的间接因素，在贮藏工作中不可忽视。

五、地理条件

同一种类的果蔬，生长在不同的纬度和海拔高度，其质量和耐贮性有明显的差异。属于温带果树的苹果，在我国长江以北的广大地区都有栽培，大多数中熟和晚熟品种都较耐长期贮藏，但因生长地区纬度不同，果实的耐贮性也有差别。一般河南、山东一带生长的多数苹果品种，耐贮性远不如辽宁、山西、陕西生长的果实。同一品种在高纬度地区生长比低纬度地区生长的果实耐贮性要好，如元帅苹果在辽宁、陕西要比山东、河北的耐贮性好。同时，在高纬度生长的蔬菜，其保护组织比较发达，体内有适宜于低温的酶存在，适宜在较低的温度贮藏。

海拔高的地带光照强，特别是紫外线增多，昼夜温差大，有利于红色苹果中花青素的形成和糖的积累，因此在山地、高原生长的苹果色泽、风味和耐贮性都较好。

必备知识三　农业技术因素

一、施肥

施肥灌水的方法和时期是影响果蔬化学成分和耐贮性的重要因素。土壤中氮肥既是果树生长必需的营养，又是保证产量的主要元素。但施用氮肥的数量和时间，必须根据果树的需要来决定，施用氮肥过多，果实的颜色差，在贮藏中容易发生生理病害。氮肥用量过多的果实，呼吸强度也会增大，物质的消耗加快，果实在贮藏中硬度和糖、酸含量下降也快。一般认为适当地少施用氮肥，产量虽比施用氮肥多的低一些，但能保证果实的颜色和硬度等品质，减少腐烂和生理病害的损失。

关于施用氮肥对果实贮藏病害发生的关系，一些试验的结果不同，很可能与土壤中氮的形式或其他营养物质的利用情况有关。例如，有的试验认为红玉苹果随着施用氮肥的增加，苦痘病发生增多，有的品种发生苦痘病则与施用氮肥无关。只有在缺钙的土壤中生长的苹果，增施氮肥才会增加苦痘病，在 pH 值较高的土壤中则无影响。氮的影响，决定于它与其他元素的相互作用，由于施用氮肥过多而增加果树的营养，引起果实中矿物质不平衡，从而使苦痘病的发生增多，如果果树生长不是过分旺盛，增施氮肥也不会增加苦痘病。还有试验发现，苹果施用氮肥过多，使元帅、金冠果实容易发生虎皮病，红玉果实斑点病也增多。

施用氮肥的时期与果实耐贮性也有很大的关系。苹果 1～9 月份施用氮肥太少，则矿物质和含酸量都低，苹果不耐贮藏，所以应均匀施用氮肥。

过多施用钾肥，土壤中含钾过高，则会与钙、镁的吸收相对抗，使果实中钙的含量降低，容易使苹果发生苦痘病、果心褐变等生理病害。缺钾也会使果实着色差，易发生焦叶现象，降低果实产量和品质，影响其耐贮性。

土壤中磷肥的施用也要注意，缺磷肥时果实在贮藏中易发生果肉褐变和烂心等生理病害。适当施用磷钾肥，合理加施氮肥或施用复合肥，不仅能保证果实产量和可溶性固形物含量的明显增加，对于防止贮藏中的病害也有积极的作用。

此外，土壤中微量元素的多少也会影响果蔬的生长发育，最终影响果实的品质和贮藏寿命。例如苹果虎皮病、果肉褐变就与缺硼肥有关，不利于贮藏。

二、灌溉

土壤水分的供给对果蔬的生长、发育和果实的品质及耐贮性有重要影响。现代化耕作的果园和菜园，用喷灌和滴灌，既能节约用水，又满足了果蔬对水分的需要，从而保证了果蔬的产量和果实品质。如桃在整个生长季节中最忌前几个星期缺水，否则果实个头就难增大，产量、品质都会受到严重影响。土壤中水分供应不足或过多均会削弱苹果的耐贮性。

三、修剪、疏花疏果及套袋

1. 修剪

果树适宜的修剪是为了调节果树各部分的平衡生长，增加通风透光，加强叶片同化作用，保证果实获得足够的营养，使得果实着色好，糖分高，耐贮藏。修剪不宜太重也不宜太轻。冬季对苹果重剪，可使叶片和果实的比值增大，枝条与果实对水分和营养的竞争突出，苹果中蔗糖含量增高，会增加苦痘病发生概率。同时重剪也可能抑制颜色的发展和成熟过程。修剪太轻时，则果实小，品质差，不利于贮藏，所以修剪一定要适宜。

2. 疏花疏果

疏花疏果的目的是保证叶、果的适当比例，从而保证果实有一定的大小和品质。一般说来，每个果实分配的叶片数多，含糖量就高一些。苹果含糖量高，有利于花青素的形成，发生褐烫病的机会减少，也耐长期贮藏。

3. 套袋

在栽培管理中，还有一项可改善品质的行之有效的措施，即用报纸、黑纸袋、带孔塑料袋等材料对果实进行套袋。实验证明，果实的品质比不套袋的对照要好，套袋果的耐贮性也好。

四、生长调节剂处理

采收前对果树喷洒植物生长调节剂是果园管理上增强果实耐贮性，防止某些生理病害和真菌病害的辅助措施之一。

1. 生长素类

生长素类主要有吲哚乙酸及其同系物、萘乙酸及其同系物和苯酚等化合物，可促进生根，防止落花落果、疏花疏果，改变枝条角度，抑制萌蘖枝的发生，同时也促进果蔬的成熟。如用 $10\sim40mg/kg$ 的萘乙酸在采前喷洒苹果，能有效地控制采前落果，但也会增强果实呼吸，加速成熟，对长期贮藏的产品不利。采前用 $10\sim25mg/kg$ 的 2,4-二氯苯氧乙酸（2,4-D）喷洒番茄，不仅可防止早期落花落果，还可促进果实膨大，使果实提前成熟。菜花采前喷洒 $100\sim500mg/kg$ 的 2,4-D 可以减少贮藏中保护叶的脱落。

2. 赤霉素、细胞分裂素类

此类物质属于促进生长、抑制成熟衰老的调节剂。细胞分裂素能促进细胞的分裂，诱导细胞的膨大；赤霉素能促进细胞的伸长，两者均具有促进果蔬生长和抑制成熟衰老的作用。结球莴苣采前喷洒 $10mg/kg$ 的苄基腺嘌呤（BA，属细胞分裂素），采后在常温下贮藏，可明显延长叶片变黄。喷过赤霉素的苹果，果实着色晚，成熟减慢。无核葡萄坐果期喷 $40mg/kg$ 的赤霉素，可显著增大果粒。喷过赤霉素的柑橘，果皮的褪绿和衰老变得缓慢，某些生理病害也得到减轻。赤霉素还可以推迟香蕉呼吸高峰的出现，延缓成熟和延长贮藏寿命。菠萝在半数至完全开花之前用 $70\sim150mg/kg$ 的赤霉素喷洒，果实充实饱满，可食部分增加，柠檬酸含量下降，成熟期推迟 8～15d，具有明显增产效果。用 20～40mg/kg 的赤霉素浸蒜薹基部，可以防止薹苞的膨大，延缓衰老。

3. 乙烯发生剂类

乙烯利等属于抑制生长、促进成熟的调节剂。乙烯利是一种人工合成的乙烯发生剂，作用与乙烯相同，具有促进果实成熟作用。苹果在采前 1～4 周喷洒 200～250mg/kg 的乙烯利，可以使果实的呼吸高峰提前出现，促进成熟和着色。梨在采前喷洒 50～250mg/kg 的乙烯利，可提早成熟，提高可溶性固形物含量，降低酸度，使早熟品种品质改善。柿果采收后用 250～500mg/kg 乙烯利喷洒，3～5d 即可脱涩。

4. 生长延缓和生长抑制剂类

矮壮素（CCC）、青鲜素（MH）、多效唑、整形素等属于抑制生长、延缓成熟的调节剂。使用矮壮素 100～500mg/kg 加赤霉素 1mg/kg 在花期喷或蘸花穗，可增加葡萄坐果率，增加果实含糖量，减少裂果。巴梨采收前 3 周用 0.5%～1% 的矮壮素喷施，可以增加果实的硬度，防止采收时果实变软，有利于贮藏。采前用多效唑喷洒梨和苹果，果实着色好，硬度大，减轻了贮藏过程中某些生理病害（如虎皮病和苦痘病等）的发生。在苹果生长期间，适时喷洒 0.1%～0.2% 青鲜素，可控制树冠生长，促进花芽分化，使果实着色好，硬度大，苦痘病的发生率降低。洋葱、大蒜在采前两周喷洒 0.25% 青鲜素，可明显延长采后的休眠期。整形素应用在苹果上，可延迟花期 2 周。

总之，果蔬采前因素包括果蔬的遗传因素、生态因素和农业技术因素，均对果蔬品质和耐贮性有较大影响，工作在农业第一线的科技推广人员和农业服务人员，要全面了解并高度认识这些采前因素对果蔬贮藏工作的重要性。

拓展知识　　　　　　**部分果蔬生产规范标准**

经过多年努力，我国果蔬贮藏保鲜和商品化处理的标准建设现状已有较大改善，陆续颁布和实施了一批不同层次、不同级别的标准，标准体系基本建立。在此，介绍部分果蔬生产技术规范标准（表 1-1）。

表 1-1　部分果蔬的生产技术规范标准

标准	标准
GB/Z 26573—2011 菠菜生产技术规范	GB/Z 26588—2011 小茴菜生产技术规范
GB/Z 26574—2011 蚕豆生产技术规范	GB/Z 26589—2011 洋葱生产技术规范
GB/Z 26575—2011 草莓生产技术规范	GB/T 29369—2012 银耳生产技术规范
GB/Z 26577—2011 大葱生产技术规范	NY/T 441—2013 苹果生产技术规程
GB/Z 26578—2011 大蒜生产技术规范	NY/T 2375—2013 食用菌生产技术规范
GB/Z 26579—2011 冬枣生产技术规范	NY/T 1383—2007 茄子生产技术规范
GB/Z 26580—2011 柑橘生产技术规范	NY/T 442—2013 梨生产技术规程
GB/Z 26581—2011 黄瓜生产技术规范	NY/T 2682—2015 酿酒葡萄生产技术规程
GB/Z 26582—2011 结球甘蓝生产技术规范	NY/T 5022—2006 无公害食品 香蕉生产技术规程
GB/Z 26583—2011 辣椒生产技术规范	NY/T 5083—2002 无公害食品 萝卜生产技术规程
GB/Z 26584—2011 生姜生产技术规范	NY/T 5092—2002 无公害食品 芹菜生产技术规程
GB/Z 26585—2011 甜豌豆生产技术规范	NY/T 5214—2004 无公害食品 普通白菜生产技术规程
GB/Z 26586—2011 西兰花生产技术规范	NY/T 5085—2002 无公害食品 胡萝卜生产技术规程
GB/Z 26587—2011 香菇生产技术规范	NY/T 5088—2002 无公害食品 鲜食葡萄生产技术规程

任务一　实地调查不同采前因素对果蔬贮藏质量的影响

※ 工作任务单

学习项目：采前因素与果蔬贮藏的关系	工作任务：实地调查不同采前因素对果蔬贮藏质量的影响
时间	工作地点
任务内容	根据作业指导书，实地调查不同采前因素差异与果蔬质量差异的关系，总结不同采前因素对果蔬贮藏质量的影响；工作成果展示
工作目标	知识目标： ①了解遗传因素对果蔬贮藏的影响； ②掌握影响果蔬贮藏的生态因素； ③掌握影响果蔬贮藏的农业技术因素； ④掌握采前因素与果蔬质量的关系。 技能目标： ①能选择合适的果蔬种类和品种； ②能观察果树的树龄、树势和结果部位等生产情况； ③能观察温度、光照、降雨量、土壤情况等生产环境条件； ④能鉴定果蔬质量； ⑤能分析采前因素产生的不利影响，提出预防性建议。 素质目标： ①小组分工合作，培养学生沟通能力和团队协作精神； ②阅读背景材料和必备知识，培养学生自学和归纳总结能力； ③讨论并展示成果，培养学生分析解决问题和语言表达能力
成果提交	调查报告
验收标准	被调查果蔬的标准生产规范
提示	

※ 作业指导书

【材料与器具】

自选 3～5 种果蔬、笔记本、笔、尺子、温度计等。

【工艺流程】

选择调查果蔬 → 生产情况调查 → 生产环境条件调查 → 果蔬质量评价 → 调查结果总结

【操作要点】

1. 以苹果、白菜为例，制作调查表

采前因素	苹果质量				白菜质量	
	果色	果形	果径	果实病虫害	外观	扎实度
品种、树龄、树势、结果部位等遗传因素						
温度、光照、降雨量、土壤等生态因素						
栽培、种植、管理等农业技术因素						

2. 实地调查

选择好贮藏库中的果蔬种类和品种，实地调查不同树龄、树势、结果部位等遗传因素，不同温度、光照、降雨量、土壤情况等生态因素，不同管理情况的农业生产技术因素，使用工具测量和记录不同情况下果蔬重要指标的异同，总结分析采前因素和果蔬质量的关系，能针对容易出现的问题，提出预防性建议。

※ 工作考核单

工作考核单详见附录。

网上冲浪

1. 食品伙伴网
2. 工标网
3. ［农广天地］津优 35 号黄瓜栽培技术（20140505）
4. ［农广天地］梨的优良品种（20110629）

复习与思考

1. 举例说明控制贮藏的环境条件对果蔬贮藏品质的重要性。
2. 什么是果蔬的耐贮性？
3. 影响果蔬耐贮性的采前因素有哪些？

项目小结

必备 知识	主要阐述了果蔬贮藏前的各种采前因素，包括果蔬自身的生物特性、温度、光照、降雨量、土壤、地理条件等生态因素和人为的管理技术因素，从不同的方面讲述了采前因素对果实耐贮性的影响
扩展 知识	介绍了部分果蔬生产规范国家和农业标准
项目 任务	根据任务工作单下达任务，按照作业指导书工作步骤实施，完成任务，然后开展自评、组间评和教师评，进行考核

电子课件

采前因素与果蔬贮藏的关系

果蔬的质量与质量评价

1. 了解果蔬的感官质量、卫生质量和营养质量项目；
2. 掌握果蔬质量评价的原理和方法。

技能目标

1. 能进行果蔬的感官质量评价；
2. 能进行果蔬的卫生质量评价；
3. 能进行果蔬的营养质量评价。

思政与职业素养目标

1. 通过学习，树立质量意识，确立"质量是企业的生命"观念；让学生学会用发展的观点看问题，正确处理眼前利益和长远利益的关系。
2. 立足本职，爱岗敬业，确保产品质量；让学生将个人发展、企业发展和国家发展结合起来，树立为人民、为国家、为民族来把关质量的情怀和责任感。
3. 恪守职业道德，公平、公正、客观地评价果蔬质量。

背景知识

果蔬质量的构成因素包括感官质量、卫生质量、营养质量和商品化处理质量。在果蔬质量评价中，主要评价果蔬的感官质量和卫生质量。

必备知识一　果蔬质量

一、感官质量

对果蔬而言，感官质量就是能凭人们的感官进行评价的一种质量特性，包括色泽、缺陷（伤残、污点等）、大小、形状、口和手的触感（如粗、滑等）、气味和风味等。

1. 色泽

果蔬成熟时表现出特有的色泽，良好的色泽可增加其吸引力。在多数情况下色泽常作为果蔬成熟度的指标。色泽经常与风味、质地、营养价值、营养成分的完整性相关。果蔬良好的色泽能诱发人的食欲，因此，保持果蔬固有的色泽，是果蔬贮藏的一个重要内容。

色素是影响色泽的主要物质。植物都含有不同的色素物质，色素物质种类繁多，常见的有六种：①叶绿素；②黄酮类色素，如槲皮素、黄桑色素、黄芩素、柚皮素、橙皮素等；③花色素和花色苷；④类胡萝卜素，如胡萝卜素、茄子素、叶黄素等；⑤醌类色素，如茜草素、牛舌草色素、大黄酚等；⑥其他如甜菜色素、姜黄色素、苏木素、单宁藤黄素、小檗碱等。与果蔬贮藏有关的有叶绿素、类胡萝卜素、黄酮类色素、花色素和甜菜色素。其中花色素是色素的主要显色部分。花色苷的形成由遗传所控制，所以不同栽培品种的色素组成有差异，表2-1列出了部分普通果蔬中所含的花色素品种。

表 2-1 果蔬所含花色素

果蔬种类	花色素	果蔬种类	花色素
苹果	矢车菊花色素	食用大黄	矢车菊花色素
黑莓	矢车菊花色素	甜樱桃	矢车菊花色素,芍药花色素
萝卜	天竺葵花色素	桃	矢车菊花色素
甘蓝(红)	矢车菊花色素	茄子	飞燕草花色素
黑园醋栗	矢车菊花色素,飞燕草花色素	大果越橘	矢车菊花色素,芍药花色素
接骨木	矢车菊花色素,芍药花色素	甜橙	矢车菊,飞燕单色素
无花果	矢车菊花色素,芍药花色素	石榴	飞燕单花色素,矢车菊花色素
醋栗	矢车菊花色素,芍药花色素	酸樱桃	矢车菊花色素,芍药花色素
玉米(红)	矢车菊花色素,天竺葵花色素	洋葱	矢车菊花色素,芍药花色素
草莓	天竺葵花色素,矢车菊花色素(少量)	马铃薯(紫皮)	天竺葵花色素,矢车菊花色素,飞燕单花色素,矮牵牛花色素
菜豆(红黑)	飞燕草花色素,矢车菊花色素,天竺葵花色素	美国葡萄	矢车菊花色素,飞燕草花色素,芍药花色素,锦葵花色素,矮牵牛花色素等
越橘	飞燕草花色素,矮牵牛花色素,锦葵花色素,芍药花色素,矢车菊花色素等	欧洲葡萄	锦葵花色素,矢车菊花色素,芍药花色素,飞燕单花色素,矮牵牛花色素等

2. 大小和形状

一般要求果蔬大小和形状比较整齐，便于进行大规模的机械处理，废料少，生产快速，获得均匀一致的高质量产品，为消费者提供所需的果形规格。

果品生产上，对果实大小的要求常在于大，因为果实个体的大小在一定范围内与亩产成正比。在加工上，果实较大，去皮、去心等损失较小，数量特性较好，出成率高，这与农业生产要求相同，但有些产品却有例外，如制作橘片罐头的温州蜜柑，就以中等大小的果实为宜，过大过小都不能制成高质量的糖水橘片罐头；枇杷果实过大造成果肉装量不足；甜橙制汁，出汁量和风味都以中等果为好。

果实的形状以果形适于机械处理、能减少加工处理损失为好。例如梨以圆球形果佳，怪形、畸形不好。制取糖水橘片的温州蜜柑以扁圆形为好。某些果蔬如芒果、番木瓜和番石榴等常不具备适宜的形状，就需要人工挑选。

3. 质地

果蔬的质地特性即对肉质组织的各种接触感觉，如硬度、柔嫩性、汁液性、沙砾性、纤维性和粉粒性等，表现出致密、粗硬、柔软的不同。它关系到食用品质、加工品质、贮藏性和抗压能力。以果实而言，果皮与果肉的构造不同，成熟时的变化也不同。果肉由薄壁细胞构成，其细胞大小、细胞间隙大小、水分含量、果皮厚薄及韧度，均与其组成有关。

肉质果实成熟时，一般趋向于软化，肉质变软；果皮的保护作用加强，组织细胞进行软木化和角质化。前者细胞壁中生成软木质，增大抗机械力；后者皮层细胞变角质，形成蜡被，减少内部水分蒸发，外部水分也不易存留。

蔬菜类成熟时，多造成韧化或硬化，这是由于淀粉和纤维素增加所致。但选购蔬菜与水果不同，主要以幼嫩为主。

果肉的坚密度或硬度是由细胞壁厚度和细胞间的紧密黏结度所决定，又受细胞大小的影响。水蜜桃成熟时因纤维素和果胶物质的降解，细胞壁厚度随着成熟而减小，同时细胞比较大，所以软化程度高。另外，果蔬肉质组织的结构还取决于果胶物质的多寡和分解，如"梨"形番茄品种比"圆"形的有较坚实的结构，再如石刁柏、食荚菜豆之所以硬化，是由于生成的木质沉积在细胞壁上的缘故；细胞的紧张度，由于细胞的膨压，产生良好的咀嚼感。由于膨压降低，使产品萎蔫而肉质变劣；豌豆、蚕豆等在收获后，如果在常温下放置1～2d，就会显著硬化，主要原因是其细胞的内容物——糖急剧变成了淀粉。另外，将含淀粉粒的果蔬加热后，淀粉便成了凝胶体而膨胀，压迫细胞壁后，细胞变为球状，发生胞间分离，对肉质带来各种影响，淀粉含量高的蔬菜不易木质化。马铃薯的淀粉含量与果胶物质有显著的相关性，与粉粒性、黏稠度、泥状等质地特性也有相关性。

总之，果蔬的质地关系到产品品质和采后处理。通过植物组织解剖学的研究和多糖类的含量，可以了解质地变化的实质，并可对果蔬质地进行评价。

二、卫生质量

果蔬不论鲜食还是加工，最终都是作为食品被人们所食用。随着生活水平的提高，人们对食品质量、食品安全的要求愈来愈高，有机食品、绿色食品及无公害食品越来越受到大家的欢迎。

在果蔬的卫生质量方面，主要检测其有毒物质的含量，并以此作为安全指标。有毒物质主要来自三个方面：①果蔬原料本身所固有的或某些成分经转化而成的有毒物质；②微生物繁殖所分泌的毒素；③水、大气、土壤的污染和农药残毒。若果蔬中的有毒物质超过一定限度时，即可构成对人体健康的危害。在加工前，如对果蔬把不好卫生质量关，那么即使其品质指标都很优良，这些果蔬原料也会因此失去加工的价值。

1. 有毒成分

植物凝集素和消化酶抑制剂是有毒成分。在豆类蔬菜及一些豆状种子中，含有一种能使红细胞凝集的蛋白质，称为植物红细胞凝集素，简称凝集素，这种成分的存在是豆类蔬菜在未经适当热处理之前营养价值较低、甚至有毒的原因，可通过加热处理、热水抽提等方法去毒。

另外，大豆和马铃薯块茎中含有胰蛋白酶抑制剂生食大豆和马铃薯时，由于胰蛋白酶受到抑制，不仅降低了蛋白质的消化率，还会引起胰腺肿大。在小麦、菜豆、芋头、未熟的香蕉和芒果等中含有淀粉抑制剂，大量生吃或食用烹饪不足的上述食物时，由于淀粉酶被抑制，容易导致淀粉消化不良现象。

除此之外，还有存在于仁果中的生氰苷类和葱蒜植物中的硫苷、某些果蔬中的草酸等都会对果蔬的食用安全造成一定的隐忧。

2. 微生物毒素

许多污染食品的微生物在其生长过程中可产生对人、畜有害的毒素，其中包括致癌物质和剧毒物，这类有毒物质统称为菌毒。现已发现与果蔬有关的两种致癌物质——黄曲霉毒素和棒曲霉毒素，黄曲霉毒素对热和酸、碱较稳定，棒曲霉毒素对热、稀酸较稳定，所以在果蔬加工中应予注意。

3. 污染和残毒

近十几年来，我国蔬菜、水果的种植面积和种植方式都发生了很大变化，连作面积大幅度提高，温室、大棚等种植面积增长较快，这为病虫害的滋生和繁殖提供了有利条件。由于蔬菜、水果病虫害的逐渐加重以及超剂量施用高毒、高残留农药，目前蔬菜、水果中的农药残留水平和范围已达到了相当严重的程度。根据污染的方式，果蔬农药残留可以分为直接污染和间接污染。直接污染来源于防除果蔬田地的杂草、害虫和植物病所施用的除草剂、杀虫剂和抗菌剂等，它们通过植物茎、叶和果皮渗透到植物体内形成残留。间接污染来源于环境中农药残留转移，环境的水体、土壤残留、空气飘尘和雨水带来的农药也可以转移至植物体内。同时，近30年来，工业"三废"物质严重污染了水源、土地和大气环境，它们也会迁移至果蔬体内产生聚集，对人体产生危害。

因农药残留导致的居民食用蔬菜、水果急性中毒或慢性中毒事件时有发生，这种状况严重威胁着人们的身体健康和生命安全，影响到农产品和食品安全与生态环境安全，也关系到国家经济发展和社会和谐稳定。因此，国家非常重视，多次对果蔬使用的农药品种进行规范，禁用高毒、剧毒和残留时间过长的农药，推广和使用安全、高效、经济的农药，从源头上解决蔬菜、水果、茶叶等农产品的农药残留超标问题。另外，加强加工原料的检验，严禁使用不合格原料，注意防止再污染，将残毒控制在允许残留量的下限，如表2-2所示。

表2-2　果蔬中几种农药的允许残留限量和污染物限量　　　　　单位：mg/kg

残留物质	含量	残留物质	含量	残留物质	含量
溴氰菊酯	0.01～2	百菌清	0.2～20	铅	0.1～0.3
氯氰菊酯	0.01～7	甲霜灵	0.05～5	镉	0.05～0.2
辛硫磷	0.05～0.3	代森锰锌	0.1～50	汞	0.01
敌敌畏	0.1～0.5	三唑酮	0.05～5	总砷	0.5
马拉硫磷	0.1～10	多效唑	0.05～0.5	铬	0.5
噻嗪酮	0.1～9	矮壮素（番茄）	1		
多菌灵	0.02～5				

注：不同果蔬种类的农药允许残留限量和污染物限量不同，具体使用时请分别查阅 GB 2763—2019 和 GB 2762—2017。

三、营养质量

水果和蔬菜是具有特殊质量指标和化学成分的一种特殊类型的植物性食品，其营养价值通常不仅由其热值决定，还由滋味、香味以及维生素、矿物质等的最大含量和其他食品没有或很少有的营养成分所决定的。

1. 水分

水分是影响果蔬的嫩度、新鲜度和味道的极为重要的成分，含水量高，耐贮性差，容易变质和腐烂。果蔬平均含水量为$80\%～90\%$，在某些情况下，黄瓜、四季萝卜、莴苣可达到$93\%～97\%$，这种高含水量的特点是果蔬区别于其他食品的地方。水的多少可决定果蔬的饱满度，在饱满度下降$5\%～7\%$时就丧失了商品营养质量的重要指标之一——新鲜度。同时果蔬中的水是溶有人类食品中最重要的营养和生理活性物质的细胞汁，而不是简单的水。所以许多果蔬还被作为营养剂甚至于医疗剂所采用。

2. 糖类

果蔬的营养中很大一部分是糖类，主要有以下几种：D-木糖、葡萄糖、果糖、蔗糖、淀粉、纤维素、果胶等。如其中的纤维素，食用后能刺激肠胃，调节肠胃功能而有利于其他营养成分的消化和吸收。

3. 含氮物质

果蔬中所含的含氮物质种类繁多，其中包括蛋白质、氨基酸、酰胺、某些糖苷和硝酸盐等，但与其他食品相比较却要少得多，所以果蔬不是人体蛋白质的主要来源。水果仅含有少量含氮物质，而蔬菜则较多，叶菜类蔬菜（菠菜、莴苣）富含含氮物质，甘蓝类和豆类蔬菜也含有很多，其中以抱子甘蓝、皱叶甘蓝和花椰菜为多。

4. 维生素

维生素是活细胞为维持正常生理功能所必需而需量极微的天然有机物质。蔬菜和水果是人们饮食中维生素的主要来源，主要有维生素 A、维生素 B_1、维生素 B_2、维生素 C 和维生素 PP 等。按照日本饮食结构的分析：在植物性食品中，维生素 A 约占 60%，维生素 C 从果蔬中的摄取量为 94%，维生素 B_1 的主体是谷类，维生素 B_2 的主体是肉类，水果和蔬菜都各占 22% 左右。在供给维生素 A 来源的植物性食品中，蔬菜约占 90%。

除以上四种物质外，还有一些无机物质如各种矿物质等共同决定果蔬营养质量。当果蔬丰富的营养与果蔬的某种外观品质相结合时，就会受到消费者的欢迎，从而获得较高的经济和社会效益。

拓展知识　　　　　　**我国禁用和允许使用农药种类**

一、我国禁用农药种类

我国禁用农药种类见表 2-3。

表 2-3　我国禁用农药种类

种类	农药名称	禁用作物	禁用原因
有机氯杀虫剂	滴滴涕、六六六、林丹、甲氧、硫丹、艾氏剂、狄氏剂	所有作物	高残毒，对人畜产生积累，致癌变
有机氯杀螨剂	三氯杀螨醇	蔬菜、果树	加工品中含滴滴涕
有机磷杀虫剂	甲拌磷、乙拌磷、久效磷、对硫磷、甲基对硫磷、甲胺磷、甲基异柳磷、治螟磷、氧化乐果、磷胺、地虫硫磷、益收宝、水胺硫磷、氯唑磷、硫线磷、杀扑磷、特定硫磷、克线丹、苯线磷、甲基硫环磷、蝇毒磷、内吸磷（1059）、异丙磷、三硫磷、特丁硫磷	所有作物	高毒、剧毒
卤代烷类熏蒸杀虫剂	二溴乙烷、环氧乙烷、二溴氯丙烷、溴甲烷	所有作物	致癌、致畸、高毒
拟除虫菊酯类杀虫剂	所有拟除虫菊酯类杀虫剂	水生植物	对水生植物毒性大
二甲基甲脒类杀虫剂	杀虫脒	所有作物	慢性毒性、致癌
氨基甲酸酯杀虫剂	涕灭威、克百威、灭多威、丁硫克百威、丙硫克百威	所有作物	高毒、剧毒或代谢物高毒
	克螨特	蔬菜、果树	慢性毒性
	阿维菌素	蔬菜、果树	高毒

种类	农药名称	禁用作物	禁用原因
有机磷杀菌剂	稻瘟净、异稻瘟净	水稻	异臭
有机汞杀菌剂	氯化乙基汞(西力生)、醋酸苯汞(赛力散)	所有作物	剧毒,产生汞中毒,如水俣病
有机砷杀菌剂	甲基胂酸锌(稻脚青)、四基胂酸钙胂(稻宁)、甲基胂酸锌(田安)、福美甲胂、福美胂	所有作物	高残毒
有机锡杀菌剂	三苯基酸锌(薯瘟锡)、三苯基氯经锡、三苯基羟基锡(毒瘟锡)	所有作物	高残留、慢性毒性
取代苯类杀菌剂	五氯硝基苯、稻瘟醇(五氯苯甲醇)	所有作物	致癌、高残留
2,4-D类化合物	除草剂或植物生长调节剂	所有作物	杂质致癌
二苯醚类除草剂	除草醚、草枯醚	所有作物	慢性毒性
植物生长调节剂	有机合成植物生长调节剂	所有作物	
除草剂	各类除草剂	生长期	
其他	培福朗、氟乙酰胺、毒鼠强、甘氟、敌枯双、普特丹3911(西梅脱·赛美特)、硫特普(苏化203)、杀螟威、磷化铝、氰化物类、毒杀芬、五氯酸钠、氰戊菊酯	蔬菜、果树	高残毒、致畸

二、我国允许使用农药种类

我国允许使用的农药种类见表2-4。

表2-4 我国允许使用的农药种类

	种类	农药名称
杀虫、杀螨剂	生物制剂和天然物质	苏云金杆菌、甜菜夜蛾核多角体病毒、银纹夜蛾核多角体病毒、小菜蛾颗粒体病毒、茶尺蠖核多角体病毒、棉铃虫核多角体病毒、苦参碱、印楝素、烟碱、鱼藤酮、苦皮藤素、阿维菌素、多杀霉素、济阳霉素、白僵菌、除虫菊素、硫黄悬浮剂
	合成制剂	溴氰菊酯、氟氯氰菊酯、氯氟氰菊酯、氯氰菊酯、联苯菊酯、氰戊菊酯、甲氰菊酯、氟丙菊酯、硫双威、丁硫克百威、抗蚜威、异丙威、速灭威、辛硫磷、毒死蜱、敌百虫、敌敌畏、马拉硫磷、乙酰甲胺磷、乐果、三唑磷、杀螟硫磷、倍硫磷、丙溴磷、二嗪磷、亚胺硫磷、来幼脲、氟啶脲、氟铃脲、氟虫脲、除虫脲、噻嗪酮、抑食肼、虫酰肼、哒螨灵、四螨嗪、唑螨酯、三唑锡、炔螨特、噻螨酮、苯丁锡、单甲脒、双甲脒、杀虫单、杀虫双、杀螟丹、甲氨基阿维菌素、啶虫脒、吡虫脒、来蝇胺、氟虫腈、溴虫腈、丁醚脲(其中茶叶上不能使用氰戊菊酯、甲氰菊酯、乙酰甲胺磷、噻嗪酮、哒螨灵)
杀菌剂	无机杀菌剂	碱式硫酸铜、王铜、氢氧化铜、氧经亚铜、石硫合剂
	合成杀菌剂	代森锌、代森锰锌、福美双、乙膦铝、多菌灵、甲基硫菌灵、噻菌灵、百菌清、三唑酮、三唑醇、烯唑醇、戊唑醇、己唑醇、腈菌唑、乙霉威·硫菌灵、腐霉利、异菌脲、霜霉威、烯酰吗啉·锰锌、霜脲氰·锰锌、邻烯丙基苯酚、嘧霉胺、氟吗啉、盐酸吗啉胍、恶霉灵、噻菌铜、咪鲜胺、咪鲜胺锰盐、抑霉唑、氨基寡糖素、甲霜灵·锰锌、亚胺唑、春·王铜、噁唑烷酮·锰锌、脂肪酸铜、松脂酸铜、腈嘧菌酯
	生物制剂	井冈霉素、农坑120、菇类蛋白多糖、春雷霉素、多抗霉素、宁南霉素、木霉菌、农用链霉素

任务二　典型果蔬感官品质评价

※ 工作任务单

学习项目：果蔬的质量与质量评价		工作任务：典型果蔬感官品质评价	
时间		工作地点	
任务内容	根据作业指导书，测定果蔬的感官指标，并对其进行评价；工作成果展示		
工作目标	知识目标： ①了解果蔬的感官质量、卫生质量和营养质量项目及指标； ②掌握果蔬质量评价的原理和方法。 技能目标： ①能对果蔬感官指标进行评价； ②能使用游标卡尺测果径； ③能使用比色卡比对色泽； ④能使用硬度计测定果蔬硬度； ⑤能根据果蔬感官品质评价结果判定采收成熟度。 素质目标： ①小组分工合作，培养学生沟通能力和团队协作精神； ②阅读背景材料和必备知识，培养学生自学和归纳总结能力； ③讨论并展示成果，培养学生分析解决问题和语言表达能力		
成果提交	评价报告		
相关标准	NY/T 2316—2013 苹果品质指标评价规范；NY/T 442—2013 梨生产技术规程；GB/T 8210—2011 柑橘鲜果检验方法；DB51/T 1180—2019 番茄生产技术规程；GB/T 26431—2010 甜椒；NY/T 1983—2011 胡萝卜等级规格		
提示			

※ 作业指导书

【材料与器具】

1. 材料：苹果、梨、柑橘、番茄、甜椒、萝卜等。

2. 器具：游标卡尺、托盘天平、果实硬度计、比色卡、量筒、白瓷盘等。

【作业流程】

选择果蔬 → 观察果蔬果面特征 → 测量果蔬果形指数 → 测单果重 → 测定果肉硬度 → 计算果肉比率或出汁率

【操作要点】

1. 取果实 10 个，分别放在托盘天平上称重，记录单果重，并求出其平均果重（g）。

2. 取果实 10 个，用卡尺测量果实的横径和纵径（cm），求果形指数（即纵径/横径），以了解果实的形状和大小。

3. 观察记录果实的果皮粗细、底色和面色状态。果实底色可分深绿、绿、浅绿、绿黄、黄、乳白等，也可用特制的颜色卡片进行比较，分成若干级。果实因种类不同，显出的面色也不同，如紫、红、粉红等，记录颜色的种类和深浅占果实表面积的百分数。

4. 取果实 10 个，除去果皮、果心、果核或种子，分别称各部分的重量，以求果肉（或可食部分）的百分率。汁液多的果实，可将果汁榨出，称果汁重量，求该果实的出汁率。

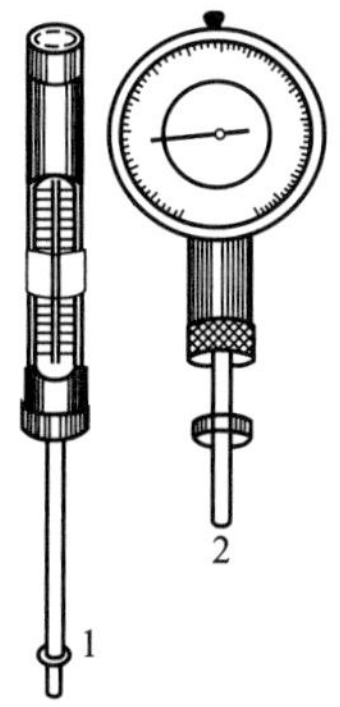

5. 果实硬度的测定

硬度计结构如图 2-1，在果实对应两面削去厚 2mm、直径为 1cm 的圆形果皮。用一手握住果实，削面与硬度计的测头垂直，另一只手握住硬度计，对准已削好的果面，借助于臂力，使测头顶端部分压入果肉中，即可在标尺上读出游标所指的硬度。以每平方厘米面积上承受的压力表示硬度（kg/cm²）❶。每一个果实测2～4 次，取其平均值。

注：果形指数是指果实的纵径（即高度）与横径（即粗度）的比值。

图 2-1 硬度计
1—长筒形硬度计；2—圆盘式硬度计

※ 工作考核单

工作考核单见附录。

必备知识二　果蔬质量评价

果蔬质量评价是在对果蔬质量进行全面了解的基础上，按一定的标准对其作出公正、合适的评定。因各种果蔬的评价标准不一致，所以通过介绍几种常见果蔬的评价标准和方法，让大家对果蔬质量评价有一个较为个性化的认识。

一、感官质量评价

果蔬的营养价值可由化学分析得出，卫生质量可用微生物检验法得到定论，但是一种食品要受到消费者的欢迎，仅有丰富的营养、良好的卫生还是不够的，还需要通过人的感官来判定它的可接受性。到目前为止，正确辨别果蔬及其加工品滋味的方法，还是采用感官评价法，或称感官鉴定法。感官评价项目依果蔬种类不同而不同，大致包括品种特征、成熟度、果形、新鲜度、果实整齐度、果面清洁度、气味、有无腐烂、有无灼伤、裂果、冻害、病虫害、机械伤等。

果蔬的风味是一种感觉现象，它是食品在口腔内的触感、温感、味感及嗅感四种感觉的综合，触感与温感是物理性的，味感与嗅感是化学性的。通常所说的风味，主要是指味觉和嗅觉能相互同化，也能与触觉、冷热感觉等相互交织存在。

我国民间称"酸、甜、苦、辣、咸"为五味，再加上鲜味和涩味则可分为七味。在生理上则分为"甜、酸、苦、咸"四个基本味，原因是辣味、涩味等是由于压力、温度、疼痛等

---

❶ 1kg/cm² = 0.1MPa。

所引起的触觉。如涩味这是一种舌体黏膜的收敛感,主要是由单宁引起的,辣味不是味觉,是刺激口腔黏膜引起的疼痛感觉。而鲜味是四个基本味的综合还是独立的味,尚在争论之中,但日本学者认为鲜味也是一种基本味觉,因为它不属于上述四种原味中的任何一种,并有独立的呈味物质,如谷氨酸钠、肌苷酸等。人们可能对某种味有快感,也可能对某种味有不快感。表2-5～表2-13是几种常见果蔬的感官质量评价标准。

表2-5　绿色食品多年生蔬菜感官要求

多年生蔬菜种类	感官品质
芦笋、百合、菜用枸杞、黄秋葵、蘘荷、菜蓟、辣根、食用大黄	同一品种或相似品种,成熟适度、色泽正常、新鲜、清洁,无腐烂、畸形、冷害、冻害、病虫害及机械伤,无异味,无明显杂质,同一包装内大小基本整齐一致

表2-6　绿色食品茄果类蔬菜感官指标

茄果类蔬菜种类	感官品质
番茄	同一品种或相似品种,完好,无腐烂、变质;外观新鲜,清洁,无异物;无畸形果、裂果、空洞果;无虫及病虫导致的损伤;无冻害;无异味;外观一致,果形圆润;成熟适度、一致;色泽均匀,表皮光洁,果腔充实,果实坚实,富有弹性;无损伤、裂口、疤痕
辣椒	同一品种或相似品种,新鲜;果面清洁、无杂质;无虫及病虫导致的损伤;无异味;外观一致;果梗、萼片和果实呈现该品种固有的颜色,色泽一致;质地脆嫩;无冷害、冻害、灼伤及机械损伤,无腐烂
其他茄果类蔬菜	同一品种或相似品种,具有本品种应有的色泽和风味,成熟适度,果面新鲜、清洁;无腐烂、畸形、异味、冷害、冻害、病虫害及机械伤

表2-7　绿色食品白菜类蔬菜感官指标

白菜类蔬菜	感官品质
结球白菜	同一品种或相似品种,色泽正常,新鲜,清洁,植株完好,结球较紧实、修整良好;无异味,无腐烂、烧心、老帮、焦边、胀裂、侧芽萌发、抽薹、冻害、病虫害及机械伤
菜薹(心)	同一品种或相似品种,新鲜,清洁,不带根,表面有光泽;不脱水、无皱缩;无腐烂、发霉;无异味,无异常外来水分;无冷害、冻害、凋谢、黄叶、病虫害及机械伤;无白心;薹茎长度较一致,粗细较均匀,茎叶嫩绿,叶形完整;允许1～2朵花蕾开放
其他白菜类蔬菜	同一品种或相似品种,色泽正常,新鲜,清洁,完好;无黄叶、破叶、腐烂、异味、冷害、冻害、病虫害及机械伤

表2-8　优等级鲜梨感官质量要求

项目指标	优等品要求
基本要求	具有本品种固有的特征和风味;具有适于市场销售或贮藏要求的成熟度;果实完整良好;新鲜洁净,无异味或非正常风味;无外来水分
果形	果形端正,具有本品种固有的特征
色泽	具有本品种成熟时应有的色泽
果梗	果梗完整(不包括商品化处理造成的果梗缺省)
大小整齐度	大小尺寸不作具体规定,但要求应具有本品种基本的大小。大小整齐度应有硬性规定,要求果实横径差异＜5mm
果面缺陷	不允许有刺伤、破伤、划伤、碰压伤、磨伤(枝磨、叶磨)、日灼、雹伤、病害、虫伤、虫果等果面缺陷;水锈、药斑允许有,但轻微薄层总面积不超过果面的1/20

表 2-9　苹果果实大小等级标准

果形	等级		
	优等品	一等品	二等品
大型果	≥70		≥65
中小型果	≥60		≥55

注：数值为苹果果径，指果实横切面最大直径，单位 mm。

表 2-10　苹果果实表面颜色指标

品种	等级		
	优等品	一等品	二等品
元帅系	浓红75%以上	浓红66%以上	浓红50%以上
富士系	红或条红75%以上	红或条红66%以上	红或条红50%以上
津轻	红或条红75%以上	红或条红66%以上	红或条红50%以
乔纳金	鲜红、浓红75%以上	鲜红、浓红66%以上	鲜红、浓红50%以上
秦冠	红75%以上	红66%以上	红50%以上
国光	红或条红66%以上	红或条红50%以上	红或条红25%以上

表 2-11　特等级鲜桃感官质量要求

项目指标	优等品要求
基本要求	果实完整良好，新鲜洁净，无果肉褐变、病虫果、刺伤，无不正常外来水分，充分发育，无异常气味或滋味，具有可采收成熟度或食用成熟度，整齐度好，符合卫生指标要求
果形	果形具有本品种应有的特征
色泽	果皮颜色具有本品种成熟时应有的色泽
果梗	果梗完整（不包括商品化处理造成的果梗缺省）
果实硬度/(kg/cm²)	≥6.0
果面缺陷	无缺陷（包括碰压、蟠桃梗洼处果皮损伤、磨伤、雹伤、裂果、虫伤等）

表 2-12　葡萄感官指标

项目	指标	项目	指标
果穗	典型而完整	破碎率、日烧率	≤3%
果粒	大小均匀，发育良好	病虫果	≤3%
成熟度	充分成熟		

表 2-13　落叶核果的感官指标

项目	指标	项目	指标
果面	洁净、无污染物，无明显缺陷（裂果、病虫果、磨伤、碰伤等）	风味	具有本品种特有的风味，无异味
果形	具有本品种的基本特征	成熟度	发育正常
色泽	具有本品种采收成熟时固有色泽	腐烂	无

二、理化分析

　　果蔬的种类和品种繁多，利用部分不同，化学成分也不相同。生长习性和组织结构的差异不仅在品种之间，在同一品种甚至同一植株，因栽培环境和管理条件不同或成熟度的差异，都会影响到化学成分的变化。果蔬中所含的化学成分较为复杂，一般可用两种方法进行分类：一是按元素组成状况分为七大类，即糖类、含氮化合物、有机酸、苷和多酚类、脂肪、挥发油和树脂物、灰分元素；二是按各种化合物的功能作用进行区分。一般情况下多按第二种分类方法。以其中各种化合物与人体营养和加工工艺的关系可分为三类：即维持人体健康所必需的物质——营养素；能影响人体感官的色、香、味等物质；与加工工艺和加工品质量相关的物质。表 2-14～表 2-18 列出了几种常见果蔬的理化分析标准。

表 2-14　葡萄理化指标

项目	指标	项目	指标
总酸(以柠檬酸计)/%	≤0.7	固酸比	≥28
可溶性固形物/%	≥20		

注：固酸比是可溶性固形物的含量与总酸含量的比值。

表 2-15　苹果果实质量理化指标

品种	项目		
	去皮硬度不低于/(kgf/cm²)	可溶性固形物不低于/%	总酸不高于/%
元帅系	6.5	11	0.3
富士系	8	14	0.4
津轻	5.5	13	0.4
乔纳金	5.5	14	0.4
秦冠	6	13	0.4
国光	8	13	0.6
金冠	7	13	0.4
印度	8	14	0.3
王林	7	14	0.3

表 2-16　桃的理化指标

项目	品种				
	极早熟品种	早熟品种	中熟品种	晚熟品种	极晚熟品种
可溶性固形物(20℃)/%　≥	8.5	9.0	10.0	10.0	10.0
总酸(以苹果酸计)/%　≤	2.0	2.0	2.0	2.0	2.0
固酸比　≥	10	10	10	10	10

表 2-17　绿色食品鲜梨的物理指标和化学成分

项目	品种			
	果实硬度/(kgf/cm²)	可溶性固形物/%　≥	总酸/%　≤	固酸比　≥
鸭梨	4.0～5.5	10.0	0.16	62.5
酥梨	4.0～5.5	11.0	0.16	110
茌梨	6.5～9.0	11.0	0.10	110
雪花梨	7.0～9.0	11.0	0.12	92
香水梨	6.0～7.5	12.0	0.25	48

项目	品种			
	果实硬度/(kgf/cm²)	可溶性固形物/% ≥	总酸/% ≤	固酸比 ≥
长把梨	7.0～9.0	10.5	0.35	30
秋白梨	11.0～12.0	11.2	0.20	56
旱酥梨	7.1～7.8	11.0	0.24	46
新世纪梨	5.5～7.0	11.5	0.16	72
库尔勒香梨	5.5～7.5	11.5	0.10	115

表 2-18　绿色食品茄果类蔬类营养指标

品种	项目			
	维生素 C/(mg/100g)	可溶性固形物/%	总酸/%	番茄红素/(mg/kg)
番茄	≥12	≥4	≤5	≥4,≥8(加工用)
辣椒	≥60	—	—	—
茄子	≥5	—	—	—

三、农药残留量检验

随着工农业的发展，各种农药的使用范围和用量迅速增加，对农产品的污染问题日益严重，同时农药残留对果蔬品质影响极大，对人类健康造成威胁。尽管国家禁止生产、销售和使用一些高毒农药品种，推荐使用高效、低毒农药，但是由于这些农药在禁用前的大量使用已经对土壤、水体造成污染，而且降解速度很慢，在果蔬生长过程中不可避免地会转移到果蔬组织中，造成残留，所以在国家颁布的 GB 2763—2019《食品安全国家标准　食品中农药最大残留限量》中，仍然还对这些禁用农药的残留量进行了要求。为保障人民的生产安全和身体健康，要加大对农药残留量的检测，保证只有达到一定安全标准的果蔬才能食用或加工。表 2-19～表 2-26 列出几种常见果蔬的安全质量检查标准。

表 2-19　浆果的安全指标　　　　　　单位：mg/kg

项目	指标 ≤	项目	指标 ≤	项目	指标 ≤
倍硫磷	0.05	溴氰菊酯	0.1	敌敌畏	0.2
氯氟氰菊酯	0.2	三唑酮	0.2	多菌灵	0.5
乐果	1.0	百菌清	1.0	氯氰菊酯	2.0
甲氰菊酯	5.0	铅(以 Pb 计)	0.2	镉(以 Cd 计)	0.05

注：其他有毒有害物质的指标应符合国家有关法律、法规、行政规章和强制性标准的规定。

表 2-20　核果的安全指标　　　　　　单位：mg/kg

项目	指标 ≤	项目	指标 ≤	项目	指标 ≤
倍硫磷	0.05	溴氰菊酯	0.05	辛硫酸	0.05
氰戊菊酯	0.2	敌百虫	0.2	敌敌畏	0.2
杀螟硫酸	0.5	氯氰菊酯	2.0		
铅(以 Pb 计)	0.1	镉(以 Cd 计)	0.05		

注：其他有毒有害物质的指标应符合国家有关法律、法规、行政规章和强制性标准的规定。

表 2-21　苹果的安全指标　　　　　　　　　　　　　　单位：mg/kg

项目	指标 ≤	项目	指标 ≤	项目	指标 ≤
阿维菌素	0.02	溴氰菊酯	0.1	三唑磷	0.2
丁硫克百威	0.2	氯氟氰菊酯	0.2	氟氯氰菊酯	0.5
三唑锡	0.5	啶虫脒	0.8	百菌清	1.0
氟虫脲	1.0	乐果	1.0	杀虫单	1.0
氯氰菊酯	2.0	马拉硫磷	2.0	除虫脲	2.0
福美双	5.0	铅（以 Pb 计）	0.1	镉（以 Cd 计）	0.05

表 2-22　桃的安全指标　　　　　　　　　　　　　　单位：mg/kg

项目	指标 ≤	项目	指标 ≤	项目	指标 ≤
敌敌畏	0.1	双甲脒	0.5	氯氟氰菊酯	0.5
氯氰菊酯	1.0	戊唑醇	2.0	多菌灵	2.0
乐果	2.0	马拉硫磷	6.0	苯丁锡	7.0
铅（以 Pb 计）	0.1	镉（以 Cd 计）	0.05		

表 2-23　梨的安全指标　　　　　　　　　　　　　　单位：mg/kg

项目	指标 ≤	项目	指标 ≤	项目	指标 ≤
阿维菌素	0.02	氟氯氰菊酯	0.1	溴氰菊酯	0.1
氯氟氰菊酯	0.2	三唑酮	0.5	双甲脒	0.5
单甲脒	0.5	百菌清	1.0	除虫脲	1.0
乐果	1.0	马拉硫磷	2.0	多菌灵	3.0

表 2-24　多年生蔬菜重金属及有害物质安全指标　　　　　　　单位：mg/kg

项目	指标 ≤	项目	指标 ≤
铅（以 Pb 计）	0.2	镉（以 Cd 计）	0.05
汞（以 Hg 计）	0.01	亚硝酸盐（以 $NaNO_2^-$ 计）	4

表 2-25　茄果类蔬菜的安全指标　　　　　　　　　　单位：mg/kg

项目	指标 ≤	项目	指标 ≤	项目	指标 ≤
倍硫磷	0.05	辛硫磷	0.05	敌百虫	0.2
敌敌畏	0.2	氯氟氰菊酯	0.3	抗蚜威	0.5
杀螟硫磷	0.5	三唑酮	1.0	氯菊酯	1.0

表 2-26　白菜类蔬菜的安全指标　　　　　　　　　　单位：mg/kg

项目	指标 ≤	项目	指标 ≤	项目	指标 ≤
阿维菌素	0.05	丁硫克百威	0.05	敌百虫	0.1
毒死蜱	0.1	辛硫磷	0.1	氟氯氰菊酯	0.5
溴氰菊酯	0.5	代森锰锌	0.5	甲氰菊酯	1.0
除虫脲	1.0	乐果	1.0	氰戊菊酯	1.0
氯氰菊酯	2.0	氯氟氰菊酯	2.0	杀螟丹	3.0
氯菊酯	5.0	百菌清	5.0	马拉硫磷	8.0
铅（以 Pb 计）	0.2	镉（以 Cd 计）	0.05		

　　注：系列表中数据分别参照 GB 2763—2019《食品安全国家标准　食品中农药最大残留限量》和 GB 2762—2017《食品安全国家标准　食品中污染物限量》。

部分果蔬质量和质量评价标准见表2-27。

表 2-27　部分果蔬质量和质量评价标准

标准	标准
NY/T 2389—2013《柑橘采后病害防治技术规范》	GB 2762—2017《食品安全国家标准　食品中污染物限量》
NY/T 2316—2013《苹果品质指标评价规范》	GB/T 8210—2011《柑桔鲜果检验方法》
NY/T 442—2013《梨生产技术规程》	GB/T 26431—2010《甜椒》
DB51/T 1180—2019《番茄生产技术规程》	GB 5009.86—2016《食品安全国家标准　食品中抗坏血酸的测定》
NY/T 1983—2011《胡萝卜等级规格》	GB/T 5009.175—2003《粮食和蔬菜中 2,4-滴残留量的测定》
NY/T 2302—2013《农产品等级规格　樱桃》	GB/T 5009.20—2003《食品中有机磷农药残留量测定》
NY/T 2304—2013《农产品等级规格　枇杷》	GB/T 5009.218—2008《水果和蔬菜中多种农药残留量的测定》
NY/T 2376—2013《农产品等级规格　姜》	GB/T 5009.143—2003《蔬菜、水果、食用油中双甲脒残留量的测定》
NY/T 448—2001《蔬菜上有机磷和氨基甲酸酯类农药毒快速检测方法》	GB/T 5009.199—2003《蔬菜中有机磷和氨基甲酸酯类农药残留量的快速检测》
GB 23200.16—2016《水果和蔬菜中乙烯利残留的测定　气相色谱法》	GB/T 14553—2003《粮食、水果和蔬菜中有机磷农药测定的气相色谱法》
SN/T 1902—2007《水果蔬菜中吡虫啉、吡虫清残留量的测定　高效液相色谱法》	GB 2763—2019《食品安全国家标准　食品中农药最大残留限量》
NY/T 1725—2009《蔬菜中灭蝇胺残留量的测定　高效液相色谱法》	GB 23200.8—2016《食品安全国家标准　水果和蔬菜中 500 种农药及相关化学品残留的测定　气相色谱-质谱法》
NY/T 1720—2009《水果、蔬菜中杀铃脲等七种苯甲酰脲类农药残留量的测定　高效液相色谱法》	GB/T 20769—2008《水果和蔬菜中 450 种农药及相关化学品残留量的测定　液相色谱-串联质谱法》
NY/T 1380—2007《蔬菜、水果中 51 种农药多残留的测定　气相色谱-质谱法》	GB/T 18630—2002《蔬菜中有机磷及氨基甲酸酯农药残留量的简易检验方法　酶抑制法》

任务三　蔬菜中有机磷农药残留的快速检测

※ 工作任务单

学习项目：果蔬的质量与质量评价		工作任务：蔬菜中有机磷农药残留的快速检测	
时间		工作地点	
任务内容	根据作业指导书，使用速测卡快速测定蔬菜中有机磷农药残留；工作成果展示		

工作目标	知识目标： ①了解果蔬的卫生质量项目及指标； ②掌握果蔬卫生质量评价的原理和方法； ③掌握蔬菜中有机磷农药快速检测的原理与方法（胆碱酯酶速测卡）。 技能目标： ①能对有机磷农药进行快速检测； ②能用速测卡进行操作； ③会整体测定法和表面测定法； ④能判定检测结果。 素质目标： ①小组分工合作，培养学生沟通能力和团队协作精神； ②阅读背景材料和必备知识，培养学生自学和归纳总结能力； ③讨论并展示成果，培养学生分析解决问题和语言表达能力
成果提交	评价报告
相关标准	GB/T 5009.20—2003《食品中有机磷农药残留量的测定》；GB/T 5009.199—2003《蔬菜中有机磷和氨基甲酸酯类农药残留量的快速检测》；GB 23200.93—2016《食品安全国家标准　食品中有机磷农药残留量的测定　气相色谱-质谱法》；NY/T 448—2001《蔬菜上有机磷和氨基甲酸酯类农药残毒快速检测方法》
提示	

※ 作业指导书

【材料与器具】

1. 材料：葱、韭菜、白菜、番茄、蘑菇等。

2. 试剂：固化有胆碱酯酶和靛酚乙酸酯试剂的纸片（速测卡）；pH7.5 缓冲溶液。

3. 仪器：常量天平；如有条件时配备 37℃±2℃恒温装置。

【作业流程】

选择蔬菜 → 预处理 → 配制试剂 → 有机磷快速检测 → 结果判定

【操作要点】

1. 蔬菜选择与预处理　选择常见蔬菜并进行预处理。

2. 配制缓冲液　分别取 15.0g 磷酸氢二钠（$Na_2HPO_4 \cdot 12H_2O$）与 1.59g 无水磷酸二氢钾（KH_2PO_4），用 500mL 蒸馏水溶解，配制 pH 7.5 缓冲溶液。

3. 有机磷快速检测

(1) 整体测定法　选取有代表性的蔬菜样品，擦去表面泥土，剪成 1cm 左右见方碎片，取 5g 放入带盖瓶中，加入 10mL 缓冲溶液，振摇 50 次，静置 2min 以上。取一片速测卡，用白色药片蘸取提取液，放置 10min 以上进行预反应，有条件时在 37℃ 恒温装置中放置 10min。预反应后的药片表面必须保持湿润。将速测卡对折，用手捏 3min 或用恒温装置恒温 3min，使红色药片与白色药片叠合反应。每批测定应设一个缓冲液的空白对照卡。

（2）表面测定法（粗筛法）　擦去蔬菜表面泥土，滴 2～3 滴缓冲溶液在蔬菜表面，用另一片蔬菜在滴液处轻轻摩擦。取一片速测卡，将蔬菜上的液滴滴在白色药片上。放置 10min 以上进行预反应，有条件时在 37℃ 恒温装置中放置 10min。预反应后的药片表面必须保持湿润。将速测卡对折，用手捏 3min 或用恒温装置恒温 3min，使红色药片与白色药片叠合反应。每批测定应设一个缓冲液的空白对照卡。

4. 结果判定

（1）以酶被有机磷农药的抑制结果来表示　以胆碱酯酶被有机磷农药抑制（阳性）、未抑制（阴性）结果表示。与空白对照卡比较，白色药片不变色或略有浅蓝色均为阳性结果。白色药片变为天蓝色或与空白对照卡相同，为阴性结果。对阳性结果的样品，可用其他分析方法进一步确定具体农药品种和含量。

（2）速测卡技术指标　速测卡对部分常见农药的检出限及我国最大残留限量标准见表 2-28。

表 2-28　部分常见农药的检出限及我国最大残留限量　　　　单位：mg/kg

农药名称	检出限	残留限量	农药名称	检出限	残留限量
敌敌畏	0.3	0.2	乐果	1.3	1.0
敌百虫	0.3	0.1	西维因	2.5	2.0
乙酰甲胺磷	3.5	0.2			

5. 说明

（1）不同测定方法选择　葱、蒜、萝卜、韭菜、芹菜、香菜、茭白、蘑菇及番茄汁液中，含对酶有影响的植物次生物质，容易产生假阳性。处理这类样品时，可采取整株（体）蔬菜浸提或采用表面测定法。对一些含叶绿素较高的蔬菜，也可采取整株蔬菜浸提的方法，减少色素的干扰。

（2）温度和时间的影响　当温度条件低于 37℃，酶反应的速度随之放慢，药片加液后放置，反应的时间应相对延长，延长时间的确定应以空白对照卡用（体温）手指捏 3min 时可以变蓝，即可往下操作。注意样品放置的时间应与空白对照卡放置的时间一致才有可比性。

（3）空白对照卡不变色　原因是：①药片表面缓冲溶液加得少，预反应后的药片表面不够湿润；②温度太低。

※ 工作考核单

工作考核单见附录。

任务四　果蔬中维生素 C 含量的测定

※ 工作任务单

学习项目：果蔬的质量与质量评价		工作任务：果蔬中维生素 C 含量的测定	
时间		工作地点	
任务内容	根据作业指导书，使用 2,6-二氯靛酚钠测定法，测定果蔬中维生素 C 的含量；工作成果展示		
工作目标	知识目标： ①了解果蔬的营养质量项目及指标； ②掌握果蔬营养质量评价的原理和方法； ③掌握果蔬中维生素 C 含量测定的原理与方法（2,6-二氯靛酚钠测定法）。 技能目标： ①能测定果蔬中维生素 C 的含量； ②能使用 2,6-二氯靛酚钠测定法进行操作； ③会制作标准曲线； ④能计算检测结果。 素质目标： ①小组分工合作，培养学生沟通能力和团队协作精神； ②阅读背景材料和必备知识，培养学生自学和归纳总结能力； ③讨论并展示成果，培养学生分析解决问题和语言表达能力		
成果提交	评价报告		
相关标准	GB 5009.86—2016《食品安全国家标准　食品中抗坏血酸的测定》		
提示			

※ 作业指导书

【材料与器具】

1. 材料：柑橘、鲜枣、苹果、猕猴桃、番茄、辣椒、洋葱等，2％草酸溶液、白陶土、维生素 C、2,6-二氯靛酚钠、碳酸氢钠、蒸馏水。

2. 用具：微量滴定管（或 25mL 碱式滴定管）、100mL 容量瓶、10mL 移液管、100mL 三角瓶、小刀、研钵或组织捣碎器、漏斗、滤纸、分析天平、离心机等。

【作业流程】

果蔬预处理 → 试剂配制与标定 → 维生素 C 测定 → 结果计算

【操作要点】

1. 果蔬预处理

称取切碎的果蔬样品 10～20g 放入研钵中，加 2％草酸溶液少许研碎，注入 100mL 容量瓶中，加2%草酸稀释至刻度，摇匀，过滤备用。如果滤液色泽较深，在滴定时不易辨别终点，可先用白陶土脱色，过滤或用离心机沉淀备用。

2. 试剂配制与标定

配制和标定标准维生素C溶液、2%草酸溶液、2,6-二氯靛酚钠盐溶液。

（1）标准维生素C溶液　精确称取维生素C 50mg（±0.1mg）用2%草酸溶解，小心地移入250mL容量瓶中，用草酸稀释至刻度，算出每毫升溶液中维生素C的毫克数。

（2）2,6-二氯靛酚钠盐溶液标定　称取2,6-二氯靛酚钠50mg，溶于50mL热蒸馏水中，再加入碳酸氢钠42mg，待盐完全溶解冷却后，加水稀释至250mL，过滤后盛于棕色瓶内，保存在冰箱中，同时用刚配好的标准维生素C溶液标定。

（3）吸取标准维生素C溶液2mL，加2%草酸5mL，用2,6-二氯靛酚钠盐溶液滴定，至桃红色15s不褪即为终点，根据已知标准维生素C溶液和滴定液的用量，计算出每毫升滴定液中相当维生素C的毫克数。

3. 测定

吸取滤液10mL于三角烧杯中，用已标定过的2,6-二氯靛酚钠盐溶液滴定，至桃红色15s不褪为终点，记下滴定液的用量，取三次平均值。

吸取2%草酸溶液10mL，用滴定液作空白滴定，记下用量，取三次平均值。

4. 结果计算

根据公式计算维生素C的含量。

$$维生素 C(mg，以每 100g 计) = \frac{(V - V_1) \times A}{W} \times 100$$

式中　V——滴定样品所用滴定液的体积，mL；

V_1——空白滴定所用滴定液的体积，mL；

A——1mL滴定液相当维生素C量，mg/mL；

W——滴定时吸取样品溶液中含样品克数，g。

5. 注意事项

（1）由于维生素C在许多因素影响下都易发生变化，因此，取样品时应尽量缩短操作时间，并避免和铜、铁等金属接触。

（2）对带有颜色的样品液，可用中性的白陶土脱色，吸取澄清液进行测定。

（3）经过熏硫或亚硫酸及其盐类处理的样品，在制备样品液时，应加甲醛（纯）5mL以除去二氧化硫的影响，然后再定容。

※ **工作考核单**

工作考核单见附录。

> **网上冲浪**
>
> 1. 食品伙伴网
> 2. 工标网
> 3. 荆州职业技术学院—食品分析与感官评定
> 4. 海南职业技术学院—食品分析

复习与思考

1. 果蔬的主要感官质量包括哪些方面？并简述之。
2. 果蔬中的主要化学成分有哪些？
3. 根据当地资源条件，写出 2～3 种果品或蔬菜的感官评定指标和安全指标。

项目小结

必备知识	主要讨论了果蔬的质量及果蔬的质量评价，分别介绍了果蔬的感官质量(色泽、大小、形状和质地)、卫生质量(有毒成分、微生物毒素、污染和残毒)和营养质量(水分、糖类、含氮物质、维生素)等，并介绍了几种常见果蔬在感官质量、理化分析、农药残留量检验等方面的评价标准
扩展知识	介绍了我国禁用和允许使用的农药种类以及部分果蔬质量和质量评价标准
项目任务	根据任务工作单下达的任务，按照作业指导书工作步骤实施，完成部分果蔬感官评价、蔬菜中有机磷的快速测定和果蔬中维生素 C 的测定任务，然后开展自评、组间评和教师评，进行考核

电子课件

果蔬的质量与质量评价

果蔬采后生理

知识目标

1. 了解果蔬采后生理的有关概念；
2. 掌握果蔬的呼吸作用、蒸腾作用等生理作用的基本理论；
3. 掌握果蔬的成熟与衰老、低温伤害和蔬菜休眠等生理作用的基本理论；
4. 认识各种生理代谢作用与果蔬贮运的关系。

技能目标

1. 能测定果蔬的呼吸强度和控制其呼吸作用；
2. 能控制果蔬的蒸腾作用；
3. 能进行果蔬的催熟和调控其成熟与衰老；
4. 能控制蔬菜的休眠；
5. 能避免果蔬的低温伤害；
6. 能调节果蔬采后生理，提高果蔬的耐贮性。

思政与职业素养目标

1. 学习果蔬采后生理变化对果蔬耐贮性的影响，使学生在分析问题时能抓住主要矛盾（事物的性质是由主要矛盾的主要方面决定的）；
2. 刻苦钻研专业知识，坚持理论联系实际，不断提升自身专业素养。

背景知识

　　果蔬采摘后在贮藏、运输、销售期间仍然是有生命活动的有机体，同采前一样仍然进行着新陈代谢活动。果蔬细胞中的生理生化变化，在很大程度上就是这些有机体新陈代谢活动的继续。采后的果蔬不再从土壤中吸取水分和养分，基本上停止了光合作用。采后的生命活动是以呼吸作用为主导的新陈代谢过程，表现为果蔬成熟衰老的生理生化变化特征，从而引起质量和数量上的变化。果蔬采后的生理变化一般都不符合人们要求，需要采取有效措施进行控制和调节。果蔬采后在贮运、营销期间，由于环境因素如温度、湿度、气体、光线等引起果蔬组织的生理失调和衰老，病原微生物的侵染危害和机械损伤和病虫伤害引起的病菌侵染等因素导致其易发生腐烂变质和失重、萎蔫等现象。从果蔬采后生理角度研究果蔬腐烂变质的原因，采取措施延缓衰老、增强果蔬自身的抗病免疫力，减少腐烂变质损失，对于果蔬贮运、营销具有重要经济意义。

必备知识一　果蔬的呼吸作用

果蔬在采收后，由于离开了母体，水分、矿物质及有机物的输入均已停止；由于果蔬不断褪绿，或由于在贮运条件下缺少光线等原因，使光合作用趋于停止。但果蔬在采收后直至食用或腐烂之前的一段时间内，生命活动仍在进行。生物大分子的转换更新，细胞结构的维持和修复，均需要能量。这些能量是由呼吸作用分解有机物供应的，呼吸是生命的基本特征，呼吸作用是采后果蔬的一个最基本的生理过程。

果蔬需要进行呼吸作用，以维持正常的生命活动。如果呼吸作用过强，则会使贮藏的有机物过多地被消耗，含量迅速减少，果蔬品质下降，同时过强的呼吸作用，也会加速果蔬的衰老，缩短贮藏寿命。此外，呼吸作用在分解有机物过程中产生许多中间产物，它们是进一步合成植物体内新的有机物的物质基础。当呼吸作用发生改变时，中间产物的数量和种类也随之发生改变，从而影响其他物质代谢过程。呼吸作用的强弱与果蔬的采后品质变化、成熟衰老进程、贮藏寿命、货架寿命、采后生理性病害、采后处理和贮藏技术等有着密切的关系。因此，控制采收后果蔬的呼吸作用，已成为果蔬贮藏技术的中心问题。自 20 世纪初 Kidd 和 West 发现苹果的呼吸跃变以来，呼吸作用的研究成为果蔬贮藏技术的一个基本理论研究领域。

一、呼吸作用的概念

呼吸作用是指生活在细胞内的有机物在酶的参与下，经过某些代谢途径，使有机物逐步氧化分解并释放出能量的过程。呼吸作用的产物因呼吸类型的不同而有差异。依据呼吸过程中是否有氧的参与，可将呼吸作用分为有氧呼吸和无氧呼吸两大类型。

1. 有氧呼吸

有氧呼吸是指在有 O_2 的参与下，果蔬中的有机物质彻底氧化分解形成 CO_2 和 H_2O，同时释放出大量能量的过程。有氧呼吸是高等植物呼吸的主要形式，通常所说的呼吸作用，主要是指有氧呼吸。呼吸作用中被氧化的有机物称为呼吸底物，糖类、有机酸、蛋白质、脂肪都可以作为呼吸底物。一般来说，淀粉、葡萄糖、果糖、蔗糖等糖类是最常利用的呼吸底物。

如以葡萄糖作为呼吸底物，则有氧呼吸的总反应可用下式表示：

$$C_6H_{12}O_6 + 6O_2 \longrightarrow 6CO_2 + 6H_2O + 2870.2kJ$$

总反应式表明，有氧呼吸是相当复杂的，它是呼吸底物经糖酵解和三羧酸循环形成丙酮酸，最终被彻底氧化为 CO_2 和 H_2O。这一过程共有 51 种酶参加。其中的糖酵解是在细胞中进行的，而三羧酸循环是在线粒体中进行的。呼吸作用中氧化作用分许多步骤进行，能量是逐步释放的，一部分转移到三磷酸腺苷（ATP）和烟酰胺腺嘌呤二核苷酸（NADH）分子中，成为随时可利用的贮备能，另一部分则以热能的形式释放。

2. 无氧呼吸

无氧呼吸是指在缺氧条件下，把果蔬中的有机物分解成为不彻底的氧化产物，同时释放能量的过程。对于高等植物，这个过程习惯上称为无氧呼吸，对于微生物，则习惯上称为发酵。无氧呼吸可产生酒精，其过程与酒精发酵是相同的，也可产生乳酸。以葡萄糖作为呼吸底物为例，反应式如下。

$$C_6H_{12}O_6 \longrightarrow 2C_2H_5OH + 2CO_2 + 100.4kJ$$

无氧呼吸也经过糖酵解过程产生丙酮酸，然而在无氧条件下丙酮酸发酵生成乙醇和中间产物乙醛。这些产物在果蔬体内积累过多，会导致生理失调，使果蔬变色、变味甚至变质。因此在果蔬贮藏过程中应尽可能地避免进行无氧呼吸。无氧呼吸的产生除了与果蔬贮藏环境 O_2 的浓度有关以外，还与果蔬对氧的吸收能力以及果蔬本身的组织结构有关。研究表明，玫瑰香葡萄在贮藏过程中，乙醇和乙醛的含量仍然很高。这说明，玫瑰香葡萄在较高的 O_2 条件下，无氧呼吸已有发生。这可能与玫瑰香葡萄具有厚的果皮结构和本身对 O_2 的吸收能力低有关，尚有待进一步研究。见图 3-1 和图 3-2。

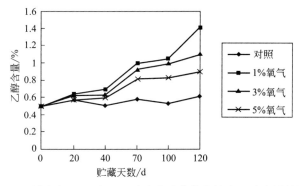

图 3-1　5％浓度 CO_2 时，O_2 对玫瑰香葡萄浆果中乙醇含量的影响

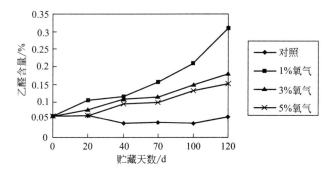

图 3-2　5％浓度 CO_2 时，O_2 对玫瑰香葡萄浆果中乙醛含量的影响

无氧呼吸的特征是不利用 O_2，底物氧化降解不彻底，仍以有机物的形式存在，因而，释放的能量比有氧呼吸要少。

有些果蔬由于贮藏时间太长、包装过度密封、涂果蜡过厚或涂果蜡后存放的时间太久等原因，使果蔬长期处在无氧或 O_2 不足的条件下，通常会产生酒味，这是果蔬在缺氧情况下，进行无氧呼吸的结果。

空气成分中含有 21％的 O_2 和 0.03％的 CO_2，当环境中的 O_2 从空气水平下降时，组织中 CO_2 释放量随着减少。图 3-3 表明，呼吸速率随着环境中 O_2 水平下降而受到抑制，但当 O_2 降到转折点时，CO_2 的释放量不再继续下降而是开始急速上升，此时 CO_2 释放量的增加是无氧呼吸的结果。所以，此转折点是无氧呼吸和有氧呼吸的交界点，也称为无

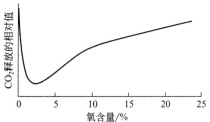

图 3-3　果实在不同氧水平中释放
CO_2 的动态模式
（箭头表示果蔬无氧呼吸的消失点）
李澄清等，1985

氧呼吸的消失点（一般是指无氧呼吸停止进行时的最低氧浓度）。意思是：O_2 水平高于此点时，无氧呼吸就消失。根据果蔬种类和生理状态不同，无氧呼吸的消失点是不同的。对一般果蔬来讲，发生无氧呼吸的 O_2 浓度为 1%～5%，在 20℃ 条件下，菠菜、菜豆为 1%，豌豆为 4%。不同生长发育阶段消失点 O_2 的浓度不同，幼果为 3%～4%，近成熟果为 0.5%；此后果蔬吸氧能力下降。充分成熟或衰老的果蔬，当环境 O_2 浓度还在 12%～13% 时就可能发生无氧呼吸。从图 3-3 还可以看到，在消失点之前供给 O_2，可避免出现无氧呼吸，即提高 O_2 的水平反而可使糖类的分解速度减慢，从而节约了物质的消耗和减少了有害无氧呼吸产物的积累。因此，在贮藏过程中，应尽可能地维持适宜低的 O_2 浓度（接近无氧呼吸消失点，对一般果蔬为 3%～5%），使有氧呼吸降到最低程度，但不激发无氧呼吸。

二、呼吸作用与果蔬贮藏的关系

呼吸作用是采后果蔬的一个最基本的生理过程，它与果蔬的成熟、品质的变化以及贮藏寿命有密切的关系。

1. 呼吸强度与呼吸系数

（1）呼吸强度　是评价呼吸强弱常用的生理指标，又称呼吸速率，是指在一定的温度条件下，单位时间、单位重量的果蔬释放出的 CO_2 量或吸收的 O_2 量。呼吸强度是评价果蔬新陈代谢快慢的重要指标之一，根据呼吸强度可估计果蔬的贮藏潜力。产品的贮藏寿命在一定范围内与呼吸强度成反比，呼吸强度越大，表明呼吸代谢越旺盛，营养物质消耗越快。呼吸强度大的果蔬，一般其成熟衰老较快，贮藏寿命也较短。例如，不耐贮藏的菠菜在 20～21℃ 下，其呼吸强度约是耐贮藏的马铃薯呼吸强度的 20 倍。常见的果蔬呼吸强度见表 3-1。

表 3-1　不同温度下各种果蔬的呼吸强度　　　　单位：mg CO_2/(kg·h)

产品	温度/℃					
	0	4～5	10	15～16	20～21	25～27
夏苹果	3～6	5～11	14～20	18～31	20～41	—
秋苹果	2～4	5～7	7～10	9～20	15～25	—
杏	5～6	6～9	11～19	21～34	29～52	—
朝鲜蓟	15～24	26～60	55～98	76～145	135～223	145～300
鳄梨	—	20～30	—	62～157	74～374	118～428
香蕉(青)	—	—	—	21～23	33～35	—
成熟香蕉	—	—	21～39	25～75	33～142	50～245
利马菜豆	10～30	20～36	—	100～125	133～179	—
食荚菜豆	20	35	58	93	130	190
草莓	12～18	16～23	49～95	71～62	102～196	169～211
孢子甘蓝	10～30	22～48	63～84	67～136	86～190	—
甘蓝	4～6	9～12	17～19	20～32	28～49	49～63
胡萝卜	10～20	13～26	20～42	26～54	46～95	—
花椰菜	16～19	19～22	32～36	43～49	75～86	84～140
芹菜	5～7	9～11	24	30～37	64	—
甜樱桃	4～5	10～14	—	25～45	28～32	—

产品	温度/℃					
	0	4～5	10	15～16	20～21	25～27
柠檬	—	—	11	10～23	19～25	20～28
橘子	2～5	4～7	6～9	13～24	22～34	25～40
黄瓜	—	—	23～29	24～33	14～48	19～55
猕猴桃	3	6	12	—	16～22	
结球生菜	6～17	13～20	21～40	32～45	51～60	73～91
叶用生菜	19～27	24～35	32～46	51～74	82～119	120～173
荔枝	—	—	—	—	—	75～128
芒果	—	10～22		45	75～151	120
蘑菇	28～44	71	100		264～316	
甜椒	—	10	14	23	44	55
成熟马铃薯	—	3～9	7～10	6～12	8～16	
菠菜	19～22	35～58	82～138	134～223	172～287	
绿熟番茄	—	5～8	12～18	16～28	28～41	35～51
成熟番茄	—	—	13～16	24	24～44	30～52

注：引自美国农业部农业手册66卷，果蔬花卉苗木商业性贮藏。

测定果蔬呼吸强度的方法有多种，常用的方法有静置法、气流法、红外线气体分析仪法、气相色谱法等。

（2）呼吸系数 是呼吸作用过程中释放出的 CO_2 与消耗的 O_2 在容量上的比值，即 CO_2/O_2，称为呼吸系数（RQ），也叫呼吸商。由于植物组织可以用不同基质进行呼吸，不同基质的呼吸系数不同，同时在一定程度上可以根据呼吸系数来估计呼吸性质和底物。

以葡萄糖为呼吸基质，完全氧化时，呼吸系数为 1.0；

$$C_6H_{12}O_6 + 6O_2 \longrightarrow 6CO_2 + 6H_2O \qquad RQ = \frac{6\,mol\ CO_2}{6\,mol\ O_2} = 1.0$$

若以苹果酸为基质，呼吸系数为 1.33；

$$C_6H_{12}O_3 + 3O_2 \longrightarrow 4CO_2 + 3H_2O \qquad RQ = \frac{4\,mol\ CO_2}{3\,mol\ O_2} = 1.33$$

当脂肪酸被氧化时，其呼吸系数小于 1.0，从而看出，呼吸系数越小，需要吸入的 O_2 量越大，在氧化时释放的能量也越多，所以蛋白质和脂肪所提供的能量很高，有机酸供给的能量则很少。呼吸类型不同时，RQ 的差异也很大。

$$C_{18}H_{36}O_2 + 26O_2 \longrightarrow 18CO_2 + 18H_2O \qquad RQ = \frac{18\,mol\ CO_2}{26\,mol\ O_2} = 0.69$$

供氧情况亦能影响呼吸系数。以葡萄糖为基质，进行有氧呼吸时 RQ＝1.0，若供氧不足，无氧呼吸和有氧呼吸同时进行，则产生不完全氧化，反应式如下：

$$2C_6H_{12}O_3 + 6O_2 \longrightarrow 8CO_2 + 6H_2O + 2C_2H_5OH \qquad RQ = \frac{8\,mol\ CO_2}{6\,mol\ O_2} = 1.33$$

由于无氧呼吸只释放 CO_2 而不吸收 O_2，故 RQ 增大。无氧呼吸所占比例越大，RQ 也越大，因此根据呼吸系数也可以大致了解无氧呼吸的程度。

然而，呼吸是一个很复杂的过程，它可以同时有几种氧化程度不同的底物参与反应，并且可以同时进行几种不同方式的氧化代谢，因而测得的呼吸强度和呼吸系数只能综合反映出呼吸的总趋势，不可能准确表明呼吸的底物种类或无氧呼吸的程度。比如测得的 O_2 和 CO_2 数值常常不是其在呼吸代谢中的真实数值。由于一些理化因素的影响，特别是 O_2 和 CO_2 不仅参与呼吸代谢，还可能有其他的来源，或者呼吸产生的 CO_2 又被固定在细胞内或合成为其他物质。A.C.Hmme 等发现苹果、梨等在呼吸跃变期有一个加强的呼吸循环以外的苹果酸、丙酮酸的脱羧作用，生成额外的 CO_2，因而使呼吸系数增大。C.T.PHon 指出，成熟果蔬的周缘组织甚至内层组织，都仍然有一定程度的光合活性，使得呼吸释放的一部分 CO_2 又重新被固定，而光合反应生成的 O_2 则部分地抵消了呼吸作用从空气中吸收的 O_2。这些都会影响所测呼吸强度和呼吸系数的准确性。又如，伏令夏橙的 RQ 接近 1.5，华盛顿脐橙的 RQ 接近 2.0。这种现象表明，在高温下可能存在有机酸的氧化或者无氧呼吸占了上风，或者两者兼而有之。此外，有些果蔬的果皮透气性不良，无氧呼吸会在果蔬内进行。

2. 呼吸热

前面已提到果蔬呼吸中，氧化有机物释放的能量，一部分转移到 ATP 和 NADH 分子中，供生命活动之用；另一部分以热能的形式散发出来，这部分释放的热量称为呼吸热。

由于果蔬采后呼吸作用旺盛，释放出大量的呼吸热。因此在果蔬采收后贮运期间必须及时散热和降温，以避免贮藏库温度升高，而温度升高又会使呼吸增强，放出更多的热，形成恶性循环，缩短贮藏寿命。为了有效降低库温和运输车船的温度，首先要计算呼吸热，以便配置适当功率的制冷机，控制贮运温度。

根据呼吸反应方程式，消耗 1mol 己糖产生 6mol（264g）CO_2，并放出 2870.2kJ 能量计算，则每释放 1mg CO_2，应同时释放 10.9J 的热能。假设这些热能全部转变为呼吸热，则可以通过测定果蔬的呼吸强度计算呼吸热。

呼吸热[J/(kg·h)]＝呼吸强度[mg CO_2/(kg·h)]×10.9J/mg CO_2

例如，甘蓝在 5℃的呼吸强度为 24.8mg CO_2/(kg·h)，则每吨甘蓝每天产生的呼吸热为 24.8×10.9×1000×24＝6487.7kJ。

三、呼吸跃变

根据果蔬采后呼吸强度的变化曲线，呼吸作用可分为呼吸跃变型和非呼吸跃变型两种。

1. 呼吸跃变型

（1）呼吸跃变 有一类果蔬从发育、成熟到衰老的过程中，其呼吸强度的变化模式是在果蔬发育定型之前，呼吸强度不断下降，此后在成熟开始时，呼吸强度急剧上升，达到高峰后便转为下降，直到衰老死亡，这个呼吸强度急剧上升的过程称为呼吸跃变，这类果蔬（如香蕉、番茄、苹果等）称为跃变型果蔬。另一类果蔬（如柑橘、草莓、荔枝等）在成熟过程中没有呼吸跃变现象，呼吸强度只表现为缓慢下降，这类果蔬称为非跃变型果蔬。果蔬的呼吸跃变和乙烯释放的高峰都出现在果实的完熟期间，表明呼吸跃变与果蔬完熟的关系非常密切。当果蔬进入呼吸跃变期，耐贮性急剧下降。人为地采取各种措施延缓呼吸跃变的到来，是有效地延长果蔬贮藏寿命的重要措施。

（2）呼吸高峰 呼吸跃变型果蔬产品在采后成熟衰老过程中，在果实、蔬菜进入完熟期或衰老期时，其呼吸强度出现骤然升高，随后趋于下降，呈明显的峰型变化，这个峰即为呼吸高峰。呼吸高峰过后，组织很快进入衰老。

2. 跃变型果蔬和非跃变型果蔬

根据果蔬在完熟期间的呼吸变化模式，可分为跃变型和非跃变型两大类型（表 3-2）。一些叶菜类的呼吸模式可以认为是非跃变型。

表 3-2 跃变型和非跃变型果蔬

跃变型果蔬						非跃变型果蔬					
桃	苹果	蓝莓	香蕉	无花果	人心果	橙	樱桃	树莓	黄瓜	茄子	西葫芦
杏	越橘	鳄梨	大蕉	红毛丹	刺果番	柑	葡萄	荔枝	枇杷	洋桃	黄秋葵
梨	芒果	榅桲	荔枝	番荔枝	面包果	枣	草莓	西瓜	辣椒	豌豆	罗望子
李	榴莲	番茄	番石榴	猕猴桃	番木瓜	橘	柠檬	龙眼	来檬	橄榄	柚石榴
柿	油桃	甜瓜	西番莲	费约果	木菠萝果		黑莓		菠萝	海枣	

跃变型果蔬的呼吸强度随着完熟而上升。不同果蔬在跃变期呼吸强度的变化幅度明显不同（图 3-4）。

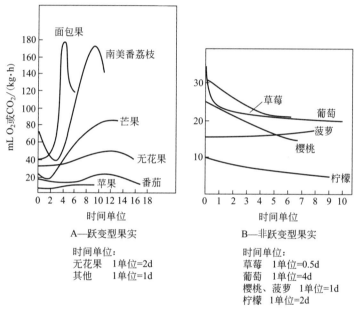

A—跃变型果实

时间单位：
无花果   1单位=2d
其他   1单位=1d

B—非跃变型果实

时间单位：
草莓   1单位=0.5d
葡萄   1单位=4d
樱桃、菠萝 1单位=1d
柠檬   1单位=2d

图 3-4 跃变型果实和非跃变型果实的呼吸曲线
1单位表示 1 个时间单位，但是不同水果时间单位天数不同

3. 跃变型果蔬和非跃变型果蔬的区别

跃变型果蔬和非跃变型果蔬的区别，不仅在于完熟期间是否出现呼吸跃变，而且在于内源乙烯的产生和对外源乙烯的反应上有显著的差异。

（1）两类果蔬中内源乙烯的产生量不同 所有的果蔬在发育期间都产生微量的乙烯。然而在完熟期内，跃变型果蔬所产生乙烯的量比非跃变型果蔬多得多，而且跃变型果蔬在跃变前后的内源乙烯的量变化幅度很大。非跃变型果蔬的内源乙烯一直维持在很低的水平，没有产生上升现象（表 3-3）。

（2）对外源乙烯刺激的反应不同 对跃变型果蔬来说，外源乙烯只在跃变前期处理才有作用，可引起呼吸上升和内源乙烯的自身催化，这种反应是不可逆的，虽停止处理也不能使呼吸恢复到处理前的状态。而对非跃变型果蔬来说，任何时候处理都可以与外源乙烯发生反应，将外源乙烯除去，呼吸又恢复到未处理时的水平。

表 3-3　几种果实在跃变前至跃变高峰期间内源乙烯浓度的变化　　单位：$\mu g/g$

跃变型				非跃变型	
果实	跃变前	跃变开始	跃变高峰	果实	恒态
鳄梨	0.04	0.75	500	柠檬	0.1～0.2
香蕉	0.1	1.5	40	来檬	0.3～2.0
南美番荔枝	0.03	0.04	219	橙子	0.1～0.3
芒果	0.01	0.08	3	菠萝	0.2～0.4
硬皮甜瓜	0.04	0.3	50		
番木瓜	—	0.1	2.8		
洋梨	0.9	0.4	40		
番茄	0.08	0.8	27		

（3）对外源乙烯浓度的反应不同　提高外源乙烯的浓度，可使跃变型果蔬的呼吸跃变出现的时间提前，但不改变呼吸高峰的强度，乙烯浓度的改变与呼吸跃变的提前时间大致呈对数关系。对非跃变型果蔬，提高外源乙烯的浓度，可提高呼吸强度，但不能提早呼吸高峰出现的时间。

四、呼吸作用对果蔬贮藏的作用

1. 呼吸作用对果蔬贮藏的积极作用

果蔬的呼吸作用既有消极的作用，又有有利的方面。

（1）**提供代谢所需能量**　由于果蔬采后仍然为一活体，并要进行一系列的代谢活动，而这些活动所需的能量来自呼吸作用。

（2）**对果蔬具有保护作用**　通过呼吸可以增强对病虫害的抵抗能力。果蔬遭到伤害（机械伤、CO_2 伤害等）时，呼吸作用大大加强，这一部分呼吸也叫伤呼吸。据孔秋莲等研究表明：适量的 CO_2 可以抑制葡萄呼吸强度，但是过量的 CO_2 可刺激伤害的加深，伤呼吸加强。一些抗病的果蔬品种在受新机械伤或病虫侵染、伤害时，呼吸作用会迅速增强。

2. 呼吸作用对果蔬贮藏的消极作用

（1）**呼吸作用增强**　可以导致更多的有机物质分解消耗，使果蔬甜度和酸度下降。

例如：每 1kg 巨峰葡萄在 0℃ 条件下，每 1h 能放出 2mg CO_2，1kg 葡萄贮藏 1h 消耗的糖量为：

$$C_6H_{12}O_6（葡萄糖或果糖）+ 6O_2 \longrightarrow 6CO_2 + 6H_2O + 2870.2kJ$$

$$\begin{array}{cc} 180 & 264 \\ X & 2 \end{array}$$

由上式得 $180:264=X:2$，则 $X = 180 \times 2/264 = 1.36（mg）$

若 1kg 巨峰葡萄在 0℃ 条件下贮藏 90d，消耗的糖分为 $1.36 \times 24 \times 90 = 2937.6（mg）$，也就是说，巨峰葡萄在 0℃ 条件下贮藏 90d，将有近 3g 的有机物质（主要是糖）被损耗掉。那么 10000kg 葡萄在 0℃ 条件下贮藏 90d，呼吸所消耗的糖分约为 30kg，数量是相当可观的。

（2）**在有氧呼吸中**　每消耗 1mol 的底物放出的 2870.2kJ 能量中有 1270kJ 用于果蔬的其他生理活动，剩余 1600.2kJ 以呼吸热的形式释放出来。呼吸过程释放出的大量呼吸热将引起果蔬温度上升，对果蔬贮藏和运输是极为不利的。所以，在果蔬贮运过程中，一定要注意及时排除呼吸热。

五、影响呼吸强度的因素

果蔬的呼吸作用与贮藏寿命有密切关系，在不妨碍果蔬正常生理活动和不出现生理病害的前提下，应尽可能降低呼吸强度，以减少物质的消耗，延缓果蔬的成熟衰老。因此，有必要了解影响果蔬呼吸强度的因素。

1. 果蔬本身的因素

（1）种类与品种 不同种类果蔬的呼吸强度有很大的差别（表 3-1），这是由遗传特性所决定的。一般来说，夏季成熟的果实比秋季成熟的果实呼吸强度要大，南方水果比北方水果呼吸强度大。例如在 25℃ 条件下，糯米糍荔枝的呼吸强度 [110mg CO_2/(kg·h)] 约是金帅苹果呼吸强度 [21mg CO_2/(kg·h)] 的 5 倍，约是鸭梨呼吸强度 [27mg CO_2/(kg·h)] 的 3.7 倍。同一种类果实，不同品种之间的呼吸强度也有很大的差异。例如同是柑橘类果实，年橘的呼吸强度约是甜橙的 2 倍。在蔬菜中，叶菜类和花菜类的呼吸强度最大，果菜类次之，作为贮藏器官的根和块茎类蔬菜如马铃薯、胡萝卜等的呼吸强度相对较小，也较耐贮藏。

（2）发育年龄和成熟度 在果蔬的个体发育和器官发育过程中，以幼龄时期的呼吸强度最大，随着发育，呼吸强度逐渐下降。幼嫩蔬菜的呼吸最强，是因为正处在生长最旺盛的阶段，各种代谢活动都很活跃，而且此时的表皮保护组织尚未发育完全，组织内细胞间隙也较大，便于气体交换，内层组织也能获得较充足的 O_2。老熟的瓜果和其他蔬菜，新陈代谢强度降低，表皮组织和蜡质、角质保护层加厚并变得完整，呼吸强度较低，则较耐贮藏。一些果实如番茄在成熟时细胞壁中胶层溶解，组织充水，细胞间隙被堵塞而使体积缩小，这些都会阻碍气体交换，使得呼吸强度下降，呼吸系数升高。块茎、鳞茎类蔬菜在田间生长期间呼吸作用不断下降，进入休眠期，呼吸降至最低点，休眠结束，呼吸再次升高。

（3）同一器官的不同部位 果蔬同一器官的不同部位，其呼吸强度的大小也有差异。如蕉柑的果皮和果肉的呼吸强度有较大的差异（表 3-4）。

表 3-4 不同大小蕉柑及果实不同部位的呼吸强度   单位：mg CO_2/(kg·h)

果实直径/cm	果实部位		
	全果	果皮	果肉
6.2～7.0	32.56	99.62	77.42
4.8～5.7	40.48	141.27	99.31
4.5～4.7	55.32	170.00	68.00

2. 温度和相对湿度

（1）温度 温度是影响果蔬呼吸作用最重要的环境因素。在 0～35℃ 范围内，随着温度的升高，呼吸强度增大。适宜的低温，可以显著降低产品的呼吸强度，并推迟呼吸跃变型果蔬产品的呼吸跃变高峰的出现，甚至不表现呼吸跃变。

过高或过低的温度对产品的贮藏不利。超过正常温度范围时，初期的呼吸强度上升，其后下降为 0。这是由于在过高温度下，O_2 的供应不能满足组织对 O_2 消耗的需求，同时 CO_2 过多的积累又抑制了呼吸作用的进行。温度低于产品的适宜贮藏温度时，会造成低温伤害或冷害。

（2）相对湿度 相对湿度对果蔬呼吸强度也有一定的影响，稍干燥的环境可以抑制呼吸，如大白菜采后稍微晾晒，使产品轻微失水有利于降低呼吸强度。相对湿度过高，可促进宽皮柑橘的呼吸，因而有浮皮果出现，严重者可引起枯水病。此外，相对湿度过低对香蕉的呼吸作用和完熟也有影响。香蕉在 90％以上的相对湿度下，采后出现正常的呼吸跃变，果实正常完熟；当相对湿度下降到 80％以下时，没有出现正常的呼吸跃变，不能正常完熟，即使能勉强完熟，但果实不能正常黄熟，果皮呈黄褐色而且无光泽。

（3）气体成分 在正常的空气中，O_2大约占 21％，CO_2占 0.03％。适当降低贮藏环境O_2浓度或适当增加 CO_2浓度，可有效地降低呼吸强度和延缓呼吸跃变的出现，并且可抑制乙烯的生物合成，因此可延长果蔬的贮藏寿命。这是气调贮藏的理论依据。

值得注意的是，在一定范围内，虽然降低 O_2浓度可抑制呼吸作用，但 O_2浓度过低，无氧呼吸会增强，过多消耗体内养分，甚至产生酒精中毒和异味，缩短贮藏寿命。在氧浓度较低的情况下，呼吸强度（有氧呼吸）随 O_2浓度的增大而增强，但 O_2浓度增至一定程度时，对呼吸就没有促进作用了，此 O_2浓度称为氧饱和点。

（4）机械损伤和生物侵染 果蔬在采收、采后处理及贮运过程中，很容易受到机械损伤。果蔬受机械损伤后，呼吸强度和乙烯的产生量明显提高。组织因受伤引起呼吸强度不正常的增加称为"伤呼吸"。如伏令夏橙从 61cm 和 122cm 的高度跌落到地面，其呼吸强度分别增加 10.9％和 13.3％，呼吸强度的增加与损伤的严重程度成正比。

机械损伤引起呼吸强度增加的可能机制是：开放性伤口使内层组织直接与空气接触，增加气体的交换，可利用的 O_2增加；细胞结构被破坏，从而破坏了正常细胞中酶与底物的空间分隔；乙烯的合成加强，从而加强对呼吸的刺激作用；果蔬表面的伤口给微生物的侵染打开了方便之门，微生物在产品上发育，也促进了呼吸和乙烯的产生。果蔬通过增强呼吸来加强组织对损伤的保卫反应和促进愈伤组织的形成等。

（5）乙烯 乙烯气体可以刺激跃变型果蔬提早出现呼吸跃变，促进成熟。一旦跃变开始，再加入乙烯就没有任何影响了。用乙烯来处理非跃变的果蔬时也会产生一个类似的呼吸高峰，而且有多次反应。其他的碳氢化合物如丙烷、乙炔等具有类似乙烯的作用。

（6）化学物质 有些化学物质，如青鲜素（MH）、矮壮素（CCC）、6-苄基嘌呤（6-BA）、赤霉素（GA）、2,4-D、重氮化合物、脱氢乙酸钠、一氧化碳等，对呼吸强度都有不同程度的抑制作用，其中的一些也是果蔬产品保鲜剂的重要成分。

任务五　果蔬呼吸强度的测定

※ 工作任务单

学习项目：果蔬采后生理		工作任务：果蔬呼吸强度的测定	
时间		工作地点	
任务内容	根据作业指导书，使用静置法，测定果蔬的呼吸强度；工作成果展示		

工作目标	知识目标： ①了解果蔬采后生理的有关概念； ②掌握果蔬的呼吸作用的基本理论； ③掌握果蔬呼吸强度测定的原理和方法。 技能目标： ①能测定果蔬的呼吸强度； ②能使用静置法进行操作； ③能计算检测结果。 素质目标： ①小组分工合作，培养学生沟通能力和团队协作精神； ②阅读背景材料和必备知识，培养学生自学和归纳总结能力； ③讨论并展示成果，培养学生分析解决问题和语言表达能力
成果提交	检测报告
相关标准	
提示	

※ 作业指导书

【材料与器具】

1. 材料：苹果、梨、柑橘、番茄、油菜等。

2. 用具：真空干燥器、大气采样器、滴定管架、25mL 滴定管、150mL 三角瓶、500mL 烧杯、直径 8cm 培养皿、小漏斗、10mL 移液管、洗耳球、100mL 容量瓶、万用试纸、台秤等。

3. 试剂：碱石灰、0.4mol/L NaOH（氢氧化钠）、0.1mol/L $H_2C_2O_4$（草酸）、饱和 $BaCl_2$ 溶液、酚酞指示剂、正丁醇、凡士林等。

【作业流程】

准备干燥器 → 放入碱液和定量样品 → 静置 → 滴定 → 结果计算

【操作要点】

1. 用移液管吸取 0.4mol/L 的 NaOH 20mL 于培养皿中。

2. 将培养皿放于干燥器（图 3-5）底部，放置隔板，称取 1kg 果蔬样品，放入干燥器的呼吸室封盖。

3. 静置呼吸 1h 后，取出培养皿，将碱液完全转入三角瓶，添加饱和 $BaCl_2$ 溶液 5mL 和酚酞指示剂 2 滴，用 0.1mol/L 草酸滴定至粉红色消失为终点，记录 0.1mol/L 草酸的用量，用 V_2 表示。

在干燥器中不放入果蔬样品，用同样方法做空白滴定，记录读数 V_1。

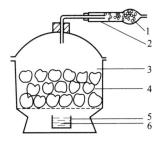

图 3-5　干燥器装置

1—碱石灰；2—CO_2 吸收管；

3—呼吸室；4—果蔬；

5—培养皿；6—NaOH

4. 结果计算

$$呼吸强度[mg\ CO_2/(kg \cdot h)] = \frac{(V_1 - V_2) \times c \times 44}{W \times H}$$

式中　V_1——空白测定时所用草酸量，mL；

　　　V_2——测定样品时所用草酸量，mL；

　　　　c——草酸的浓度，mol/L；

　　　H——测定时间，h；

　　　W——样品质量，kg；

　　　44——CO_2的分子量。

5. 注意事项

滴定时要求控制速度，不能过量或不够，否则会影响结果。

※ 工作考核单

工作考核单见附录。

任务六　果蔬中乙醇含量的测定

※ 工作任务单

学习项目：果蔬采后生理		工作任务：果蔬中乙醇含量的测定	
时间		工作地点	
任务内容	根据作业指导书，使用游离碘法，测定果蔬中乙醇含量；工作成果展示		
工作目标	知识目标： ①了解果蔬采后生理的有关概念； ②掌握果蔬呼吸作用的基本理论； ③掌握果蔬中乙醇含量测定的原理和方法。 技能目标： ①能测定果蔬中的乙醇含量； ②能使用游离碘法进行操作； ③能计算检测结果。 素质目标： ①小组分工合作，培养学生沟通能力和团队协作精神； ②阅读背景材料和必备知识，培养学生自学和归纳总结能力； ③讨论并展示成果，培养学生分析解决问题和语言表达能力		
成果提交	检测报告		
相关标准			
提示			

※ 作业指导书

【材料与器具】

1. 材料：苹果，猕猴桃，番茄，蒜薹等气调贮藏的果蔬。

2. 用具：蒸馏装置、100mL 容量瓶、研钵、吸耳球、移液管（5mL、10mL、20mL）、三角瓶（250mL、500mL）、洗瓶、滴定管、电热套、滴定架等。

3. 试剂：0.017mol/L 重铬酸钾 1000mL；0.1mol/L 硫代硫酸钠 1000mL；5％的淀粉指示剂 200mL；碘化钾 10g；浓硫酸 50mL 等。

【作业流程】

微量乙醇的提取 → 乙醇的氧化 → 游离碘的生成 → 滴定 → 结果计算

【操作要点】

1. 微量乙醇的提取 称取样品 20g 研碎，用 150mL 水洗入 500mL 烧瓶中，连接冷凝器在瓶底加热蒸馏，收集蒸馏液于 100mL 容量瓶中，达到刻度为止，盖上瓶塞，混合均匀。

2. 乙醇的氧化 在 250mL 的三角瓶中放入 0.017mol/L 的重铬酸钾 20mL，用量筒取浓硫酸 5mL，缓缓地倒入，然后滴入蒸馏液 10mL，并不断振荡，连接冷凝管，放在石棉网上加热回流，使瓶中溶液轻微煮沸 10min。

3. 游离碘的生成 待回流过的溶液冷却后，用水冲冷凝管，使全部溶液无损地盛在 250mL 三角瓶中，然后小心地将溶液移入 500mL 三角瓶，用约 200mL 水冲洗 250mL 的三角瓶，同时加入碘化钾 1g，盖塞，放置暗处 5min。

4. 滴定 自滴定管中滴入 0.1mol/L 的硫代硫酸钠溶液，当溶液的颜色由橙色变成浅黄色时，加淀粉溶液 5mL，继续滴定溶液由蓝色变为绿色为止，记下消耗的硫代硫酸钠溶液的毫升数。

5. 结果计算

根据公式，计算出所给原料的乙醇含量。

$$W = \frac{0.0115 \times (V_1 \times N_1 - V \times N)}{a \times 10/100} \times 100$$

式中　W——100g 样品中所含乙醇的量，g；

　　　a——样品克数，g；

　　　V_1——加入重铬酸钾溶液的毫升数，mL；

　　　N_1——重铬酸钾的浓度，mol/L；

　　　V——滴定时所消耗的硫代硫酸钠毫升数，mL；

　　　N——硫代硫酸钠的浓度，mol/L；

0.0115——消耗 1 毫克当量的重铬酸钾所能氧化的乙醇克数。

※ 工作考核单

工作考核单见附录。

必备知识二　果蔬的蒸腾作用

植物经常处于吸水和失水的动态平衡之中，其中只有极少数（约占 1.5%～2%）水分是用于体内物质代谢，绝大多数都散失到体外。其散失的方式，除了少量的水分以液体状态通过吐水的方式散失外，大部分水分则以气体状态散失到体外，即以蒸腾作用的方式散失。所谓蒸腾作用是指植物体内的水分以气体状态散失到大气中的过程。

采收后的果蔬离开了母体，失去了母体和土壤供给的营养和水分补充，蒸腾失去的水分一般不能再得到补偿，成为一种消极的生理过程，使其在感官上显得萎蔫、皱缩、疲软，并逐渐失去了原有的新鲜度，从而给果蔬贮藏带来一系列不利的影响。

一、蒸腾作用对果蔬的影响

1. 失重和失鲜

采后果蔬由于蒸腾作用引起的最主要表现是失重和失鲜。失重即所谓的"自然损耗"，包括水分和干物质两方面的损失，其中主要是蒸腾失水，这是果蔬在贮运中数量方面的损失。通常在温暖、干燥的环境中几个小时，大部分果蔬都会出现萎蔫。有些果蔬虽然没有达到萎蔫程度，但失水已影响果蔬的口感、脆度、硬度、颜色和风味。据试验，苹果普通贮藏的自然损耗在 5%～8%，冷藏时每周失水达 0.5% 左右。

在蒸腾失水引起失重的同时，果蔬的新鲜度下降，光泽消失，甚至会失去商品价值，即质量方面的损失——失鲜。例如苹果失鲜时，果肉变沙，失去脆度，萝卜失水而老化糠心等。

2. 破坏正常的代谢过程

水分是果蔬最重要的物质之一，在代谢过程中对于维持细胞结构的稳定、生理代谢的正常等方面具有特殊的作用。

果蔬的蒸腾失水会引起果蔬代谢失调。当果蔬出现萎蔫时，水解酶活性提高，块根块茎类蔬菜中的大分子物质加速向小分子转化，呼吸底物的增加会进一步刺激呼吸作用。如甘薯风干甜化就是由于脱水引起淀粉水解成糖的结果。当细胞失水达到一定程度时，细胞液浓度增高，有些离子如 NH_4^+ 和 H^+ 浓度过高会引起细胞中毒，甚至破坏原生质的胶体结构。有研究发现，组织过度缺水会引起脱落酸含量增加，并且刺激乙烯合成，加速器官的衰老和脱落。因此，在果蔬采后贮藏和运输期间，要尽量控制失水，以保持产品品质，延长贮运寿命。

3. 降低耐贮性和抗病性

由于失水萎蔫破坏了正常的代谢过程，水解作用加强，细胞膨压下降而造成机械结构特性改变，必然影响到果蔬的耐贮性和抗病性。资料表明，组织脱水萎蔫程度越大，抗病性下降得越厉害，腐烂率就越高。有试验证明，将灰霉菌接种在不同萎蔫程度的甜菜块根上，其腐烂率有很大的差异。

二、影响果蔬蒸腾作用的因素

果蔬蒸腾速度的快慢主要受两个方面的影响，一是产品自身性状，如品种、组织结构、理化特性等；二是贮藏的环境条件，如温度、相对湿度、空气流速等。

1. 果蔬自身因素

（1）果蔬的表面积比 表面积比是指果蔬单位质量或体积所占表面积的比率（cm²/g）。从物理学的角度看，当同一种果蔬的表面积比值高时，其蒸发失水较多。因此，在其他相同的条件下，叶片的表面积比果实大，其失水也快；块根或块茎较大的果蔬的表面积比大，因此失水也较快，在贮运过程中也更容易萎蔫。

（2）果蔬的种类、品种和成熟度 植物器官水分蒸发途径有两个，即自然孔道和表皮角质层。果蔬水分蒸腾的主要途径是通过表皮层上的气孔和皮孔等自然孔道进行，而只有极少量是通过表皮直接扩散蒸腾。

一般情况下，气孔蒸腾的速度比表皮快得多。对于不同种类、品种和成熟度的果蔬，气孔、皮孔和表皮层的结构、厚薄、数量等不同，因此蒸腾失水的快慢也不同。例如，叶菜极易萎蔫是因为叶片是同化器官，叶面上气孔多，保护组织差，成长的叶片中90%的水分是通过气孔蒸腾的。幼嫩器官表皮层尚未发育完全，主要成分为纤维素，容易透水，随着器官的成熟，角质层加厚，有的还覆盖着致密的蜡质果粉，失水速度减慢。许多果实和贮藏器官只有皮孔而无气孔，皮孔是由一些老化了的、排列紧凑的木栓化表皮细胞形成的狭长开口，不能关闭，因此水分蒸腾的速度就取决于皮孔的数目、大小和蜡层的性质。在成熟的果实中，皮孔被蜡质和一些其他的物质堵塞，因此水分的蒸腾和气体的交换只有通过角质层扩散。梨和金冠苹果容易失水，就是由于果皮上的皮孔大而且数目多的缘故。

（3）机械伤 机械伤会加速果蔬失水。当果蔬的表面受机械损伤后，伤口破坏了表面的保护层，使皮下组织暴露在空气中，因而容易失水。虽然在组织生长和发育早期，伤口处可形成木栓化组织，使伤口愈合，但是产品的这种愈合能力随着植物器官的成熟而减小，所以收获和采后操作时要尽量避免损伤。有些成熟的产品也有明显的愈合能力，如块茎和块根，在适当的温度和湿度下可加快愈合。表面组织在遭到虫害和病害时也会有伤口，增加水分的损失。

（4）细胞的保水力 细胞中可溶性物质和亲水性胶体的含量与细胞的保水力有关。原生质较多的亲水胶体，可溶性物质含量高，可以使细胞具有较高的渗透压，因而有利于细胞保持水分，阻止水分向外渗透到细胞壁和细胞间隙。

另外，细胞间隙的大小对失水也有影响，细胞间隙大，水分移动时阻力小，因而移动速度快，有利于细胞失水。

2. 环境因素

（1）温度 温度可以影响空气的饱和湿度，也就是空气中可以容纳的水蒸气量，导致产品与空气中水蒸气饱和差（饱和湿度与绝对湿度的差值）改变，从而影响产品失水的速度。温度越高，空气的饱和湿度越大，也就是空气的持水能力提高。例如，在90%相对湿度下，10℃比0℃空气中可容纳的水蒸气更多，因而10℃中产品的失水速度比0℃的大约快2倍。当环境中的绝对湿度不变而温度升高时，产品与空气之间水蒸气的饱和差增加，此时果蔬的失水就会加快。当温度下降到饱和蒸汽压等于绝对蒸汽压时，就会发生结露现象，产品表面出现凝结水。反之，随温度下降，饱和差变小，果蔬的失水也相应变慢和减少。

根据果蔬水分蒸腾与温度关系，可将果蔬分为以下三种类型。

① 温度下降，蒸腾量急剧下降：马铃薯、番薯、洋葱、胡萝卜、柿子等。

② 温度下降，蒸腾下降：番茄、花椰菜、西瓜、枇杷等。

③ 与温度关系不大，蒸腾失水快：芹菜、菠菜、茄子、黄瓜、蘑菇、芦笋、草莓等。

（2）湿度 湿度分为绝对湿度和相对湿度。绝对湿度指水蒸气在空气中所占比例的百分数；相对湿度（RH）表示空气中水蒸气压与该温度下饱和水蒸气压的比值，用百分数表示。饱和空气的相对湿度就是100%。果蔬失水速率依赖于产品和周围环境的蒸汽压差。蒸汽压差越大，水分损失增加，而这种压力差又受温度和相对湿度的影响。在一定的温度和气流下，失水速率取决于相对湿度。在一定的相对湿度条件下，水分损失随温度的提高而增加。

由于果蔬中的水含有不同溶质，因此果蔬组织中的水蒸气压不可能是100%，大部分果蔬与环境空气达到平衡时的相对湿度约为97%。当空气的湿度较低时，果蔬中的水分就会向空气中扩散，直至达到平衡时才停止失水。可见，果蔬的蒸腾失水率与贮藏环境中的湿度的关系呈显著的反相关。

（3）空气流速 果蔬的失水速率也与环境中的风速有关。空气流经产品表面，可将产品的热量带走，但同时也会增加产品的失水。风对蒸腾的影响比较复杂。微风可以促进蒸发，因为风能将其外边的水蒸气吹走，补充一些相对湿度较低的空气，扩散层变薄，外部扩散阻力减小，蒸腾就加快；而强风可能引起气孔关闭，内部阻力增大，蒸腾就会减慢一些。因此，在贮运过程中适当控制环境中的空气流动，可以减少产品的失水。

（4）光 光促进蒸发主要由两个作用造成的：一是光可使果蔬气孔张开而有利于蒸发；二是由于光线的照射，使果蔬自身温度升高，从而提高了内部蒸汽压而促进蒸发。

（5）气压 在一般状态下，贮藏在101.325kPa左右的气压范围内，对蒸腾的影响不大。但在采用真空冷却、真空干燥、减压预冷和减压贮藏等技术时，都需要改变气压，气压越低，液体沸点越低，越易蒸发。

三、控制果蔬蒸腾失水的措施

1. 降低温度

温度是影响果蔬水分蒸腾的主要因素。严格来说，温度主要是影响空气中水蒸气压力差。果蔬和贮藏库的温差越大，果实内部与冷库的水汽压差越大，果蔬越容易失水。将果蔬的温度降到库温的时间越长，果蔬失水越多。因此，迅速降温是减少果蔬蒸腾失水的首要措施。

2. 提高湿度

减少果蔬失水的另一有效措施是提高空气的相对湿度。这样可缩小产品与空气之间的水蒸气压差，因而可减少产品水分蒸腾。但是，太高的相对湿度有利于霉菌的生长，对此可采用杀菌剂来解决问题。试验表明，90%～95%的相对湿度通常是多种果实贮藏的最佳湿度条件，但对于蒸腾系数较高的叶菜类和根菜类来说，98%～100%的相对湿度更好一些。将蒸发器温度控制在低于贮藏温度2～3℃，库内的相对湿度保持在95%左右，产品的失水可大大减少。然而，洋葱和大蒜要求在更低的相对湿度（65%～70%）下贮藏，才能防止产品大量腐烂。在90%的相对湿度下，果实完熟得较好，可防止出现萎蔫，保持较好的外观和品质。故香蕉催熟时应将室内的相对湿度控制在90%左右。否则，湿度过低，香蕉成熟后果皮颜色呈现黄褐色、无光泽。

3. 控制空气流动

空气在产品周围的流动是影响失水速率的一个重要因素。空气流动虽然有利于产品散发热量，但风速对果蔬失水有很大的影响。空气在果蔬表面流动得越快，果蔬的失水速率就越大。因此，在贮藏库内适当减少空气流动可减少产品失水。这可通过控制风机在低速下运转，或者缩短风机开动的时间，以减少水分的损失。

4. 包装、打蜡或涂膜

良好的包装是减少果蔬水分损失和保持新鲜的有效方法之一。包装降低失水的程度取决于包装材料对水蒸气的透性。打蜡和涂膜不但可减少果蔬水分的蒸腾，还可以增加产品的光泽和改善商品的外观。

为了降低空气在产品表面上的流动，最简单的方法就是用塑料膜覆盖在产品堆上，或把产品装入保鲜袋、盒或纸板箱内。常用的各种包装材料都对水蒸气具有一定的渗透性，故果蔬失水在所难免。但诸如聚乙烯薄膜之类的材料可以有效地防止水分的损失。即使用纤维板或纸袋包装，与无保护的散装产品相比较，也能显著减少失水量。不过包装在减少产品失水的同时，也会降低产品的冷却速度，对此应予以注意。

必备知识三　果蔬的成熟与衰老

成熟与衰老过程是果蔬采后生理的中心问题。处于不同生理阶段的果蔬，其色泽、质地和风味有很大的差异，尤其是许多蔬菜，在幼龄阶段就被采摘下来，所以采后的变化是复杂多样的。因此，在果蔬采后生理研究的基础上，有效地控制果蔬的成熟和衰老机制，就能延长果蔬的贮藏寿命，保持其固有的外观品质、风味和营养成分。

一、成熟与衰老的概念

当果实经过一系列发育过程并已经完成成长历程，达到最适合的食用阶段，即从果实发育定型到完全成熟的阶段称为成熟。果实达到成熟阶段时已充分长成，其特征主要表现为绿色消失，显现出其特有的色香味，淀粉含量减少，可溶性糖含量迅速增加，果实变甜；有机酸含量下降，酸味减少；涩味消失，果实组织由硬变软。由于果蔬种类不同，成熟变化并非同步进行，所以成熟又可分为初熟、完熟和老熟。例如洋梨、猕猴桃等果实尽管已达到生理成熟阶段，但是果实很硬还不能食用，待放置一段时间后才宜食用。因此，这种经过软化的过程，果实的质地、风味、香气、色泽才达到最佳食用阶段的现象称为完熟。达到食用标准的完熟可以发生在植株上，也可以在采后，把果实采后呈现特有的色香味的过程称为后熟。在后熟的过程中，果实在乙烯产生、呼吸上升、物质消长等生理上也发生着一系列的变化。因此，要适当控制温度、湿度和空气成分，可延缓后熟过程的进行，为果实贮藏提供了极为有利的条件。

果蔬的衰老是指一个果实已走到个体发育的最后阶段，果肉组织开始分解，其生理上开始一系列不可逆的变化，最终导致细胞崩溃及整个器官死亡的过程。目前，较为流行的果蔬衰老假说有激素与衰老学说、自由基与衰老学说、基因调控与衰老学说等，虽为果蔬衰老的研究提供了很好的思路和模式，但是每一种机理都有其难以解释的问题，因此都不详尽。

二、成熟与衰老时的化学成分变化

果蔬所含的物质成分可分为两部分：水分和干物质。水分包括游离水和束缚水，干物质包括可溶性固形物和非可溶性固形物。可溶性固形物主要有：糖、有机酸、果胶和一部分含氮化合物、色素和微生物；非溶性固形物主要有：淀粉、原果胶、纤维素、脂肪、部分色素、维生素等。果蔬采收后物质积累停止，干物质不再增加，已经积蓄在果蔬中的各种物质有的逐渐消耗于呼吸，有的则在酶的催化下经历种种转化、转移、分解和重组合（表3-5）。这些物质各有各的特性，这些特性是决定果蔬品质的重要因素。

表 3-5　果蔬成熟的一些生理生化变化

降解	合成
叶绿体分解；淀粉的水解；水解酶活化；酸的破坏；酚类物质引起的钝化；果胶质水解；乙烯引起细胞软化	形成类胡萝卜素和花青苷；糖类互相转化；促进 TCA 循环；合成香气挥发物；增加氨基酸含量；乙烯合成途径的形成；加快转录和翻译速率

1. 水分

水分是果蔬的主要成分，果蔬中水的含量依果蔬种类和品种而异，如草莓含水量可达 90.5％，苹果含水量在 80.1％左右，板栗的含水量在 8.46％～26.31％。

水分是影响果蔬嫩度、鲜度和味道的重要成分，与果蔬的风味品质有密切关系。如果果蔬含水量大，会造成果蔬耐贮性差、容易变质和腐烂的现象。

2. 干物质

（1）糖类

① 糖　大多数果蔬都含有糖，糖是决定果蔬营养和风味的重要成分，是果蔬甜味的主要来源，也是果蔬重要的贮藏物质之一。果蔬中的糖主要包括：果糖、葡萄糖、蔗糖和某些戊糖等可溶性糖，不同的果蔬含糖的种类不同。例如苹果、梨中主要以果糖为主，桃、樱桃、杏、番茄主要含葡萄糖，果糖次之；甜瓜、胡萝卜主要为蔗糖。不同种类的果蔬含糖量差异很大，而且果蔬在成熟和衰老过程中含糖量和含糖种类也在不断地变化。一般果蔬的含糖量随着成熟而增加，但是块茎、块根等蔬菜则相反，成熟度越高，含糖量越低。

② 淀粉　在未成熟的果实中含有大量的淀粉，香蕉的绿果中淀粉含量为 20％～25％，而成熟后下降到 1％以下。苹果在刚采收时淀粉含量较高，贮藏中淀粉逐渐减少，而糖分增加。块根、块茎类蔬菜中含淀粉最多，如藕、菱角、芋头、山药、马铃薯等，其淀粉含量与老熟程度成正比增加。

③ 纤维素和半纤维素　这两种物质都是植物的骨架物质细胞壁的主要构成部分，对组织起着支持作用。纤维素在果蔬皮层中含量较多，又能与果实的木素、栓质、角质、果胶合成复合纤维素，这对果蔬的品质和贮运有重要意义。果蔬成熟衰老时产生木素和角质使组织坚硬粗糙，影响品质，如芹菜、菜豆等老化时纤维素含量增加。另外，许多霉菌含有分解纤维素的酶，受霉菌感染腐烂的果蔬往往变为软烂的状态，就是因为纤维素和半纤维素被分解的缘故。

④ 果胶　果胶物质的含量以及种类直接影响果蔬的硬度以及坚实度。不同种类的果蔬果胶物质的含量是不同的。原果胶是一种非水溶性物质，存在于植物和未成熟的果实中，常

与纤维素结合，也称为果胶纤维素，使果实显得坚实脆硬。随着果实成熟，在果实中原果胶酶作用下，分解为果胶。果胶易溶于水，存在于细胞液中。成熟的果实为何会变软、变绵以至水烂解体？原因是原果胶与纤维素分离变成了果胶，使细胞间失去了黏结作用，因而形成松弛组织。果胶的降解受果实成熟度和贮藏条件双重影响。当果实进一步成熟、衰老时果胶继续被果胶酸酶作用，分解为果胶酸和甲醇，果胶酸没有黏结能力，这时的果实会变得绵软甚至水烂。当果胶进一步分解成为半乳糖醛酸时，果实腐烂解体。

（2）**酚类物质**　酚类物质与果蔬的风味、褐变和抗病性相关，随着果蔬的成熟，酚类物质含量降低。果蔬在贮藏过程中的褐变是由酶促褐变引起的，例如梨果皮以及果肉变褐主要由于酚类物质在多酚氧化酶的作用下氧化成醌，醌进一步聚合成黑色的物质。控制褐变应从控制单宁含量、酶（氧化酶、过氧化酶）的活性及氧的供给三个方面考虑。实践中，使用英国森柏尔保鲜剂可以有效地抑制苹果和梨的褐变。这种保鲜剂是通过给果实覆涂一层生物膜，阻隔 O_2 进入果实，抑制果实发生氧化反应，从而达到减少果实褐变的效果。

（3）**芳香物质**　果蔬所含的芳香物质是由多种组分构成，同时随地区的栽培条件、气候条件和生长发育阶段的不同而变化（表3-6）。芳香物质的变化同成熟衰老也有关系。芳香物质在果蔬中的含量一般为 $1\sim20mg/L$，只有当果实开始成熟时才有足够数量的挥发性化合物释放出来。如香蕉在高峰期后 24h 才有值得注意的挥发性产物出现，苹果开始转为黄绿色时挥发物含量最高。

表3-6　部分果蔬芳香物质的主要组成

果蔬名称	芳香物质主要组成	果蔬名称	芳香物质主要组成
苹果（绿色）	乙醛、2-乙烯醛	甘蓝（生）	烯丙基芥子油
香蕉（成熟）	丁子香酚	萝卜	4-甲硫-反-3-丁醛异硫
香蕉（绿色）	乙烯醛	蘑菇	辛烷-3-醇蘑菇香精
柠檬	柠檬醛	黄瓜	2,6-壬二烯

（4）**有机酸**　果蔬中有多种有机酸，其中主要有柠檬酸、苹果酸和酒石酸，此外还有草酸、酮戊二酸等。通常果实发育完成后有机酸的含量最高，随着成熟和衰老其含量呈下降趋势。果蔬成熟及衰老过程中，有机酸含量降低主要是由于有机酸参与果蔬呼吸，作为呼吸的基质而被消耗掉。在贮藏中果实的有机酸下降的速度比糖快，而且温度越高有机酸的消耗也越多，造成糖酸比逐渐增加，这也是有的果实贮藏一段时间以后吃起来变甜的原因。果蔬中有机酸的含量以及有机酸在贮藏过程中的变化快慢，通常作为判断果蔬成熟和贮藏环境是否适宜的一个指标。

（5）**色素**　色素构成了果蔬的色泽，色泽是人们感官评价果蔬质量的一个重要因素，也是检验果蔬成熟衰老的依据。绿色是果蔬的一个重要的品质因素，但在贮藏中总是要脱绿或黄化。香蕉由青转黄，果皮中的叶绿素全部消失，叶黄素和类胡萝卜素则维持不减。柑橘果实在绿色褪去的同时有类胡萝卜素的合成。绿色的番茄、青椒、苹果、桃等成熟时就显出红、黄等本品种固有的色泽。这都是因为叶绿素分解丧失了绿色，而胡萝卜素、番茄红素、花青素等合成的缘故。

（6）**维生素**　维生素C是植物体在光的作用下合成的，因此果蔬在生长过程中，光照时数以及光的质量对于果蔬中维生素C的含量影响很大。果蔬种类不同，维生素C含量有很大差异。果蔬的不同组织部位其含量也不同，一般是果皮中维生素 C 含量高于果肉的含量。

维生素 C 在酸性条件下比较稳定，由于果蔬本身含有促进维生素 C 氧化的酶，因而在贮藏过程中会逐渐被氧化减少。减少的快慢与贮藏条件有很大的关系，一般在低温、低氧中贮藏的果蔬，可以降低或延缓维生素 C 的损失。

（7）酶　果蔬细胞中含有各种各样的酶，溶解在细胞汁液中。果蔬中所有的生物化学作用都是在酶的参与下进行的。果实成熟时硬度降低，与半乳糖醛酸酶和果胶酯酶的活性增加相关。例如苹果、香蕉、芒果、菠萝、番茄等在成熟中变软，是由于果胶酯酶和多聚半乳糖醛酸酶活性增强。梨在成熟过程中，果胶酯酶活性增加时，即已达到初熟阶段。番茄果肉成熟时变软，是受果胶酶类作用的结果。

伴随果实成熟衰老过程，SOD（超氧化物歧化酶）、CAT（过氧化氢酶）、POD（过氧化物酶）三种抗氧化酶活性均有升高或高峰出现，且其升高一般在呼吸跃变、乙烯释放高峰前后出现。番茄、哈密瓜在成熟衰老过程中，POD 活性的强弱变化正好与呼吸跃变的变化相仿，也和乙烯释放的变化相吻合，即幼果和绿熟果的 POD 活性低，成熟果的活性最高，但过熟果又有所下降。哈密瓜成熟衰老过程中 CAT 的活性变化趋势与 POD 相同。冬果梨、酥木梨贮藏过程中，在呼吸高峰前期 CAT 活性较低，以后随呼吸作用增强而逐步升高，并与呼吸作用同时达到最高点，此后又逐渐下降，直到贮藏末期果实组织败坏时呼吸又有升高的趋势，CAT 活性亦有再度升高的现象。苦瓜食用适期采收 8d 后，叶绿素消失，瓜皮转黄，呼吸速率完成由降到升的转折，乙烯释放增加迅速，SOD、CAT、POD 活性急剧升高。桃、李、杏、猕猴桃、枇杷、柚采后成熟衰老过程中均伴有 SOD、CAT、POD 活性的升高或高峰出现。

三、乙烯与果蔬成熟和衰老的关系

早在 1901 年，俄国植物学家曾报道，照明气中的乙烯会引起黑暗中生长的豌豆幼苗产生"三重反应"，认为乙烯是生长调节剂。1934 年 Gane 首次从苹果中分离出乙烯，从而确定成熟苹果会产生乙烯。正是由于乙烯存在的普遍性和作用的广泛性，目前已经成为植物生理及果品生理研究的一个具有很大吸引力的重要课题。不同果蔬的乙烯释放见表 3-7。

表 3-7　不同果蔬的乙烯释放

类别	20℃下乙烯释放量/[μL/(kg·h)]	品种
很低	<0.1	葡萄、柑橘、樱桃、草莓、石榴、枣、朝鲜蓟、石刁柏、花椰菜、马铃薯、叶菜类、根菜类
低	0.1~1.0	黄瓜、茄子、甜椒、辣椒、南瓜、油橄榄、黄秋菊、罗望子、覆盆子、西瓜、菠萝、柿子、黑莓、欧洲越橘、卡沙巴甜瓜、蔓越橘
中度	1.0~10.0	香蕉、芒果、荔枝、大蕉、白兰瓜、无花果、番石榴、番茄
高	10.0~100.0	苹果、梨、桃子、杏、李子、油桃、猕猴桃、木瓜、鳄梨、硬皮甜瓜、费约果
很高	>100.0	南美番荔枝、西番莲

注：此表引自中华梨网。

1. 乙烯作用的机理

乙烯是一种小分子气体，在果蔬中有很大的流动性。Terrai 等发现，用乙烯局部处理已长成的绿色香蕉，处理部分的果实先开始成熟，并逐步扩展到未经处理的部分；在香蕉的顶端施用乙烯 3h 后，未处理的另一端即有大量的乙烯释放出，这说明乙烯在果实内的流动性和作用是相当快的。关于乙烯促进成熟的机理，目前尚未完全清楚，主要有以下几种观点。

(1) 提高细胞膜的透性　乙烯的生理作用是通过影响膜的透性而实现。乙烯在油脂中的溶解度比在水中大 14 倍，而细胞膜是由蛋白质、脂类、糖类等组成，乙烯作用于膜的结果会引起膜性质的变化，膜透性增大，增加底物与酶的接触，从而加速果蔬的成熟。例如，有人发现乙烯促进香蕉切片呼吸上升的同时，从细胞中渗出的氨基酸量增加，表现膜透性增加。用乙烯处理甜瓜果肉也发现类似现象。

(2) 促进 RNA 和蛋白质的合成　乙烯能促进跃变型果蔬中的 RNA 合成，这一现象在无花果和苹果中都曾观察到，表明乙烯可能在蛋白质合成系统的转录水平上起调节作用，导致与成熟有关的特殊酶的合成，促进果实成熟。

(3) 乙烯受体与乙烯代谢　一般认为，在乙烯起生理作用之前，首先要与某种活化的受体分子结合，形成激素受体复合物，然后由这种复合物去触发初始生化反应，后者最终被转化为各种生理效应。目前未发现乙烯参与植物体内的生化反应或作为辅酶因子，但可与金属离子结合。所以有人认为乙烯在活体内与一个含金属的受体部位结合，在高浓度 CO_2 下贮藏能延迟果实成熟，可能是因为 CO_2 与乙烯竞争受体结合部位而引起的。

2. 乙烯对果实具有促进成熟的作用

许多试验证明，在果实发育和成熟阶段均有乙烯产生，跃变型果蔬在跃变开始到跃变高峰时的内源乙烯的含量比非跃变型果蔬高得多，而且在此期间内源乙烯浓度的变化幅度也比非跃变型果蔬要大。

有人曾经提出乙烯浓度阈值的概念，即如果要启动完熟或呼吸对乙烯产生反应，组织中必须积累一定浓度的乙烯。一般认为乙烯浓度的阈值为 $0.1\mu g/g$，芒果等果实在跃变前的乙烯浓度都低于 $0.1\mu g/g$，而香蕉的乙烯浓度在跃变前达到 $0.1\mu g/g$，非跃变型果蔬如柠檬、菠萝等的内源乙烯的浓度始终超过 $0.1\mu g/g$。因此，不同果实的乙烯阈值是不同的，而且果实在不同的发育期和成熟期对乙烯的敏感度是不同的。一般来说，随果龄的增长和成熟度的提高，果实对乙烯的敏感性提高，因而诱导果实成熟所需的乙烯浓度也随之降低。幼果对乙烯的敏感度很低，即使施加高浓度外源乙烯也难以诱导呼吸跃变。但对于即将进入呼吸跃变的果实，只需用很低浓度的乙烯处理，就可诱导呼吸跃变出现。在同样的温度下，用 300mg/L 的乙烯催熟温州蜜柑，对于采收时已经开始转黄的果实，处理后 4～5d 就可完全转黄；而完全青绿时采收的果实，催熟后 8～10d 果实还未能正常转黄。

乙烯是成熟激素，可诱导和促进跃变型果蔬成熟，主要的根据如下：①乙烯生成量增加与呼吸强度上升时间进程一致，通常出现在果实的完熟期间；②外源乙烯处理可诱导和加速果实成熟；③通过抑制乙烯的生物合成（如使用乙烯合成抑制剂 AVG、AOA）或除去贮藏环境中的乙烯（如减压抽气、乙烯吸收剂等），能有效地延缓果蔬的成熟衰老；④使用乙烯作用的拮抗物（如 Ag^+，CO_2，1-MCP）可以抑制果蔬的成熟。虽然非跃变型果蔬成熟时没有呼吸跃变现象，但是用外源乙烯处理能提高呼吸强度，同时也能促进叶绿素破坏、组织软化、多糖水解等。所以，乙烯对非跃变型果蔬同样具有促进成熟、衰老的作用。

四、贮藏运输实践中对乙烯以及成熟的控制

乙烯在促进果蔬的成熟中起关键的作用。因此，凡是能抑制果蔬乙烯生物合成及其作用

的技术，一般都能延缓果蔬成熟的进程，从而延长贮藏时间和保持较好的品质。通过生物技术调节乙烯的生物合成，为果蔬的贮藏保鲜研究和技术的发展注入了新的活力。在果蔬贮藏运输实践中，常采用多种技术来控制乙烯和果蔬的成熟。

1. 控制采收成熟度

一般果蔬乙烯生成量在生长前期很少，在接近完熟期时剧增。对于跃变型果蔬，内源乙烯的生成量在呼吸高峰时是跃变前的几十倍甚至几百倍。随着果蔬采摘时间的延迟和采收成熟度的提高，果蔬对乙烯变得越来越敏感，这可能是成熟拮抗物质的消失所致。因此，要根据贮藏运输期的长短来决定适当的采收期。如果果蔬贮藏运输的时间短，一般应在成熟度较高时采收，此时的果蔬表现最佳的色、香、味状态。如果贮藏运输的时间较长，应在果蔬充分增大和养分充分积累、在生理上接近跃变期但未达到完熟阶段时采收，这时果蔬的内源乙烯的生成量一般较少，耐贮性较好。

2. 防止机械损伤

乙烯生物合成过程中，机械损伤可刺激乙烯的大量增加。当组织受到机械损伤、冻害、紫外线辐射或病菌感染时，内源乙烯含量可提高 $3\sim10$ 倍。乙烯可加速有关的生理代谢和贮藏物质的消耗以及呼吸热的释放，导致品质下降，促使果蔬的成熟和衰老。此外，果蔬受机械损伤后，易受真菌和细菌侵染，真菌和细菌本身可以产生大量的乙烯，又可促进果蔬的成熟和衰老，形成恶性循环。在贮藏实践中，受机械损伤的果蔬容易长霉腐烂，而长霉的果蔬往往提早成熟，贮藏寿命缩短。因此，在采收、分级、包装、装卸、运输和销售等环节中，必须做到轻拿轻放和良好的包装，以避免机械损伤。

3. 避免不同种类果蔬的混放

不同种类或同一种类但成熟度不同的果蔬，乙烯生成量有很大的差别。因此，在果蔬贮藏运输中，不要把不同种类或虽同一种类但成熟度不一致的果蔬混放在一起。否则，乙烯释放量较多果蔬可促进乙烯释放量较少果蔬的成熟，缩短贮藏保鲜时间。在许多情况下，甚至也不主张将同一种类不同品种的果蔬在一起混贮混运。

4. 乙烯吸收剂的应用

乙烯吸收剂可有效地吸收包装内或贮藏库内果蔬释放出来的乙烯，显著地延长果蔬的贮藏时间。乙烯吸收剂已在生产上广泛应用，常用的是高锰酸钾。高锰酸钾是强氧化剂，可以有效地使乙烯氧化而失去催熟作用。因氧化剂本身表面积小，而且吸附能力弱，去除乙烯的速度缓慢，因此一般很少单独使用，通常是用吸收了饱和高锰酸钾溶液的载体来脱除乙烯。作为高锰酸钾载体的物质有蛭石、氧化铝、珍珠岩等具有较大表面积的多孔物质。载体吸收了饱和高锰酸钾溶液，就形成了氧化吸附型的乙烯吸收剂。利用载体较大的表面积和高锰酸钾的氧化作用，显著地提高了脱除乙烯的效果。高锰酸钾乙烯吸收剂可将香蕉、芒果、番木瓜和番茄等果蔬的贮藏保鲜时间延长 $1\sim3$ 倍。在使用中要求贮藏环境要密闭，果蔬的采收成熟度宜掌握在生理上接近跃变期的青熟阶段。如香蕉宜在 $70\%\sim80\%$ 的饱满度采收，番茄宜在绿熟期采收，果蔬的成熟度过高，成熟已经启动，乙烯吸收剂的效果就不明显。

5. 控制贮藏环境条件

（1）适当的低温 乙烯的产生速率及其作用与温度有密切的关系。对大部分果蔬来说，当温度在 $16\sim21℃$ 时乙烯的作用效应最大。因此，果蔬采收后应尽快预冷，在不出现冷害的前提下，尽可能降低贮藏运输的温度，以抑制乙烯的产生和作用，延缓果蔬的成熟衰老。控制适当的低温是果蔬贮运保鲜的基本条件。

（2）降低 O_2 浓度和提高 CO_2 浓度　降低贮藏环境的 O_2 浓度和提高 CO_2 浓度，可显著抑制乙烯的产生及其作用，降低呼吸强度，从而延缓果蔬的成熟和衰老。

6. 利用臭氧（O_3）和其他氧化剂

O_3 是很好的消除乙烯的氧化剂，可通过放电或紫外线照射，从大气的氧中产生。因为 O_3 是气态的，易与乙烯混合。用 O_3 消除乙烯的方法是建立一个利用紫外线产生 O_3 的容器装置，将含有乙烯的空气通过这个装置，乙烯和 O_3 在高温条件结合，在催化剂（例如已载铂石棉）的作用下，乙烯就会被氧化。此设备以陶制的装置作为热吸收器，克服了受热空气影响的问题，而且通过这个装置的气流是可逆的。这个乙烯洗涤器非常有效，经洗涤后可把乙烯的浓度降到原来的1％。此装置适合小型贮藏库或长期气调贮藏。

7. 使用乙烯受体抑制剂 1-MCP

1-MCP（1-甲基环丙烯）是近年研究较多的乙烯受体抑制剂，对抑制乙烯的生成及其作用有良好的效果，可有效地延长水果、蔬菜和花卉的保鲜期。1-MCP 是一种环状烯烃类似物，分子式 C_4H_6，物理状态为气体，在常温下稳定，无不良气味，无毒。1-MCP 起作用的浓度极低，建议应用浓度范围为 $100\sim1000\mu L/L$，据研究，1-MCP 的作用模式是结合乙烯受体，从而抑制内源乙烯和外源乙烯的作用。在 $0\sim3℃$ 下贮藏，1-MCP 对乙烯的抑制作用大多是不可逆的。但是，果蔬如果在常温下贮藏，或是冷藏后在室温下催熟，一段时间后乙烯就会起反应。

1-MCP 处理可延缓香蕉果皮颜色的改变和果实的软化，延长货架寿命，抑制果实的呼吸和乙烯的产生。苹果在呼吸高峰前和高峰后用 1-MCP 处理，可在 $0℃$ 贮藏 6 个月及在 $20\sim24℃$ 贮藏 60d，1-MCP 处理抑制了果实的变软和可滴定酸的减少，降低了果实的呼吸和乙烯的生成量，延长了果实的贮藏期和货架期。草莓在 $20℃$ 下用 $5\sim500\mu L/L$ 的 1-MCP 熏蒸 2h，然后置于含 $0.1mL/L$ 乙烯的 $20℃$ 和 $5℃$ 的室温下，结果表明，$5\sim15\mu L/L$ 的 1-MCP 处理分别延长了 35％（$20℃$）和 150％（$5℃$）的采后寿命，但是高浓度的 1-MCP 处理草莓反而加速品质的损失，$500\mu L/L$ 的 1-MCP 分别减少了 30％（$20℃$）和 60％（$5℃$）的采后寿命。

8. 利用乙烯催熟剂促进果蔬成熟

用乙烯进行催熟，对调节果蔬的成熟期具有重要的作用。在商业上用乙烯催熟果蔬的方式有乙烯气体和乙烯利（液体），传统的点香熏烟催熟方法在农村中还有少量使用。在国外有专用的水果催熟库，将一定浓度的乙烯（$100\sim500mL/L$）用管道通入催熟库。用乙烯利催熟果实的方法是将乙烯利配成一定浓度的溶液，浸泡或喷洒果实。乙烯利在 $pH>4.1$ 的条件下分解释放出乙烯，由于植物细胞的 $pH>4.1$，乙烯利的水溶液进入组织后即被分解，释放出乙烯。

五、生物技术在控制成熟与衰老中的应用

美国科学家用转基因方法找到了一种控制番茄早熟或延长上市时间等有用性状的基因，并将这一基因移植番茄内。通过控制放慢成熟的功能基因，研制出延缓番茄成熟的新方法，近年来已经完善了制造转基因植物的技术。新培育的转基因番茄的番茄红素比非转基因多2.5 倍，这种番茄上市时间较长，在成熟过程中和成熟后，其细胞膜衰老较慢，且每季可开3～4 次花，而常规品种通常仅开 2 次花。

1. 微生物拮抗保鲜菌保鲜

微生物拮抗保鲜菌（多种酵母菌、丝状真菌与细菌）作为果蔬的多种真菌病原微生物的竞争性抑制剂。

天然微生物拮抗剂可以控制导致果实采后严重病害的伤害病原菌。目前，已经筛选出两种对果实采后伤害病原菌微生物具有广谱活性的、不产生抗生素的酵母菌。基于拮抗剂对普通杀菌剂敏感性的研究结果，未来微生物拮抗剂研究的目标应是采用综合途径即拮抗剂与低剂量选择性杀菌剂配合对贮藏条件的调控，这将比单一应用拮抗剂更能有效控制采后腐烂。

2. 天然提取物质保鲜

天然提取物质是从天然物质中提取、确定、筛选出抑菌效果好且具有互补效应的活性物质，抑制微生物，达到绿色保鲜效果。

3. 基因工程技术保鲜

基因工程技术保鲜将进行农产品完熟、衰老调控基因以及抗病基因、抗褐变基因和抗冷基因的转导研究，从基因工程角度解决产品的保鲜问题。

任务七 果蔬中可溶性固形物含量的测定

※ 工作任务单

学习项目：果蔬采后生理		工作任务：果蔬中可溶性固形物含量的测定
时间		工作地点
任务内容		根据作业指导书，能使用手持糖度计（或折射仪），测定果蔬中可溶性固形物含量；工作成果展示
工作目标		知识目标： ①了解果蔬采后生理的有关概念； ②掌握果蔬的成熟与衰老作用的基本理论； ③掌握果蔬中可溶性固形物含量的测定原理和方法。 技能目标： ①能测定果蔬中的可溶性固形物含量； ②能使用手持糖度计（或折射仪）进行操作； ③能计算检测结果。 素质目标： ①小组分工合作，培养学生沟通能力和团队协作精神； ②阅读背景材料和必备知识，培养学生自学和归纳总结能力； ③讨论并展示成果，培养学生分析解决问题和语言表达能力
成果提交		检测报告
相关标准		
提示		

※ 作业指导书

【材料与器具】

1. 材料：苹果、桃、梨、番茄、黄瓜等。

2. 用具：手持糖度计（图3-6）、50mL烧杯、滤纸、擦镜纸等。

3. 试剂：蒸馏水。

【作业流程】

果蔬预处理 → 滴定 → 结果计算与记录

【操作要点】

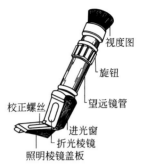

图3-6　手持糖度计

1. 手持糖度计校正　手持糖度计的结构如图3-6所示。使用前先用蒸馏水对仪器进行校正。即掀开照明棱镜盖板，用镜头纸将折光棱镜拭净，滴2滴蒸馏水，合上照明棱镜盖板，将仪器进光窗对向光源或明亮处，调节校正螺丝，将视场分界线校正为0处，然后把蒸馏水拭净，准备测定样品液。

2. 果蔬可溶性固形物的测定　取果蔬汁液2滴，置于折光棱镜面上，按蒸馏水校正仪器的步骤进行测试。视场中所见明暗分界线相应的读数，即为被测果蔬汁平均可溶性固形物含量的百分数。当被测试液可溶性固形物含量低于50％时，转动旋钮，使得在目镜视场上的分划尺为0～50，视场上明暗分界线相应的刻度，即为可溶性固形物的百分含量。若可溶性固形物高于50％，则应转动旋钮，使目镜视场中所见的刻度范围为50～80，视场内明暗分界线相应的刻度读数即为被测试样的可溶性固形物的含量。也可使用数显手持糖度计测定可溶性固形物的含量。

3. 结果分析　对测定结果进行分析。

※ **工作考核单**

工作考核单见附录。

任务八　果蔬中可滴定酸含量的测定

※ **工作任务单**

学习项目：果蔬采后生理		工作任务：果蔬中可滴定酸含量的测定	
时间		工作地点	
任务内容	根据作业指导书，能测定果蔬中的含酸量；工作成果展示		
工作目标	知识目标： ①了解果蔬采后生理的有关概念； ②掌握果蔬的成熟与衰老作用的基本理论； ③掌握果蔬中含酸量的测定原理和方法。 技能目标： ①能测定果蔬中的含酸量； ②能进行滴定操作； ③能计算检测结果。		

工作目标	素质目标： ①小组分工合作，培养学生沟通能力和团队协作精神； ②阅读背景材料和必备知识，培养学生自学和归纳总结能力； ③讨论并展示成果，培养学生分析解决问题和语言表达能力
成果提交	检测报告
相关标准	
提示	

※ 作业指导书

【材料与器具】

1. 材料：苹果、柑橘、猕猴桃等。

2. 用具：分析天平、碱式滴定管、100mL 三角瓶、250mL 烧杯、200mL 和 1000mL 容量瓶、10mL 移液管、漏斗、滤纸、研钵或组织捣碎器、脱脂棉、纱布、小刀等。

3. 试剂：0.1mol/L 氢氧化钠标准溶液、酚酞指示剂。

【作业流程】

$\boxed{\text{样品预处理}} \to \boxed{\text{果蔬含酸量的测定}} \to \boxed{\text{结果记录}}$

【操作要点】

1. 样品预处理　称取均匀样品 20g，置研钵中研碎，注入 200mL 容量瓶中，加蒸馏水至刻度。混匀后，用脱脂棉或滤纸过滤到干燥的 250mL 烧杯中。

2. 滴定　吸取滤液 20mL 放入 100mL 三角瓶中，加酚酞指示剂 2 滴，用 0.1mol/L 氢氧化钠标准溶液滴定，直至呈淡红色为止。记下氢氧化钠用量。重复滴定三次，取其平均值。有些果蔬容易榨汁，而其汁含酸量可代表果蔬含酸量，榨汁后，取定量汁液 5～10mL，加蒸馏水稀释至 20mL，直接用 0.1mol/L 氢氧化钠标准溶液滴定。

3. 结果计算

使用公式计算果蔬中的含酸量。

$$果蔬含酸量(\%) = \frac{V \times C \times 换算系数}{W} \times 100\%$$

式中　　V——NaOH 溶液用量，mL；

C——NaOH 溶液浓度，mol/L；

W——滴定时所取样液中样品克数，g，或用于测定的果蔬汁液的量，mL；

换算系数——以果蔬主要含酸量种类计算，一般苹果为 0.067，柑橘为 0.064，猕猴桃为 0.064。

注：也可使用手持数显苹果酸度计测定总酸含量。

※ 工作考核单

工作考核单见附录。

必备知识四　蔬菜的休眠

休眠是植物体或其器官在发育的某个时期生长和代谢暂时停止的现象，通常特指由内部生理原因决定，即使外界条件（温度、水分）适宜也不能萌发和生长。种子、茎（包括鳞茎、块茎）、块根上的芽都可以处于休眠状态。

植物生活在冷、热、干、湿季节性变化很大的气候条件下，种子或芽在气候不利的季节到来之前进入休眠状态，可避免以生命活动旺盛、易受逆境伤害的状态度过寒冷、干旱等严酷时期。因此，对于高纬度冬季寒冷的地区和低纬度旱季缺水的地区，休眠都有重要的生理意义。

一、休眠的现象与类型

1. 休眠的现象

休眠是一种相对现象，并非绝对地停止一切活动，是植物发育中的一个周期性时期，是植物在进化过程中形成的一种对环境条件和季节性气候变化的生物学适应。植物生长发育过程中遇到不良环境条件时，有的器官会暂时停止生长，如种子、芽、鳞茎、块茎类蔬菜发育成熟后，体内积累了大量营养物质，原生质发生变化，代谢水平降低，生长停止，水分蒸腾减少，呼吸作用减缓，一切生命活动都进入相对静止的状态，以便增加对不良环境的抵抗能力。植物在休眠期间，新陈代谢、物质消耗和水分蒸发都降到最低限度，较好地保持了蔬菜的食用品质，对贮藏极为有利。

不同种类的果蔬其休眠期长短不同。马铃薯的休眠期为 2～4 个月；洋葱的休眠期为 1.5～2.5 个月；大蒜的休眠期 60～80d，一般夏至收获，到 9 月中旬开始萌芽。另外，休眠期在果蔬品种间也存在差异。我国不同品种马铃薯的休眠期可以分为 4 种情况：无休眠期的，如黑滨；休眠期比较短的，如丰收白的休眠期大约有 1 个月；休眠期中等的，如 2～2.5 个月的白头翁；休眠期长的 3 个月以上，如克新 1 号等。

2. 休眠的类型

休眠按起因和深度可以分为生理休眠和被迫休眠。生理休眠又称自发性休眠，是植物内在因素引起的休眠，主要受基因的调控，即使给予适宜的条件仍然要休眠一段时间，暂时不萌发。自发性休眠可以分为三个阶段：前休眠、深休眠和后休眠。前休眠是休眠的准备阶段；深休眠是生理休眠期，在此阶段植物完全进入"静止"状态；而后休眠是自发性休眠的最后阶段，往往与外界条件转为适宜打破休眠的条件同步。

被迫休眠又称他发性休眠，是遇到不良环境条件造成的暂停发芽生长，当不良环境因素改变后便可恢复生长。

具有典型生理休眠阶段的蔬菜有洋葱、大蒜、马铃薯、生姜等；而大白菜、萝卜、花椰菜等不具有生理休眠阶段，在贮藏中常因低温等条件抑制了发芽而处于被迫休眠状态。

二、休眠的生理生化特征

蔬菜休眠可分为三个阶段，第一个阶段称作休眠前期，也可以叫准备阶段。此阶段是蔬菜从生长向休眠的过渡阶段，蔬菜刚刚收获，代谢旺盛，呼吸强度大，体内的物质由小分子向大分子转化，同时伴随着伤口的愈合，木栓层形成，表皮和角质层加厚，或形成膜质鳞片，使水分蒸发减少。在此期间，如果条件适宜可诱发萌芽，延迟休眠。第二个阶段叫生理休眠期，也可称深休眠或真休眠，在此阶段蔬菜真正处于相对静止的状态，其新陈代谢下降到最低水平，外层保护组织完全形成，水分蒸发减少，在这一时期即使有适宜的条件也不会发芽，深休眠期的长短与蔬菜的种类和品种有关。第三个阶段为复苏阶段，也可以称为强迫休眠阶段，即通过休眠后，如果环境条件不适宜，抑制了代谢功能的恢复，使器官继续处于休眠状态。一旦外界条件适宜，便会打破休眠，此时蔬菜由休眠向生长过渡，体内的大分子物质又开始向小分子转化，可以利用的营养物质增加，为发芽、伸长、生长提供了物质基础。此阶段可以利用低温强迫产品休眠，延长贮藏寿命。

在上述三个不同的休眠阶段里，细胞内部发生了一系列的生理生化变化，主要表现在以下几个方面。

1. 细胞结构的变化

在细胞内首先发生质壁分离，胞间连丝中断，每个细胞形成独立的单位，原生质不能吸水膨胀，在休眠前期和强迫休眠期细胞多呈凹陷形质壁分离，而在生理休眠期则呈凸形质壁分离。此外，原生质膜上的类脂物质疏水胶体增多，对水的亲和能力下降，组织发生木栓化，使得保护组织加强，对气体的通透性下降。休眠期过后，原生质重新贴紧细胞壁，胞间连丝恢复，原生质中疏水胶体减少，亲水胶体增加，使细胞内外的物质交换变得方便，对水和氧的通透性加强。

2. 酶活性的变化

许多研究结果表明，酶与休眠有直接关系，休眠是激素作用的结果。休眠过程中 DNA 和 RNA 都有变化，休眠期中没有 RNA 合成，打破休眠后才有 RNA 合成。赤霉素（GA）可以打破休眠，促进各种水解酶、呼吸酶的合成，活化和促进 RNA 合成，并且使各种代谢活动活跃起来，GA 能促进 α-淀粉酶的活性，为发芽作物质准备。脱落酸（ABA）可以抑制 mRNA 合成，促进休眠。休眠实际上是 ABA 和 GA 维持一定平衡的结果，当 ABA 和各种抑制因子减少时，GA 起作用。ABA 和 GA 含量与日照有关，长日照促进 GA 生成，短日照促进 ABA 生成。

3. 贮藏物质的变化

一般来说，在植物的休眠期几乎看不到糖类的变化，例如马铃薯在休眠中淀粉含量没有变化，糖含量总是很低；到发芽期，淀粉减少，而糖的含量急剧增加。洋葱的情况也与此很类似，只是洋葱贮藏的养分是糖，实际是蔗糖与单糖比例的变化。

研究还发现，马铃薯块茎休眠中抗坏血酸通常是缓慢下降，到萌芽期时萌芽部和皮层部明显积累还原性抗坏血酸，洋葱也是同样的趋势。

三、控制休眠的方法及应用

蔬菜一过休眠期就会发芽，使蔬菜的重量减轻，品质下降，如马铃薯的休眠期一过，不仅薯块表面皱缩，而且产生一种生物碱（龙葵素），食用时对人体有害；洋葱、大蒜和生姜发芽后肉质会变空、变干，失去食用价值。因此必须设法控制休眠，防止发芽，延长贮藏期。下面分别阐述温度、气体成分、化学药剂和辐射处理对休眠的控制作用。

1. 温度和气体成分对休眠的影响

低温、低湿和适当地提高 CO_2 的浓度等改变环境条件抑制呼吸的措施都能延长休眠，抑制萌发。气体成分对马铃薯的抑芽效果不明显，5％的氧和10％的 CO_2 对抑制洋葱发芽和蒜薹薹苞的膨大有一定的作用。

与此相反，适当的高温、高湿、高氧都可以加速休眠的解除，促进发芽。在生产上催芽一般要提供适宜的温度、湿度也是同样的道理。

2. 化学药剂对休眠的影响

化学药剂处理有明显的抑芽效果，早在 1939 年 Guthric 就首先使用萘乙酸甲酯（MENA）防止马铃薯发芽，MENA 具有挥发性，不仅能抑芽而且可以抑制萎蔫，薯块经处理后 10℃下一年不发芽，在 15～21℃ 下也可以贮藏几个月。在生产上使用时可以先将 MENA 喷到作为填充用的碎纸上，然后与马铃薯混在一起，或者把 MENA 药液与滑石粉或细土拌匀，然后撒到薯块上，当然也可将药液直接喷到薯块上。MENA 的用量与处理时期有关，休眠初期用量要多一些，但在块茎开始发芽前处理时，用量则可大大减少，美国 MENA 的用量为 100mg/kg，我国上海等地的用量为 0.1～0.15mg/kg。其他的生长调节剂也有抑制发芽的作用，但效果没有 MENA 好。要注意的是该药物不能在种薯上应用。

青鲜素（MH）是用于洋葱、大蒜等鳞茎类蔬菜的抑芽剂，采前应用时，必须将 MH 喷到洋葱或大蒜的叶子上，药剂吸收后渗透到鳞茎内的分生组织中和转移到生长点，起到抑芽作用。一般是在采前两周喷洒，药液可以从叶片表面渗透到组织中，喷药过晚叶子干枯，没有吸收与运转 MH 的功能；喷洒过早，鳞茎还处于迅速生长过程中，MH 对鳞茎的膨大有抑制作用，会影响产量。MH 的浓度以 0.25％ 为最好，每公顷用药量为 450kg 左右。

3. 辐射对休眠的影响

辐射处理对抑制块茎、鳞茎类蔬菜如马铃薯、洋葱、大蒜和生姜发芽都有效，并已在世界范围获得公认和推广。用 6～15krad 射线处理后可以使蔬菜长期不发芽，并在贮藏中保持良好的品质。抑制洋葱发芽的 γ 射线辐射剂量为 1.03～2.58C/kg，在马铃薯上的应用辐射剂量为 2.06～2.58C/kg。

必备知识五　果蔬的低温伤害

低温通常对果蔬贮运是有利的，果蔬采收后进行低温贮藏保鲜以增加其产后附加值，但是果蔬采后仍是活的有机体，不适宜的低温则会对其造成低温伤害。低温伤害可根据低温程度和受害情况分为冷害和冻害，尤其是冷害的发生导致所贮产品品质降低，严重影响经济效益。多年来，国内外相关人员进行了大量的有关果蔬贮藏冷害的研究，并且主要集中在冷害发生机制和防止措施方面。

一、冷害

冷害又称寒害，指植物组织在其冻结点以上的不适低温所造成的伤害。冷害主要发生在原产于热带、亚热带的水果和蔬菜，如香蕉、菠萝、黄瓜、青椒等；某些温带水果如苹果、梨的某些品种，当在 0～4℃ 下长期贮藏时，同样会产生冷害症状，例如皮层、果肉变色，出现焦斑病。值得注意的是果蔬在冷害低温下贮藏时，往往并不立即表现出冷害症状，只有将其转移到较温暖的环境下才表现出来。由于冷害的发生具有潜伏性，因此危害更大。

1. 果蔬冷害的常见症状

冷害的常见症状是果面上出现凹陷斑点、水渍状病斑、萎蔫，果皮、果肉或种子变褐，不能正常后熟，果蔬风味变劣，出现异味甚至臭味，加速腐烂。不同果蔬冷害症状有所区别。冷害症状通常是果蔬处于低温下出现的，但有时在低温下症状并不明显，移到常温后呼吸反常，很快腐烂。冷害临界温度以下的温度可分为高、中、低3档，贮藏在高档温度下的果蔬，生理伤害轻，所以症状也轻；低档温度下生理伤害最重，但症状因温度很低而表现得较慢甚至受到抑制，所以看起来也较轻，但转入常温后则会发生爆发性的变化；中档温度介于两种情况之间，所以在贮藏中就显得较其他两个温度档次严重。如黄瓜在4～5℃的低温下贮藏腐烂忽冻忽化，在7～9℃的黄瓜基本无冷害症状，而1～2℃的黄瓜表面看起来很正常，但移至室温几小时就出现腐烂症状，货架期非常短；在4～5℃的低温下贮藏腐烂则更快，更严重。一般原产于热带、亚热带地区的水果、蔬菜及地下根茎类蔬菜对低温比较敏感，如香蕉、芒果、青椒、绿熟西红柿、黄瓜、茄子、西瓜、冬瓜、豆角、姜、甘薯等，贮藏适温一般都在7℃甚至更高，而叶菜类则对0℃以上的低温不敏感。

2. 冷害的特点

（1）果蔬冷害损伤程度与低温的程度和持续时间长短密切相关　在冷害温度下贮藏温度越低，持续时间越长，冷害症状越严重，反之则轻。如黄瓜在1℃贮藏3d，即出现冷害症状，而在5℃贮藏10d才出现冷害症状。

（2）冷害还可以累积　果菜类在采前受到5d冷害温度的影响，采后又经历5d冷害温度，其表现的受害程度与受到连续10d的冷害相仿。采前持续的低温（处于冷害临界温度以下）会造成采后冷害的发生，因此果菜类在田间经霜打后不耐贮藏，严重的很快表现出冷害症状，导致腐烂。

（3）果蔬对冷害的敏感程度与栽培地区及其生长季节有关　温暖地区生长的果蔬比冷凉地区的果蔬敏感，夏季产品比秋季产品敏感。如上海地区的西瓜低于16℃贮藏即产生冷害，北京地区产生冷害的温度为12℃，而哈尔滨地区则为8℃左右。秋季露地种植的果蔬比温室大棚种植的果蔬耐低温。如辽宁地区秋季露地辣椒最低贮温为7℃，大棚种植的辣椒则不应低于9℃。因此，各种果蔬的贮藏适温是相对的，而不是绝对的，与其生长地区、栽培季节和栽培方式等密切相关。

（4）果蔬对冷害的敏感程度与其成熟度有关　提高果蔬的成熟度可降低果蔬对冷害的敏感度。如绿熟西红柿贮藏适温为10～13℃，低于10℃不能正常转色；完全成熟的番茄则可贮藏在0℃，而不影响其风味。

二、冻害

冻害是指果蔬在冰点（0℃）以下低温时由于发生冻结而造成的伤害。植物对冰点以下低温的适应叫抗冻性，常与霜害伴随发生。在世界上许多地区都会遇到冰点以下的低温，这对多种作物可造成程度不同的冻害，我国各地普遍存在冻害，每年受低温冻害面积达200多万平方千米。因此，冻害是限制农业生产的一种自然灾害，应予重视。

发生冻害的植物表现为叶片如烫伤，组织因细胞失去膨压而变软，叶色变为褐色，严重时死亡；而果蔬具体表现为组织半透明或结冰，颜色变深、变暗，表面组织产生褐变。

1. 冻害的机理

（1）细胞间结冰引起植物伤害　细胞间结冰是指温度下降的时候，细胞间隙当中细胞壁附近的水分结冰，其主要原因就是原生质过度脱水，使蛋白质变性或原生质发生不可逆的凝胶化。其次就是在细胞间形成的冰晶体过大，对细胞造成机械损伤，以及解冻过快对细胞的损伤。

（2）胞内结冰对细胞的危害　胞内结冰常给植物带来致命的损伤，其主要原因就是机械损害，这种危害更为直接。原生质是有高度精细结构的组织，冰晶形成以及融化时对质膜与细胞器以及整个细胞质产生破坏作用，酶活动无秩序，影响代谢。

2. 果蔬组织冻结对贮藏的影响

果蔬组织内含水量很高，在冰点以下的温度下，会发生细胞内外水分结冰，使细胞液浓度升高，某些离子的浓度增加到一定程度，pH 值发生变化，使细胞受害，与此同时由于发生结冰，细胞体积膨胀，细胞产生膨胀压力，造成机械损伤，在解冻后汁液外流，不能恢复原来的鲜活状态，风味也受到影响。例如马铃薯、萝卜等在受冻后，不仅煮不烂，原有风味消失，失去食用价值。

3. 影响冻害发生的因素

果蔬受冻害的程度决定于受冻时的温度及持续时间。环境温度不太低或持续时间不长，组织的冻结程度轻，仅限于细胞间隙的水结冰，细胞结构未遭到破坏，解冻后的果蔬组织还可以恢复。但是解冻时要缓慢，逐步升高温度使细胞间隙中的水缓慢融化，重新被细胞吸收，否则会影响品质。

三、冷害和冻害的控制

1. 温度处理

（1）温度预处理　为减轻冷害的损失，应避免在冷害温度下进行贮藏。对冷害敏感的果蔬，在低温贮藏前，预先采用高于冷害发生的临界温度处理一定时间，可以改善果蔬的冷害症状。到目前为止，在西瓜、葡萄柚、甜椒、柠檬和南瓜等的试验上都取得了良好的效果。如采前已受到冷害温度的影响，采后宜短时间放在较温暖处，或用缓慢降温的方法，可以不出现冷害症状。因此，用冷库贮藏果蔬，不可一入库即将温度调得很低，而应逐渐降低库温。

（2）变温热处理　热处理可以提高果蔬的耐低温能力，低温下甜椒果实呼吸异常升高，果肉细胞膜透性增大。贮前热处理可减少低温胁迫引起的呼吸增加，减缓果肉细胞电解质的渗漏。热处理后的果实贮藏在 $0 \sim 1$℃下，冷害症状显现的时间推迟，冷害程度减轻；后熟转红受到明显的抑制，商品率增加。贮前热处理对甜椒果实的冷藏品质无不良影响。升温处理可以减轻冷害，其原因可能是升温减轻代谢紊乱的程度，使组织中积累的有害物质在代谢活动中被消耗，或者使在低温中衰竭的代谢产物在升温时得到恢复。

（3）热激处理　枇杷果实采后经 $48 \sim 52$℃、10min 的热激处理，然后 $2 \sim 5$℃贮藏，通过对贮藏期间果实冷害级别、呼吸速率、过氧化物酶活性、过氧化氢酶活性、苯丙氨酸解氨酶活性和质膜相对透性变化的分析，研究贮前热激处理对冷藏枇杷果实冷害的生理作用。结果表明，$2 \sim 5$℃低温可诱导枇杷果实呼吸速率和苯丙氨酸解氨酶活性异常升高，果实冷害程度与苯丙氨酸解氨酶活性之间呈正相关。热激处理能降低冷藏条件下（$2 \sim 5$℃）枇杷果实呼吸速率的异常升高，减轻由于低温胁迫造成的果肉细胞膜损伤，提高枇杷果实的过氧化物酶和过氧化氢酶活性，降低苯丙氨酸解氨酶的活性。贮前热激处理有推迟和减轻枇杷果实冷害症状发生、降低果肉低温劣变的作用。贮前热激处理结合低温冷藏是延长枇杷果实贮藏寿命的有效措施之一。

2. 调节贮藏环境中的气体组分

气调贮藏减轻果蔬冷害的效果受产品种类、O_2 和 CO_2 浓度、处理时间和贮藏温度等因素影响。在贮藏过程中，适当地提高 CO_2 浓度、降低 O_2 浓度有利于减轻冷害症状。对于防止冷害来说，7% 的 O_2 是最能防止冷害的浓度。研究已发现，低 O_2 与高 CO_2 可降低乙烯的产生，而乙烯可导致细胞中多糖降解，在对黄瓜的研究中发现，随着细胞中多聚半乳糖醛酸酶活性增强、葡萄糖酸含量的增加而出现了冷害症状。

3. 提高贮藏环境的湿度

在研究黄瓜的冷害与温度、湿度的关系时，发现在比较高的相对湿度下，可以减轻冷害。减少果蔬水分的损失，有利于降低冷害的发生。高湿环境能起到降低果蔬冷害的作用，原因在于其降低了果蔬的蒸腾作用，抑制了水分的损失。

4. 钙处理

近年来，关于钙与果实采后生理关系的研究一直是一个热点。研究发现，高钙含量比低钙含量的果实耐冷性强，而且采后浸钙或真空渗入钙等人为增加果实钙含量的方法同样可以降低果蔬冷害。目前，$CaCl_2$ 在减轻油梨、番茄、鳄梨、黄秋葵等果蔬的冷害方面已取得一定效果。这可能有两方面的原因：第一，与钙可以维持细胞壁和细胞膜的结构功能有关。电镜观察已证实钙与细胞壁中的果胶酸形成果胶酸钙，保护了细胞的中胶层结构，而且钙离子在细胞中可作为磷脂的磷酸和蛋白质的羧基间的桥梁，使膜结构更为牢固。第二，采用钙处理可能提高超氧化物歧化酶（SOD）的活性，降低膜质中丙二醛的含量。许多研究已证明 SOD 在低温下活性的降低是导致植物遭受冷害的主要原因之一。但过量的钙可能会改变细胞质的钙浓度，造成膜伤害，增强果蔬的呼吸强度，达不到降低冷害的目的。

另外，冻结对任何果蔬都有害，解冻后果蔬很快就会腐烂。但不同种类、品种的果蔬对冻害的敏感性不同，在高寒地区利用零下低温贮藏耐寒性蔬菜，如芹菜、香菜、大葱等，使之长期保持冻结状态，也是一种有效的保鲜手段。已经冻结的果蔬非常容易受到机械伤害，因此在其解冻之前不可以任意搬动，在一个适宜的温度下缓慢地解冻。如果受冻温度较低，且时间较长，则会造成永久性的生理损伤，出现组织细胞脱水、干萎，解冻后汁液流失现象，失去食用价值。总之，选择果蔬的贮藏温度应结合贮藏品种、气候条件、贮藏场所及一般推荐温度进行综合考虑，在实践中摸索经验进行贮藏。

拓展知识　　　　　　　　　我国果蔬贮藏现状

我国是世界上最大的水果、蔬菜生产国和消费国。有资料显示，2018 年我国水果产量约 2.57 亿万吨，蔬菜约为 7.03 亿万吨，居世界首位。我国果蔬的年产量已超过粮食，是我国的第一大宗农产品。果蔬产业已经从昔日的辅助产业逐步发展成为主产区农业农村经济发展的支柱产业，是具有较强国际竞争力的优势产业，保供、增收、促就业的地位日益突出。

果蔬的生产具有较强的季节性、区域性，全球果蔬贸易及消费者对果蔬需求新鲜性、迫切性矛盾日益突出，凸显了贮藏保鲜技术的重要性。当前，我国果蔬贮运保鲜产业仍然是以冷藏、气调贮藏、减压贮藏、防腐保鲜剂贮藏及以冷藏为基础的综合保鲜技术作为主要技术手段。但是，由于果蔬鲜嫩易腐的自身特点、采后商品化处理和贮藏运输保鲜技术水平低、贮运设施不足等原因，导致我国果蔬采后的损耗率高达20%～30%，每年经济损失达上千亿元。因此，发展贮藏保鲜行业、降低果蔬损耗率，是国内果蔬产业发展亟待解决的问题。

未来几年，我国果蔬贮藏保鲜发展趋势是：继续建立和完善果蔬贮藏的冷链运输系统；加强果蔬贮藏保鲜关键共性技术研究，提高科技对我国果蔬加工业发展的支撑作用；大力发展气调贮藏保鲜技术与设备；加快新型贮藏保鲜设备的研发与推广；筛选并推广适合我国的果蔬贮藏病害防治技术和保鲜技术；优化全国果蔬保鲜信息网，构建基于"互联网+"的果蔬销售平台；促进贮藏保鲜系列化和多样化发展等。

任务九 果蔬冰点的测定

※ 工作任务单

学习项目：果蔬采后生理		工作任务：果蔬冰点的测定	
时间		工作地点	
任务内容	根据作业指导书，能测定果蔬的冰点；工作成果展示		
工作目标	知识目标： ①了解果蔬采后生理的有关概念； ②掌握果蔬低温伤害的生理作用的基本理论； ③掌握果蔬冰点的测定原理和方法。 技能目标： ①能测定果蔬的冰点； ②能使用果蔬汁液冰点测定装置进行操作； ③能准确判定果蔬冰点。 素质目标： ①小组分工合作，培养学生沟通能力和团队协作精神； ②阅读背景材料和必备知识，培养学生自学和归纳总结能力； ③讨论并展示成果，培养学生分析解决问题和语言表达能力		
成果提交	检测报告		
相关标准			
提示			

※ 作业指导书

【材料与器具】

1. 材料：梨、莴苣、盐水（－6℃以下）。

2. 用具：标准温度计（-10~10℃）、玻璃棒、试管、纱布、手持榨汁器（或捣碎器或研钵）、50mL烧杯、500mL烧杯等。

【作业流程】

榨汁 → 汁液装入烧杯 → 烧杯放入装有碎冰的玻璃瓶 → 冰点测定 → 结果分析

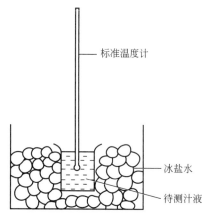

图 3-7 果蔬汁液冰点测定装置

【操作要点】

1. 样品预处理　取一定量的果蔬样品捣碎，用双层纱布过滤。

2. 滤液放在烧杯中，将小烧杯置于冰盐中，插入温度计，温度计的水银球必须浸在样品汁液中，并且不断搅拌汁液。

3. 测定　从汁液温度降至2℃时，开始记录温度，每30s记一次。温度随时间下降，降至冰点以下，由于液体结冰散热的物理效应，汁液仍不结冰，接着温度突然上升，并出现相对稳定（汁液已结冰）。此时的温度就是样品汁液的冰点。果蔬汁液冰点测定装置见图3-7。

4. 结果分析　根据测定的冰点分析参试果蔬的最佳贮运温度。

※ **工作考核单**

工作考核单见附录。

网上冲浪

1. 食品伙伴网
2. 工标网
3. 中国园艺网
4. 中国果品网
5. 中国果蔬贮藏加工技术网（全国供销合作总社济南果品研究院）

复习与思考

1. 简述呼吸作用与果蔬贮藏的关系。
2. 在无氧呼吸条件下果蔬为什么不耐贮藏？
3. 什么是呼吸强度？影响呼吸强度的因素有哪些？
4. 什么是蒸腾作用？在贮藏过程中怎样防止果蔬蒸腾失水？
5. 什么是成熟？果蔬成熟经历哪几个阶段？
6. 在成熟过程中，果蔬的色香味有哪些变化？
7. 乙烯对果蔬成熟生理有哪些影响？
8. 贮藏中如何利用果蔬的休眠特性？
9. 果蔬冷害的概念是什么？怎样控制果蔬冷害的发生？

项目小结

必备知识	介绍了果蔬采后生理的有关概念，详细讲述了果蔬的呼吸作用、蒸腾作用、采后的成熟与衰老、休眠、低温伤害等生理作用的基本理论以及这些生理代谢作用与果蔬贮运的关系
扩展知识	介绍了我国果蔬的贮藏现状
项目任务	根据任务工作单下达的任务，按照作业指导书工作步骤实施，完成果蔬的呼吸强度、可溶性固形物含量、含酸量、乙醇含量和冰点测定等任务，然后开展自评、组间评和教师评，进行考核

电子课件

果蔬采后生理

果蔬采收和商品化处理

1. 了解果蔬采收成熟度的确定方法;
2. 掌握果蔬的采收技术;
3. 掌握采后进行清洗、预冷、分级、包装、催熟等处理的作用及要求;
4. 了解采收及采后处理对果蔬贮藏性和商品品质的影响。

1. 能正确判断常见果蔬成熟度;
2. 能对常见果蔬进行正确采收;
3. 能对常见果蔬进行商品化处理。

1. 熟练掌握果蔬的采收技术、采后商品化处理方法,为自身、家庭和社会提供高品质的果蔬产品,提高民众营养健康水平;
2. 通过学习与见习,使学生明确现代采收和商品化处理技术可有效扩大农民居家就业、持续提高收入水平、加快果蔬特色产业升级和乡村振兴。

果蔬产品的采收及采后商品化处理直接影响到采后产品的贮运损耗、品质保存和贮藏寿命。由于果蔬产品生产季节性强,采收期相对集中,而且脆嫩多汁,易损伤腐烂,往往由于采收或采后处理不当造成大量损失,甚至丰产不丰收。如不给予足够的重视,即使有较好的贮藏设备、先进的管理技术,也难以发挥应有的作用。发展果蔬生产的目的就是为消费者提供丰富优质的新鲜果蔬产品,并且使产品生产者和经营者从中获得经济收益。由于果蔬产品的种类及品种繁多,生产条件差异很大,因而商品性状各异,质量良莠不齐。收获后的果蔬产品要成为商品参与商品流通或进行贮藏保鲜,只有经过分级、包装、贮运和销售之前的一些商品化处理,才能使贮运效果进一步提高,商品质量更符合市场流通的需要。

必备知识一　果蔬的采收

采收是果蔬生产中的最后一个环节，同时也是影响其贮藏成败的关键环节。采收的目标是使果蔬产品在适当的成熟度时转化成为商品，采收速度要尽可能快，采收时力求做到最低的损伤以及最少的花费。

据联合国粮食及农业组织的调查报告显示，发展中国家在采收过程中造成的果蔬损失达8%～10%。其主要原因是采收成熟度、田间采收容器、采收方法等不当而引起严重机械损伤，在采收后的贮运到包装处理过程中缺乏对产品的有效保护。在采收中最主要的是采收成熟度和采收方法，与果蔬的产量、品质和商品价值有密切关系。果蔬产品一定要在其适宜的成熟度时采收，采收过早或过晚均对产品品质和耐贮性带来不利的影响。采收过早不仅产品的大小和质量达不到标准，而且产品的风味、色泽和品质也不好，耐贮性也差；采收过晚，产品已经过熟，开始衰老，不耐贮藏和运输。在确定产品的成熟度、采收时间和方法时，应该根据产品的特点并考虑产品的采收用途、贮藏期的长短、贮藏方法和设备条件等因素。一般就地销售的产品，可以适当晚采，而用作长期贮藏和远距离运输的产品，应当适当早采，对于有呼吸高峰的果蔬，应在达到生理成熟或呼吸跃变前采收。采收工作有很强的时间性和技术性，必须及时并且由经过培训的工人进行采收，才能取得良好的效果，否则会造成不必要的损失。采收以前必须做好人力和物力上的安排和组织工作，根据产品特点选择适当的采收期和采收方法。

果蔬产品的表面结构是良好的天然保护层，当其受到破坏后，组织就失去了天然的抵抗力，容易受病菌的感染而造成腐烂。所以，果蔬产品的采收应避免一切机械损伤。采收过程中所引起的机械损伤在以后的各环节中无论如何进行处理也不能完全恢复，反而会加重采后运输、包装、贮藏和销售过程中的产品损耗，同时降低产品的商品性，大大影响贮藏保鲜效果，降低经济效益。

总之，果蔬产品采收的原则是适时、无损、保质、保量和减少损耗。适时就是在符合鲜食、贮藏、加工的要求时采收。无损就是要避免机械损伤，保持完整性，以便充分发挥其特有的耐贮性和抗病性。

一、采收的适宜时期

采收期取决于产品的成熟度、产品的特性和销售策略。产品根据其本身的生物学特性和采后用途、市场远近、加工和贮运条件而决定其适宜的采收成熟度。

1. 采收成熟度的标准

果蔬产品的采收成熟度与其采后销售策略有很大关系。一般作为当地鲜销的产品可以晚采一些，以达到最大产量和最佳品质。作为长期贮藏和远途运输的果实，有的在充分成熟时采收，这有利于保证质量和提高其耐藏能力，如柑橘类果实、葡萄等；有的在果实已达到一定大小、质量已有一定保证的情况下，尽可能提早采收，这有利于延迟呼吸高峰的到来，有利于长期贮运，如香蕉、菠萝、苹果和梨等。有些果蔬并非以生理成熟作为食用或加工原料的采收标准，而往往以产品器官的生长度为依据。例如，黄瓜、茄子等采收细嫩果实；甜椒多数在果实发育饱满、尚未达到生理成熟的绿果时采收，也可在成熟后采收红色果；至于叶菜类则以其生长状态为采收标准，有些叶菜采收标准不严格，可以根据市场需要及时采收；块茎、鳞茎等有休眠期的蔬菜，开始进入休眠时采收最耐贮藏。

可见，采收成熟度，即水果、蔬菜生长发育达到可以采收的成熟度，因其种类及用途不同，采收成熟度的标准也不一样。

（1）贮运成熟度 果实已充分长大，但未完全成熟，适当提早采收，果实质地尚硬实，有利于贮藏和长途运输。

（2）食用成熟度 果实充分成熟，表现出良好的色、香、味，营养价值也高，适于即进鲜食，也适于就地销售或短途运输。

（3）加工成熟度 根据加工品对原料的要求确定采收期，有利于提高加工品的质量。

（4）生理成熟度 是指根据植物器官在生理上达到充分成熟的程度。果菜类和水果以种子充分成熟为标准。但这时果实过熟，果肉组织软化发绵解体，品质和营养价值大为降低，既失去商品价值，也不适于食用，更不适于贮藏运输。但有些蔬菜例外，供贮藏用的块根、块茎、鳞茎蔬菜，如红薯、马铃薯、洋葱和大蒜等必须在生长结束时采收，这时也达到了生理成熟度，生理成熟度与采收成熟度一致。其他根、茎、叶菜类，大致是营养生长结束，开始转入生殖生长时采收。例如，大白菜叶球达到"十成心"，当菠菜、芹菜开始抽薹时采收，产量虽高，但不耐贮藏，有些蔬菜品质也已降低。

2. 确定采收成熟度的方法

如何判断成熟度，这要根据种类和品种特性及其生长发育规律，从果蔬产品的形态和生理指标上加以区分。生理成熟与商业成熟之间有着明显的区别，前者是植物生命中的一个特定阶段，后者涉及能够转化为市场需要的特定销售有关的采收时机。

（1）色泽 许多果实在成熟时都显示出固有的果皮颜色，在生产实践中果皮的颜色成了判断果实成熟度的重要标志之一。果实首先在果皮上积累叶绿素，随着果实成熟度的提高，叶绿素逐渐分解，底色（类胡萝卜素、叶黄素等）逐渐显现出来。例如苹果、桃、葡萄等红色品种，成熟时果面呈现红色；柑橘类果实在成熟时，果皮呈现出橙黄色或橙红色，橙子一般要求全红或全黄，橘子允许稍带绿色（绿色总面积不超过果面的 1/3）；板栗成熟标准是栗苞呈黄色，苞口开始开裂；坚果呈棕褐色。

一些果菜类的蔬菜也常用色泽变化来判断成熟度。如长距离运输或贮藏的番茄，应该在绿熟阶段采收，即果顶显现奶油色时采收；而就地销售的番茄可在着色期采收，即果顶为粉红或红色时采收，红色的番茄可做加工原料或就地销售。甜椒一般在绿熟时采收。茄子应该在表皮明亮而有光泽时采收。黄瓜应在瓜皮深绿色时采收。当西瓜接近地面的部分由绿色变为略黄、甜瓜的色泽从深绿色变为斑绿和稍黄时表示瓜已成熟。豌豆从暗绿色变为亮绿色、菜豆由绿色转为发白表示成熟。甘蓝叶球的颜色变为淡绿色时表示成熟。花椰菜的花球白而不发黄为适宜的采收期。

果蔬色泽的变化一般由采收者目测判断，现在也有一些地方用事先编的一套从绿色到黄色、红色等变化的系列色卡，用感官比色法来确定其成熟度。但由于果蔬色泽还受到成熟度以外的其他因素的影响，所以这个指标并非完全可靠。而使用分光光度计或色差计可以对颜色进行比较客观的测量。

（2）饱满程度和硬度 饱满程度一般用来表示发育的状况。有些蔬菜的饱满程度大，表示发育良好、充分成熟或达到采收的质量标准。如结球甘蓝、花椰菜应在叶球或花球致密、充实时采收，耐贮性好。番茄、辣椒较硬实也有利于贮运。但有些蔬菜的饱满程度高则表示品质下降，如莴笋、芥菜、芹菜应该在叶变得坚硬前采收。黄瓜、茄子、豌豆、菜豆、甜玉米等都应该在幼嫩时采收。对于其他果实，一般用质地和硬度表示。果实的硬度是指果肉抗压力的强弱。抗压力愈强，果实的硬度就愈大，反之果实的硬度就愈小。一般未成熟的果实硬度较大，达到一定成熟度时变得柔软多汁。只有掌握适当的硬度，在最佳质地时采收，产品才能耐贮藏和运销，如苹果、梨等都要求在果实有一定的硬度时采收。如辽宁国光苹果的采收硬度为 $84.6kg/cm^2$；烟台青香蕉苹果的采收硬度为 $124.6kg/cm^2$；四川金冠苹果的采收硬度为 $66.8kg/cm^2$。此外，桃、李、杏的成熟度与硬度的关系也十分密切。

（3）主要化学物质含量的变化　果蔬中的主要化学物质有淀粉、糖、有机酸和维生素 C 等，它们含量的变化可以作为衡量品质和成熟度的指标。实践中常以可溶性固形物含量的高低来判断成熟度，而可溶性固形物中主要是糖分，因而可用可溶性固形物含量与总酸含量的比值（固酸比）或者总糖含量与总酸含量的比值（糖酸比）来衡量品种的质量，要求固酸比或糖酸比达到一定比值才能采收。例如四川甜橙采收时要求固酸比为 10∶1 或糖酸比为 8∶1 时采收，风味品质好，伏令夏橙和枣在糖含量累积最高时采收为宜，而柠檬则需在含酸量最高时采收，猕猴桃在果肉可溶性固形物含量为 6.5%～8.0% 时采收最好。

苹果等可以利用淀粉含量的变化来判断成熟度。果实成熟前，淀粉含量随果实的增大逐渐增加，到果实开始成熟时，淀粉逐渐转化为糖，含量降低。测定淀粉含量可以用碘化钾水溶液涂在果实的横切面上，使淀粉成蓝色，然后在显微镜下观察淀粉的数量或目测切面颜色的深浅，蓝色愈深，表明淀粉含量愈高，果实的成熟度愈低。不同品种苹果成熟过程中淀粉含量变化不同，可以制作不同品种苹果成熟过程中淀粉变蓝的图谱，作为判断成熟度的参考。糖和淀粉含量也常常作为判断蔬菜成熟度的指标，如青豌豆、甜玉米、菜豆都是以食用其幼嫩组织为主的蔬菜，在糖含量高、淀粉含量低时采收，其品质好，耐贮性也好。然而马铃薯、芋头以淀粉含量高时采收的品质好，耐贮藏，加工淀粉时出粉率也高。

Dilley 等研究制成携带式乙烯检测仪，根据苹果在开始成熟时乙烯含量急剧升高的现象，用测定果实中乙烯浓度来确定采收期，还可根据测得的乙烯浓度来决定长期贮藏或短期贮藏或用于加工。此外，有些果实（如油梨）还可通过测定其含油量来判断其成熟度。

（4）果实形态和大小　果实必须长到一定大小、重量和充实饱满的程度才能达到成熟。不同种类、品种的水果和蔬菜都具有固定的形状及大小。例如香蕉在发育和成熟过程中，蕉指横切面上的棱角逐渐钝圆，故可根据蕉指横切面形状或蕉指的角度来判断其成熟度。邻近果梗处果肩的丰满度亦可作为芒果和其他一些核果成熟度的标志。

（5）生长期　果实的生长期也是采收的重要参数之一。因为栽种在同一地区的果树，其果实从生长到成熟，大都有一定的天数，可以用计算日期的方法来确定成熟状态和采收日期。如山东元帅系苹果的生长期为 145d 左右，国光苹果的生长期为 160d 左右。各地可以根据多年的经验得出适合采收的平均生长期。但由于气候和栽培管理以及土壤、耕作等条件不同，造成果实生长期和成熟程度差别较大。因此，目前许多果园采用从盛花期开始计算果实生长日期。例如，我国很多果产区采收红星苹果的日期，以从盛花期到采收期的时间为 140～150d 最适宜。

（6）成熟特征　不同的水果和蔬菜在成熟过程中会表现出不同的特征。一些瓜果可以根据其种子的变色程度来判断成熟度，种子从尖端开始由白色逐渐变褐、变黑是瓜果充分成熟的标志之一；豆类蔬菜应该在种子膨大硬化以前采收，其食用和加工品质才好，但作为种用的豆类蔬菜则应该在充分成熟时采收才好；西瓜的瓜秧卷须枯萎，冬瓜在表皮上茸毛消失并出现蜡质白粉，南瓜表皮硬化并在表皮产生白粉时采收；许多果实如苹果、梨、桃、杏、李、枣、猕猴桃等，成熟时果柄与果枝间常产生离层，稍一振动果实就会脱落，所以常根据其果梗与果枝脱离的难易程度来判断果实的成熟度。离层形成时是果实品质较好的成熟度，此时应及时采收，否则果实会大量脱落，造成经济损失。苹果、葡萄等果实成熟时表面产生的一层白色粉状蜡质，也是成熟的标志之一；还有一些产品生长在地下，可以从地上部分植株的生长情况判断其成熟度，如洋葱、大蒜、马铃薯、芋头、姜等的地上部分变黄、枯萎和倒伏时，为最适采收期，采后最耐贮藏；腌制糖蒜则应在蒜瓣分开、外皮幼嫩时采收，加工的产品质量最好。判断果蔬成熟度的方法还有很多，在确定品种的成熟度时，应根据该品种某一个或几个主要的成熟特征，判断其最适采收期，达到长期贮藏、加工和运销的目的。

二、果蔬产品的采收方法

果蔬采收除了掌握适当的成熟度外，还要注意采收方法。果蔬的采收有人工采收和机械采收两大类。在发达国家，由于劳动力比较昂贵，果蔬生产中千方百计地研究用机械的方式代替人工进行采收作业。但是，真正在生产中得到应用的大都是其产品以加工为目的果蔬产品，如制造番茄酱的番茄、制造罐头的豌豆等机械采收。其他基本都是以人工采收为主。

1. 人工采收

作为鲜销和长期贮藏的果蔬最好人工采收，虽然人工采收需要大量的劳动力，特别是劳动力较缺乏及工资较高的地方，更增加了生产成本。但由于很多果蔬鲜嫩多汁，用人工采收灵活性很强，可以做到轻采轻放，减少甚至避免碰擦伤，还可以对不同的产品、不同形状、不同的成熟度，及时进行分类处理。既不影响质量又不致减少产量。因此，目前世界各国的鲜食果基本上仍然是以人工采收为主。

在我国，由于劳动力价格便宜，果蔬的采收绝大部分采用人工采收。但缺乏可操作的果蔬产品采收标准，工具原始，采收粗放。要对工人认真管理，进行培训，使他们了解产品的质量要求，尽快达到应有的操作水平和采收速度。

具体的采收方法应根据果蔬产品的种类而定。如苹果和梨成熟时，果梗与果枝间产生离层，采收时手掌将果实向上一托，果实即可自然脱落。柑橘类果实可用一果两剪法：果实离人较远时，第一剪距果蒂 1cm 处剪下，第二剪齐萼剪平，做到保全萼片不抽心，一果两剪不刮脸，轻拿轻放不碰伤。柑橘的采果剪是圆头的，不能用尖头剪。采收香蕉时，用刀先切断假茎，扶住母株让其徐徐倒下，接住蕉穗并切断果轴，要特别注意减少擦伤、跌伤和碰伤。柿子采收用修枝剪剪取，要保留果柄和萼片，果柄要短，以免刺伤果实。桃、杏、李等成熟后果肉变得比较柔软，容易造成指痕，故采果时应先剪齐指甲或戴上手套，并小心用手掌托住果实，用手指轻按果柄使其脱落。同一棵树上的果实，因成熟度不一致，分批采收可提高产品的品质和产量。同时在同一棵树上采收时，应按由外向内、由下向上的顺序进行。对于一些产品机械辅助人工采收可以提高采收效率。如在莴苣、甜瓜等一些蔬菜的采收上，常用皮带传送装置传送已采收的产品到中央装载容器或田间处理容器。在番木瓜或香蕉采收时，采收梯旁常安置有可升降的工作平台用于装载产品。

为了达到较好的采收质量，在采收时应注意以下六点。

（1）根据种类选用适宜的工具 事先准备好采收工具如采收袋、篮、筐、箱、梯架等，包装容器要实用、结实，容器内要加上柔软的衬垫物，以免损伤产品。针对不同的产品选用适当的采收工具如果剪、采收刀等，防止从植株上用力拉、扒产品，可以有效减少产品的机械损伤。采收剪见图 4-1。

（2）戴手套采收 戴手套采收可以有效减少采收过程中人的指甲对产品所造成的划伤。

（3）**用采收袋或采收篮进行采收** 采收袋可以用布缝制，底部用拉链做成一个开口，待装满产品后，把拉链拉开，让产品从底部慢慢转入周转箱中，这样就可大大减少产品之间的相互碰撞所造成的伤害。

（4）**周转箱大小适中** 周转箱过小，容量有限，加大运输成本；周转箱过大，容易造成底部产品的压伤，一般以 15～20kg 为宜。同时周转箱应光滑平整，防止对产品造成刺伤。我国目前采收的周转箱以柳条箱、竹筐为主，对产品伤害较重，而国外主要用木箱、防水纸箱和塑料周转箱，今后应推广防水纸箱和塑料周转箱在果蔬产品采后处理中的应用。果蔬周转筐见图 4-2。

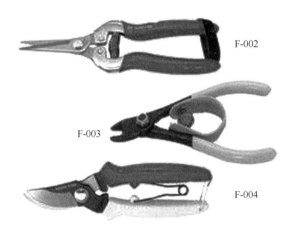

图 4-1　采收剪

图 4-2　果蔬周转筐

（5）**正确选择采收时间** 在一天中温度较低的时间采收，温度低，产品的呼吸作用小，生理代谢缓慢，采收后由于机械损伤引起的不良生理反应小，产品采后自身所带的田间热可以降到最低。一般应选择晴天的早晨露水干后或傍晚，要避免阴雨、浓雾天气和正午采收。同一棵树上的果实由于花期参差不齐或生长部位不同，不可能同时成熟，要分期进行采收。采收还要做到有计划性，根据市场销售及出口贸易的需要决定采收期和采收数量，及早安排运输工具和商品流通计划，做好准备工作，避免采收时的忙乱、产品积压、野蛮装卸和流通不畅。

（6）**采收时果蔬产品的水分含量要控制在允许范围的最小限度** 水分含量高，产品的品质鲜嫩，但这种状态却在采收及采收后的处理过程中容易发生伤害和损失，虽然采后可以用晾晒的方法来降低产品的水分含量，但在降低水分含量的同时，也会增加产品的呼吸强度，促进有害物质、激素的产生，易受病菌侵染，增加产品本身的营养成分的损耗，加快产品的成熟衰老速度。

2. 机械采收

机械采收可以节省大量劳动力，适用于那些成熟时果梗与果枝之间形成离层的果实。一般使用强风压的机械，迫使离层分离脱落；或是用强力机械振动主枝，使果实脱落。但树下必须布满柔软的帆布垫或传送带，以盛接果实，并自动将果实送入分级包装机内。目前机械采收主要用于加工的果蔬产品或能一次性采收且对机械损伤不敏感的产品。如美国使用机械采收樱桃、葡萄和苹果，机械采收的效率高，成本低。与人工采收相比，上述三种产品机械采收的成本分别降低了 66％、51％ 和 43％。根茎类蔬菜使用大型犁耙等机械采收，可以大大提高采收效率，豌豆、甜玉米、马铃薯都可用机械采收，但要求成熟度大体一致。

为便于机械采收，催熟剂和脱落剂的应用研究越来越被重视，如放线菌酮、维生素C、萘乙酸等药剂，在机械采收前使用较好。

机械采收虽然可以改善采收工人的工作条件以及减少因大量雇佣和管理工人所带来的系列问题。但是，机械采收不能进行选择采收，容易遭受机械损伤，影响产品的质量、商品价值，贮藏时腐烂率增加，故目前国内外机械采收主要用于采后即行加工的果蔬。同时需要可靠的、经过严格训练的技术人员进行机械操作，不恰当的操作将带来严重的设备损坏和大量的机械损伤。设备必须进行定期保养维修。采收机械设备价格昂贵，投资较大，所以必须达到相当的规模才能具有较好的经济性。

任务十　果蔬的采收处理

※ 工作任务单

学习项目：果蔬采收和商品化处理		工作任务：果蔬的采收处理	
时间		工作地点	
任务内容	根据作业指导书，能科学判断常见果蔬的成熟度并进行正确的采收；工作成果展示		
工作目标	知识目标： ①了解果蔬采收成熟度的确定方法； ②掌握果蔬的采收技术； ③了解采收对果蔬耐贮性和商品品质的影响。 技能目标： ①能正确判断常见果蔬成熟度； ②能对常见果蔬进行正确采收。 素质目标： ①小组分工合作，培养学生沟通能力和团队协作精神； ②阅读背景材料和必备知识，培养学生自学和归纳总结能力； ③讨论并展示成果，培养学生分析解决问题和语言表达能力		
成果提交	检测报告		
相关标准			
提示			

※ 作业指导书

【材料与器具】

1. 材料：当地主要的结果树果及主要蔬菜。

2. 用具：采果梯、采果剪、采果袋、采收篮、菜筐、包装纸、包装盒、包装箱等。

3. 试剂：0.2%二苯胺乳剂，0.3%亚硫酸盐。

【作业流程】

科学判断成熟度 → 采收操作 → 采后处理操作

【操作要点】

1. 判断成熟　采收前观察待采果蔬生长、结果、成熟情况，根据采收目的（食用、贮藏或加工），确定适宜的采收期。

2. 采收操作　常见果蔬的采收方法如下：

（1）苹果　用手将苹果带柄采下，小心放入采收篮中，注意轻拿轻放，避免碰压伤，然后再小心倒入果筐中。

（2）柑橘　用采果剪采收。开始用"一果两剪"法，即第一剪将3～4mm果柄剪掉，第二剪剪齐果蒂把果柄剪去。熟练后，可用"一果一剪"法，即一次齐果蒂把果柄剪断。

（3）香蕉　用刀先切断假茎，紧扶母株让其徐徐倒下，按住蕉穗并切断果轴，注意减少擦伤、跌伤和碰伤。

（4）葡萄　用修枝剪将整串果穗摘下，手提穗轴将果穗横放箱中，避免擦掉果粉。

（5）蔬菜　都属于草本类，采收较容易，依不同的食用器官，用不同方法采收。胡萝卜、萝卜、马铃薯、大葱、大蒜等采用拔、挖、刨；甘蓝、大白菜、芹菜、菜花等用刀砍、割；四季豆、黄瓜、番茄等用手摘。

3. 果蔬采后处理操作　常见果蔬的采后处理操作如下。

（1）苹果　采后按大小、颜色进行分级；为了防止苹果虎皮病，用0.2%的二苯胺乳剂浸泡30s，捞出后晾干；单果包纸，再装箱，入库。

（2）葡萄　采后挑选，将果穗中的烂、小、绿果粒摘除；装入有垫物的纸箱中；将称好的亚硫酸钠粉剂加硅胶粉剂混合，按果重0.2%的亚硫酸钠和0.6%的硅胶分包成若干个纸包，在葡萄果箱的不同部位均匀放入纸包；盖上盖子放入冷库中贮藏。

（3）蔬菜　荷兰豆、西芹、扁豆等蔬菜，经挑选、分级、称重（250g/包），放入塑料方盒中，用保鲜膜密封起来，待入库贮藏。

4. 注意事项

一般晴天上午或傍晚气温较低时采收为宜。采收时，避免一切机械伤，保证采收质量。

※ 工作考核单

工作考核单见附录。

必备知识二　果蔬采后商品化处理

果蔬产品收获后到贮藏、运输前，根据种类、贮藏时间、运输方式及销售目的，进行一系列处理。目的是减少采后损失，使果蔬产品做到清洁、整齐、美观，有利于销售和食用，提高其耐贮性和商品价值与信誉。

果蔬产品的采后商品化处理就是为保持和改进产品质量并使其从农产品转化为商品所采取的一系列措施的总称，主要包括整理、挑选、清洗、分级、预冷、包装等环节。可以根据产品的种类，选用全部的措施或只选用其中的某几项措施。

果蔬产品的采后预处理一般是在田间完成，这样就有效地保证了产品的贮藏保鲜效果，减少了采后的腐烂损失，减少城市垃圾，所以加强采后处理已成为我国果蔬产品生产和流通中迫切需要解决的问题。

一、整理与挑选

整理与挑选是采后的第一步，其目的是剔除有机械伤、病虫危害、外观畸形等不符合商品要求的产品，以便改进产品的外观，改善商品形象，便于包装贮运，有利于销售和食用。

果蔬产品从田间收获后，往往带有残叶、败叶、泥土、病虫污染等，须进行适当的处理。因为带有残叶、败叶、泥土、病虫污染的产品不仅没有商品价值，而且严重影响产品的外观和商品质量，更重要的是携带有大量的微生物孢子和虫卵等有害物质，因而成为采后病虫害感染的传播源，引起采后的大量腐烂损失。清除残枝败叶只是整理的第一步，有的产品还需进一步修整，并去除不可食用的部分，如去根、去叶、去老化部分等。叶菜采收后整理显得特别重要，因为叶菜类采收时带的病叶、残叶很多，有的还带根。单株体积小，重量轻的叶菜还要进行捆扎。其他的茎菜、花菜、果菜也应根据新产品的特点进行相应的整理，以获得较好的商品性和贮藏保鲜性能。

挑选是在整理的基础上，进一步剔除受病虫侵染和受机械损伤的产品。很多产品在采收和运输过程中都会受到一定机械损伤。受损伤产品极易受病虫、微生物感染而发生腐烂。所以必须通过挑出病虫感染和受损伤的产品，减少产品的带菌量和产品受病菌侵染的机会。挑选一般采用人工方法进行。在果蔬产品的挑选过程中必须戴手套，注意轻拿轻放，尽量剔除受损伤产品，同时尽量防止对产品造成新的机械损伤，这是获得良好贮藏保鲜效果的保证。

二、分级

分级是产品商品化生产的必须环节，是提高商品质量及经济价值的重要手段。产品收获后将大小不一、色泽不均、染病或受到机械损伤的产品按照不同销售市场所要求的分级标准进行大小或品质分级。产品经过分级后，商品质量大大提高，减少了贮运过程中的损失，并便于包装、运输及市场的规范化管理。

果蔬产品在生长发育过程中，由于受多种因素的影响，其大小、形状、色泽、成熟度、病虫伤害、机械损伤等状况差异很大，即使同一植株的个体，甚至同一枝条的果实商品性状也不可能完全一样，而从若干果园收集起来的果品，必然大小不一，良莠不齐。只有按照一定的标准进行分级，使其商品标准化或者商品性状大体趋于一致，才有利于产品的定价、收购、销售、包装。一些国际组织如欧盟等还制定了统一的果蔬产品商品质量标准。通过标准的制定与实施，强化了流通中商品的质量管理，有利于果蔬按质论价、优质优价政策的执行。

1. 分级标准

在国外果蔬分级标准有国际标准、国家标准、协会标准和企业标准四种。水果的国际标准是 1954 年在日内瓦由欧洲共同体制定的，许多标准已经进行过重新修订，目的是为了促进经济合作和发展。目前已有近 40 种产品有了国际标准，这些标准和要求，在欧盟国家水果和蔬菜进出口是强制性的。国际标准一般标龄较长，其内容和水平受西方各国国家标准的影响。国际标准虽属非强制性的标准，但一般水平较高。国际标准和国家标准是世界各国都可采用的分级标准。

我国《标准化法》根据标准的适应领域和范围，把标准分为四级：国家标准、行业标准、地方标准和企业标准。国家标准是国家标准化主管机构批准发布，在全国范围内统一使用的标准。行业标准即专业标准、部标准，是在没有国家标准的情况下由主管机构或专业标准化组织批准发布，并在某个行业范围内统一使用的标准。地方标准是在没有国家标准和行业标准的情况下，由地方制定、批准发布，并在本行政区内统一使用的标准。我国现在已对苹果、梨、柑橘、香蕉、柠檬、龙眼、核桃、板栗、红枣等制定了国家标准。此外，还制定了一些行业标准，如香蕉流通规范，梨生产技术规范，出口鲜苹果检验方法，出口鲜甜橙、鲜宽皮柑橘、鲜柠檬等的标准。我国也对一些蔬菜（如大白菜、花椰菜、青椒、黄瓜、胡萝卜、番茄、大蒜、芹菜、菜豆和韭菜等）的等级及新鲜蔬菜的通用包装技术制定了国家标准或行业标准。

我国台湾地区也制定了一些鲜果标准有凤梨（菠萝），柑橘、温州蜜柑、柠檬的等级及包装，枇杷、葡萄、梨、苹果、桃等级标准等，桶柑、温州蜜柑检验法。另有多种蔬菜等级标准，如菜豆、芹菜、甜椒、番茄、生姜等的等级及包装标准。水果分级标准的主要项目因种类和品种而异。我国目前一般是在果形、新鲜度、颜色、品质、病虫害和机械伤等方面已符合要求的基础上，再按大小进行手工分级，即根据果实横径的最大部分直径，分为若干等级。果品大小分级多用分级板进行，分级板上有一系列不同直径的孔。如我国出口的红星苹果，直径从 65～90mm，每相差 5mm 为一个等级，共分为五等。四川省对出口西方一些国家的柑橘分为大、中、小三个等级。广东省惠州地区对出口我国香港和澳门的柑橘中，直径51～85mm 的蕉柑，每差 5mm 为一个等级，共分七等；直径为 61～95mm 的椪柑，每差 5mm 为一个等级，共分七等；直径为51～75mm 的甜橙，每差 5mm 为一个等级，共分五等。葡萄分级主要以果穗为单位，同时也考虑果粒的大小，根据果穗紧实度、成熟度、有无病虫害和机械伤、能否表现出本品种固有颜色和风味等进行分级，一般可分为三级。一级果穗较典型，大小适中，穗形美观完整，果粒大小均匀，充分成熟，能呈现出该品种的固有色泽，全穗没有破损粒和小青粒，无病虫害；二级果穗大小形状要求不严格，但要充分成熟，无破损粒和病虫害；三级果穗即为一级、二级淘汰下来的果穗，一般用来加工或就地销售，不宜贮藏。如玫瑰香、龙眼葡萄的外销标准，果穗要求充分成熟，穗形完整，穗重 0.4～0.5kg，果粒大小均匀，没有病虫害和机械伤，没有小青粒。日本应用光电分级机，对柑橘果实的大小进行分级。出口鲜苹果的等级规格和最低着色度见表 4-1～表 4-2。

表 4-1　出口鲜苹果的等级规格

等级	规格	限度
AAA（特级）	有本品种果形特征，果柄完整； 具有本品种成熟时应有的色泽，各品种最低着色度应符合表 4-2 规定； 大型果实横径不低于 65mm，中型果实横径不低于 60mm； 果实成熟，但不过熟； 红色品种微碰伤总面积不超过 1.0cm²，其中最大面积不超过 0.5cm²；黄色、绿色品种轻微碰伤面积不超过 0.5cm²，不得有其他缺陷和损伤	总不合格果不超过 5%
AA（一级）	具有本品种果形特征，果柄完整； 具有本品种成熟时应有的色泽，各品种最低着色度应符合表 4-2 规定； 大型果实横径不低于 65mm，中型果实横径不低于 60mm； 果实成熟，但不过熟； 缺陷与损伤：轻微碰伤总面积不超过 1.0cm²，其中最大面积不超过 0.5cm²。轻微枝叶摩伤，其面积不超过 1.0cm²。金冠品种的锈斑面积不超过 3cm²，水锈和蝇点面积不超过 1.0cm²。未破皮雹伤 2 处，总面积不超过 0.5cm²。红色品种桃红色的日灼伤面积不超过 1.5cm²，黄色、绿色品种白色灼伤面积不超过 1.0cm²。不得有破皮伤、虫伤、病害、萎缩、冻伤和瘤子	总不合格果不超过 10%

等级	规格	限度
A （二级）	有本品种果形特征,带有果柄,无畸形; 具有本品种成熟时应有的色泽,各品种最低着色度应符合表 4-2 规定; 大型果实横径不低于 65mm,中型果实横径不低于 60mm; 果实成熟,但不过熟; 缺陷与损伤总面积、摩伤、水锈和蝇点、日灼面积标准同 AA 级。轻微药害面积不超过 1/10,轻微雹伤总面积不超过 1.0cm²。干枯虫伤 3 处,每处面积不超过 0.03cm²。小疵点 不超过 5 个。不得有刺伤、破皮伤、病害、萎缩、冻伤、食心虫伤和已愈合的其他面积不大 于 0.03cm²	总不合格果 不超过 10%

注：本表适用于元帅系、富士、国光和鸡冠苹果。本表摘自 GB/T 10651—2008《鲜苹果》。

表 4-2 出口鲜苹果各品种、等级的最低着色度

品种	AAA	AA	A	品种	AAA	AA	A
元帅类	90%	70%	40%	其他同类品种	70%	50%	—
富士	70%	50%	40%	金冠	黄或金黄色	黄或黄绿色	黄、绿黄或黄绿色
国光	70%	50%	40%	青香蕉	绿不带红晕	绿色,红晕 不超果面 1/4	绿色,红晕不限

注：本表摘自 GB/T 10651—2008《鲜苹果》。

蔬菜由于食用部分不同,成熟标准不一致,所以很难有一个固定统一的分级标准,只能按照对各种蔬菜品质的要求制定个别的标准。蔬菜通常根据坚实度、清洁度、大小、重量、颜色、形状、鲜嫩度以及病虫感染和机械伤等分级,一般分为三个等级,即特级、一级和二级。特级品质最好,具有本品种的典型形状和色泽,不存在影响组织和风味的内部缺点,大小一致,产品在包装内排列整齐,在数量或重量上允许有 5% 的误差;一级产品与特级产品有同样的品质,允许在色泽、形状上稍有缺点,外表稍有斑点,但不影响外观和品质,产品不需要整齐地排列在包装箱内,可允许 10% 的误差;二级产品可以呈现某些内部和外部缺陷,价格低廉,采后适合就地销售或短距离运输。如日本的黄瓜按质量分级标准,见表 4-3。

表 4-3 黄瓜按质量分级标准

等级	A 级	B 级
标准	成熟度适宜,色泽好,具有黄瓜特性,形状好, 弯曲程度在 2cm 以内,清洁	成熟度合适,色泽良好,具有黄瓜的特点,形状好,弯 曲程度在 4cm 以内,清洁
重残果[①]	不得混入	不得混入
轻残果[②]	不得混入	大体上可以

① 重残果：未熟果或过熟果,带有机械损伤,被病虫害侵染的腐败变质果。
② 轻残果：形状不良,弯曲度超过 4cm 以上的,大头细尾,轻微机械损伤或品种不一致。
注：本表摘自《北方蔬菜》。

蒜薹是我国的重要蔬菜之一,目前我国已制定了蒜薹的国家标准,适用于鲜蒜薹的收购、调运、贮藏、销售及出口。蒜薹按其质地鲜嫩、粗细长短、成熟度等分为特级、一级、二级,见表 4-4。

2. 分级方法

（1）手工分级 这是目前国内普遍采用的分级方法。这种分级方法有两种：一是单凭人

表 4-4　蒜薹等级规格

等级	规格限度
特级	质地脆嫩,色泽鲜绿,成熟适度,不萎缩糠心,去两端保留嫩茎,每批样品整洁均匀,不合格率不得超过 1%(以重量计);无虫害、损伤、划薹、杂质、病斑、畸形、霉烂等现象;蒜薹嫩茎粗细均匀,长度 30～40cm;扎成 0.5～1.0kg 的小捆
一级	质地脆嫩,色泽鲜绿,成熟适度,不萎缩糠心,薹茎基部无老化,薹苞绿色,不膨大,不坏死,允许顶尖稍有黄色,每批样品不合格率不得超过 10%(以重量计);无明显的虫害、损伤、划薹、杂质、畸形、病斑、霉烂等现象;蒜薹嫩茎粗细均匀,长度≥30cm;扎成 0.5～1.0kg 的小捆
二级	质地脆嫩,色泽淡绿,不脱水萎蔫,薹茎基部无老化,薹苞稍大,允许顶尖稍有黄色干枯,但不分散,每批样品不合格率不得超过 10%(以重量计);无严重虫害、损伤、划薹、杂质、畸形、病斑、霉烂等现象;蒜薹嫩茎粗细均匀,长度≥30cm;扎成 0.5～1.0kg 的小捆

注:摘自 GB/T 8867—2001《蒜薹简易气调冷藏技术》。

的视觉判断,按果蔬的颜色、大小将产品分为若干级。用这种方法分级的产品,级别标准容易受人心理因素的影响,往往偏差较大;二是用选果板分级,选果板上有一系列直径大小不同的孔,根据果实横径和着色面积的不同进行分级。用这种方法分级的产品,同一级别果实的大小基本一致,偏差较小。

人工分级能最大限度地减轻果蔬的机械伤害,适用于各种果蔬,但工作效率低,级别标准有时不严格。

(2) 机械分级　机械分级不仅可消除人为因素的影响,更重要的是能显著提高工作效率。有时为了使分级标准更加一致,机械分级常常与人工分级结合进行。目前我国已研制出了水果分级机,大大提高了分级效率。美国、日本的机械分级起步较早,大多数采用电脑控制,除对容易受伤的果实和大部分蔬菜仍采用手工分级外,其余果蔬产品一般采用机械分级。

果蔬的机械分级设备有以下几种。

① 重量分选装置　根据产品的重量进行分选。按被选产品的重量与预先设定的重量进行比较分级。重量分选装置有机械秤式和电子秤式等不同的类型。

机械秤式分选装置主要由固定在传送带上可回转的托盘和设置在不同重量等级分口处的固定秤组成。将果实单个放进回转托盘,当其移动接触到固定秤,秤上果实的重量达到固定秤的设定重量时,托盘翻转,果实即落下。适用于球状的果蔬产品,缺点是容易造成产品的损伤,而且噪声很大。电子秤重量分选装置则改变了机械秤式装置每一重量等级都要设秤、噪声大的缺点,一台电子秤可分选各重量等级的产品,装置大大简化,精度也有提高。重量分选装置多用于苹果、梨、桃、番茄、甜瓜、西瓜、马铃薯等。

② 形状分选装置　按照被选果蔬的形状大小(直径、长度等)分选,有机械式和光电式等不同类型。

机械式形状分选装置多是以缝隙或筛孔的大小将产品分级。当产品通过由小逐级变大的缝隙或筛孔时,小的先分选出来,最大的最后选出。适用于柑橘、李、梅、樱桃、洋葱、马铃薯、胡萝卜等。

光电式形状分选装置有多种,有的是利用产品通过光电系统时的遮光,测量其外径或大小,根据测得的参数与设定的标准值比较进行分级。较先进的装置则是利用摄像机拍摄,经电子计算机进行图像处理,求出果实的面积、直径、高度等。例如黄瓜和茄子的形状分选装置,将果实一个个整齐地摆放到传送带的托盘上,当其经过检测装置部位时,安装在传送带上方的黑白摄像机摄取果实的图像,通过计算机处理后可迅速得出其长度、粗度、弯曲程度等，实现大小分级与品质（弯曲、畸形）分级同时进行。光电式形状分选装置克服了机械式分选装置易损伤产品的缺点，适用于黄瓜、茄子、番茄、菜豆等。

③ 颜色分选装置　根据果实的颜色进行分选。果实的表皮颜色与成熟度和内在品质有密切关系，颜色的分选主要代表了成熟度的分选。例如，利用彩色摄像机和电子计算机处理的红、绿两色型装置可用于番茄、柑橘和柿子的分选，可同时判别出果实的颜色、大小以及表皮有无损伤等。当果实随传送带通过检测装置时，由设在传送带两侧的两台摄像机拍摄。果实的成熟度根据测定装置所测出的果实表面反射的红色光与绿色光的相对强度进行判断；表面损伤的判断是将图像分割成若干小单位，根据分割单位反射光的强弱算出损伤的面积，最精确可判别出 0.2～0.3mm 大小的损伤面；果实的大小以最大直径为代表。红、绿、蓝三色型机则可用于色彩更为复杂的苹果的分选。

三、清洗、防腐、灭虫与涂蜡

果蔬产品由于受生长或贮藏环境的影响，表面常带有泥土污物，影响其商品外观。所以产品上市销售前常进行清洗、防腐、涂蜡。经清洗、防腐、灭虫、涂蜡后，可以改善商品外观，提高商品价值，减少表面的病原微生物，减少水分蒸腾，保持产品的新鲜度，抑制呼吸代谢，延缓衰老。

1. 清洗

清洗是采用浸泡、冲洗、喷淋等方式水洗或用干毛刷刷净某些果蔬产品，特别是块根、块茎类蔬菜，除去黏附的污泥，减少病菌和农药残留，使之清洁卫生，符合商品要求和卫生标准。

果蔬产品在清洗过程中应注意洗涤水必须清洁，还可加入适量的杀菌剂，如 NaClO、漂白粉等。产品清洗后，清洗槽中的水含有很多真菌孢子，要及时更换。

清洗使用的清洗液的种类很多，可以根据条件选用。如用 $1\%\sim2\%$ $NaHCO_3$ 或 1.5% Na_2CO_3 溶液洗果，可除去表面污物及油脂；用 1.5% 肥皂水溶液加 1% Na_3PO_4，水温调至 $38\sim43℃$，可迅速除去果面污物；用 $2\%\sim3\%$ $CaCl_2$ 洗可减少苹果果实的采后损失。此外，还可用配制好的水果清洁剂洗果，也能获得较好的效果。如果清洁剂和保鲜剂配合使用，还可进一步降低果实在贮运过程中的损失。

清洗方法可分为人工清洗和机械清洗。人工清洗是将洗涤液盛入已消毒的容器中，调好水温，将产品轻轻放入，用软毛巾、海绵或软质毛刷等迅速洗去果面污物。机械清洗可用清洗机。清洗机的结构一般由传送装置、清洗滚筒、喷淋系统和箱体组成。水洗后必须进行干燥处理，除去游离水分。干燥处理在气候干燥、水分蒸发快的地区可使用自然晾干的方法；气候潮湿、水分蒸发慢的地区可使用脱水机。目前脱水机有脱水器和加热蒸发器两种类型。脱水机有时和清洗机做成一体，安装在清洗机的出口附近。

2. 防腐

果蔬采收后仍进行着一系列生理生化活动。如蒸腾作用、呼吸作用、乙烯释放、色素转化等。果蔬产品贮藏过程是组织逐步走向成熟和衰老的过程，而衰老又与病害的发展形成紧密的联系。

为了延长果蔬产品的商品寿命，达到抑制衰老、减少腐烂的目的，可在采前或采后进行保鲜防腐处理。保鲜防腐处理是采用天然或人工合成化学物质，其主要成分是抑菌物质和生长调节物质。从目前来看，使用化学药剂仍是一项经济而有效的保鲜措施，但在使用时应根据国家卫生部门的有关规定，注意选用高效、低毒、低残留的药剂，以保证食品的安全。

果蔬产品贮运中常常使用的化学药剂主要包括植物激素类、化学防腐剂、乙烯抑制剂和气体调节剂。

(1) 植物激素类 植物激素类对果蔬产品的作用可分为三种：细胞分裂素类、生长素类和生长抑制剂类。

① 细胞分裂素类主要有：a. GA（赤霉素），抑制产品呼吸强度，推迟跃变型果蔬呼吸高峰的到来，延迟果实褪绿。采后用 GA 处理，能显著抑制香蕉、番茄等果实的后熟变化。采收前用 GA 在柿树上进行喷洒，对其发育、成熟和衰老都有抑制作用。在柑橘果实上使用 GA 可延迟叶绿素消失，增加果实的硬度。b. BA（苄基腺嘌呤），它可以使叶菜类、辣椒、青豆类、黄瓜等保持较高的蛋白质含量，因而延缓叶绿素的降解和组织衰老。这种作用在高温下贮藏效果更为明显，用 $5\sim20mg/L$ 的 BA 处理花椰菜、菜豆、莴苣、萝卜、大葱和甘蓝，可明显延长货架期。

② 生长素类主要有：a. 2,4-D（2,4-二氯苯氧乙酸），可溶于热水和乙醇。它在柑橘上使用，能抑制离层形成，保持果蒂新鲜不脱落，抑制各种蒂腐性病变，减少腐烂，延长贮藏寿命。四川省各柑橘产区都进行两次 2,4-D 喷洒，一次在采收前 1 个月，用量为 $50\sim100mg/L$；另一次为采收后 3d 内，用量为 $100\sim250mg/L$。用 2,4-D 处理花椰菜或其他绿色果蔬产品要延迟它们的黄化。花椰菜在采收前 1 周用 $100\sim500mg/L$ 2,4-D 处理可以减少贮藏中脱帮。b. IAA（吲哚乙酸），NAA（萘乙酸）。花椰菜与甘蓝用含 $50\sim100mg/L$ 的 NAA 碎纸填充包装物时，失重和脱帮都减轻。用 $40mg/L$ NAA 喷洒洋葱叶片，可延长葱球的贮藏寿命。对香蕉、番茄等有抑制成熟的作用，用 $100mg/L$ 的 NAA 和 4% 蜡乳浊液处理香蕉，在 $20.5\sim28.8℃$ 下贮藏 16d，其总糖、还原糖、酸及可溶性固形物均较对照低。IAA 也有与 NAA 类似的作用。对番茄完熟的抑制作用发生在早期，后期无效果。

③ 常见的生长抑制剂有：a. MH（青鲜素），MH 的主要作用为抑制洋葱、胡萝卜、马铃薯的发芽。洋葱应在采前 $10\sim14d$ 用 MH 喷洒，因为此物质的移动活跃。若将采后洋葱浸在 MH 液中也有抑制发芽的效果。但是，如果鳞茎的根部切掉后浸泡，则会增加腐烂。b. CCC（矮壮素），叶用莴苣浸 CCC 溶液后，货架期延长一倍。它还能延迟青花菜的衰老，对蘑菇的衰老则无抑制作用。

(2) 化学防腐剂 病害是果蔬产品采后损失的重要原因。病害对果蔬产品的侵染分成两种类型，一种是采前侵染，又称潜伏侵染，它在果蔬的生长过程中侵入到体内；另一种是采后侵染，是在果蔬产品采后贮藏过程中，通过机械伤口或表皮自然的气孔侵入。两种侵染都能造成贮藏和运输中的腐烂。随着产品组织的衰老，组织的抗病能力下降，潜伏侵染的病菌孢子活动，加速采后腐烂，这往往发生在贮藏后期。要保持产品的商品寿命，必须减少病原菌的数量，抑制后熟过程，延缓衰老，同时防止病害的发生。

采用杀菌剂来处理产品，目前使用的化学防腐剂常见的有以下几种。

① 仲丁胺（2-氨基丁烷，简称 2-AB） 有强烈的挥发性，高效低毒，可控制多种果蔬的腐烂，对柑橘、苹果、葡萄、龙眼、番茄、蒜薹等果蔬的贮藏保鲜具有明显效果。河北农业大学在此方面进行了深入的研究，并研制出了仲丁胺系列保鲜剂。美帕曲星含 50% 仲丁胺的熏蒸剂，适用于不宜洗涤的果蔬。使用时将美帕曲星蘸在松软多孔的载体如棉花球、卫生纸上，与产品一起密封，让美帕曲星自然挥发。用药量应根据果蔬种类、品种、贮藏量或

贮藏容积来计算。熏蒸时要避免药物直接与产品接触，否则容易产生药害。保果灵、橘腐净适用于能浸泡的果蔬如柑橘、苹果等。使用时将药液稀释 100 倍，将产品在其中浸泡片刻，晾干后入贮，可明显降低腐烂率。

② 山梨酸（2,4-己二烯酸） 山梨酸为一种不饱和脂肪酸，可以与微生物酶系统中的巯基结合，从而破坏许多重要酶系统，达到抑制酵母、霉菌和好气性细菌生长的效果。它的毒性低，只有苯甲酸钠的 1/4，但其防腐效果却是苯甲酸钠的 $5\sim10$ 倍。用于采后浸洗或喷洒，一般使用浓度为 2% 左右。

③ 苯并咪唑类防腐剂 这类防腐剂主要包括特克多、苯来特、多菌灵、托布津等。它们大多属于广谱、高效、低毒防腐剂，用于采后洗果，对防止香蕉、柑橘、桃、梨、苹果、荔枝等水果的发霉腐烂都有明显的效果。使用浓度一般在 $0.05\%\sim0.2\%$，可以有效地防止大多数果蔬由于青霉菌和绿霉菌所引起的病害。其具体使用浓度是：托布津为 $0.05\%\sim0.1\%$，苯来特、多菌灵为 $0.025\%\sim0.1\%$，特克多为 $0.066\%\sim0.1\%$（以 100% 纯度计）。这些防腐剂若与 2,4-D 混合使用，保鲜效果更佳。

(3) 乙烯抑制剂 乙烯作为果蔬产品的一种衰老激素已为人们所认识，乙烯的积累可加重果蔬产品向衰老转化，商品品质下降，货架期缩短，经济效益降低，因此应及时除去容器中的乙烯，延长产品的贮藏期。乙烯的脱除可采用物理或化学方法。常用物理吸附型乙烯脱除剂有活性炭、氧化铝、硅藻土、活性白土等。近年来，采用大量化学措施来克服乙烯的影响，在商业上运用最多的是硫代硫酸银化合物（STS）。银离子是有效的乙烯活动的抑制剂，它的硫代硫酸盐化合物非常稳定，在植物中不轻易移动。由于银离子对哺乳动物毒性大，因而在使用时，应注意不污染环境，STS 废液也应正确处理。近几年新发现的乙烯抑制剂——1-甲基环丙烯（1-MCP），已用于果蔬中并显示出作为乙烯抑制剂的巨大商业潜力。

1-MCP 是近年来在果蔬产品保鲜中研究较多的乙烯受体抑制剂，它的特点是常温下稳定、无毒无味，对环境影响小，且效果很好，使用浓度低（在 $100\sim1000\mu g/L$ 范围内）。1-MCP 可与乙烯受体上的金属离子结合，抑制乙烯-受体复合物的形成，阻断乙烯所诱导的信号传导。在植物内源乙烯大量产生之前，施用 1-MCP 就会抢先与乙烯受体结合，封阻了乙烯与它们的结合和随后产生的效应，暂时延缓了乙烯的生理反应（例如落花、落果、落叶、叶绿素降解和果实成熟等现象）。目前，1-MCP 在切花保鲜、延缓盆花衰老中已对果蔬产品品质，如色泽、褐变、风味、硬度、货架期和腐烂率等耐贮性的影响也愈来愈大。

(4) 气体调节剂 主要包括脱氧剂、CO_2 发生剂、脱除剂等，主要用于调节小环境中 O_2 和 CO_2 的浓度，达到气调贮藏效果，使产品在贮藏期内品质变化降至最小。贮藏前用高浓度 CO_2 对苹果进行处理，被认为是气调贮藏技术的一项重大改进。国外研究认为，以 $10\%\sim20\%$ 的 CO_2 对苹果进行处理 $10\sim14d$ 为宜。浓度太高或者处理时间太长，易使果实受 CO_2 损伤而褐变；浓度太低或者处理时间太短，效果不明显。处理的最适时间是采后立即进行，可以得到最好的效果，随着采后时间的延长，处理效果相应降低。如果晚 10d 处理，效果大致降低一半；如果晚 20d 处理，效果将丧失殆尽。所以，目前生产上是在采后 3d 之内进行处理。处理方式是在贮藏库内催化燃烧降氧之后，用空气压缩机将 CO_2 按规定量充入库内；或将 CO_2 充分混合至一定浓度后直接由鼓风机送入库内；或用喷雾系统将 CO_2 直接在库内均匀喷布；也有利用固态 CO_2（干冰）的，不过要按库房容量计算好干冰用量。无论用哪种方法处理，都要在处理结束后适当通风并保持气调贮藏条件，否则易引起 CO_2 伤害。高浓度 CO_2 预处理目前主要用于苹果，其他果蔬产品应用较少。

（5）其他防腐措施

① 防治生理病害　虎皮病是苹果贮藏中的一种重要生理病害。人们对多种化学药剂的防病效果进行了研究，认为二苯胺（DPA）、乙氧基喹、丁基羧基苯甲醚（BHA）等抗氧化剂具有理想的防病效果。用 $0.13\%\sim0.25\%$DPA 或 BHA 溶液浸渍果实，对虎皮病的防治效果很显著。两种药液的浓度大于 0.5% 时，使果面产生皮孔锈斑或其他形式的表面伤害。用含有二苯胺的包果纸包果实，也可有效地防止虎皮病，每张包果纸含有 $1.5\sim2$mgDPA，即有满意的效果。用 $0.25\%\sim0.35\%$乙氧基喹浸渍果实，或用含乙氧基喹的包果纸（2mg/张），或装箱的纸隔板上浸有乙氧基喹（4g/箱），都有防治虎皮病的效果。乙氧基喹还有降低果实呼吸强度、防止果皮皱缩和减轻红玉斑点病害的效果。无论哪种药液浸渍处理，都需要待果面晾干后再包装贮藏。

② 防治微生物病害　果蔬产品贮藏运输中，由于微生物病害的影响，常常使大量产品腐烂变质，造成严重经济损失。为此，生产中采用各种各样的化学药剂进行防腐处理，对减少腐烂起到明显作用。由于果蔬产品种类及贮运温度条件等不同，发生的微生物病害也就不一样，所用药剂种类和防治方法就有所不同。常用的杀菌剂有甲基托布津、多菌灵、苯来特、噻苯咪唑等，浸渍或熏蒸处理。但出于食品卫生安全的考虑，此类防腐措施目前主要用于必须去皮才能食用的香蕉和柑橘类果实。

可用于防腐又相对安全的杀菌剂有氯气、漂白粉和 SO_2。氯气是一种剧毒、杀菌作用很强的气体，其杀菌原理是氯气在潮湿的空气中易生成次氯酸，次氯酸不稳定生成原子氧，原子氧具有强烈氧化作用，因而能杀死果蔬表面上的微生物。

由于氯气极易挥发或被水冲洗掉，因此用氯气处理过的果蔬残留量很少，对人体无毒副作用。如在帐内用 $0.1\%\sim0.2\%$ 的氯气（体积比）熏蒸番茄、黄瓜等蔬菜，取得了较好的防腐保鲜效果。但是，用氯气处理果蔬时，浓度不宜过高，超过 0.4% 就可能产生药害。此外还应保持帐内的空气循环，以防氯气下沉造成下部果蔬中毒。

漂白粉是一种不稳定的化合物，在潮湿的空气中也能分解出原子氧。一般用量为每 600kg 的果蔬帐，放入漂白粉 0.4kg，每 10d 更换一次。贮藏期间也要注意帐内的空气循环，以防下部果蔬中毒。

SO_2 是一种强烈的杀菌剂，遇水易形成亚硫酸，亚硫酸分子进入微生物细胞内，可造成原生质与核酸分解而杀死微生物。一般来说，SO_2 浓度达到 0.01% 时就可抑制多种细菌的发育，达到 0.15% 时可抑制霉菌类的繁殖，达到 0.3% 时可抑制酵母菌的活动。此外，SO_2 具有漂白作用，特别是对花青素的影响较大，这一点在生产上要特别注意。

SO_2 在葡萄贮藏过程中防霉效果显著，根据贮藏期不同，一般用量为 $0.1\%\sim0.5\%$。此外，还可用在龙眼、枇杷、番茄等果蔬上。

SO_2 属于强酸性气体，对人的呼吸道和眼睛有强烈的刺激性，工作人员应注意安全。SO_2 遇水易形成亚硫酸，亚硫酸对金属器具有很强的腐蚀性，因此贮藏库内的金属物品，包括金属货架，最好刷一层防腐涂料加以保护。

3. 灭虫

进出口果蔬时，植物检疫部门经常要求对果蔬进行灭虫处理，才能够放行。因此，出口国必须根据进口国的要求，出口前对果蔬进行适当的杀虫处理。商业上常用的灭虫方法有以下几种。

（1）熏蒸剂处理　常用的熏蒸剂有二溴乙烷和溴甲烷，可用于专门的固定熏蒸室中，也可在临时性封闭环境中使用。用量为 $18\sim20\mathrm{g/m^3}$ 的二溴乙烷，熏蒸 $2\sim4\mathrm{h}$，可有效地消灭果实上绝大部分的果蝇。温度较低时，则适当提高熏蒸剂浓度。

(2) 低温处理 许多害虫都不能忍耐低温，故可用低温方法消灭害虫。例如，美国检疫部门对中国进口的荔枝规定的低温处理为：在 $1.1℃$ 下处理 $14\mathrm{d}$ 后才允许进入美国市场。

(3) 高温处理 20 世纪 20 年代开始就已大规模地使用热蒸汽作为地中海实蝇的检疫处理，并一直应用至今。如芒果用 $43℃$ 热蒸汽处理 $8\mathrm{h}$，可控制墨西哥果蝇。热水处理也可用于防治水果害虫，如香蕉在 $52℃$ 热水中浸泡 $20\mathrm{min}$，可控制香蕉橘小实蝇和地中海实蝇。

(4) 辐射处理 射线辐射可减少果实害虫的危害。如用 $25\mathrm{krad}$ 剂量辐射芒果可杀死种子内部的害虫。

4. 涂蜡

果蔬产品表面有一层天然的蜡质保护层，往往在采后处理或清洗中受到破坏。涂蜡是人为地在果蔬产品表面涂一层蜡质。涂蜡后可以增加产品的光泽而改善外观，提高商品质量；堵塞表皮上的部分自然开孔（气孔和皮孔等），降低蒸腾作用，减少水分损失，保持新鲜；阻碍气体交换，抑制呼吸作用，延缓后熟和减少养分消耗；抑制微生物的入侵，减少腐烂病害等。若在涂膜液中加入防腐剂，防腐效果更佳。据报道，用淀粉、蛋白质等高分子溶液加上植物油做成混合涂料，喷布在新鲜柑橘、苹果的表面上，干燥后在果面形成一层薄膜，抑制呼吸作用，使贮藏寿命延长 $3\sim5$ 倍，并保持其新鲜状态。而且这种涂料食用后对人体健康无害。有资料报道，苹果贮藏 1 个月后，经紫胶涂料处理的失水率为 0.8%，单果失水的绝对质量最大值为 $3\mathrm{g}$；未处理的失水率为 1.59%，比处理果高约 1 倍。

在国外，涂蜡技术已有 70 多年的历史。据报道，美国福尔德斯公司首先在甜橙上开始使用并获得成功。之后，世界各国纷纷开展涂蜡技术研究。自 20 世纪 50 年代起，美、日、意、澳等国都相继进行涂蜡处理，使涂蜡技术得到迅速发展。目前，该技术已成为发达国家果蔬产品商品化处理中的必要措施之一。我国市场上出售的进口苹果、柑橘等高档水果，几乎都经过打蜡处理。而我国由于受经济、技术水平的限制，至今仍未在生产中普遍应用。

蜡液是将蜡微粒均匀地分散在水或油中形成稳定的悬浮液。其配方是各国的专利，相互保密。世界最初使用的蜡剂是用石蜡、松脂和虫胶等，加热熔化，将果实在其中瞬时浸泡。另一种方法是把石蜡等物混合于有机溶剂中进行喷雾，但有发生火灾的危险，所以现在广泛采用水溶性蜡。水溶性蜡的制法和混合比例各生产厂家不完全相同，使用效果也有差别。蜡在乳化剂的作用下形成稳定的水油（O/W）体系。蜡微粒的直径通常为 $0.1\sim10\mu\mathrm{m}$，蜡在水中或溶剂中的含量一般是 $3\%\sim20\%$，最好是 $5\%\sim15\%$。

目前，商业上使用的大多数涂膜剂是以石蜡和巴西棕榈蜡作为基础原料，因为石蜡可以很好地控制失水，而巴西棕榈蜡能使果实产生诱人的光泽。近年来含有天然蜡、合成或天然的高聚物、乳化剂、水和有机溶剂等的蜡液逐渐普遍使用。天然蜡如棕榈蜡、米糠蜡等；高聚物包括多聚糖、蛋白质、纤维素衍生物、聚氧乙烯、聚丁烯等；乳化剂包括 $C_{16}\sim C_{18}$ 脂肪酸蔗糖酯、油酸钠、吗啉脂肪酸盐等。这些原料都必须对人体无害，符合食品添加剂标准。它们常作为杀菌剂的载体或作为防止衰老、生理失调和抑制发芽的载体。随着人们健康意识的不断增强，无毒、无害、天然物质为原料的涂膜剂日益受到人们的青睐。如用淀粉、蛋白质等高分子溶液加上植物油制成混合涂料，喷在新鲜柑橘和苹果上，干燥后可在产品表面形成很多直径为 $0.001\mathrm{mm}$ 小孔的薄膜，从而抑制果实的呼吸作用。OED 是日本用于蔬菜的一种新涂料，配方是：10 份蜜蜡、2 份朊酪、1 份蔗糖酯，充分混合后使其成乳状液。用蔬菜浸蘸 OED 液，可在菜体表面形成一种防腐乳液，无毒、无味、无色，浸涤番茄可延长货架寿命。我国 20 世纪 70 年代起也开发研制了紫胶、果蜡等涂料，在西瓜、黄瓜、番茄等瓜果上使用效果良好。目前还在积极研究用多糖类物质作为涂膜剂，如葡甘聚糖、海藻酸钠、壳聚糖等。现在在涂膜剂中还常加入中药、抗菌肽、氨基酸等天然防腐剂以达到更好的保鲜效果。

打蜡的方法大体分为浸涂法、刷涂法、喷涂法、泡沫法和雾化法五种，有人工和机械之分。浸涂法最简便，即将涂料配制成适当浓度的溶液，将果实整体浸入，蘸上一层薄薄的涂料液，取出放到一个垫有泡沫塑料的倾斜槽内徐徐滚下，装入箱内晾干即成。刷涂法即用细软毛刷蘸上配好的涂料液，然后使果实在刷子间辗转擦刷，使表皮涂上一层薄薄的涂料液。喷涂法的整个工序是在一台机械内完成的。泡沫法由架设在果实传输系统上方的泡沫发生器把涂料以泡沫的形式涂于果实表面，待水分蒸发或干燥器干燥后在果实表面形成均匀的涂料层。雾化法是通过雾化器将涂料雾化后施于传输带上的果实。目前世界上的新型喷蜡机一般是由洗果、搽吸干燥、喷蜡、低温干燥、分级和包装等部分联合组成。果实由洗果机送出干燥后，喷布一层均匀且极薄的涂料，干燥后予以包装。美国机械公司制造的打蜡分级机由五部分组成：浸泡槽及木条提升机，水洗器、干燥器及打蜡器，滚筒输送带及干燥器，滚筒输送带及分级器，柑橘分级器及分拣箱。此机工作能力为每小时用蜡液 82～112kg，涂果 4～5t。我国湖南省邵阳地区粮油食品进出口公司等单位，20 世纪 70 年代研制的柑橘涂果分组机由倒果槽、涂果机、干燥器及分组面四部分组成，机组全长 5m，总量 0.5t，功效 1.1～1.5t/h。

涂蜡要做到三点：①涂被厚度均匀、适量，过厚会引起呼吸失调，导致一系列生理生化变化，果实品质下降；②涂料本身必须安全、无毒、无损人体健康；③成本低廉，材料易得，便于推广。值得注意的是，涂蜡处理只是产品采后一定期限内商品化处理的一种辅助措施，只能在上市进行处理或短期贮藏、运输，否则会给产品的品质带来不良影响。

四、包装

果蔬产品多是脆嫩多汁商品，极易遭受损伤。为了保护产品在运输、贮藏、销售中免受伤害，对其进行包装是必不可少的。

1. 包装的作用

果蔬产品包装是标准化、商品化、保证安全运输和贮藏的重要措施。有了合理的包装，就有可能使果蔬产品在运输中保持良好的状态，减少因互相摩擦、碰撞、挤压而造成的机械损伤，减少病害蔓延和水分蒸发，避免果蔬产品散堆发热而引起腐烂变质。包装可以使果蔬产品在流通中保持良好的稳定性，提高商品率和卫生质量。同时包装是商品的一部分，是贸易的辅助手段，为市场交易提供标准的规格单位，免去销售过程中的产品过秤，便于流通过程中的标准化，也有利于机械化操作。适宜的包装对于提高商品质量和信誉十分重要。发达国家为了增强商品的竞争力，特别重视产品的包装质量。而我国对果蔬产品的包装还不十分重视。

2. 包装场设置

我国果品包装场一般有两种形式：一种是生产单位设置的临时性或永久性包装场，这种包装场多进行产品包装；另一种是商业销售部门设置的永久性包装场，多进行商品包装。通常前者较小，后者较大。包装场选址的原则应是靠近水果产区，交通方便，地势高且干燥，场地开阔，同时还应远离散发刺激性气体或有毒气体的工厂。

目前我国的果品包装场多采用手工操作，包装场所需的小件物品必须备齐。包装场常用物品在使用前要进行消毒，用完后也应及时进行清洗，防止病菌残存。

3. 包装容器和包装材料

（1）包装容器的要求　包装容器应具备的基本条件为：①保护性，在装饰、运输、堆码中有足够的机械免试，防止果蔬产品受挤压碰撞而影响品质。②通透性，以利于产品在贮运过程中散热和气体交换。③防潮性，避免由于容器的吸水变形而致内部产品的腐烂。④美观、清洁、无异味、无有害化学物质、内壁光滑、卫生、重量轻、成本低、便于取材、易于回收及处理。包装外面应注明商标、品名、等级、重量、产地、特定标志及包装日期等。

（2）包装容器的种类和规格　果蔬产品包装分为外包装和内包装。外包装材料最初多为植物材料，尺寸大小不一，以便于运输。现在外包装材料多用高密度聚乙烯、聚苯乙烯、纸、木板条等。包装容器的长宽尺寸在 GB/T 4892—2008《硬质直方体运输包装尺寸系列》中有具体规定。随着科学技术的发展，包装的材料及其形式越来越多样化。我国目前外包装容器的种类、材料及适用范围见表4-5。

表 4-5　外包装容器的种类、材料及适用范围

种类	材料	适用范围
塑料箱	高密度聚乙烯	任何果蔬
	聚苯乙烯	高档果蔬
纸箱	板纸	果蔬
钙塑箱	聚乙烯、碳酸钙	果蔬
板条箱	木板条	果蔬
筐	竹子、荆条	任何果蔬
加固竹筐	筐体竹皮、筐盖木板	任何果蔬
网、袋	天然纤维或合成纤维	不易擦伤、含水量少的果蔬

各种包装材料各有优缺点，如塑料箱轻便防潮，但造价高；筐价格低廉，大小却很难一致，而且容易刺伤产品；木箱大小规格一致，能长期周转使用，但较沉重，易致产品碰伤、擦伤等。纸箱的质量轻，可折叠平放，便于运输；纸箱能印刷各种图案，外观美观，便于宣传与竞争。纸箱通过上蜡，可提高其防水防潮性能，受湿受潮后仍具有很好的强度而不变形。目前的纸箱几乎都是瓦楞纸制成。瓦楞纸板是在波形纸板的一侧或两侧，用黏合剂黏合平板而成。由于平板纸与瓦楞纸芯的组合不同，可形成多种纸板。常用的有单面、双面及双层瓦楞纸板三种。单层纸板多用做箱内的缓冲材料，双面及双层瓦楞纸板是制造纸箱的主要纸板。纸箱的形成和规格可多种多样，一般呈长方形，大小按产品要求的容量、堆垛方式及箱子的抗力而定。经营者可根据自身产品的特点及经济状况进行合理选择。在良好的外包装条件下，内包装可进一步防止产品受振荡、碰撞、摩擦而引起的机械伤害。可以通过在底部加衬垫、浅盘杯、薄垫片或改进包装材料，减少堆叠层数来解决。常见的内包装材料及作用见表4-6。除防震作用外，内包装还具有一定的防失水、调节小范围气体成分浓度的作用。如聚乙烯薄膜包裹或聚乙烯薄膜袋的内包装材料，可以有效地减少蒸腾失水，防止产品萎蔫，但缺点是不利于气体交换，管理不当容易引起 CO_2 伤害。对于呼吸跃变型果蔬来说还

会引起乙烯的大量积累，加速果实的后熟、衰老、品质迅速下降。因此，可用膜上打孔法加以解决。打孔的数目及大小根据产品自身特点加以确定，这种方法不仅减少了乙烯的积累，还可在单果包装形成小范围内低 O_2、高 CO_2 的气调环境，有利于产品的贮藏保鲜。同时应注意合理选择作为内包装的聚乙烯薄膜的厚度，过薄的膜达不到气调效果，过厚的膜则易引起生理的伤害。一般膜的厚度为 $0.01\sim0.03mm$ 为宜。内包装的另一个优点是便于零售，为大规模自动售货提供条件。目前超级市场中常见的水果放入浅盘外覆保鲜膜就是一个例子。这种零售用的内包装应外观新颖、别致，包装袋上注明产品的商标、品牌、重量、出厂期、产地或出产厂家及有关部门的批准文号、执行标准、条形码等。内包装的主要缺点是不易回收，难以重新利用导致环境污染。目前国外逐渐用纸包装取代塑料薄膜内包装。

表 4-6 果蔬产品内包装常用各种支撑物或衬垫物

种类	作用	种类	作用
纸	衬垫、包装及化学药剂的载体,缓冲挤压	泡沫塑料	衬垫,减少碰撞,缓冲振荡
纸或氟塑料托盘	分离产品及衬垫,减少碰撞	塑料薄膜袋	控制失水和呼吸
瓦楞插板	分离产品,增大支撑强度	塑料薄膜	保护产品,控制失水

随着商品经济的发展，包装标准化已成为果蔬商品化的重要内容之一，越来越受到人们的重视。国外在此方面发展较早，世界各国都有本国相应的果蔬包装容器标准。东欧国家采用的包装箱标准一般是 $600mm\times400mm$ 和 $500mm\times300mm$，包装箱的高度根据给定的容量标准来确定，易伤果蔬每箱装量不超过 $14kg$，仁果类不超过 $20kg$。美国红星苹果的纸箱规格为 $500mm\times302mm\times322mm$。日本福岛装桃纸箱，装 $10kg$ 的规格为 $460mm\times310mm\times180mm$，装 $5kg$ 的规格为 $350mm\times460mm\times95mm$。我国出口的鸭梨每箱净重 $18kg$，纸箱规格有 60 个、72 个、80 个、96 个、120 个、140 个等（为每箱鸭梨的个数）；出口的柑橘每箱净重 $17kg$，纸箱内容积为 $470mm\times277mm\times270mm$，按装果实个数分为七级，规格为每箱装 60 个、76 个、96 个、124 个、150 个、180 个、192 个。

根据产品要求选择适宜的内、外包装材料后，还应对产品进行适当处理方可进行包装，首先产品需新鲜、清洁、无机械伤、无病虫害、无腐烂、无畸形、无各种生理病害，参照国家或地区标准化方法进行分等、分级。包装应处于阴凉处，防日晒、风吹、雨淋。在容器内的放置方式要根据自身特点采取定位包装，散装或捆扎包装。要求果蔬在包装容器内有一定的排列形式，既可防止它们在容器内滚动和相互碰撞，又能使产品通风换气，并充分利用容器的空间。如苹果、梨用纸箱包装时，果实的排列方式有直线式和对角线式两种；用筐包装时，常采用同心圆式排列。马铃薯、洋葱、大蒜等蔬菜常常采用散装的方式等。

产品的包装应适度，要做到既有利于通风透气，又不会引起产品在容器内滚动、相互碰撞。包装时应轻拿轻放，装量要适度，防止过满或过少而造成损伤。不耐压的果蔬包装时，包装容器内应填加衬垫物，减少产品的摩擦和碰撞。易失水的产品应在包装容器内加衬塑料薄膜等。由于各种果蔬抗机械伤的能力不同，为了避免上部产品将下面的产品压伤，果蔬的最大装箱（筐）高度为：苹果和梨 $60cm$，柑橘 $35cm$，洋葱、马铃薯和甘蓝 $100cm$，胡萝卜 $75cm$，番茄 $40cm$。

产品装箱完毕后，还必须对重量、质量、等级、规格等指标进行检验，检验合格者方可捆扎、封钉成件。对包装箱的封口原则为简便易行、安全牢固。纸箱多采用黏合剂封口，木箱则采用铁钉封口。封口后还可在外面捆扎加固，多用的材料为铝丝、尼龙编带，上述步骤完成后对包装进行堆码。目前经常采用"品"字形堆码，垛应稳固、箱体间、垛间及垛与墙壁间应留有一定空隙，便于通风散热。垛高根据产品特性、包装容器、质量及堆码机械化程度来确定。若为冷藏运输，堆码时应采取相应措施防止低温伤害。果蔬销售小包装可在批发或零售环节进行，包装时剔除腐烂及受伤的产品。销售小包装应根据产品特点，选择透明薄膜袋或带孔塑料袋包装，也可放在塑料托盘或泡沫托盘上，再用透明薄膜包裹。销售包装上应标明重量、品名、价格和日期。销售小包装应具有保鲜、美观、便于携带等特点。

4. 包装生产线的建立

采后处理中的许多步骤可在设计好的包装生产线上一次完成。果蔬经清洗、药物防腐处理和严格挑选后，达到新鲜、清洁、无机械伤、无病虫害、无腐烂、无畸形、无冻害、无水浸的标准，然后按国家或地区有关标准分级、打蜡和包装，最后打印、封钉等成为整件商品。自动化程度高的生产线，整个包装过程全部实行自动化流水作业。以苹果、柑橘为例，具体做法是：先将果实放在水池中洗刷，然后由传送带送至吹风台上，吹干后放入电子秤或横径分级板上，不同重量的果实分别送至相应的传送带上，在传送过程中，人工拿下色泽不正和残次病虫果，同一级果实由传送带载到涂蜡机下喷涂蜡液，再用热风吹干，送至包装线上定量包装。

包装生产线应具备的主要装置有：卸果装置、药物处理装置、清洗和脱水装置、分级打蜡装置、包装装置等。条件尚不具备的包装场，可采取简单的机械结合手工操作规程，来完成上述的果蔬商品化处理。

我国的包装技术与国外相比还存在一定的差距，应加速包装材料和技术的改进，使我国包装向标准化、规格化、美观、经济等方面发展。

五、催熟和脱涩

1. 催熟

催熟是指销售前用人工方法促使果实加速完熟的技术。为了提早上市，以获得更好的经济利益，或为了长途运输，需要提前采收，这时采下的果实成熟度不一致，很多果实青绿、肉质坚硬、风味欠佳、缺乏香气，不受消费者欢迎。为了保障这些产品在销售时达到完熟程度，确保其最佳品质，常需要采取催熟措施。催熟可使产品提早上市，使未充分成熟的果实尽快达到销售标准或最佳食用成熟度及最佳商品外观。催熟多用于香蕉、苹果、洋梨、猕猴桃、番茄、蜜露甜瓜等。

（1）催熟的条件 被催熟的果蔬必须达到一定的成熟度，催熟时一般要求较高的温度、相对湿度和充足的 O_2，要有适宜的催熟剂。不同种类产品的最佳催熟温度和相对湿度不同，一般以温度 21～25℃、相对湿度 85%～90% 为宜。相对湿度过高过低对催熟均不利，相对湿度过低，果蔬会失水萎蔫，催熟效果不佳；相对湿度过高产品又易染病腐烂。由于催熟环境的温度和相对湿度都比较高，致病微生物容易生长，因此要注意催熟室的消毒。为了充分发挥催熟剂的作用，催熟环境应该有良好的气密性，催熟剂应有一定的浓度。此外，催熟室内的气体成分对催熟效果也有影响，CO_2 的累积会抑制催熟效果，因此催熟室要注意通风，以保证室内有足够的 O_2。

乙烯、丙烯、燃香等都具有催熟作用。尤其以乙烯的催熟作用最强，是最常用的果实催熟剂，但由于乙烯是气体，使用乙烯进行催熟处理时需要相对密闭的环境。大规模处理时应设置专门的催熟室，小规模时可用塑料密封帐代替催熟室。在催熟产品堆码时需预留通风道，使乙烯分布均匀。处理时应提供充分氧气，减少 CO_2 的积累，因为 CO_2 对乙烯的催熟效果有抑制作用，如能采用气流法使适当浓度的乙烯不断通过待熟的产品，效果会更好。同时要控制好温度和湿度。

尽管乙烯催熟效果不错，但因其是气体，使用多有不便，所以在生产上常采用乙烯利（2-氯乙基磷酸）进行果蔬的催熟。乙烯利的化学名称为 2-氯乙基磷酸，乙烯利是其商品名。在酸性条件下乙烯利比较稳定，在微碱性条件下分解产生乙烯，故使用时要加 0.05% 的洗衣粉，使其呈微碱性，并能增加药液的附着力。使用浓度因种类和品种不同，香蕉为 2g/L，绿熟番茄为 1～2g/L。催熟时可将果实在乙烯利溶液里浸泡约 1min 取出，也可采用喷淋的方法，然后盖上塑料膜，在室温下一般 2～5d 即可催熟。

（2）各种果蔬的催熟方法

① 香蕉的催熟　为了便于运输和贮藏，香蕉一般在绿熟坚硬期采收，绿熟阶段的香蕉质硬、味涩，不能食用，运抵目的地后应进行催熟处理，使香蕉皮色转黄、果肉变软、脱涩变甜，产生特有的风味和气味。具体做法是：将绿熟香蕉放入密闭环境中，保持 22～25℃ 和 90% 的相对湿度，香蕉会自行释放乙烯，几天就可成熟。也可利用乙烯催熟，在 20℃ 和 80%～85% 的相对湿度下，向催熟室内加入 0.1g/m³ 的乙烯，处理 24～28h，当果皮稍黄时取出即可。为了避免催熟室内累积过多的 CO_2（CO_2 浓度超过 1% 时，乙烯的催熟作用将受影响），每隔 24h 要通风 1～2h，密闭后再加入乙烯，待香蕉稍显黄色取出，可很快变黄后熟。此外，还可以用一定温度下的乙烯利稀释液喷洒或浸泡香蕉，再将其放入密闭室内 3～4d 后果皮变黄取出；我国在民间也有在密闭的蕉房内点香，保持室温催熟香蕉的传统做法。

② 柑橘类果实的脱绿　不同柑橘类果实的脱绿措施是不同的。比如柠檬，一般多在充分成熟以前采收，此时果实含酸量高，果汁多，风味好，但是果皮呈绿色，商品质量欠佳。上市前可以通入 0.2～0.3g/m³ 的乙烯，保持湿度 85%～90%，2～3d 即可脱绿。蜜柑上市前放入催熟室或密闭的塑料薄膜大帐内，通入 0.5～1g/m³ 的乙烯，经过 15h 果皮即可褪绿转黄。柑橘用 0.2～0.6g/kg 的乙烯利浸果，在 20℃ 下 2 周即可褪绿。

③ 番茄的催熟　将绿熟番茄放在 20～25℃ 和 RH 85%～90% 下，用 0.1～0.15g/m³ 的乙烯处理 48～96h，果实可由绿变红。也可直接将绿熟番茄放入密闭环境中，保持温度 22～25℃ 和 RH 90%，利用其自身释放的乙烯催熟，但是催熟时间较长。

④ 芒果的催熟　为了便于运输和延长芒果的贮藏期，芒果一般在绿熟期采收，在常温下 5～8d 自然黄熟。为了使芒果成熟速度趋于一致，尽快达到最佳外观，有必要对其进行催熟处理，目前国内外多采用电石加水释放乙炔催熟，具体做法是，按每千克果实需电石 2g 的量，用纸将电石包好，放在芒果箱内，码垛后用塑料帐密封，24h 后将芒果取出，在自然温度下很快转黄。

⑤ 菠萝的催熟　将 40% 的乙烯利溶液稀释 500 倍，喷洒在绿熟菠萝上，保持温度 23～25℃ 和 RH 85%～90%，可使果实提前 3～5d 成熟。

2. 脱涩

脱涩主要是针对柿而采用的一种处理措施。柿有甜柿和涩柿两大品种群，甜柿品种的果实在树上充分长成后可自然脱涩，采收后，即可食用。涩柿含有较多的单宁物质，成熟后仍有强烈的涩味，采后不能立即食用，必须经过脱涩处理才能上市。柿果的脱涩就是将体内的可溶性单宁通过与乙醛缩合，变为不溶性单宁的过程。我国生产中栽培以涩柿品种居多，果实成熟采收后仍有强烈的涩味而不可食用，必须经过脱涩处理才能食用。

（1）影响脱涩的因素 柿脱涩的难易程度与品种、成熟度、环境温度以及化学物质的浓度等诸多因素密切相关。

① 品种 由于柿品种之间的单宁细胞大小、多少及可溶性单宁含量和乙醇脱氢酶的活化程度不同，脱涩难易程度也不一样。据报道，可溶性单宁含量最多的冻柿，脱涩时间最长，需要110h，而可溶性单宁含量较少的恒曲红脱涩仅需14h。这是因为前者的可溶性单宁含量高，乙醇脱氢酶活性低的缘故。

② 成熟度 随着柿子果实的成熟，可溶性单宁含量逐渐减少。在脱涩过程中，由于成熟果实中的单宁含量较少，所以可溶性单宁发生凝固所需的时间比未成熟的短，脱涩较容易。

③ 环境温度 温度的高低直接影响果实的呼吸作用。温度高，呼吸作用强，醇、醛类物质产生多，容易脱涩；温度低，呼吸作用弱，醇、醛类物质产生少，脱涩慢。同时，温度影响乙醇脱氢酶的活化程度。在45℃以下，随着温度升高乙醇脱氢酶的活性增强，将乙醇转化为乙醛的能力增强，可加速脱涩；45℃以上，随着温度升高，该酶的活性逐渐受到抑制，脱涩也不易进行。如某些涩柿品种在温度低的地方贮藏后仍有涩味，原因之一就是温度太低，乙醇脱氢酶的活性受到抑制。由此看来，温度是影响柿果脱涩的重要因素之一。

④ 化学物质的浓度 无论是间接还是直接作用，最终都是由化学物质引起单宁的转化。因此，在一定浓度范围内，能使柿脱涩的化学物质浓度越大，脱涩越快。用乙烯利催熟，浓度越大，后熟脱涩越快；用CO_2脱涩时，加大压力，增加CO_2含量，比在常压时更使果面变褐，产生刺激性的异味；乙烯浓度过大，促使糖分解，味变淡。就目前主要采用酒精和CO_2脱涩而言，酒精脱涩时间较长，稍有后熟的果实脱涩后就软化，但脱涩后的果实品质好，这主要是酒精具有促进果实后熟的作用。CO_2由于具有抑制果实后熟的作用，所以在脱涩过程中果实不易后熟（未熟果实脱涩后，味道欠佳），脱涩后果实肉质清脆。因此，当柿大量上市时，以脱涩时间短且能大量脱涩的CO_2脱涩法为宜。

（2）脱涩方法 涩柿采收后，其自然成熟也会脱涩，只是脱涩时间较长，而且对于单宁含量特别高的品种往往脱涩不彻底。实践中最常见的脱涩方法有以下几种。

① CO_2脱涩 将柿果装箱后，密闭于塑料大帐内，通入CO_2并保持其浓度60%～80%，在室温下2～3d即可脱涩。如果温度升高，脱涩时间可相应缩短。用此法脱涩的柿子质地脆硬，货架期较长。但有时处理不当，脱涩后会产生CO_2伤害，使果心褐变。

② 酒精脱涩 将35%～75%的酒精或白酒喷洒于涩柿表面上，每千克柿果用35%的酒精5～7mL，然后将果实密闭于容器中，在室温下4～7d即可脱涩。此法可用于运输途中，将处理过的柿果用塑料袋密封后装箱运输，到达目的地后即可上市销售。

③ 温水脱涩 将涩柿浸泡在40℃左右的温水中，使果实产生无氧呼吸，经20h左右，柿子即可脱涩。温水脱涩的柿子质地脆硬，风味可口，是当前农村普遍使用的一种脱涩方法。用此法脱涩的柿子货架期短，容易败坏。

④ 石灰水脱涩 将涩柿浸入7%的石灰水中，经3～5d即可脱涩。果实脱涩后质地脆硬，不易腐烂，但果面往往有石灰痕迹，影响商品外观，最好用清水冲洗后再上市。

⑤ 鲜果脱涩 将涩柿与产生乙烯量大的果实如苹果、山楂、猕猴桃等混装在密闭的容

器内，利用它们产生的乙烯进行脱涩。在 20℃ 左右室温下，经过 4～6d 即可脱涩。脱涩后的果实质地较软，色泽鲜艳，风味浓郁。

⑥ 乙烯及乙烯利脱涩　将涩柿放入催熟室内，保持温度 20℃ 左右和 RH 80％～85％，通入 $1g/m^3$ 的乙烯，2～3d 后可脱涩。或用 0.25～0.5g/kg 的乙烯利喷果或蘸果，4～6d 后也可脱涩。果实脱涩后，质地软，风味佳，色泽鲜艳，但不宜贮藏和长距离运输，必须及时就地销售。

⑦ 干冰脱涩　将干冰包好放入装有柿果的容器内，然后密封 24h 后将果实取出，在阴凉处放置 2～3d 即可脱涩。处理时不要让干冰接触果实，每 1kg 干冰可处理 50kg 果实。用此法处理的果实质地脆硬，色泽鲜艳。

脱涩的方法多种多样，可根据各自的条件及脱涩后的要求（软柿或硬柿，货架寿命的长短及品质好坏等），选择适宜的脱涩方法。

六、预冷

1. 预冷的概念与作用

预冷是果蔬采摘后商品化处理的关键环节，是冷链物流"最先一公里"。果蔬采后预冷在发达国家已成为采后流通、贮藏前必不可少的环节。预冷就是利用制冷技术，将果蔬由采收后初始温度迅速降至适宜贮藏的终点温度的过程。果蔬产品由于在采收时带有大量田间热（又称生长热），温度高、呼吸代谢旺盛，有利于病原菌的生长繁殖，因而容易腐烂变质。有研究表明，未经预冷处理的农产品仅在流通过程中的腐损率就高达 25％～30％，经预冷处理后的腐损率仅为 3％～10％。

预冷的作用主要表现在以下两方面。

① 能迅速消除果蔬采摘后自身带有的田间热，抑制果蔬采后旺盛的呼吸，从而减缓新陈代谢活动，最大程度地延长果蔬生理周期，减少采后出现的失重、萎蔫、黄化等现象。

② 果蔬经预冷后进入冷库或冷藏车，两者温差小，可以降低果蔬所需制冷量，减少库或车的制冷负荷与温度波动，有利于贮藏与运输环境的调控，从而大大降低贮运能耗。

目前，我国果蔬产地缺乏预冷装置，只能依靠自然降温方法进行预冷处理，也是每年果蔬的损耗率居高不下的一个重要原因。

2. 预冷的原则与影响因素

大多数果蔬都需要进行预冷处理。作为果蔬流通、贮藏、加工重要的前处理技术，预冷的原则有以下几方面。

① 根据果蔬品种选择适合的最佳预冷方式，且要尽早进行采后预冷处理；

② 要合理控制一次预冷、包装和码垛数量，用最短的时间使果蔬达到预冷要求的温度；

③ 预冷时最终温度要适当，一般预冷终温以各种果蔬冷藏温度为标准，但要注意防止产品冷害和冻害的发生；

④ 预冷后必须立即将产品贮入调整好温度的冷藏库或冷藏车内。

总之，就是在不产生冷害前提下最大程度提高冷却速度与预冷均匀度。一般要求采后 24h 以内降至规定的温度。果蔬的冷却速度快慢取决于四个因素：制冷介质与果蔬的接触；果蔬和制冷介质的温差；制冷介质的周转率；冷却介质的种类。

3. 预冷的方式

根据果蔬预冷过程中所用冷却介质的不同，将预冷方式分为空气预冷、水预冷和真空预冷。

（1）空气预冷法　空气预冷法是使冷空气迅速流经产品周围而冷却的方法，包括自然通风预冷、冷库预冷和压差预冷（强制通风预冷）等。

① 自然通风预冷　自然通风预冷是最简便易行的预冷方法，就是将采后的果蔬放在阴凉通风的地方使其自然散热降温。例如在我国北方许多地方，使用地沟、窖洞、棚窖和通风库贮藏的果蔬，采收后在阴凉处放置过夜，利用夜间低温，使之自然冷却，翌日气温升高前入贮。此法虽然简单，但冷却时间长，受环境条件影响大，而且难以达到果蔬贮藏所需温度。不过，在没有别的方法进行预冷时，此法仍是一种应用较普遍的预冷措施。

② 冷库预冷　冷库预冷是将采收后果蔬产品直接进入冷藏库内预冷的方法。此法主要以贮藏为目的，考虑到冷库内制冷能力小、风量小，多采用自然对流或风机送入冷风，使其在果蔬箱的周围循环。箱内产品因表面与内部产生温度差，再靠对流和传导逐渐冷却产品。此法冷却速度非常慢，一般冷却时间需 24h 或以上，如果产品的呼吸热大，冷却的时间更长。冷库预冷操作简单，冷却和贮藏能同时进行，一般只限于苹果或梨等产品，而不适合一些易腐和成分变化快的果蔬使用。

③ 压差预冷（强制通风预冷）　为解决自然通风预冷和冷库预冷的冷却速度慢、冷却不均匀等难题，提高果蔬产品的预冷速度，科学家经过努力发明了压差预冷（也称强制通风预冷）。国外的果蔬压差预冷技术开展较早，研究已经比较深入，应用已比较完善。压差预冷就是将冷空气通过机械加压在果蔬两侧产生一定压力差，迫使冷空气全部通过果蔬填充层，增加冷空气与被冷却物之间的接触面积，从而使果蔬迅速冷却的方法，压差预冷间的剖面图如图 4-3。为了提高预冷效率，尽量减少果蔬堆码不当导致的局部冷空气流通死角，果蔬包装通风孔的多少与大小和果蔬堆码方式就需要考虑，合适的压差包装箱通风孔与堆码方式如图 4-4 所示。

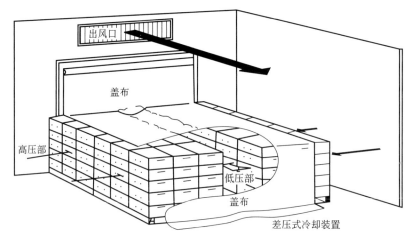

图 4-3　压差预冷间的剖面图

与其他空气预冷方式相比，压差预冷的优点有：①冷风在果蔬内侧流动，防止水分在表面的凝结；②耗能较少、冷却速度较快；③投资成本低；④通用性强，不受果蔬品种的限

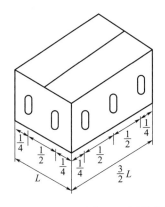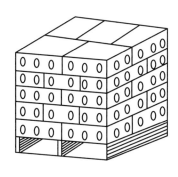

图 4-4　压差包装箱通风孔与堆码方式示意图

制。缺点是：①果蔬易产生失水干耗现象；②果蔬装箱和箱的堆码耗时耗力。因此，压差预冷过程中应对冷风进行湿度控制，必要时可进行喷淋加湿或超声波加湿。同时，提高机械化程度，在满足堆码要求下，缩短时间，降低人工成本，提高预冷效率。

（2）真空预冷　水在 1 个标准大气压（101325Pa）时，其沸点是 100℃。随着气压下降，水的沸点也会随之降低，水大约在 610Pa 时，其沸点降至 0℃。真空预冷就是利用真空下水的沸点降低，靠水分蒸发带走果蔬热量的预冷方法。真空预冷的工作原理是将果蔬放在密闭容器内，使用真空泵抽走容器内的气体，在低压下果蔬的蒸发旺盛，靠水分蒸发吸热带走大量热量而进行冷却。

按照机组运行的方式，真空预冷可以分为连续式、间歇式和喷雾式三类。影响真空预冷效果的主要因素有很多，例如果蔬种类、真空度、果蔬初始温度、果蔬的含水量及果蔬的外包装等。不同果蔬的预冷速度不同，具有较大外表面和结构疏松的果蔬，预冷速度较快。比如叶菜类蔬菜，例如芹菜、菠菜、韭菜等预冷时间约为 20min；果实类、根茎类蔬菜和水果预冷速度慢，预冷时间约为 30~40min，如西红柿、黄瓜、胡萝卜、草莓、豆角、竹笋、苹果、梨等。

与其他预冷方法相比，真空预冷具有冷却速度快、冷却均匀、保鲜效果好、果蔬不会受到污染等优点。冷却速度快是真空预冷的突出特点，如图 4-5 所示。包装过的大部分叶菜类蔬菜，真空预冷通常只需要 20~30min 即可将温度降至 4~5℃，而采用其他预冷方法，达到同样效果需要数个甚至数十个小时。真空预冷也有缺点，比如有部分重量损失、设备初期投资大等。有研究表明，在真空预冷前将果蔬进行预润湿或中间加湿处理，可以降低果蔬的失水率，减轻失重。

目前，在欧美发达国家中，真空预冷技术已用于生菜的标准商业过程，而且在蘑菇上也有了商业应用。但是，我国当前还处于实验室研究阶段，需要加快发展、早日实现产业化。

（3）水预冷　水预冷是以低温水或者冰水为

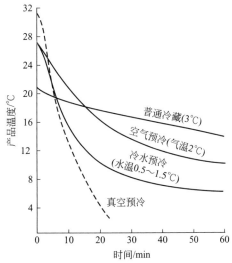

图 4-5　不同预冷方式冷却曲线对比

介质，将果蔬浸入冷水中或将冷水喷淋于果蔬上或将冰水与果蔬直接接触使之降温的一种冷却方法。

① 水冷预冷　水冷预冷是指先用冷却装置将水冷却到一定温度，再用冷水对果蔬进行快速冷却的一种方法。使用的冷水带走了果蔬热量，经过冷却、过滤、杀菌后可以循环使用。由于水的传热系数远大于空气，因而相同条件下水预冷比空气预冷的冷却速度更快。水预冷适合于耐水性好的果蔬，如甜玉米、芹菜、芦笋和荔枝。冷水预冷可以采用喷淋式、喷雾式和浸渍式三种装置，也有将喷淋和浸渍组合使用的，效果更好。不同冷水预冷装置对比见表 4-7。

表 4-7　不同冷水预冷装置对比

装置	工作机理	应用	优点	缺点
浸渍式（浸泡式）	将果蔬直接置于冷水中冷却，冷水由泵循环	适用体积较大果蔬，如黄瓜、西葫芦、卷心菜等	预冷均匀、高效且有清洗功能	水质易受污染，需添加防腐剂
喷淋式	将果蔬置于传输带上，上下同时向果蔬喷淋冷水，由冷水将果蔬热量带走	适用于体积较小果蔬，如苹果、青豆角、桃等	动力耗能小	易出现预冷"热点"，遇冷不均匀
喷雾式	低温雾状水使果蔬迅速冷却而不损伤嫩叶	适用叶菜类蔬菜，如菠菜、韭菜、小葱、小白菜、油菜、香菜等		

② 冰冷预冷　冰冷预冷是指将块状冰、碎冰、片状冰、糊状冰等与果蔬直接接触，利用冰对果蔬进行降温的方法，适合于与冰接触不会产生伤害的产品或需要在田间立即进行预冷的产品，如菠菜、花椰菜、甘蓝、葱等。如果将果蔬的温度从 35℃ 降至 2℃，所加冰量应占产品质量的 38%。此法优点是介质方便获取、操作简易、果蔬表面潮湿、干耗低；缺点是劳动强度大、适用范围小、空间利用率低、成本高等。

总之，在选择预冷方式时，必须要考虑现有的设备、成本、包装类型、距离销售市场的远近以及产品本身的特性。在预冷期间要定期测量产品的温度，以判断冷却的程度，防止温度过低产生冷害或冻害，而造成产品在运输、贮藏或销售过程中变质腐烂。

七、愈伤

果蔬产品在收获、分级、包装、运输及装卸等操作过程中，常常会造成一些机械损伤，伤口感染病菌而使产品在贮运期间腐烂变质，造成严重损失。这些操作不论是手工作业，还是机械作业，伤害往往是难以避免的。为了减少产品贮藏中由于机械损伤造成的腐烂损失，首要问题在于各个环节都应精细操作，尽可能减少对果蔬产品造成机械损伤。其次，通过愈伤处理，降低轻度受损伤处理后的腐烂率，将果实在 21℃ 下进行愈伤处理，然后在 1℃ 下贮藏 14 周，处理果和对照果的腐烂率分别为 13% 和 50%。

1. 愈伤的条件

果蔬产品愈伤要求一定的温度、湿度和通气条件，其中温度对愈伤的影响最大。在适宜的温度下，伤口愈合快而且愈合面比较平整；低温下伤口愈合缓慢，愈伤的时间拖长，有时可能不等伤口愈合已遭受病菌侵害；温度过高对愈伤也并非有利，高温促使伤部迅速失水，由于组织干缩而影响伤口愈合。愈伤温度因产品种类而有所不同，例如马铃薯在 21～27℃

下愈伤最快，甘薯的愈伤温度为 32~35℃，木栓层在 36℃ 以上或低温下都不能形成。就大多数种类的果蔬产品而言，愈伤的条件为 25~30℃，RH 85%~90%，并且通气条件良好，使环境中有充足的 O_2。

2. 果蔬产品种类及成熟度对愈伤的影响

果蔬产品愈伤的难易在种类间差异很大，仁果类、瓜类、根茎类蔬菜一般具有较强的愈伤能力；柑橘类、核果类、果菜类的愈伤能力较差；浆果类、叶菜类受伤后一般不形成愈伤组织。因此，愈伤处理只能针对有愈伤力的产品。值得强调的是，愈伤处理虽然能促使有些产品的伤口愈合，但这绝非意味着果蔬产品的收获、分级、包装、贮运等操作中可掉以轻心，忽视伤害对贮运带来的有害影响。另外，愈伤对轻度损伤有一定的效果，受损伤严重的则不能形成愈伤组织，很快就会腐烂变质。

愈伤作用也受产品成熟度的影响，刚收获的产品表现出较强的愈伤能力，而经过一段时间放置或者贮藏，进入完熟或者衰老阶段的果蔬产品，愈伤能力显著衰退，一旦受伤则伤口很难愈合。愈伤时组织内的化学成分也发生一定的变化，例如甘薯愈伤时部分淀粉转变成糊精和蔗糖，原果胶转变成可溶性果胶，部分蛋白质分解，使非蛋白氮增加，表现出一系列水解过程的加强。

3. 愈伤的场所

愈伤可在专用的愈伤处理场所进行，场所里有加温设施。也可在没有加热装置的贮藏库或者窖窖中进行。虽然我国目前用于果蔬产品愈伤处理的专用设施并不多见，但由于果蔬产品收获后到入库贮藏之间的运行过程比较缓慢，一般需要数日，这期间实际上也存在着部分愈伤作用。果蔬产品在常温库贮藏时，愈伤作用也在贮藏过程中缓慢进行，只是由于温度偏低，愈伤的时间要长一些。另外，马铃薯、甘薯、洋葱、大蒜、姜、哈密瓜等贮藏前进行晾晒处理也有愈伤作用。

虽然果蔬产品在常温下进行处理能够自行愈伤，但是各项作业都是在空气流通的环境中进行。如果将带伤的果蔬产品装入塑料帐或塑料袋中贮藏，由于帐、袋中空气不流通，同时 O_2 含量低，加之湿度很高，伤口很难愈合，极易引起腐烂，尤其在常温下，腐烂损失更为严重。

八、晾晒

晾晒处理也称贮前干燥，或者萎蔫处理。采收下来的果实，经初选及药剂处理后，置于阴凉或太阳下，在干燥、通风良好的地方进行短期放置，使其外层组织失掉部分水分，以增进产品贮藏性的处理称为晾晒。果蔬产品收获时含水量很高，组织脆嫩，因此贮运中易遭受损伤；或因蒸腾作用旺盛，使贮运环境中湿度过大，促使微生物活动而导致腐烂。有些种类的果实，因含水量高而发生某些生理病害，使其质量和贮藏性受到影响。因此，应根据果蔬产品种类、贮藏方式及条件，进行适当的贮前晾晒处理是必要的。这种处理主要用于柑橘、叶菜类的大白菜和甘蓝以及葱蒜类蔬菜。

柑橘在贮藏后期易出现枯水现象，特别是宽皮橘类表现得更加突出。如果将柑橘在贮前晾晒一段时间，使其失重 3%~5%，就可明显减轻枯水病的发生，果实腐烂率也相应减少。国内外很多的研究和生产实践证明，贮前适当晾晒是保持柑橘品质，提高耐贮性的重要措施之一。

大白菜是我国北方冬春两季的主要蔬菜，含水量很高，如果收获后直接入贮，贮藏过程中呼吸强度高、脱帮、腐烂严重，损失很大。大白菜收后进行适当晾晒，失重 5％～10％，即外叶垂而不折时再行入贮，可减少机械伤和腐烂，提高贮藏效果，延长贮藏时间。但是，如果大白菜晾晒过度，不但失重增加，促进水解反应的发生，还会刺激乙烯的产生，从而促使叶柄基部形成离层，导致严重脱帮，降低耐贮性。

洋葱、大蒜收后在夏季的太阳下晾晒几日，会加快外部鳞片干燥使之成为膜质保护层，对抑制产品组织内外气体交换、抑制呼吸、减少失水、加速休眠都有积极的作用，有利于贮藏。此外对马铃薯、甘薯、生姜、哈密瓜、南瓜等进行适当晾晒，对贮藏也有好处。

在自然环境下晾晒果蔬，不用能源，不需特殊设备，经济简便，适用性强。但是，由于它完全依赖于自然气候的变化，有时晾晒的时间长，效果不稳定。比如在湿度较高的南方地区，如遇上阴雨天气，就难以达到晾晒目的。为此，室内晾果时可辅以机械通风装置，加速空气流动，从而加快果皮内水分的蒸腾，缩短晾晒时间，提高晾晒效果。如果有条件进行降温，使预冷与晾晒两者结合进行，效果更好。

在露天晾晒时，有时要对产品进行翻动，以提高晾晒速度和效果。另外，晾晒过程中必须防止雨淋和水浸，如果遇到雨淋或水浸，应延长晾晒时间。

不论采用哪种晾晒条件，都应注意晾晒适度。晾晒失水太少，达不到晾晒要求而影响贮藏效果；晾晒过度，产品过多地失水，不但造成数量损失，而且也会对贮藏产生不利影响。果蔬采后处理是上述一系列措施的总称，根据不同果蔬产品的特性和要求，有的需要采用上述全部处理措施，有的则只需要其中的几种，生产中可根据实际情况决定取舍。

拓展知识　　　　　　　　　**我国果蔬采后商品化处理现状**

我国生产的水果、蔬菜种类繁多，许多名优果蔬产品不仅风味独特、可口诱人，而且经济与营养价值很高。随着我国经济的快速发展和人们生活水平的逐步提高，国内消费者对新鲜果蔬的消费需求已从"数量型"向"质量型"转变，不仅要求花色品种多，还要求产品新鲜、干净和包装精美。因此，大力开展以提高果蔬质量为中心的采后商品化处理工作，美化产品，提高对消费者的吸引力，提高果蔬产品的附加值和资源充分利用，减少采后损失，逐步实现果蔬采后流通保鲜产业化发展已成当务之急。但是长期以来，我国由于受重采前、轻采后的观念影响，果蔬采后商品化处理技术水平差，包装简陋，内销和出口售价不高及精深加工产品缺乏，果蔬附加值不高的局面并无根本改善。有资料显示，我国每年因商品化处理技术低、贮藏条件有限和采收措施不当等造成的果蔬腐烂损失率，与发达国家 5％的损失率相比，差距很大，造成极大的浪费。

果蔬保鲜业是我国农业产业化发展的重要内容，是果蔬进入流通领域和市场不可或缺的重要环节，是现代农业生产和农村经济发展中最具潜力的产业。未来我国果蔬采后商品化处理具有以下发展趋势：强化果蔬产品的商品意识，重视果蔬采后商品化处理工作；加强果蔬采后商品化处理相关基础设施建设；加大果蔬商品化处理核心关键技术的研发和工程化推广；加强果蔬商品化自动化设备的研发和应用推广；重视果蔬商品化处理和贮运高素质人才的培养；尽快建立果蔬采后商品化处理技术体系。

任务十一　果蔬的人工催熟处理

※ 工作任务单

学习项目：果蔬采收和商品化处理		工作任务：果蔬的人工催熟处理	
时间		工作地点	
任务内容	根据作业指导书，能进行果蔬的人工催熟处理；工作成果展示		
工作目标	知识目标： ①了解果蔬成熟的基本原理； ②掌握果蔬的人工催熟原理和方法； ③掌握果蔬的商品化处理方法。 技能目标： ①能进行香蕉的催熟处理； ②能进行柿子的脱涩处理； ③能进行番茄的催熟处理。 素质目标： ①小组分工合作，培养学生沟通能力和团队协作精神； ②阅读背景材料和必备知识，培养学生自学和归纳总结能力； ③讨论并展示成果，培养学生分析解决问题和语言表达能力		
成果提交	检测报告		
相关标准			
提示			

※ 作业指导书

【材料与器具】

1. 材料：未出现呼吸跃变的香蕉、涩柿、绿番茄，梨或苹果等。
2. 用具：果箱、温箱、温度计、聚乙烯薄膜袋（0.08mm）、催熟室、干燥器。
3. 试剂：乙烯利、酒精、石灰、温水。

【作业流程】

装入密封容器 → 脱涩或催熟 → 成熟果蔬

【操作要点】

1. 原料预处理　选取果蔬原料，进行清洗、分级，挑选成熟度或涩度一致的香蕉、柿子、番茄等果蔬。

2. 装入密封容器　将预处理后的果蔬装入缸中密封或密封大帐中，准备脱涩或催熟。

3. 脱涩或催熟

（1）香蕉催熟　将乙烯利配成 1000～2000mg/kg 的水溶液，取香蕉 5～10kg，将香蕉浸于溶液中，随即取出，自行晾干，装入聚乙烯薄膜袋于果箱中，将果箱封盖，置于温度为20～25℃的环境中，观察香蕉脱涩及色泽变化。

（2）柿子脱涩

① 温水脱涩　取柿子20个，放于小盆中，加入45℃温水，使柿子淹没，上压竹算使其不露出水面，置于温箱内，将温度调至40℃，经过16h取出，用小刀削下柿子果顶，品尝有无涩味，如涩味未脱可继续处理。

② 石灰水浸果脱涩　用清水50kg，加石灰1.5kg，搅匀后稍待澄清，吸取上部清液，将柿子淹没其中，经4～7d取出，观察脱涩及脆度。

③ 自发降氧脱涩　将柿子放于0.08mm厚聚乙烯薄膜袋内，封口，将袋放于22～25℃环境中，经5d后，开袋观察脱涩、腐烂及脆度。

④ 混果催熟　取柿子20个，与梨或苹果混装于干燥器中，置于温箱内，使温度维持在20℃，经4～7d，取出观察脱涩及脆度。

（3）番茄催熟

① 酒精催熟　番茄在由绿转白时，用酒精喷洒果面，放在果箱中密封，置于20～24℃、RH 85％～90％的环境中，观察其色泽变化。

② 乙烯利催熟　将乙烯利配成500～800mg/kg的水溶液，在番茄果面喷洒，用塑料薄膜密封，置于20～24℃、RH 85％～90％的环境中，观察其色泽变化。

4. 对照处理

（1）用相同成熟度香蕉5～10kg，不加处理，置于相同温度环境中，观察其脱涩及色泽变化；

（2）将同样成熟度柿子置于20℃左右条件下，观察柿子涩味和质地的变化；

（3）将同样成熟度的番茄，置于相同的温湿度条件下，观察其色泽变化。

※ 工作考核单

工作考核单见附录。

网上冲浪

1. 食品伙伴网
2. 工标网
3. 华圣果业
4. 好想你枣业
5. 赣南脐橙网

复习与思考

1. 确定果蔬采收成熟度的方法是什么？
2. 果蔬采后处理的主要环节有哪些？
3. 包装的作用和对包装容器的要求是什么？
4. 果蔬催熟与脱涩的常用方法有哪些？

必备知识	介绍了果蔬采收成熟度的概念、成熟度表现指标与判断以及采后各种处理方法；详细讲述了果蔬采后分级、清洗、包装、催熟、预冷、晾晒等处理的作用及一般技术要求
扩展知识	介绍了我国果蔬的商品化处理现状
项目任务	根据任务工作单下达的任务，按照作业指导书工作步骤实施，完成果蔬的采收处理、人工催熟等任务，然后开展自评、组间评和教师评，进行考核

电子课件

果蔬采收和商品化处理

项目五

果蔬的贮藏方式与管理

知识目标

1. 了解各种贮藏方式的特点及设施；
2. 掌握机械冷库、气调贮藏的原理及管理技术要点；
3. 熟悉常用的制冷剂、冷库的冷却方式以及冷库的使用和管理要点；
4. 了解冷库的类型、建筑组成和构造特点等冷库建筑设计的一般知识。

技能目标

1. 能独自对机械冷库操作使用；
2. 能对冷库进行技术管理；
3. 能根据果蔬贮藏特点选择不同的贮藏方式。

思政与职业素养目标

1. 学习传统常温果蔬贮藏方法，了解我国古代人民智慧，提升民族自豪感，树立文化自信；
2. 学习机械冷藏制冷剂的发展史，深刻理解应用氟利昂制冷剂对环境造成的破坏和推行替代剂的紧迫性；
3. 熟练掌握各种贮藏方式，树立节能、环保理念。

背景知识

根据不同果蔬采后的生理特性和其他具体情况，可以选择不同的贮藏方式和设施，以创造适宜的环境条件，最大限度地延缓果蔬的生命活动、延长其贮藏期，同时防止微生物造成的腐烂。

必备知识一　常温贮藏

常温贮藏一般指在构造较为简单的贮藏场所，利用自然温度随季节和昼夜变化的特点，通过人为措施，引入自然界的低温资源，使贮藏场所的温度达到或接近产品贮藏所要求的温度的一类贮藏方式。

一、简易贮藏

简易贮藏是传统的贮藏设施，包括堆藏、沟藏和窖藏三种基本形式以及由此衍生出来的假植贮藏和冻藏。简易贮藏作为果蔬产品贮藏方式，有着悠久的历史。它们共同的特点是利用气候的自然低温冷源，虽然受季节、地区、贮藏产品等因素的限制，但其结构设施简单、操作方便、成本低，运用得当可以获得较好的贮藏效果。

1. 堆藏

（1）特点与性能 堆藏是将采收的果蔬产品堆放在室内或室外平地或浅坑中的贮藏方式。堆藏产品的温度主要受到气温的影响，同时也受到土温的影响，所以秋季容易降温而冬季保温困难。这种贮藏方式一般只适用于温暖地区的晚秋和越冬贮藏，在寒冷地区只作秋冬之际的短期贮藏。

（2）形式与管理 通常堆藏的堆高为 1~2m，宽度为 1.5~2m，长度依果蔬产品的数量而定。一般在堆体表面覆盖一定的保温材料如薄膜、秸秆、草席和泥土等。

根据堆藏的目的及气候条件，控制堆体的通风和覆盖，以维持堆内适宜的温湿度条件，防止果蔬的受热、受冻和水分过度蒸发，保证产品质量。

（3）大白菜堆藏

① 贮藏特性　大白菜性喜冷凉，在低温条件下较耐贮藏。大白菜在贮藏过程中易发生失水萎蔫和脱帮腐烂。适宜的贮藏温度为（0±1）℃，相对湿度95%~98%。堆藏一般作大白菜预贮、少量贮藏和短期贮藏方式。冬季最低气温不低于-7~-6℃的地区均可采用。

② 堆藏方法　白菜采收后，经过整理、晾晒，在露天地或室内将白菜堆成两排，底部相距30cm左右，其根朝内，头朝外，逐层向上，逐渐缩小距离。堆放时，菜要挤紧，每层菜间要交叉斜放一些细架杆，以便支撑菜体。约堆5~6层后，两排菜根部相接，然后再堆顶，根朝下竖放一层菜，菜堆上部和两侧，用草帘等覆盖保温，并通过席帘的启闭来调节菜堆内的温度和湿度。

2. 沟藏（埋藏）

（1）特点与性能 沟藏又称埋藏，是一种地下封闭式贮藏方式，产品堆放在地面以下，所以秋季降温效果较差而冬季的保温效果较好。沟藏主要是利用土壤的保温性能维持贮藏环境中相对稳定的温度，同时封闭式贮藏环境具有一定的保湿和自发气调的作用，从而获得适宜的控制果蔬质量的综合环境。

（2）形式与管理 沟藏是将果蔬堆放在沟或坑内，上面用土壤覆盖，利用沟的深度和覆土的厚度调节产品环境的温度（图5-1）。用于沟藏的贮藏沟，应该选择平坦干燥，地下水位较低的地方；沟以长方形为宜，长度视果蔬贮藏量而定；沟的深度视当地冻土层的厚度而定，一般为1.2~1.5m，应避免产品受冻；宽度一般为1~1.5m；沟的方向要根据当地气候条件确定，在较寒冷地区，为减少冬季寒风的直接袭击，沟的方向以南北向为宜，在较温暖地区，多为东西向，并将挖起的沟土堆放在沟的南侧，以减少阳光的照射和增大外迎风面，从而加快贮藏初期的降温速度。

沟藏的产品在采收后首先要进行预贮，使其充分散除田间热，降低呼吸热，在土温和产品温度都接近贮温时，再入沟贮藏。沟藏的管理主要是利用分层覆盖、通风换气和风障、荫障设置等措施尽可能控制适宜的贮藏温度。随着外界气温的变化逐步进行覆草或覆土、设立

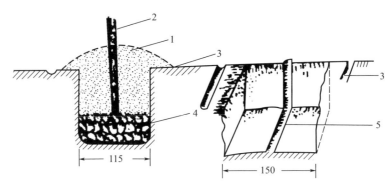

图 5-1　果蔬沟（埋）藏示意（单位：cm）
1—覆土；2—通风把；3—排水沟；4—果蔬产品；5—通风沟

风障和荫障、堵塞通风设施，以防降温过低、产品受冻。为了能观察沟内产品的温度变化，可用竹筒插一支温度计，随时掌握产品的温度情况，同时在贮藏沟的左右开挖排水沟，以防外界雨水的渗入。

（3）萝卜、胡萝卜沟藏

① 贮藏特性　萝卜、胡萝卜性喜冷凉多湿的环境条件，比较耐贮藏和运输。萝卜、胡萝卜没有明显生理上的休眠期，在贮藏期遇到适宜的条件便萌芽抽薹，同时使肥大肉质根中的水分和营养向生长点转移，造成产品的糠心。此外贮藏温度过高、空气干燥、水分蒸发的加强，也会造成糠心。萝卜、胡萝卜适宜的贮藏温为 0～3℃，相对湿度90％～95％。

② 沟藏方法　选择地势平坦干燥、土质较黏重、排水良好、地下水位较低、交通便利的地方挖贮藏沟，将经过挑选的萝卜、胡萝卜堆放在沟内，最好与湿沙层积。直根在沟内的堆积厚度一般不超过 0.5m，以免底层产品伤热。在产品面上覆一层土，以后随气温下降分次覆土，最后与地面齐平。一周后浇水一次，浇水前应先将覆土平整踩实，浇水后使之均匀缓慢地下渗。

3. 窖藏

（1）特点与性能　窖藏在地面以下，受土温的影响很大；同时设有通风设施，受气温的影响也很大。其影响的程度依窖的深度、地上部分的高度以及通风口的面积和通风效果而不同。窖藏与沟藏相比，既可利用土壤的隔热保温性以及窖体的密闭性保持其稳定的温度和较高的湿度，同时又可以利用简单的通风设施来调节和控制窖内的温度和湿度，并能及时检查贮藏情况和随时将产品放入或取出，操作方便。

（2）形式与管理　窖藏的形式很多，具有代表性的主要有棚窖和井窖。

① 棚窖　棚窖是在地面挖一长方形的窖身，以南北长为宜，并用木料、秸秆、泥土覆盖成棚顶。棚窖是一种临时性的贮藏场所，在我国北方地区广泛用来贮藏苹果、梨、大白菜、萝卜、马铃薯等。根据入土深浅可分为半地下式和地下式两种类型（图 5-2）。在温暖或地下水位较高的地方多用半地下式，一般入土深 1.0～1.5m，地上堆土墙高为 1.0～1.5m。在寒冷地区多用地下式，宽度有 2.5～3m 和 4～6m 两种，长度不限，视贮量而定。

窖内的温度、湿度可通过通风换气来调节，因此在窖顶开设若干个窖口（天窗），供产品出入和通风之用，对大型的棚窖还常在两端或一侧开设窖门，以便果蔬下窖，并加强贮藏初期的通风降温作用。

② 井窖　井窖是一种深入地下封闭式的土窖，窖身全部在地下，窖口在地上，窖身可以是一个，也可以是几个连在一起。通常在地面下挖直径 1m 的井筒，深 3～4m，底宽 2～

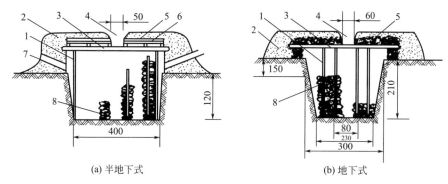

(a) 半地下式   (b) 地下式

图 5-2 　棚窖结构示意图（单位：cm）

1—支柱；2—覆土；3—横梁；4—天窗；5—秫秸；6—檩木；7—气孔；8—果蔬

3m，南充地区的吊井窖是目前普遍采用的井窖形式（图 5-3）。井窖主要是通过控制窖盖的开、闭进行适当通风来管理的，将窖内的热空气和积累的 CO_2 排出，使新鲜空气进入。在窖藏期间应该根据外界气候的变化采用不同方法进行管理。

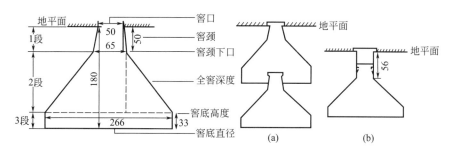

图 5-3 　南充地区吊井窖纵剖面示意图（单位：cm）

　　入窖初期，应在夜间经常打开窖口和通风孔，加大通风换气，以尽量利用外界冷空气，快速降低窖内及产品温度；贮藏中期，外界气温下降，应注意保温防冻，适当通风；贮藏后期，外界气温回升，为了保持窖内低温环境，应严格管理窖口和通风孔，同时及时检查，剔除腐烂变质产品。

　　（3）梨的棚窖贮藏

　　① 贮藏特性　中国梨的贮藏温度一般为 0℃ 左右，而大多数洋梨品种适宜的贮温为 −1℃，适宜贮藏的空气相对湿度为 85%～95%。

　　② 棚窖贮藏方法　河北贮藏鸭梨是利用棚窖，深 2m、宽 5m、长 15m 左右，窖顶用橡木、秸秆、泥土做棚，其上设两个天窗，每个天窗的面积为 2.5m×1.3m，窖端设门，高 1.8m，宽 0.9m。堆垛上部距窖顶留出 60～70cm 的空隙，码垛之间也要留通道，以便贮藏期间检查。入窖初期，门窗要敞开，利用夜间低温通风换气。当窖温、果温降到 0℃ 时关闭门窗，并随气温下降窖顶分次加厚覆土，最后达 30cm 左右。冬季最冷时注意防寒保温，有好天气、温度 0℃ 时适当开窗通风，调整温湿度及气体条件。春季气温回升，利用夜间低温适当通风，延长梨的贮藏期。

　　（4）甜橙井窖贮藏

　　① 贮藏特性　柑橘类属热带、亚热带果实，不同品种、不同种类的耐贮性差异很大。一般甜橙适宜的贮藏温度为 1～3℃，相对湿度保持在 90%～95%。

　　② 井窖贮藏方法　南充地区的甜橙主要采用井窖贮藏。通常在入窖前需进行井窖的灌

水增湿以及消毒杀菌。先在窖底铺一层薄稻草，将甜橙沿窖壁排成环状，果蒂向上依次排列放置5～6层，在果实交接处留25～40cm的空间，以供翻窖时移动果实。窖底中央留空地一块，供检查时备用。贮藏初期果实呼吸旺盛，窖口上的盖板应留有空隙，以便窖内降温排湿，当果实表面无水汽后，即将窖口盖住。以后每隔15～20d检查一次，及时剔除褐斑、霉蒂、腐烂等果实。若发现窖温过高，湿度过大，则应揭开盖板，通风换气，调节温湿度。同时注意排除窖内过多的 CO_2。

4. 冻藏和假植贮藏

（1）冻藏 冻藏是指利用自然低温条件，使耐低温的果蔬产品在微冻结状态下贮藏的一种方式。此法主要适用于耐寒性较强的果蔬，如柿子、菠菜、芹菜、油菜等。

在入冬上冻时将收获的果蔬产品放在背阴处的浅沟内，稍加覆盖，利用自然气温下降使其冻结，在整个贮藏期保持冻结状态，无须特殊管理。在上市前将其缓慢解冻，即可恢复新鲜状态。

（2）假植贮藏 假植贮藏是一种抑制生长的贮藏方法，是将连根收获的蔬菜集中密植于沟或窖内，使它们处在微弱的生长状态的一种贮藏方式。主要用于各种绿叶菜和幼嫩蔬菜，如芹菜、莴苣、油菜、甘蓝等。

假植贮藏一般在气温明显下降时将蔬菜连根收获，单株或成簇假植在沟内，只能植一层，不能堆积，株行间应留有适当空隙，上盖稀疏覆盖物。这样既可使蔬菜从土壤中吸收少量水分和养分，同时又维持微弱的光合作用，防止黄化。在贮藏期间，注意土壤干燥时应及时灌水，避免蔬菜过度失水，保持蔬菜的新鲜状态，随时采收，随时供应市场消费。

二、土窑洞贮藏

土窑洞贮藏是北方黄土高原地区果蔬保鲜的重要贮藏方式。结构合理的土窑洞加上科学管理，能充分利用自然冷源，在严寒的冬季保持较低的窑温。利用秋季夜间气温较低的特点进行通风，不仅能降低窑温，还可利用土壤热容量大的特点，使窑洞周围的土层温度逐渐降低，大量的自然冷量储蓄在窑壁周围的土层中。当春季外界温度回升或夏季外界温度较高时，利用窑壁四周的低温土层调节窑内温度，延长窑内低温的保持时间，为果蔬的保鲜贮藏提供较适宜的温度条件。因此，目前以苹果为主的土窑洞贮藏在我国西北黄土高原地区仍普遍应用。

1. 土窑洞的结构

生产上推广使用的土窑洞有大平窑和母子窑两种。大平窑具有结构简单、建造容易、通风流畅、降温快等特点，但贮量较小，管理不太方便；母子窑的贮量大，管理相对方便，在翌年温度回升时能较好地保持窑内低温，但初期降温较慢，结构较复杂。

（1）大平窑 大平窑主要有3部分组成，即窑门、窑身和通气孔（图5-4）。

① 窑门 窑门结构是指土窑洞前面一段较窄的部分，它对稳定窑内温度有很大作用。窑门最好向北或向东，可避免阳光直接照射，且冷空气容易进入窑内。窑门一般宽1.2～2.0m，高约3m，和窑身高度保持一致。通常设置两道门，分别在门道的两端。头道门（外侧门）用于关闭时能阻止窑内外空气的对流，防热防冻；二道门（内侧门）可做成栅栏或铁纱窗门，在不打开二道门的情况下可以保证通风，同时兼有防鼠作用，既方便又安全。头道门和二道门的最高处应分别留一个长50cm、宽40cm的小气窗。为增加整个窑门的隔热性能，二道门前还应挂一道棉制软门帘。

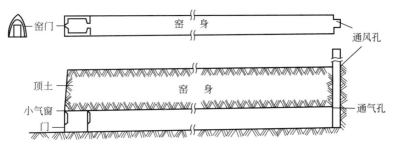

图 5-4　大平窑结构示意

② 窑身　窑身是大平窑贮藏果蔬的部位，一般宽 2.5～2.8m，过宽容易造成窑壁土层塌落，窑身长 30～50m，高约 3m，窑身两侧距地面 1.5m 以下的窑壁要和地面保持垂直，顶部呈尖拱形或半圆拱形。窑底和窑顶保持平行，由外向内缓慢降低，比降约为 1%，形成的缓坡向内斜，这样有利于窑内外冷空气对流，加快土窑洞内通风降温的速度。

③ 通气孔　大平窑的通气孔设在窑身后部的顶端，从窑底一直通出地面。内径 1～1.2m，高 10～15m（高为洞长的 1/3～1/2），在通气孔地面出口处应根据土层厚度，筑起一个高约 2～5m 的砖筒。在通气孔与窑身连接处安装通气窗，可以打开和关闭，以便控制窑内外空气对流；如通风孔不便加大或建高，也可以在通风孔内的上方增装排风扇，以增强其通风效果。

大平窑是土窑洞的一种形式，主要利用比较深厚的土层来稳定窑内的温度，且土层越厚，窑内温度变化就越小。所以，从保温性能、窑洞坚固性以及避开崖顶的地表分化土等方面综合考虑，窑顶土层厚度至少应保持 5m 以上。

(2) 母子窑　又称侧窑，它是由大平窑发展而成的，主要由母窑窑门、母窑窑身、子窑窑门、子窑窑身和母窑通气孔 5 部分构成（图 5-5）。

① 母窑窑门　通常宽 1.6～2.0m，高约 3.2m，道长 5～8m，自头道窑门向内构成缓坡，坡降 10%～15%。

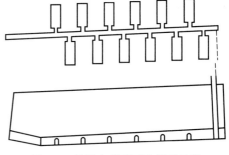

图 5-5　母子窑的平面及剖面示意

② 母窑窑身　宽 1.6～2.0m，高约 3.2m，长 50～80m，其他同大平窑。母窑窑身一般不存放果实，主要用途是通风和运输通道。

③ 子窑窑门　宽 0.8～1.2m，高约 2.8m，长约 1.5m，坡降 20%～25%，即子窑窑门比母窑窑身低约 40cm，子窑窑门一般不安装门扇，根据土质情况确定是否需要用砖加固。

④ 子窑窑身　是母子窑的贮果部位。宽 2.5～2.8m，高约 2.8m，长度一般不超过 10m，窑身断面也为尖拱形，窑顶窑底应平行，由外向内缓慢向下，比降约为 1%。同侧相邻子窑的窑身要保持平行，土层间距要达 5～6m，两侧子窑的窑门应相互错开，相间排列，这样可增加母子窑整体结构的坚固性。

⑤ 母窑通气孔　通常在母窑窑身后部设一通气孔，子窑可不设通气孔。由于母子窑贮果量较大，通气孔内径应加宽到 1.4～1.6m，高度在 15m 以上。

在建造方式上土窑洞分掏挖式和开挖式。掏挖式土窑洞的前提是窑顶土层深厚，至少在 5m 以上，有时达几十米；开挖式土窑洞则通过开挖取土，砖砌建窑，深入地下，窑顶覆土或覆以保温材料。

另外，通过在土窑洞中加装小型制冷设备改进窑洞的保鲜效果，已经初见成效。即在充分利用自然冷源的基础上，使窑洞内维持稳定的低温条件。如红星苹果在加装小型制冷设备的土窑洞内贮藏，可保鲜贮藏 7 个月，损耗率仅 3% 左右，基本保持采收时的品质，而且具有投资小、能耗低的特点。

2. 土窑洞贮藏的管理

土窑洞管理主要包括温度管理、湿度管理和其他管理，以温度管理最为重要。

(1) 温度管理

① 初期温度管理　在秋季果实入窑至窑温降至 0℃ 左右时，称为果实入窑初期。在入窑初期往往外界白天气温高于窑温，而夜间一段时间气温低于窑温；随着时间推移，外界气温逐渐降低，白天外界气温高于窑温的时间逐渐缩短，而夜间外界气温低于窑温的时间逐渐延长。另外，刚入窑的果实带来较高的田间热，呼吸强度和呼吸热也大，时常出现窑温回升现象。因此，初期温度管理的主要工作就是尽可能利用外界低温空气，对土窑洞进行通风降温。在外界气温开始低于窑温时，立即打开窑门（包括门帘）、通气孔，进行通风换气；在外界气温高于窑温并出现上升趋势时，关闭窑门、棉门帘、通气孔、小气窗等所有通气孔道。总之要充分利用自然低温，尽快把窑洞温度降到一定水平，这是整个贮藏效果好坏的关键所在。在遇到偶尔出现的寒流和早霜天气时，则要不失时机地及时通风降温。

② 冬季温度管理　这是指窑温降至 0℃ 到翌年窑温回升至 4℃ 的这个阶段。冬季主要是在保证贮藏果蔬不受冷害和冻害的前提下，尽可能地通风降温。在保持贮藏要求所需的适宜低温的同时，不断地降低窑洞四周土层的湿度，加厚低温土层，尽可能将自然冷量蓄存在窑洞四周的土层中。这对翌年外界气温回升时维持窑洞内的适宜低温，起着十分重要的作用，即窑洞管理上所谓的"冬冷春用"技术。科学合理的冬季管理，可使窑温逐年降低，故常说旧窑洞比新窑洞贮藏效果好。

③ 春、夏季温度管理　即指翌春窑温上升至 4℃ 以上到贮藏产品全部出库为止。翌春外界气温逐渐上升，由于热传导和热对流作用，当外界昼夜气温高于窑温时，窑内的土层就会吸热，并使窑温逐步升高。因而此时温度管理的主要任务就是尽量减少外界高温对窑温的不利影响，减慢窑温和窑壁土温的回升速度，使窑温尽量保持在较低的范围内。通常在外界温度高于窑温的情况下，要紧闭窑门、通气孔，封严棉门帘，防止窑内外的冷热空气对流。平时要尽量减少工作人员进出窑的次数。每次进出窑要随手关门，以减少窑内冷量的损失。在早春和出现寒流的夜晚，如有低温冷空气可以利用，即外界气温低于窑温时，就应及时打开窑门、通气孔、棉门帘，进行通风降温。

(2) 湿度管理　适合于土窑洞内贮藏的果实主要有苹果、枣、梨等耐藏果品。贮藏苹果时，大多数品种均用薄膜包果纸包装，因而窑洞内的相对湿度高低对包装内果实的影响不大；而贮藏梨时，因为大部分品种的梨不适合用薄膜包装贮藏，为维持窑洞内较高的相对湿度，可在窑洞地面喷水或洒水。另外冬季采用贮雪或贮冰对提高窑内相对湿度、降低窑内温度能起到双重作用。

货品出库后，可先向窑顶及窑壁喷水，然后在地面灌水。灌水时，为避免积水侵蚀土壁，不能让水流到窑洞壁的基部。因此，在灌水前需在距窑壁约 30cm 处筑土埂，使灌水存积在土埂范围内。为避免因窑身的坡度水流顺坡而下，应在两埂之间再做小堰，依次灌水，使水分均匀渗入土层中。

(3) 其他管理

① 窑洞的清理和消毒　果蔬保鲜贮藏结束后，不仅要彻底清理窑洞内的腐烂果蔬，而

且要采用物理或化学方法进行消毒。特别是使用多年的旧窑洞内，青霉菌、灰霉菌、绿霉菌以及能引起核果类软腐病等多种真菌性病原菌孢子，广泛存在于窑洞内的空气、包装物和器具上，通过消毒可大幅度减少病原菌基数。一般采用化学消毒法，如 $3\%\sim5\%$ 漂白粉或 $1\%\sim2\%$ 福尔马林喷洒消毒，或燃烧硫黄产生 SO_2 熏蒸消毒（用量为 $10\sim15g/m^3$）。如果窑洞内贮藏的果蔬腐烂较为严重，可对窑洞墙壁及顶部用石灰浆加 $1\%\sim2\%$ 的硫酸铜喷刷。也可利用臭氧消毒法，即按 $10\times10^{-3}g/m^3$ 的量选用臭氧发生器，使库内浓度达 $10mg/kg$ 以上后停机封库 $24\sim48h$。

② 封窑 当果蔬全部出窑后，由于外界没有可利用自然低温，则要封闭窑洞各部位的孔道，窑门用土坯或砖砌并抹严，使其与外界相对隔绝，减少所蓄冷量在高温季节的流失。实践证明，封窑处理要比不封窑处理的窑洞窑温低 $2\sim3℃$。

3. 土窑洞贮藏苹果实例

（1）贮藏特性 苹果品种间耐贮性差异很大，对于大多数品种来讲，贮藏的适宜温度为 $-1\sim0℃$，相对湿度 90% 左右。

（2）土窑洞贮藏方法 苹果采收后先经过预冷，待果温和窑温下降到 $0℃$ 时入窑。将预贮的苹果装箱（筐）堆垛，在垛堆底部用砖或枕木等垫起 $5\sim10cm$，垛堆上部距窑顶有 $70cm$ 左右的空隙，箱间留出 $3\sim5cm$ 宽的缝隙，以利通风。垛堆应靠窑两侧，中间留出走道，以便操作管理。入库初期，应当迅速使库温下降，一般白天关闭门窗，夜晚打开，因为苹果在高温下呼吸旺盛，而在低温下这种代谢就微弱得多，温度以 $0\sim0.5℃$ 为宜，但不能低于 $-2℃$。在冬季外温低于窑温而不低于 $-6℃$ 的情况下，应打开窑门和通气孔，掀开棉门帘进行"大通风"；外温达 $-10\sim-6℃$ 时，应关闭窑门，严封棉门帘，打开部分小气窗和通风孔进行"小通风"；当外温降至 $-10℃$ 以下或高于窑温时，将所有孔道关闭，达到防冻、防热的要求。当春季气温回升时，应注意防止库温回升，窑内湿度一般高而稳，在通风频繁时，为防止湿度下降造成果实失水，可以往地槽内灌水，库内挂湿草帘，放湿锯末、积雪，也可给地面墙壁喷水，地面墙壁上有霜状物说明湿度在要求 $85\%\sim90\%$ 范围以内。果实贮藏期间，一般每隔半月仔细检查一次，及时剔除烂果，以减少病菌传播侵染。

三、通风库贮藏

1. 通风库贮藏的概念和特点

通风库是利用自然低温空气通过通风换气控制贮温的一种贮藏形式（图 5-6）。通风库与窑窖相似，但比窑窖建筑提高了一步，

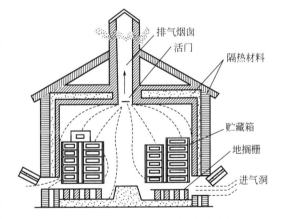

图 5-6 通风库构造与空气流动示意

它有较为完善的隔热建筑和较灵敏的通风设备，操作比较方便。可充分利用冷热空气对流进行库内外的热交换，库房设有隔热结构，保温效果好。因此，降温和保温效果比起一般的窑窖等简易贮藏大有提高。但是，通风库贮藏仍然是依靠自然气温调节库内温度，在气温过高或过低的地区和季节，如果不附加其他辅助设施，也很难维持理想的贮藏温度。

2. 通风库的设计和建造

通风贮藏库的设计包括库址选择、库型选择、库房设计、通风系统设计和隔热结构设计

五大部分。

(1) 库址选择 通风贮藏库要求建筑在地势高燥，最高地下水位要低于库底1m以上，四周开阔，通风良好，空气清新，交通便利，靠近产销地，便于安全保卫，水电畅通的地方。通风库要利用自然通风进行库温调节，因此，库房的方位对能否很好地利用自然气流至关重要。

库址的朝向，在北方地区以南北向为宜，这样可以减少冬季寒风的直接袭击面，避免库温过低。在南方则以东西向为宜，这样可以减少冬季阳光对库墙的直射而影响库温，同时加大迎风面，有利于北风进入库内而降温。在实际生产中，一定要结合地形地势灵活掌握。

(2) 库型选择 通风库分为地上式、地下式和半地下式三种类型，各有不同特点。具体应根据当地的气候条件和地下水位的高低加以确定。

① 地上式 地上式通风贮藏库的库体建筑全部在地面上，受气温影响最大，不能利用土壤的保温作用，故保温性能较差，但通风系统的进、出风口的高差大，有利于空气对流降温，多应用于南方地区。

② 地下式 地下式通风贮藏库的库体建筑全部在地面以下，仅库顶露出地面，受气温影响最小，但受土温的影响较大。

③ 半地下式 半地下式通风贮藏库的库体一部分在地面以上，一部分在地面以下，库温既受气温影响，又受土温影响。

地下式可充分利用土壤中较低而稳定的温度，保湿性能好，但进、出风口的高差不宜做得很大，通风降温性能差，常适用于以保温为主的北方严寒地区，以利于防寒保温。在冬季温暖地区，多采用地上式，以利于通风降温。介于两者之间的地区，可采用半地下式。

(3) 库房设计

① 平面设计 通风贮藏库的平面多为长方形或长条形，库房宽9～12m，长30～40m，库内高度一般在4m以上。我国各地贮藏大白菜的通风库贮菜量一般为100～150t。贮量大时可按一定的排列方式，建成一个通风库群（图5-7）。建造大型的通风库群，要合理地进行平面布置。在北方较寒冷的地区，大都将全部库房分成两排，中间设中央走廊，库房的方向与走廊相垂直，库门开向走廊。中央走廊有顶及气窗，宽度为6～8m，可以对开汽车，两端设双重门。中央走廊主要起缓冲作用，防止冬季寒风直接吹入库房内使库温急剧下降。中央走廊还可以兼作分级、包装及临时存放贮藏产品的场所。温暖地区的库群，各个库房可单独向外界开门而不设共同走廊，利用库门进行通风，以增大通风量，提高通风效果，增加贮藏量，但这样在每个库门处必须设缓冲间。

② 库顶设计 通风库的库顶结构有脊形顶，平顶及拱顶三种。脊形顶适于使用木结构等建筑材料，但需在顶下单独做绝缘层，增加造价；平顶的暴露面最小，故可以节省绝缘材料且绝缘效果好；拱顶的建筑费用低。

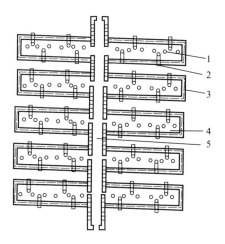

图5-7 通风贮藏库平面示意
1—出气口；2—进气口；3—煤渣绝缘层；
4—贮藏库；5—缓冲走廊

（4）通风系统设计　通风贮藏库是以导入冷空气，使之吸收库内的热量再排到库外而降低库温的贮藏方式。库内贮藏的果蔬所释放出的大量 CO_2、乙烯、醇类等，都要靠良好的通风系统设施来及时排除。因此，通风系统设施在通风贮藏库的结构上是十分重要的组成部分，它直接决定着通风库的贮藏效果。常见的通风系统及排气筒结构如图 5-8 所示。

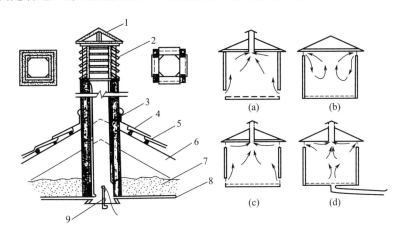

图 5-8　通风库的通风系统及排气筒结构示意
（a）屋顶排气筒式；（b）屋檐小窗式；（c）混合式；（d）地道式
1—防风罩；2—百叶窗；3—保温通风筒；4—机瓦；5—排瓦条；6—屋架；7—隔热；8—库顶；9—调节板

通风库的降温效果与进排气口的面积、结构及配置是否合理密切相关。通常利用库内外的温差和冷热空气的质量差异使空气形成自然对流作用，将库内热量排出，同时引入库外冷空气，实现通风换气。空气在库内对流的速度除受外界风速的影响外，还与是否分别设置进排气口、进排气口的气压差大小等因素有关。在设置进排气口时，需要考虑通风库的气流畅通，互不干扰，有利于通风换气。要使空气自然形成一定的对流方向和路线、不致发生倒流和混流现象，就要设法保持进排气口二者间的气压差，而气压差形成的一个主要方式就是增加进排气口之间的高度差。增大高度差，就增大了气压差，也就增大了库内空气对流的速度。为此，最好把进气口设在库墙地基部，排气口设于库顶，并建成烟囱状（筒），这样可以形成最大的高度差。有时还在排气筒顶部设置帽罩，以防止雨水及灰尘进入；帽罩下设置铁纱窗，防止虫、鼠的进入。

设置进排气口时，每个气口的面积不宜过大。当通风总面积确定之后，气口小而数量多的系统比气口大而数量少的系统具有较好的通风效果。气口小而分散均匀时，全库气流均匀，温度也较均匀。一般气口的适宜大小约为 25cm×25cm 至 40cm×40cm，气口的间隔距离为 5～6m。通风口应衬隔热层（保温材料），以防结霜阻碍空气流动。通气口要设置活门，以便根据外界气温及果蔬贮藏的具体要求灵活调节通风面积。

（5）隔热结构设计　通风贮藏库的四周墙壁和库顶都应具有良好的隔热效能，以隔绝库外过高或过低温度的影响，以利于维持库内稳定而适宜的低温。因此，通风库应有适当的隔热结构，其保温性能主要由库顶、库墙和地面、门、窗等部分的保温结构及其结合处的严密性综合形成，即决定于库顶和库墙敷衬用的材料的隔热性能、隔热层的厚度、暴露面的大小及四壁的严密程度。

① 库墙　通风贮藏库一般要在库四面墙壁及顶棚上设置热绝缘层来达到隔热目的，因此，通风库的墙体要做成双层墙，外墙为承重墙，使用砖、石、水泥等材料，内墙不要求承

重，可采用质轻、热阻高、防水性能好的建筑材料，在内、外墙间按设计要求的厚度敷设隔热材料。由于许多隔热材料只有在干燥时才能保持良好的隔热性能，故在设计内外温差较大的情况下，应在隔热层的两侧设防水层。如大型通风库的隔热结构，外墙至少为20cm厚的砖墙，内墙可按照设计厚度直接敷设聚氨酯泡沫塑料、软木板等，或为10cm的砖墙，内外墙的间距为设计的隔热层厚度，填以不定型的隔热材料（表5-1）如膨胀珍珠岩、稻壳等。防水层用沥青或防水纸。有时，在各墙体结构间用空气层来加强隔热作用。

表 5-1　各种材料隔热性能比较

材料名称	热导率/[kcal/(m·h·℃)]	热阻/(m²·h·℃/kcal)	材料名称	热导率/[kcal/(m·h·℃)]	热阻/(m²·h·℃/kcal)
静止空气	0.025	40.0	炉渣	0.18	5.6
聚氨酯泡沫塑料	0.02	50.0	砖	0.67	1.5
软木板	0.05	20.0	混凝土（普通）	1.25	0.8
膨胀珍珠岩	0.05	20.0	混凝土（加气）	0.08~0.12	12.5~8.3
油毛毡	0.05	20.0	混凝土（泡沫）	0.14~0.16	7.1~6.2
芦苇	0.05	20.0	玻璃	0.67	1.5
稻壳	0.061	16.4	干土	0.25	4.0
秸秆	0.05	16.7	湿土	3.00	0.33
纤维板	0.054	18.5	干沙	0.75	1.3
刨花	0.05	20.0	湿沙	7.50	0.13
锯末	0.09	11.1			

注：1kcal/(m·h·℃)=1.16W/(m·K)，1m²·h·℃/kcal=0.86·m²·K/W。

隔热材料的选择应根据当地气候条件及资源情况而定，其隔热能力常用热导率表示，即隔热材料传递热量的能力，指在稳定传导条件下，1m厚度的隔热材料，两侧表面的温差为1度（K或℃），在1h内，通过1m²面积传递的热量。国际单位为W/(m·K)，常用单位为kcal/(m·h·℃)。同时也可用热阻（材料阻止热传递的能力）表示。热导率与热阻成反比，热导率越小，热阻就越大，隔热性能就越好。

②库顶　天花板可用木板或其他板材构成，木板上方铺设隔热材料（图5-9）。在贮藏库的暴露面上，以墙壁转角处、天花板与墙壁交接处的漏热最大，故整个贮藏库的隔热层要求相互接成整体。

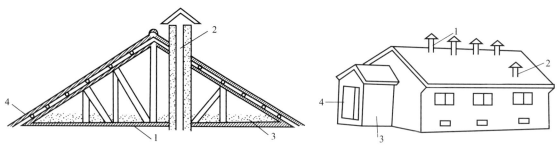

图 5-9　通风贮藏库库顶结构
1—库顶；2—排气筒；3—锯末；4—木板层、木板上铺瓦

图 5-10　通风贮藏库双重门结构
1—排气筒；2—导气筒；
3—空气缓冲间；4—双重门的外门

③门窗　门窗是最容易产生对流传热的地方，因此，门窗的数量应尽量减少，必须设置的门上也应敷设隔热材料，并装备双重门（图5-10）。采光窗应采用双层玻璃，层间距为

5cm 左右。窗外再设百叶窗，以阻挡直射的阳光。

3. 通风库的管理技术

通风库的管理可以分为入库前、入库时和入库后 3 个阶段。

（1）入库前管理　果蔬贮藏前，要彻底清扫库房，刷洗和晾晒所有设备，将门窗打开进行通风，然后进行库房消毒。用 1%～2% 福尔马林或 3%～5% 漂白粉液喷洒，或按 1m³ 库体 10～15g 的用量燃烧硫黄熏蒸，也可用浓度为 40mg/m³ 臭氧处理，兼有消毒和除异味的作用。在进行熏蒸消毒时，可将各种器具一并放入库内，密闭 24～48h，再通风排尽残药。库墙、库顶及架子、仓柜等用石灰浆加 1%～2% 硫酸铜刷白。由于通风库贮量较大，为使果蔬产品入库时尽可能获得较低的温度，应该在产品入库前对空库进行放风管理，充分利用夜间冷空气预先使库温降低，保证通风库的低温条件。

（2）入库时管理　为了保证果蔬的质量，除应适时采收外，还应及时入库。果蔬采收后，应在阴凉通风处进行短时间预贮，然后在夜间温度低时入库。各种果蔬都应先用容器装盛，再在库内堆成垛，垛与垛之间或与库壁、库顶及地面间都应留有一定空间，以利于空气流通。几种果蔬同时贮藏时，原则上各种果蔬应分库存放，不要混合，以便分别控制不同的温湿度，各种果蔬也不致互相干扰影响。

产品入库时，通常会带入一定的田间热，因此入库时间最好安排在夜间，有利于入库后立即利用夜间的低温通风降温。入库后应将所有通风设施，包括排风扇、门、窗全部打开，尽量加大通风量，使产品温度尽快降下来，以免影响贮藏效果。

（3）入库后管理　贮藏稳定一段时间后，应随气温、库温的变化，灵活调节通风量来控制温度，一般秋季气温较高时，可在凌晨 4～5 时外界气温最低时通风，而白天气温较高时则关闭所有的通风道，以维持库内的较低温度。相反，冬季严寒时，则可在午后 13～14 时外界气温高于库温或接近库温时通风。气温低于产品冷害温度时一般须停止通风。温度更低时，则须加强保暖措施，把所有的进排气口用稻草等隔热性能较好的材料堵塞等。

通风贮藏库的温度与湿度之间的关联度比较大。通风库的通风主要服从于温度的要求，但通风不仅调节温度，也会改变库内的相对湿度。一般来说，通风量越大，库内相对湿度越低。所以贮藏初期常会感到湿度不足，而中后期又觉得湿度太高。湿度低可以喷水增湿，但湿度过高则比较麻烦，除适当加大通风量外，可辅以除湿措施，如用石灰、氯化钙等降低湿度。

4. 马铃薯通风库贮藏

（1）贮藏特性　马铃薯的食用部分为地下块茎，收获后一般有 2～4 个月的生理休眠期，时间长短因品种不同而异。

（2）贮藏条件　鲜食马铃薯的适宜贮藏温度 3～5℃，但用作煎薯片或炸薯条的马铃薯，应贮藏于 10～13℃。贮藏的空气相对湿度为 80%～85%，湿度过高易增加腐烂，过低易失水皱缩。同时，应避光贮藏，因为光会促使马铃薯发芽，增加茄碱苷含量。

（3）通风库贮藏方法　入库堆码时要注意高不超过 1～1.5m，堆内设置通风筒，薯堆周围要留一定空隙以利于通风散热。

常温贮藏方式都是利用自然冷源来调节，达到或接近所要求的贮藏温度。其共同的特点是结构简单，造价低廉。鉴于我国地域辽阔、果蔬种类繁多，在采用常温贮藏方式时应特别注意以下几点：①根据当地的气候、土壤条件以及所贮藏果蔬的种类，确定能否采用常温保鲜贮藏，并选择适宜的方式；②贮藏初期的管理重点是通风降温管理，而入冬后要控制通风量，即各种贮藏方式都有一个从降温到保温的缓慢转变过程，如堆藏和沟藏是采用分次分层覆盖的方法实现此过程，而窖藏、土窑洞和通风库贮藏是利用缩小通风面积和通风量来实现的；③果蔬常温贮藏应选择优质晚熟的耐藏品种，贮藏期间应充分利用自然冷源，精细管理；④贮藏期间应经常检查货品并适时出库。

必备知识二　机械冷藏库贮藏

一、机械制冷原理

1. 压缩式制冷设备的制冷原理

压缩式制冷设备由压缩机、冷凝器、膨胀阀和蒸发器四大部件组成。这些部件由管道依

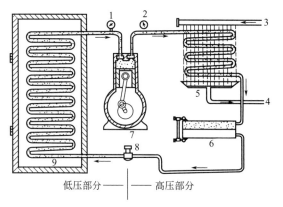

图 5-11　压缩式冷冻机工作原理示意
1—回路压力；2—开始压力；3—冷凝水入口；
4—冷凝水出口；5—冷凝器；6—贮液（制冷剂）器；
7—压缩机；8—膨胀阀（节流阀）；9—蒸发器

次连接而形成一个密闭的循环回路，制冷剂在管道中流动，发生状态变化，与外界进行热量交换。

机械制冷就是利用汽化温度很低的液态制冷剂汽化，来吸收贮藏环境中的热量，使库温迅速下降，再通过压缩机的作用，使之变为高压气体后冷凝降温，形成液体再进入下一个汽化过程。如此反复循环从而达到制冷目的。如图 5-11 所示。制冷设备四大部分的作用如下。

（1）压缩机　压缩机是制冷系统的主体部分。目前常用的是活塞式压缩机，压缩机通过活塞运动吸进来自蒸发器的气态制冷剂，将制冷剂压缩成为高压状态而进入冷凝器中。

（2）冷凝器　冷凝器有风冷和水冷两类，主要是把来自压缩机的制冷剂蒸汽，通过冷却水或空气带走它的热量，使之重新冷却液化。

（3）膨胀阀　又叫节流阀，它装置在贮液器和蒸发器之间，用来调节进入蒸发器的制冷剂流量，同时起到降压作用。

（4）蒸发器　蒸发器是一种排管式的热交换器，液态制冷剂由高压部分经调节阀进入低压部分的蒸发器时达到沸点而蒸发，吸收制冷剂所含的热量。蒸发器可安装在冷库内，也可安装在专门的制冷间。

2. 制冷剂

在制冷系统中，蒸发吸热的物质称为制冷剂或制冷工质，制冷系统的热量传递靠制冷剂来进行。制冷剂要具备沸点低、冷凝点低、对金属无腐蚀作用、不易燃烧、不爆炸、无刺激性、无毒、无味、易于检测、价格低廉等特点。一些制冷剂的物理性质见表 5-2。

表 5-2　一些制冷剂的物理性质

制冷剂	化学分子式	正常蒸发温度/℃	临界温度/℃	临界压力/MPa	凝固温度/℃	爆炸浓度极限容积/%
氨	NH_3	-33.40	132.4	11.5	-77.7	16~25
CO_2	CO_2	-78.90	31.0	7.5	-56.6	不爆
R12	CF_2Cl_2	-29.80	111.5	4.1	-155.0	—
R22	CHF_2Cl	-40.80	96.0	5.0	-160.0	不爆
R134a	CH_2FCF_3	-26.2	101.1	4.06	-101.0	不爆
R600a	$CH(CH_3)_3$	-11.8	135.0	3.66	-160.0	1.8~8.4
R125	CHF_2CF_3	-48.45	66.05	3.59	—	—
R143a	CH_3CF_3	-47.75	73.15	3.83	—	—
R507	(R125/143a)	-46.5	70.8	3.79	—	—
R404a	(R125/143a/134a)	-46.1	72.4	3.69	—	—

　　氨（NH_3）是利用较早的制冷剂，主要用于中等和较大能力的压缩制冷设备。作为制冷剂的氨，要质地纯净，其含水量不超过 0.2%。氨的潜热比其他制冷剂高，在 0℃时，它的蒸发热是 1260kJ/kg。而目前使用较多的氟利昂蒸发热是 154.9kJ/kg。氨的比体积较大，10℃时，为 0.2897m^3/kg，氟利昂的比体积仅为 0.057m^3/kg。因此，用氨的设备较大，占地较多。氨的缺点是有毒，若空气中含有 0.5%时，人在其中停留 0.5h 就会引起严重中毒，甚至有生命危险。若空气中含量超过 16%时，会发生爆炸性燃烧。氨对钢及其合金有腐蚀作用。由于这些缺点，在近代中小型制冷设备中，多用氟利昂代替。

　　氟利昂是卤代烃的通称，国际上规定用统一编号（代号）表示。其中 R12、R22 具有良好的热力性能和化学稳定性，且无毒、不燃、不爆，因其制冷能力较小，主要用于小型制冷设备。但近年来环境保护专家发现 R12、R22 等制冷剂会使大气臭氧层减薄，产生温室效应，引起全球气候变暖。据研究证明，氟利昂对臭氧层的破坏能力有大有小，如 R12 对臭氧有明显破坏作用，是当前淘汰的重点；R22 的破坏作用比 R12 小得多，作为过渡物质目前还可以使用；R134a 不含氯，对臭氧层不起破坏作用。

　　因此，目前许多国家正在积极进行制冷剂替代物的研究，研究的新型替代制冷剂主要包括人工合成型和天然型两大类，其中可分为单一工质和混合工质两种不同类型，混合工质又可分为共沸混合物、近共沸混合物和非共沸混合物三种。天然型工质如 CO_2；合成型如单一工质的 R134a、R600a，混合工质的 R507、R404a 等。

3. 冷库的冷却方式

　　机械冷藏库的降温是靠蒸发器中制冷剂汽化来完成的，根据蒸发器在冷库中的安装方法把冷却方式分为三种。

　　(1) 直接冷却　把蒸发器直接装置于冷库中，制冷剂汽化时可直接吸收库内的热量，将库内空气冷却。蒸发器用盘形管组成，装成壁管组或天棚管组均可。直接蒸发系统冷却迅速，库温低，例如以氨直接蒸发可将库温降低到 -23℃。该系统宜采用氨、氟利昂为制冷剂。直接冷却系统的主要缺点是：整机系统的热缓冲量低，贮藏库内的温度变化也就比较大；因蒸发盘管与室内空气直接接触，温差大，蒸发器不断地结霜，要经除霜，不然将会影响蒸发器的冷却效果，因此制冷系统的效率下降，库内湿度也下降，库内温度不均匀，接近蒸发器处温度较低，远处则较高。此外，如果制冷剂在蒸发管或阀门处泄漏，会在库内累积而直接危害果蔬。

（2）间接冷却 制冷系统的蒸发器不直接安装在贮藏库内，而用来冷却中间介质（如盐水、氯化钙等），再将冷却介质引入安装在库内的冷却管组，不断循环而降低库内温度。

间接冷却系统也可以达到很低的温度，如果用普通食盐 20% 的溶液，可降温至 $-16.5℃$；若用氯化钙 20% 溶液则可降温至 $-23℃$。这种方式的冷却速度比较慢，但因冷却系统的热缓冲量很大，可使库温波动大为降低。甚至在短时期停电的情况下，库温亦不至于上升过高。此系统可避免有毒及有臭味的制冷剂在库内泄漏而损害果实和入库人员。但由于有中间介质的存在，必须要求制冷剂在较低温度下蒸发，从而加重压缩机的负荷，并增加了中间介质泵的电力消耗。另外，食盐和氯化钙溶液对金属都有腐蚀作用。

（3）鼓风冷却 为保证库内各部分的温度均匀，机械冷藏库内的蒸发器上安装强制空气循环装置，即用鼓风机将蒸发器冷却的空气通过装设在贮藏室顶部的通风道送到贮藏库的各部位，冷空气在自然降温过程中吸收热量，再经库下方回到蒸发器重新冷却，如此循环降低库温，目前大多数冷库多采用鼓风冷却。

鼓风冷却系统在库内造成空气对流循环，冷却迅速，库内温度、湿度较为均匀一致。但如不注意空气湿度的调节，会加快果蔬失水。

二、机械冷藏库的构造和建筑设计

1. 冷库的分类

（1）按建筑结构类别划分

① 土建冷库 这是目前建造较多的一种冷库，可建成单层或多层。建筑物的主体一般为钢筋混凝土框架结构或者砖混结构。土建冷库的围护结构属重体性结构，热惰性较大，库外空气温度的昼夜波动和围护结构外表面受太阳辐射引起的昼夜温度波动，在围护结构中衰减较大，故围护结构内表面温度波动较小，库温易于稳定。

② 组合板式冷库 通常为单层形式，库板为钢框架轻质预制隔热板装配结构，其承重构件多采用薄壁型钢材制作。库板的芯材为发泡硬质聚氨酯或粘贴聚苯乙烯泡沫板。这些构件均是按统一标准在专业工厂成套预制，在工地现场组装，所以施工进度快，建设周期短。

③ 山洞冷库 一般建造在石质较为坚硬、整体性好的岩层内，洞体内侧一般作衬砌或喷锚处理，洞体的岩层覆盖厚度一般不小于 20m。这类冷库连续使用时间越长，其隔热效果越佳，热稳定性能越好。

（2）按冷库的容量规模划分 目前，冷库容量规模划分也未统一，一般分为大、中、小型。大型冷库的冷藏容量在 10000t 以上；中型冷库的冷藏容量在 1000～10000t；小型冷库的冷藏容量在 1000t 以下，微型冷库在 50t 以下。

（3）按冷库的冷藏设计温度划分 分为高温和低温两类冷库。一般高温冷库的冷藏设计温度在 $-2℃$ 以上，果蔬贮藏保鲜就是使用高温库。低温冷库的冷藏设计温度在 $-15℃$ 以下。

此外，还可按冷库的使用性质，分为生产性冷库、分配性冷库和零售性冷库；按冷库的层数，分为多层冷库和单层冷库等。

2. 机械冷藏库建筑的特点

冷库需要通过机械制冷，并使库内保持一定的低温。因此冷库的墙壁、地板及平顶都应设有一定厚度的隔热材料，以减少外界传入的热量。为了减少吸收太阳的辐射能，冷库外墙表面一般涂成白色或浅颜色。

冷库建筑要防止水蒸气的扩散和空气的渗透。库外空气侵入时不但增加冷库的耗冷量，而且还向库房内带入水分，水分的凝结引起建筑结构特别是隔热结构受潮冻结损坏，所以要设置防潮隔热层，使冷库建筑具有良好的密封性和防潮隔热性能。

冷库的地基受低温的影响，土壤中的水分易被冻结。因土壤冻结后体积膨胀，会引起地面破裂及整个建筑结构变形，严重的会使冷库不能使用。为此，低温冷库地坪除要有有效的隔热层外，隔热层下还必须进行处理，以防止土壤冻结。

多层冷库的楼板要堆放大量的货物，又要通行各种装卸运输机械设备，平顶上还设有制冷设备或管道。因此，它的结构应坚固并具有较大的承载力。

低温环境中，特别是在周期性冻结和融解循环过程中，建筑结构易受破坏。因此，冷库的建筑材料和冷库的各部分构造要有足够的抗冻性能。

总之，冷库建筑要有严格的隔热性、密封性、坚固性和抗冻性来保证建筑物的质量。

3. 冷库的组成

冷库由主体建筑和附属建筑两大部分构成。

（1）主体建筑　包括冷加工间、冷藏间和生产辅助用房。

① 冷加工间

a. 冷却间：用于需要冷藏的常温食品，进行冷却或预冷。

b. 冻结间：用于需要冻结的食品，由常温或冷却状态快速降至-15℃或-18℃。

② 冷藏间

a. 冷却物冷藏间：又称高温冷藏间，主要用于贮藏鲜蛋、水果、蔬菜等食品。

b. 冻结物冷藏间：又称低温冷藏间，主要贮藏经冻结加工过的食品，如冻肉、冻果蔬、冻鱼等。

c. 冰库：又称贮冰间，用以贮存人造冰，解决需冰旺季和制冰能力不足的矛盾。

③ 生产辅助用房

a. 装卸站台：分公路站台和铁路站台两种。

b. 穿堂：是运输作业和库房间联系的通道，一般分低温穿堂和常温穿堂。

c. 楼梯、电梯间：对于多层冷库均设有楼梯、电梯间。楼梯是生产工作人员上下的通道，电梯是冷库内垂直运输货物的设施。

d. 过磅间：专供货物进出库时工作人员过磅记数（量）使用的房间。

（2）附属建筑　包括生产附属用房和生活辅助用房。

生产附属用房主要是指与冷库主体建筑有着密切联系的生产用房。如制冷机房、变配电间、水泵房、挑选整理包装间。生活辅助用房主要有生产管理人员的办公室或管理室，生产人员的工间休息室、更衣室以及卫生间等。

4. 冷库的平面布置和贮藏量计算

冷库布置必须符合生产的工艺流程、运输、设备和管道布置的要求，既能方便生产管理又要经济合理。

（1）平面布置要求

① 要考虑产品运输进、出库方便和服从生产操作的流水作业。

② 明确划分冷热区，即高温库区与低温库区，以方便制冷系统管道的布置，减少耗冷

量和隔热工程量。

③ 要求结构简单，尽可能布置等跨和对称。

④ 提高建筑平面利用系数，降低建筑造价，节约投资。

此外，小型冷库一般采用单层建筑。为了减少室外热量向冷库透入，冷藏间的外形宜呈正方形，以减少围护结构的外表面积。

冷库的平面布置图如图 5-12～图 5-14 所示。

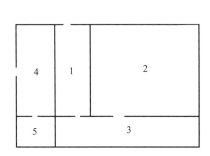

图 5-12　冷库平面

1—冷却间；2—冷却物冷藏间；3—常温穿堂；

4—机房；5—变配电间

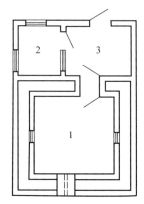

图 5-13　微型冷库（稻壳隔热）平面

1—冷藏间；2—机房；3—缓冲间

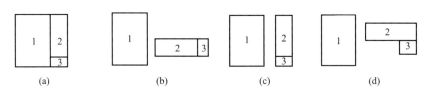

图 5-14　机房、变配电间与库房的平面

1—冷藏间；2—机房；3—变配电间

(2) 冷藏间面积计算　冷藏库的大小要根据贮藏产品的数量和产品在库内的安排方式而定。设计时首先要根据所制订的生产计划确定冷藏量。

确定冷藏量后先要考虑冷库的高度，冷库的净高一般均在 4.5m 以上，最高达到 7～8m。微型冷库不宜超过 5m，以 4.2～4.5m 最佳。冷库的堆垛高度，对于设置冷风机的库房，须注意回风必需的垫板高度。一般合适的人工堆垛高度为 3～3.5m，最高可达 4m。采用提升码垛机堆货时，层高一般 4.8m 以上。

确定了冷藏量和冷库的净高度后进行冷藏间面积的估算：

$$F = \frac{1000 \times G}{U \times H \times K \times n}$$

式中　F——冷藏间面积，m^2；

　　　G——冷藏容量，t；

　　　U——贮存食品平均容重，kg/m^3（箱装新鲜果蔬容重按 250～300kg/m^3 计算）；

　　　H——有效堆货高度，m（H＝冷藏间净高－垫木高度－货堆与库顶距离，垫木高度取 0.1m，货堆与库顶距离取 0.3m）；

　　　K——库房有效堆货面积系数（小型冷库取 0.68～0.72，大型冷库取 0.76～0.78）；

n——冷库层数。

在估算冷藏间面积后便可考虑库房的长度和宽度，这样就可得到冷藏间的平面图。一般情况下方形在建筑上最经济，但过宽，在建筑设计和材料上会增加麻烦，而且库房过宽，库内必须有支柱以承受屋顶的重量，这不仅增加建筑材料，也影响库内的安排和操作。机械冷藏库通常采用的宽度很少超过12m，设计冷藏库时，也要考虑到其他必要的附属设施如工作间、包装整理间、工具存放间等的位置。

5. 冷库建筑材料

冷库建筑材料包括结构材料、隔热材料和防潮材料。

(1) 结构材料 冷库的结构材料包括普通黏土砖、水泥、混凝土、石灰、砂浆、钢材和木材等。

(2) 隔热材料 隔热材料应满足下列要求：热导率小，可以减少隔热材料的厚度和用量；密度小，可以减轻建筑结构的恒荷载；吸湿性小，可以较长久地保持隔热性能；耐火和抗冻性、耐久性好，可保证隔热层的安全、牢固和使用寿命；抗压强度高，可保证隔热层在承受外力作用时不易损坏；无异味，对食品和环境不会造成污染；易于加工，价格适中等。

冷库常用的隔热材料有稻壳、软木板、炉渣、泡沫混凝土、膨胀珍珠岩、矿渣棉、聚苯乙烯泡沫塑料、硬脂聚氨酯泡沫塑料、高压聚乙烯（PEF）发泡体和挤压型聚苯乙烯泡沫板。

① 稻壳 稻壳属松散隔热材料，价格低廉，来源较广。干燥的稻壳具有良好的隔热性能，20世纪70年代～20世纪80年代国内冷库的外墙、屋顶阁楼层及冷藏间的隔热内墙大多数仍以稻壳做隔热材料。但稻壳的吸湿性较强，易受虫蛀，久而沉陷较大，所以使用中必须做好防潮、防蛀和及时检查补充或更换等工作。目前基本上被大中型冷库淘汰，但对于一些经济还不太发达的农村地区要建造微型冷库，仍有一定的应用价值。

② 软木板 软木板是良好的块状隔热材料，具有热导率小、抗压强度高等优点；但因产量少，价格较高，施工不便，故在冷库中一般用于地面隔热层、冻结间内隔墙、结构构件"冷桥"部位处理以及冻融循环频繁部位的处理。软木板是采用栓皮栎树皮制作，由于重量、密度、炭化程度以及颗粒大小的不同，各地生产的炭化软木板的质量有较大的差异，选用时必须注意。

③ 膨胀珍珠岩 膨胀珍珠岩是一种白色多孔的粒状物料，可以用来直接填充冷库外墙夹层或屋顶阁楼层，也可以用胶结剂胶结成各种形状的制品，如水泥膨胀珍珠岩或沥青膨胀珍珠岩制块，这种材料的热导率较小，做成制块抗压强度高。但膨胀珍珠岩具有很大的吸水性，且吸水速度快，会引起不良的后果，作为冷库隔热材料应慎重使用。

④ 聚苯乙烯泡沫塑料 聚苯乙烯泡沫塑料具有质轻、隔热性能好、耐低温等优点。但其吸水性大，并有冷缩现象，施工时需用黏结剂粘贴。如用石油沥青粘贴，沥青温度必须严格控制，温度过低粘不牢，温度过高会使泡沫塑料熔化。用于冷库隔热的聚苯乙烯泡沫塑料，还要求制品具有阻燃性能，以符合消防的阻燃要求。

⑤ 硬脂聚氨酯泡沫塑料 这是一种可以现场发泡的隔热材料，具有气泡小、密度小、质轻、强度高、隔热效果好、成型工艺比较简单等特点，在国内已被广泛应用于冷库等工程。它既可预制成型，又可现场喷涂或灌注，可使保温层整体无缝隙密封，不存在"冷桥"跑冷现象，是一种目前推广使用且很有发展前途的隔热材料。这种材料同样要求具有阻燃性能，其氧指数指标按规定不得小于26。

⑥ 聚乙烯（PEF）发泡体　这是一种保温隔热防震隔声的新型材料，具有微细的独立气泡结构、热导率和密度小的特点。耐水、抗蒸汽渗透、耐低温、阻燃、抗老化等各项性能指标均佳。按照发泡膨胀率不同，PEF 有 15 倍、30 倍和 45 倍三个系列。45 倍发泡体用于库房墙面隔热层，30 倍发泡体用于库房地面隔热层，15 倍发泡体用于表面彩板保护层。PEF 发泡体胶黏采用改性聚乙烯醇缩醛胶黏剂黏结。除第一层需用胶黏剂外，其余各层采用 180～280℃左右热空气或烙铁（电热棒）加热加压，PEF 即可自行粘贴，要求每块板材上下左右接缝要全面熔合，PEF 板层与层之间要求错缝黏合或电热棒热合。

⑦ 挤压型聚苯乙烯泡沫板　这是一种蓝色的质轻坚韧型隔热板材，具有低热导率、高抗水渗透能力和高抗压强度，在国外已经广泛用于冷库地面。这种材料也可作为芯材与金属（钢、铝）薄型板材复合成装配冷库保温板，用于冷藏间或冻结间侧壁及顶板。

选用冷库隔热材料时，必须综合考虑冷库隔热要求、材料性能、建筑构造方案、材料来源、经济指标等因素，尽可能做到因地制宜，就地取材，保证质量，节约投资。

冷库常用隔热材料的隔热性能指标如表 5-3 所示。

表 5-3　冷库常用隔热材料的隔热性能

材料名称	热导率 /[kJ/(m²·h·℃)]	热阻 /(m²·h·℃/kJ)	材料名称	热导率 /[kJ/(m²·h·℃)]	热阻 /(m²·h·℃/kJ)
静止空气	0.104	9.62	铝瓦楞板	0.243	4.12
聚氨酯泡沫塑料	0.084	11.90	锯末、稻壳	0.377	2.65
聚苯乙烯泡沫塑料	0.147	6.80	炉渣	0.754	1.33
膨胀珍珠岩	0.126～0.167	3.58～7.94	木材	0.754	1.33
加气混凝土	0.335～0.502	1.99～2.99	普通砖	2.721	0.37
泡沫混凝土	0.586～0.670	1.49～1.76	干土	1.047	0.96
软木板	0.209	4.78	湿土	12.560	0.08
油毛毡、玻璃棉	0.209	4.78	干沙	3.140	0.32
纤维板	0.226	4.42	湿沙	31.40	0.03

（3）防潮材料　冷库对防潮隔气材料的要求：蒸汽渗透阻大（即蒸汽渗透率小），密度小、韧性好、便于施工和保证施工质量。冷库常用的防潮材料有两大类：沥青、聚乙烯或聚氯乙烯薄膜。

① 沥青　沥青隔气防潮材料有石油沥青、冷底子油、石油沥青油毛毡（一毡二油、二毡三油）、沥青砂浆等。石油沥青材料其性能较稳定，黏结力强，尤其是在沥青形成薄膜时，具有很强的黏结力。沥青不溶于水，防水性能好，但沥青会在空气中氧化，在阳光与潮湿的作用下会逐渐老化而变脆。

② 聚乙烯（PE）或聚氯乙烯（PVC）薄膜　聚乙烯或聚氯乙烯薄膜是良好的防潮材料。冷库对薄膜质量要求较高，不能有气孔，在低温潮湿条件下不变硬发脆。一般常用 0.13mm 厚聚乙烯半透明薄膜或 0.2mm 厚聚氯乙烯透明薄膜。聚乙烯薄膜一般用 721 聚乙烯黏合剂或 XY404 聚乙烯黏合剂，聚氯乙烯薄膜用 641 聚氯乙烯黏合剂或 XY405 聚氯乙烯黏合剂黏合。以上两种薄膜在垂直基层满刷或水平基层花刷可采用 107 胶，但在相邻薄膜搭接部位不可用 107 胶（因 107 胶为水溶性），必须用 PE 或 PVC 黏结剂，以保证隔气效果。也可在搭结处选用 30mm 宽丙烯酸酯压敏胶纸（双面胶纸）黏结。

6. 冷库建筑基本构造和设计

为减少热量的传递和保持冷库内温度的相对稳定，在设计冷库的围护结构时必须设置隔热层，一般要求围护结构的热阻大于 3.3～4.0（库顶增加 20％～30％）。因隔热层受潮后其隔热性能下降，因此在隔热层的高温侧或两侧还要设置防潮层。

（1）土建冷库的基本构造

① 地下构造　包括地基和基础两部分。地基是指基础以下的土（石）层，它承担冷库的全部重量。基础指将冷库的全部荷重传递到地基上去的结构物。冷库的稳定性和耐久性很大程度上取决于地基和基础的坚固性。

② 地坪构造　地坪是冷库围护结构的一部分，一般高温库地坪构造比较简单，冷库地坪自上而下由面层、防潮层、隔热层、防潮层、垫层和基层构成。冷库地坪的基层多为素土夯实，垫层一般为混凝土，隔气防潮层为二毡三油，面层为钢筋混凝土。如图5-15所示。

③ 墙体构造　墙体也是冷库围护结构的一部分，分外墙和内墙。外墙为隔热墙，隔热墙如采用块状隔热材料，基层为砖墙，隔热材料直接贴在砖墙上；如采用松散隔热材料，墙体为双层砖墙，墙中间放置隔热材料；也可在内墙体表面直接喷涂隔热材料。相邻冷间的温度相同或相差不大时，对于冷间之间的隔墙形成的内墙可不设隔热层；当温差大（≥5℃）时则应设隔热层。

冷库墙体结构如图5-16～图5-18所示。

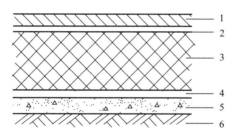

图 5-15　地坪隔热结构

1—面层；2—防潮层；3—隔热层；

4—防潮层；5—垫层；6—基层

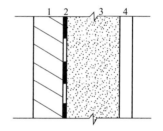

图 5-16　冷库外墙基本结构

1—外围墙体；2—隔气层；

3—隔热层；4—内保护层

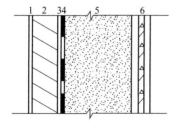

图 5-17　松散隔热材料外墙

1，3—结构层；2—外围墙体；4—隔气层；

5—隔热层；6—钢筋混凝土预制小柱插板

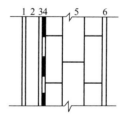

图 5-18　块状隔热材料外墙

1，3—结构层；2—外围墙体；4—隔气层；

5—隔热层；6—水泥砂浆层

④ 屋盖构造　屋盖同样是围护结构的一部分。它一般有两种构造，一种是整体式隔热屋盖，将块状隔热材料放在冷间顶板的上面或下面；另一种是阁楼式屋盖，它是在冷间的顶

板与冷库的屋面之间空出的一个阁楼，其间放松散的隔热材料。

整体式隔热屋盖根据隔热材料的设置分直敷式隔热屋顶和阁楼式隔热屋顶两种。

a. 直敷式隔热屋顶　在冷库平屋面结构层直接敷设块状隔热材料，有内隔热、外隔热的区别。

外隔热：在屋面结构层上面做隔热层，如直接把软木等板状材料铺贴在屋面上，也可喷注聚氨酯泡沫塑料等材料。隔热层上加设隔气层、防潮层和保护层等，如图5-19（a）所示。这种方法施工方便，但一旦漏雨进水会引起隔气防潮层破坏，使隔热材料受潮失效，这时检查维修比较困难，且要避免雨季施工或采取室外防雨措施，防止隔热材料直接受潮，所以解决好隔气防潮层问题是很关键的。

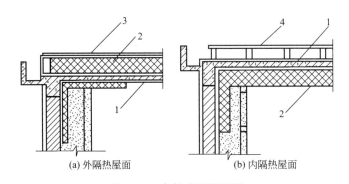

(a) 外隔热屋面　　　　　(b) 内隔热屋面

图 5-19　直敷式隔热屋顶

1—屋面钢筋混凝土结构层；2—隔热材料；3—屋面防水及保护层；4—屋面通风架空层

内隔热：在屋面结构层下面做隔热层，如倒贴软木、聚苯乙烯泡沫塑料或聚乙烯发泡体（PFF）隔热板等，如图5-19（b）所示。这种做法施工困难。近些年有用聚氨酯在钢筋混凝土板底直接喷注发泡做隔热层的，施工方便，效果较好，但价格较高。

b. 阁楼式隔热屋顶　在屋顶上增设一个阁楼层，把隔热材料设在阁楼层内。阁楼结构有钢筋混凝土现浇无梁板或预制结构梁板式的，也有型钢吊架上铺设木隔栅板的。该做法多了一个结构层，增加了土建造价。但可用价格较低的稻壳、膨胀珍珠岩等作隔热材料，因此总造价较便宜。此外，松散隔热材料直接敷设在阁楼层内，在阁楼层设有检查门和进料孔，对隔热材料的检查和更换都方便。

根据阁楼内的通风情况，阁楼式屋顶分以下三种：即通风式（敞开式）、封闭式和混合式。

通风式（敞开式）：在阁楼层的上部设置天窗和通风百叶窗，使其获得良好的通风条件，以缩小阁楼层内与库内的温差，减少冷量的损耗。

封闭式：阁楼层内不设通风窗，检修门加设密封装置，进料孔在充填隔热材料后也马上用隔气材料密封，外墙隔气层一直做到屋面板底，加之屋面防水层可兼作隔气层，使整个阁楼层完全处于一个封闭状态。该方式简化了隔气层的施工，又节约了投资。但是，在铺设和更换隔热材料时，施工操作条件较差，炎热季节阁楼内温度会较高，使传热量增加。所以，在北方地区采用较多。

混合式：这是综合前两种形式之后产生的改良形式。外墙隔气层做到屋顶板下表面，阁楼层上部墙上设有能启、闭的玻璃窗，平时关闭，成为封闭阁楼。当炎热季节时，则可打开窗户通风，又成为通风阁楼。

c. 屋面通风隔热层的设置　在夏季，冷库屋面由于太阳辐射作用温度很高，如果不采取适当措施，就会出现以下问题：屋面温度过高，使屋顶膨胀加大，如广州地区屋面油毡温度可高达 74℃，一座平面为 48m×42m 的冷库，屋顶混凝土板的膨胀量可达 20mm 左右，这样产生相对位移，容易使结构和防水层受到破坏；使阁楼内温度升高，加大了阁楼层与库内的温差，使传入热量增加，对封闭式阁楼尤为明显；屋顶防水层易老化、开裂。

为此，要求在屋面加通风间层和隔热层。实践证明，在屋面加设一层表面刷白的预制钢筋混凝土隔热架空平板，效果很好，如图 5-19(b) 所示。

(2) 装配式冷库的基本构造　由于采用了新型建筑材料，装配式冷库的构造就更为简单，它由外围结构、围护结构和地下结构三部分组成。其中地下结构和围护结构中的地坪与土建库基本相似。外围结构即装配库的外套，由钢结构架、屋面板和沙围板（均为彩色波纹钢板）构成。其作用主要是保持里面的围护结构免受风吹日晒雨淋。围护结构指设在外围结构内的库体，包括培、顶和地牙，是装配库的关键结构。墙、顶均采用彩钢夹心保温板（又称"三明治"板），这是一种新型的复合建筑板材，其两个面层为不足 1mm 的彩色或接锌波纹钢板，芯材为热导率极小的硬质聚氯乙烯泡沫塑料或聚苯乙烯泡沫塑料。这种复合板材在工厂的生产线上加工成型，建库时在现场装配即可。由于钢（铝）板的蒸汽渗透率为零，其本身就是极佳的防潮隔热层。"三明治"板的装配有承插型、对接型、钩扣型等多种形式。

"三明治"板的模数最宽可达 1200mm，最长可达 15m，最厚为 200mm。由于装配库具有防潮性好，气密性好，隔热性好，轻巧美观，坚固耐用，建筑材料可标准化、专业化生产，施工便捷等优点，越来越受欢迎。

(3) 冷库门　冷库门也是冷库围护结构的重要组成部分。门扇构造类似"三明治"板，面层材料除彩色钢板外，有的还用不锈钢或玻璃钢。里面增加了钢龙骨，以增强门的坚固性。按门的开启形式，分旋转门和推拉门；按开启方式，分手动门和自动门；按门扇结构，分单扇门和双扇门；按用途，分普通门和供通行吊运轨道（冻结间用）的特殊门等。冷藏门在围护结构中最易损坏和泄漏冷量，其质量好坏不仅影响冷库的降温和保温效果，还直接影响冷库的使用寿命。为减

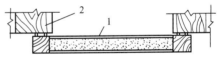

图 5-20　外贴式冷库门
1—门扇；2—门樘

少开门时的冷量损失和库内霜、冰的额外生成量，通常在冷藏门上方设置可以隔断库内外热、湿交换的空气幕。外贴式冷库门如图 5-20 所示。

三、制冷设备的匹配

冷库制冷设备的匹配与冷库的耗冷密切相关，确定冷库耗冷量是选择和匹配制冷设备的重要参数，设备具备足够的制冷负荷才能使果蔬冷却到规定的温度范围。

冷库耗冷量 Q 包括四部分。

① 由于库房内外温差和库墙、库顶受太阳辐射热作用而通过围护结构传入的热量，简称传入热或漏热 Q_1。

② 果蔬在贮藏过程中呼吸作用释放出的热量，简称呼吸热 Q_2。

③ 由于通风或开库门，外界新鲜空气进入库内而带入的热量，简称换气热 Q_3。

④ 由于冷库内工作人员操作、库内照明和各种动力设备运行时产生的热量，简称经营操作热 Q_4。

耗冷量 $Q=Q_1+Q_2+Q_3+Q_4$。

耗冷量计算涉及当地炎热季节最具代表性的室外干球温度、相对湿度等数据，可查《各主要城市部分气象资料》。

对于微型冷库，可参照表 5-4 所示进行制冷设备的匹配。

表 5-4　微型冷库配套设备简表

贮藏量/t	库容/m³	型号	配套设备	冷量/W	电压/V	电机功率/kW	价格/万元
8～15	60	BK-60A	进口全封闭标准型	3372.7	220/380	2.5	1.6
		BK-60B	进口全封闭分体型	3372.7	220/380	2.5	1.75
15～20	90	BK-90A	进口全封闭标准型	7501.4	380	4.0	1.78
		BK-90B	进口全封闭分体型	7501.4	380	4.0	1.93
20～25	120	BK-120A	进口全封闭标准型	8141	380	4.0	1.95
		BK-120B	进口全封闭分体型	8141	380	4.0	2.08
		BK-120BE	分体双温一拖二型	8141	380	4.0	2.28
35～40	160	BK-160A	进口全封闭标准型	10001.8	380	6.0	2.50
		BK-160B	进口全封闭分体型	10001.8	380	6.0	2.70
50～65	200	BK-200A	进口全封闭标准型	11630	380	7.0	3.0
		BK-200B	进口全封闭分体型	11630	380	7.0	3.1
		BK-200BE	分体双温一拖二型	11630	380	7.0	3.2

四、机械冷库的使用和管理

1. 消毒

果蔬产品腐烂的主要原因是有害微生物的污染，冷藏库在使用前必须进行全面消毒。消毒前须将库内打扫干净，所有用具用 0.5% 的漂白粉溶液或 2%～5% 硫酸铜溶液浸泡、刷洗、晾干，再放入库房内进行消毒。冷库消毒方法有下列几种。

(1) 乳酸消毒　将浓度为 80%～90% 的乳酸和水等量混合，按库容用 1mL/m³ 乳酸的用量，将混合液置于瓷盆内于电炉上加热，待溶液蒸发完后，关闭电炉。闭门熏蒸 6～24h，然后开库使用。

(2) 过氧乙酸消毒　将 20% 的过氧乙酸按库容用 5～10mL/m³ 的用量，放于容器内于电炉上加热促使其挥发熏蒸，或按以上比例配成 1% 的水溶液全面喷洒。因过氧乙酸有腐蚀性，使用时应注意对器械、冷风机和人体的防护。

(3) 漂白粉消毒　将含有效氯 25%～30% 的漂白粉配成 10% 的溶液，用上清液按库容 40mL/m³ 的用量喷雾。使用时注意防护，库房必须通风换气除味。

(4) 福尔马林消毒　按库容用 15mL/m³ 福尔马林的用量，将福尔马林放入适量高锰酸钾或生石灰，稍加些水，待发生气体时，将库门密闭熏蒸 6～12h。开库通风换气后方可使用库房。

(5) 硫黄熏蒸消毒　用量为每立方米库容用硫黄 5～10g，加入适量锯末，置于陶瓷器皿中密闭熏蒸 24～48h 后，彻底通风换气后方可使用库房。

2. 入库

果蔬产品进入冷藏库之前要先预冷。由于果蔬产品收获时田间热较高，增加了冷凝系统的负荷，若较长时间达不到贮藏低温，则会引起严重的腐烂败坏。进入冷贮的产品应先用适当的容器包装，在库内按一定方式堆放，尽量避免散贮方式。为使库内空气流通，以利降温和保证库内温度分布均匀，货物应离墙 30cm 以上，与顶部约留 80cm 的空间，而货与货之间应留适当空隙。

3. 温度管理

果蔬入库后应尽快达到适宜的贮藏温度，在贮藏期间应尽量避免库内温度波动。果蔬产品的种类和品种不同，对贮藏环境的温度要求也不同。如黄瓜、四季豆、甜辣椒等蔬菜在 $0 \sim 7℃$ 就会发生伤害。冷藏库的温度要求分布均匀，可在库内不同的位置安放温度计，以便观察和记录冷藏库内各部温度的情况，避免局部产品受害。另外，结霜会阻碍热交换，影响制冷效果，必须及时除霜。

4. 湿度管理

贮藏果蔬产品的相对湿度要求在 $85\% \sim 95\%$。在制冷系统运行期间，湿空气与蒸发管接触时，蒸发器很容易结霜，而冲霜过频会使冷藏库内湿度不断降低，常低于贮藏果蔬的湿度要求。因此，贮藏果蔬产品时要经常检查库内相对湿度，采用地面洒水和安装喷雾设备或自动湿度调节器的措施来达到对贮藏湿度的要求。

一些冷藏库出现相对湿度偏高，这主要是由于冷藏库管理不善，产品出入频繁，以致库外含有较高的绝对湿度的暖空气进入库房，在较低温度下形成较高的相对湿度，甚至达到"露点"，而出现"发汗"现象，解决这一问题在于改善管理。

5. 通风换气管理

果蔬产品贮藏过程中，会放出 CO_2 和乙烯等有害气体，当这些气体浓度过高时会不利于贮藏。冷藏库必须要适度通风换气，保证库内温度均匀分布、降低库内积累的 CO_2 和乙烯等气体浓度，达到贮藏保鲜的目的。冷藏库的通风换气要选择气温较低的早晨进行，雨天、雾天等外界湿度过大时暂缓通风，为防止通风而引起冷藏库温度、湿度发生较大的变化，在通风换气的同时开动制冷机以减缓库内温度、湿度的变化。

任务十二　通风贮藏库隔热能力的计算

※ 工作任务单

学习项目：果蔬的贮藏方式与管理		工作任务：通风贮藏库隔热能力的计算	
时间		工作地点	
任务内容	根据作业指导书，以小组为单位，调查通风贮藏库基本情况，计算其隔热能力，结果与实际比对；成果展示		
工作目标	知识目标： ①了解影响通风贮藏库隔热能力的因素； ②了解通风贮藏库的结构特征； ③掌握通风贮藏库隔热能力的计算原理； ④掌握通风贮藏库隔热能力的计算方法。		

工作目标	技能目标： ①能计算出通风贮藏库的隔热能力； ②能根据隔热能力需要设计通风库结构。 素质目标： ①小组分工合作，培养学生沟通能力和团队协作精神； ②阅读背景材料和必备知识，培养学生自学和归纳总结能力； ③讨论并展示成果，培养学生分析解决问题和语言表达能力
成果提交	调查报告和通风贮藏库设计报告
验收标准	通风贮藏库的实际隔热能力
提示	

※ 作业指导书

【设备与器具】

通风贮藏库，纸，笔，米尺等。

【作业流程】

选择调查对象 → 制订调查方案 → 记录调查数据 → 计算 → 结果讨论

【操作方法】

1. 寻找当地管理规范的通风贮藏库，调查和测量其隔热材料及其厚度；

2. 根据公式，计算隔热能力；

$$隔热层的厚度(cm) = \frac{K \times S \times \Delta T \times 24 \times 100}{Q}$$

式中　K——材料的热导率，$kcal/(m \cdot h \cdot ℃)$；

　　　S——总暴露面积，m^2；

　　ΔT——库内外最大温差，℃；

　　　Q——全库热源总量，$kcal/d$。

3. 将计算结果与实地调查测量结果比对。

4. 说明

在实际生产中通风库的隔热能力在一般地区应相当于7.6cm厚软木板的隔热能力，而在冬季最低气温−30～−20℃的地区，就需要相当于25～35cm厚软木板的隔热能力。

通风库的隔热能力主要取决于所用隔热材料及其厚度，而隔热材料的隔热能力又取决于材料的热导率。

5. 通风贮藏库设计

假设在华北某地建造一个库房为300t的通风库，在隔热材料上采用空心夹墙，中间填加炉渣。现知库房外墙厚38cm，内墙厚24cm，则中间的炉渣厚应该在多少？（软木板、普通砖和炉渣的热阻分别为20$m^2 \cdot h \cdot ℃/kcal$、1.5$m^2 \cdot h \cdot ℃/kcal$和5.6$m^2 \cdot h \cdot ℃/kcal$）

※ 工作考核单

工作考核单见附录。

必备知识三　气调贮藏

气调贮藏是现代贮藏新鲜果蔬产品效果最好的贮藏方式。自20世纪40年代～20世纪50年代在美英等国开始商业运用以来，已在许多发达国家得到广泛运用，尤其是在苹果、猕猴桃等水果的长期贮藏中发展迅速。我国的气调贮藏开始于20世纪70年代，经过多年的不断研究探索，气调贮藏技术也有了很大发展，现我国已具备了自行设计、建造各种规格气调库的能力，气调贮藏新鲜果蔬的数量不断增加，取得了良好效果。

一、气调贮藏的原理

1. 气调贮藏的基本原理

气调贮藏是调节气体成分贮藏的简称，是以改变贮藏环境中的气体成分来实现长期贮藏新鲜果蔬的一种方式。它是在冷藏的基础上，增加贮藏环境中 CO_2 浓度和降低 O_2 浓度以及根据需求调节其气体成分浓度。不但控制贮藏的温湿度条件，还同时控制气体条件，从而形成有利于保持新鲜果蔬品质的综合环境。

正常空气中 O_2 和 CO_2 的浓度分别为20.9％和0.03％，其余的则为氮气（N_2）等。在 O_2 浓度降低或 CO_2 浓度增加而改变气体浓度组成的环境中，新鲜果蔬的呼吸作用受到抑制，从而降低呼吸强度，推迟呼吸高峰出现的时间，延缓新陈代谢速度，推迟果蔬的成熟衰老，减少营养成分和其他物质的降解和消耗，这样有利于新鲜果蔬质量的保持。同时，较低的 O_2 浓度和较高的 CO_2 浓度能抑制乙烯的生物合成，削弱乙烯的生理作用，有利于延长新鲜果蔬的贮藏寿命。此外，适宜的低 O_2 和高 CO_2 浓度还具有抑制某些生理性病害和病理性病害发生的作用，减少产品在贮藏过程中的腐烂损失，且以在低温下贮藏效果更为显著。因此，气调贮藏应用于新鲜果蔬贮藏，可延缓产品的成熟衰老、抑制乙烯生成作用及防止病害的发生，更好地保持新鲜果蔬原有的色、香、味、质地特性和营养价值，有效地延长果蔬的贮藏和货架寿命。实践证明，对气调环境反应良好的新鲜果蔬产品，运用气调技术贮藏时其寿命可比机械冷藏增加一倍甚至更多。正因为如此，近年来气调贮藏发展迅速，贮藏规模不断增加。

2. 气调贮藏的特点

气调贮藏与常温贮藏和冷藏相比较，具有以下特点。

① 保鲜效果好。果蔬贮藏保鲜效果的主要表现是能否保持原有品质。气调贮藏由于有效地抑制果蔬采后的生理衰老过程，降低果蔬产品对乙烯的敏感性，使得果蔬产品很好地保持原有的新鲜品质。

② 可以减轻和缓和某些生理失调，降低腐烂率，减少病虫害的发生。

③ 由于气调贮藏能有效抑制果蔬的呼吸作用、蒸腾作用和微生物的危害，故可以大大延长其贮藏时间。

④ 有效抑制叶绿素的分解，保绿效果显著。对于富含叶绿素的果蔬产品，在高 CO_2

条件下，能有效抑制其叶绿素的分解，从而使得保绿效果显著，且较好地保持果蔬的酸度。

⑤ 有利于长途运输和外销。

⑥ 具有良好的社会效益和经济效益。

3. 气调贮藏的类型

气调贮藏自进入商业性应用以来，大致可分为两大类，即自发气调（MA）和人工气调（CA）。

（1）自发气调贮藏（MA） MA 贮藏是指利用新鲜果蔬产品自身的呼吸作用降低贮藏环境中的 O_2 浓度，同时提高 CO_2 浓度的一种气调贮藏方法。理论上有氧呼吸过程中消耗 1% 的氧即可产生 1% 的 CO_2，而 N_2 则保持不变，即 O_2 和 CO_2 的总和为 21%。生产实践中常出现的情况是消耗的 O_2 多于产生的 CO_2，即 O_2 和 CO_2 的总和小于 21%。自发气调方法比较简单，但达到设定的 O_2 和 CO_2 浓度水平所需时间较长，操作上维持要求的 O_2 和 CO_2 比例较困难，因而贮藏效果不如 CA。MA 的方法多种多样，在我国多用塑料袋密封贮藏和硅橡胶窗贮藏，如蒜薹简易气调贮藏。

（2）人工气调贮藏（CA） CA 贮藏是指根据产品的需要和人为要求调节贮藏环境中各气体成分的浓度并保持稳定的一种气调贮藏方法。由于 O_2 和 CO_2 的比例严格控制而做到与贮藏温度密切配合，故 CA 比 MA 先进，贮藏效果好，是当前发达国家采用的主要方式，也是我国今后发展气调贮藏的主要目标。

CA 按人为控制气体种类的多少又可分为单指标、双指标和多指标三种。单指标仅控制贮藏环境中的某一种气体如 O_2 或 CO_2 等，而对其他气体不加调节。这一方法对被控制气体浓度的要求较高，管理较简单，需注意的是被调节气体浓度低于或超过规定的指标有导致伤害发生的可能。属这一类的有低 O_2（<1.0%～1.5%）气调和利用贮前高 CO_2 后效应气调（10%～30% CO_2 短时间处理后再行正常 CA）等。双指标指的是对常规气调成分的 O_2 和 CO_2 两种气体均加以调节和控制。根据气调时 O_2 和 CO_2 浓度多少的不同又有三种情况：$O_2 + CO_2 = 21\%$，$O_2 + CO_2 > 21\%$ 和 $O_2 + CO_2 < 21\%$。新鲜果蔬气调贮藏中以第三种应用最多。多指标不仅控制贮藏环境中的 O_2 和 CO_2，同时还对其他与贮藏效果有关的气体成分如乙烯（C_2H_4）、CO 等进行调节。这种气调方法贮藏效果好，但调控气体成分的难度较高，需要在传统气调基础上增加相应的设备，投资增大。因而这一方法目前在生产上应用不多，可作为今后气调贮藏发展的方向。

经过几十年的不断研究、探索和完善，特别是 20 世纪 80 年代以后气调贮藏有了新的发展，开发出了一些有别于传统气调的新方法，如快速 CA、低氧 CA、低乙烯 CA、双维（动态、双变）CA 等。

4. 气调贮藏条件

气调技术贮藏新鲜果蔬时，在贮藏条件上除了控制气体成分外，其他方面与机械冷藏大同小异。就贮藏温度来说，气调贮藏适宜的温度略高于机械冷藏，幅度约 0.5℃。新鲜果蔬气调贮藏时的相对湿度要求与机械冷藏相同。

新鲜果蔬气调贮藏时选择适宜 O_2 和 CO_2 及其他气体的浓度及配比是气调贮藏成功的关键。新鲜果蔬要求气体配比的差异主要取决于产品自身的生物学特性。根据对气调环境反应的不同，新鲜果蔬可分为三类，即：①对气调反应良好的种类，如苹果、猕猴桃、香蕉、草莓、蒜薹、绿叶菜类等；②对气调反应不明显的种类，如葡萄、柑橘、马铃薯、萝卜等；③介于两者之间气调反应一般的种类，如核果类等。只有对气调环境反应良好和一般的果蔬种类才有进行气调贮藏的必要和潜力。常见新鲜果蔬气调贮藏适宜的 O_2 和 CO_2 浓度见表 5-5。

表 5-5　常见新鲜果蔬气调贮藏参数

种类	产地	贮藏参数				可能贮藏期限/d
		温度/℃	相对湿度/%	O_2/%	CO_2/%	
金冠苹果	瑞士	2~3	92	2	4	240
	德国	2	95	2.5	3~5	210
元帅苹果	澳大利亚	2	—	2.5	2.5	150
秦冠苹果	中国	0~1	90~95	3	3	180~220
富士苹果	中国	0~1	90~95	3	3	180
鸭梨	中国	0	90~95	7~10	0	210
猕猴桃	中国	0~1	85~90	2~10	<5	120~150
桃	日本	0~1	—	3	8	20
	意大利	0	—	1	5	42~63
	德国	−1~0	90~95	2	2~3	42
	中国	0	85~90	3	5	42
柿子	中国	−1	90	3~5	8	90~120
	日本	0	90~95	2~3	8	150~180
温州蜜柑	日本	3	85~90	10	2	180
甜橙	以色列	0~7	—	1	0	90
	日本	—	80~85	12~15	2	90~120
香蕉	中国	13~14	90~95	3~5	5~7	30~60
柠檬	中国	12~15	85~90	5~8	0~5	120~180
番茄	中国	10~13	80~85	2~5	2~5	20~45
青椒	中国	8~10	85~95	2~8	1~2	30~70
西兰花	中国	0~1	95~100	1~2	0~5	15~90
芹菜	中国	0~1	90~95	2~3	4~5	60~90
洋葱	中国	0~1	65~75	3~6	0~5	90~240
蒜薹	中国	0±0.5	85~95	2~5	0~5	90~250

气调贮藏在充分考虑温度、湿度和气体成分时，还应该综合考虑三者间的配合。一个条件的有利影响往往会因结合另一有利条件作用使其进一步加强；反之，一个不适条件的危害影响可因结合另一不适条件而变得更为严重。当一个条件处于不适状态可以使得另外本来是适宜条件的作用减弱或不能表现出其有利影响；与此相反，一个不适条件的不利影响可因改变另一条件而使之减轻或消失。因此，生产实践中必须选择三者之间的最佳配合。当一个条

件发生改变后，其他的条件也应随之改变，才能维持一个较适宜的综合环境。双维气调即是基于此原理而研究出来的气调技术的新发展。

二、气调贮藏的方法

1. 气调冷藏库贮藏

(1) 气调冷藏库的设计与建造　要求商业性气调库设计和建造时在许多方面遵循机械冷藏库的原则，同时还要充分考虑和结合气调贮藏自身的特点和需要。

① 库体结构　库址选择时一般应考虑建在新鲜果蔬产品的产地。在生产辅助用房上应增加气体贮藏间、气体调节和分配机房。应适当增加贮藏间满足气调贮藏产品多样化（种类、品种、成熟度、贮藏时间等）要求，且单间的库容小型化（100～200t/间）。贮藏库房在设计和建造时除应具备机械冷藏库的隔热、控温、增湿性能外，还应达到特殊的要求，即气密性好、易于取样和观察、能脱除有害气体和自动控制等（图 5-21）。

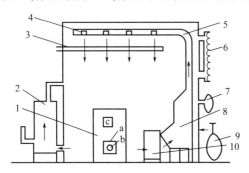

图 5-21　气调库的构造示意

a—气密筒；b—气密孔；c—观察窗；

1—气密门；2—CO_2 吸收装置；3—加热装置；

4—冷气出口；5—冷风管；6—呼吸袋；

7—气体分析装置；8—冷风机；

9—N_2 发生器；10—空气净化器

② 气密结构　气密性能是气调贮藏的首要条件，关系到气调库的成败和产品的贮藏寿命，满足气密性要求的方法是在气调库的围护结构上敷设气密层。气密层的设置是气调库设计和建筑中的一大难题。选择气密层所用材料的原则有：a. 材质均匀一致，具有良好的气体阻绝性能；b. 材料的机械强度和韧性大，当有外力作用或温变时不会撕裂、变形、折断或穿孔；c. 性质稳定、耐腐蚀、无异味、无污染，对产品安全；d. 能抵抗微生物的侵染，易于清洗和消毒；e. 可连续施工，能把气密层制成一个整体，易于查找漏点和修补；f. 粘接牢固，能与库体粘为一体。

气调库气密性能的优劣除取决于选用的材料外，还与施工质量密切相关。气密层巨大的表面积经常受到温度、压力的影响，若施工不当或黏结不牢时，气密层有可能被剥落而失去气密作用，尤其是当库体出现压力变化或负压时。因此，根据气调库的特点，土建的砖混结构设置气密层时多数设在围护结构的内侧，以便于检查和维修，而对于装配式气调库气密层则多采用彩镀夹心板方式设置。经试验选用如密封胶、聚氨酯等专用密封材料现场施工获得了优良的气密效果而在生产实践中得到普及。

气调库运行期间，操作人员不能进入库房对产品、设备及库体状况进行检查，因此气调库设计和建造时，必须设置观察窗和取样孔（产品和气体）。观察窗可设置在气调门上，取样孔则多设置于侧墙的适当位置。观察窗和取样孔的设置增大了气密性要求的难度。

③ 压力平衡　气调库由于要进行库房内外的气体交换而存在一定的压力差，为保障气调库的安全运行，保持库内压力的相对平稳，库房设计和建造时必须设置压力平衡装置。用于压力调节的装置主要有缓冲气囊和压力平衡器。其中前者是一具有伸缩功能的塑料贮气袋，当库内压力波动较小时（<98Pa），通过气囊的膨胀和收缩进行调节，使库内压力不致出现太大的变化；后者为一盛水的容器，当库内外压力差较大时（如>98Pa），水封即可自

动鼓泡泄气（内泄或外泄）。

（2）**气体调节系统** 气调贮藏具有专门的气调系统进行气体成分的贮存、混合、分配、测试和调整等。一个完整的气调系统主要包括三大类设备。

① 贮配气设备 贮气用的贮气罐、瓶，配气所需的减压阀、流量计、调节控制阀、仪表和管道等。通过这些设备的合理连接，保证气调贮藏期间所需各种气体的供给，并以符合新鲜果蔬所需的速度和比例输送至气调库中。

② 调气设备 真空泵、制氮机、降氧机、富氮脱氧机（烃类化合物燃烧系统、分子筛气调机、氨裂解系统、膜分离系统）、CO_2 洗涤机、SO_2 发生器、乙烯脱除装置等。先进调气设备的应用为迅速、高效地降低 O_2 浓度、升高 CO_2 浓度、脱除乙烯、维持各气体组分在符合贮藏对象要求的适宜水平上提供了保证。

③ 分析监测仪器设备 采样泵、安全阀、控制阀、流量计、奥氏气体分析仪、温湿度记录仪、测 O_2 仪、测 CO_2 仪、气相色谱仪、计算机等分析监测仪器设备，满足了气调贮藏过程中相关贮藏条件的精确检测，为调配气提供依据，并对调配气进行自动监控。

此外，气调贮藏库还有湿度调节系统，这也是气调贮藏的常规设施。另外，气调库内的制冷负荷要求比一般的冷库大，这是因为装货集中，要求在很短时间内将库温降到适宜贮藏的温度。

2. 塑料薄膜袋（帐）气调贮藏

塑料薄膜袋（帐）气调贮藏是利用塑料薄膜对水蒸气和其他气体的低透性，包装或密封果蔬产品，构成气调贮藏的封闭环境，达到改变环境中的 O_2 和 CO_2 浓度，控制水分过度蒸发，从而达到抑制呼吸、延缓衰老、延长贮藏的目的。采用这种塑料薄膜进行封闭包装不仅能够延缓果蔬产品衰老，减轻某些生理病害，而且可以防止机械损伤，大大提高其商品价值。这种方法通常与普通冷藏库、通风库、土窑洞贮藏相结合，还可在运输途中应用，使用方便，价格低廉，贮藏效果好，是气调贮藏技术的新发展。

（1）塑料薄膜袋封闭贮藏 塑料薄膜袋封闭贮藏简称袋封贮藏，是将果蔬装入塑料薄膜袋内，扎紧袋口或热封的一种简易气调贮藏方法。袋的规格不同，小袋装产品为 0.25kg 至数千克，即小包装，薄膜厚度一般为 0.03～0.05mm，适用于短期贮藏和零售保鲜；大袋装产品为 15～30kg，即大包装，薄膜厚度一般为 0.06～0.08mm，适用于运输和贮藏。塑料薄膜大袋封闭包装通常采用放风管理方式，当 CO_2 达到一定浓度时，打开袋口通入新鲜空气，然后扎紧袋口封闭。这样定期放风，使袋内保持适宜的气体环境和湿度条件，有利于提高果蔬的贮藏效果。

（2）塑料薄膜帐封闭贮藏 也称垛封贮藏，利用塑料薄膜对 O_2 和 CO_2 有不同渗透性和对水透过率低的原理来抑制果蔬在贮藏过程中的呼吸作用和水分蒸发作用的贮藏方法。一般先在贮藏室地上垫上衬底薄膜，其上放枕木，然后将果蔬用容器包装后堆成垛，容器之间酌留通气孔隙。码好的垛用塑料薄膜帐罩住，帐子和垫底薄膜的四边互相重叠卷起并埋入垛四周的土中，或用土、砖等压紧。封闭帐常用厚为 0.1～0.2mm、机械强度高、透明、耐热、耐低温老化的 PE 或 PVC 塑料薄膜，每垛贮藏量一般为 500～1000kg，垛成长方形状。在生产上对于需要快速降 O_2 的塑料帐，封帐后用机械降 O_2 机快速实现气调条件。但由于果蔬呼吸作用仍然存在，帐内 CO_2 浓度会不断升高，应定期用专门仪器进行气体检测，以便及时调整气体成分的比例。

3. 硅窗薄膜袋（帐）气调贮藏

由于塑料薄膜越薄，透气性就越好，但容易破裂；若薄膜加厚，则透气性降低。因此，塑料薄膜在使用上受到一定限制，而硅窗薄膜袋（帐）气调贮藏则弥补了这一缺陷。

硅窗薄膜袋（帐）气调贮藏是将果蔬贮藏在镶有硅橡胶窗的 PE 或 PVC 薄膜袋（帐）内，利用硅橡胶膜特有的透气性能进行自动调节气体成分的一种简易气调贮藏。硅橡胶薄膜的透气性比一般塑料薄膜高 100～400 倍，而且具有较大的 CO_2 和 O_2 的透气比。所以，利用硅橡胶膜特有的透气性能，使薄膜封闭袋（帐）内过量的 CO_2 通过硅橡胶窗透出，而果蔬产品呼吸过程中所需的 O_2 可从硅橡胶窗缓慢透入，这样就可保持适宜的气体成分，创造有利的贮藏条件。

硅窗薄膜袋（帐）大小可根据生产需要而定，但是硅橡胶窗面积却是一个非常重要的条件。硅橡胶窗的面积应根据果蔬产品的种类、成熟度、贮藏数量和贮藏温度、要求的气体组成、硅窗薄膜厚度等许多因素来计算确定。

三、气调贮藏的管理

气调贮藏的管理与操作与机械冷藏相似，包括库房的消毒、果蔬入库后的堆码方式、温度和相对湿度的调节和控制等，但也存在一些不同。

1. 新鲜果蔬的原始质量

用于气调贮藏的新鲜果蔬原始质量要求很高。没有贮前优质的原始质量为基础，就不可能获得果蔬气调贮藏的效果。贮藏用的果蔬最好在专用基地生产，且加强采前的管理。另外，要严格把握采收的成熟度，并注意采后商品化处理措施的综合应用，以利于气调效果充分发挥。

2. 产品入库和出库

新鲜果蔬入库时要尽可能做到按种类、品种、成熟度、产地、贮藏时间要求等分库贮藏，不要混贮，以避免相互间的影响和确保提供最适宜的气调贮藏条件。气调条件解除后，应在尽可能短的时间内一次出库。

3. 温度、湿度管理

新鲜果蔬采收后应立即预冷，排除田间热后再入库贮藏。经过预冷可使果蔬一次入库，缩短装库时间及尽早达到气调条件。另外，在封库后应避免因温差太大导致内部压力急剧下降，从而增大库房内外压力差而造成对库体的伤害。贮藏期间的温度管理与机械冷藏相同。

气调贮藏过程中由于能保持库房处于密闭状态，且一般不行通风换气，故能使库内维持较高的相对湿度，有利于产品新鲜状态的保持。气调贮藏期间可能会出现短时间的高湿情况，一旦发生这种现象即需除湿（如用 CaO 吸收等）。

4. 空气洗涤

在气调贮藏条件下，果蔬易挥发出有害气体和异味物质且逐渐积累，甚至达到有害的水平，而这些物质又不能通过周期性的库房内外通风换气被排除，故需增加空气洗涤设备（如乙烯脱除装置等）定期工作来保证空气的清新。

5. 气体调节

气调贮藏的核心是气体成分的调节。根据新鲜果蔬的生物学特性、温度与湿度的要求决定气调的气体组分，通过调节使气体指标在尽可能短的时间内达到规定的要求，并且整个贮藏过程中维持在合理的范围内。气调贮藏采取调节气体组分的方法有调气法和气流法两类。

（1）调气法 应用机械人为的或利用产品自身的呼吸降低贮藏环境中的 O_2 浓度，提高 CO_2 浓度或调节其他气体成分的浓度至需要的水平。具体的做法有呼吸降氧和升高 CO_2，除氧机或燃烧法降氧，充 N_2 降氧，真空后充 N_2 或 CO_2，分子筛或活性炭吸收降 CO_2，抽真空后充 N_2 降 CO_2，生石灰等吸收 CO_2 降 CO_2 等多种方式。调气法操作较复杂、烦琐，指标不易控制，所需设备较多。

（2）气流法 将不同气体按配比要求预先混合配制好后通过分配管道输送入气调库，从气调库输出的气体经处理调整成分后再重新输入分配管道注入气调库，形成气体的循环。运用这一方法调节气体成分时，指标平稳、操作简单、效果好。

在气调库运行中要定期对气体组分进行监测。不管采用何种调气方法，气调条件要尽可能与设定的要求一致，气体浓度的波动最好控制在 0.3% 以内。

6. 安全性

由于新鲜果蔬对低 O_2、高 CO_2 等气体的耐受力是有限的，产品长时间贮藏在超过规定限度的低 O_2、高 CO_2 等气体条件下会受到伤害，导致损失。因此，气调贮藏时要注意对气体成分的调节和控制，并做好记录，以防止意外情况的发生。另外，气调贮藏期间应坚持定期通过观察窗和取样孔加强对产品质量的检查。

除了产品安全性之外，工作人员的安全性不可忽视。气调库中的 O_2 浓度一般低于 10%，这样的 O_2 浓度对人的生命安全是有害的，且危险性随 O_2 浓度降低而增大。所以，气调库在运行期间工作人员不得在无安全保证下进入气调库。解除气调条件后应进行充分彻底的通风，工作人员才能进入库房操作。

应该指出的是气调贮藏虽然技术先进，但由于有些新鲜果蔬对气调环境反应不佳，过低 O_2 浓度或过高 CO_2 浓度也会引起低 O_2 伤害或高 CO_2 伤害，不同种类、不同品种的新鲜果蔬要求不同的 O_2 和 CO_2 配比，应该单独贮存而需增加库房，气调库建筑投资大、运行成本高等原因制约了其在发展中国家的应用和普及。

拓展知识   **温度调控保鲜技术**

目前，果蔬贮藏保鲜技术的主流是机械冷藏保鲜技术和气调保鲜技术，除此之外，还有其他贮藏保鲜技术，如温度调控保鲜技术等。

一、冰温保鲜技术

1. 冰温技术概述

冰温冷藏技术被称为是继冷藏、气调之后的第三代保鲜新技术，被称为果蔬贮藏保鲜领域上的又一次革命。冰温是指 0℃ 开始到生物体冻结点的温度区域，冰温贮藏一般指在 -5～0℃ 范围内的贮藏。在这一温度区域保存贮藏农产品、水产品等，可以使其保持新鲜度。当食品的冰点较高时，加入冰点调节剂如盐、糖等使其冰点降低，0℃ 以下至食品结冰点以上的温度区域为冰温带，在此温度带贮藏的食品叫冰温食品，此种贮藏食品的技术即为冰温技术。

2. 冰温技术优点

冰温贮藏技术保鲜优势体现在：果蔬在不发生冷害和冻害的前提下，采用尽可能低的温度来有效控制果蔬在保鲜期内的呼吸强度，使易腐难贮果蔬达到休眠状态；采用高相对湿度的环境可有效降低果蔬水分蒸发，减少失重。因此，冰温贮藏技术不但可以明显抑制果蔬的新陈代谢从而延长贮藏期，而且能使果蔬的色、香、味、口感和营养物质得到最大程度的保存甚至提高。在－5～0℃范围内有些食品可进一步成熟，获得自然的风味和口感，因而冰温贮藏的食品受到消费者的青睐。

3. 应用现状与前景

20世纪80年代，日本北海道大学率先开展了冰温高湿保鲜研究，此后国内外研究和开发的趋势是采用冰温保鲜技术（临界点低温高湿贮藏，CTHH），即控制在物料冷害点温度以上0.5～1℃左右和相对湿度为90%～98%左右的环境中贮藏保鲜水果。冰温冷藏技术的本质就是在维持果蔬正常生命活动的基础上，最大程度地抑制果蔬的呼吸消耗和各种代谢进程。目前，冰温冷藏技术已经同1-MCP处理、臭氧处理、紫外线照射、低温驯化、气调包装等其他技术相结合，在葡萄、樱桃、蓝莓、苹果、桃、杏、柿、西兰花、芦笋等多种果蔬产品上进行了应用性研究，取得了较好的效果。

但是，冰温冷藏技术在果蔬贮藏领域的应用过程中也存在一些难题，比如果蔬冰温冷藏技术需要精确的温度控制，而目前我国商业冷库的控温精度不够，研发低成本且能与普通冷库配套使用的冰温冷藏设备是推广此技术的关键；冰温冷藏技术在延缓果蔬采后衰老的同时，也大大抑制了与果蔬后熟相关的各种生理代谢进程，导致冰温冷藏后果蔬的感官品质较差，需要采用其他技术手段来恢复冷藏后果蔬的正常成熟进程。因此，未来冰温冷藏技术研究主要方向是全系统冰温冷藏链技术和贮后果蔬成熟恢复技术等，同时，还要加大设备和工程化技术的研发投入，尽快推动冰温冷藏技术在果蔬保鲜领域的应用和普及。

二、冷热温度激化保鲜技术

果蔬温度激化处理是近几年发展起来的一种新型物理保鲜方法。

1. 冷激处理

冷激处理是温度激化处理的一种，其可通过冷胁迫诱发果蔬自身生理抗性，借助果蔬自身固有能力提高贮藏品质。科学有效的冷激处理可与果蔬的生命特性很好地结合，不仅保鲜效果显著，还可以提高果蔬的抗病、预防冷害等能力，具有安全、高效、环保、操作简便、保鲜效果显著等诸多优点。有学者用－2～0℃的冷空气对"巴西"香蕉进行2.5h处理，发现冷激处理可抑制果实淀粉酶活性和淀粉的降解，显著延缓了香蕉的后熟软化过程，推迟了香蕉果皮褪绿，抑制乙烯的形成和释放。还有学者以0℃的冰水混合物为冷激介质，对新鲜黄瓜进行20min、40min、60min冷激处理并用1.5%壳聚糖溶液进行涂膜处理，发现冷激40min＋1.5%壳聚糖溶液涂膜处理对黄瓜保鲜效果良好。庞凌云等以0℃冰水混合物、采用不同时间处理圣女果，发现冷激处理可在一定程度上降低呼吸速率，减少失重率，抑制可滴定酸、维生素C以及可溶性固形物含量的降低，减缓过氧化物酶活性的升高。总之，冷激处理可延缓果实的成熟与衰老。

2. 热激处理

热激处理作为果蔬保鲜物理手段之一，无毒无害、成本低廉，可降低呼吸速率及乙烯生成速率，抑制微生物生长，从而延缓果蔬衰老，保持品质，对洋葱和甘蓝等鲜切蔬菜具有较好保鲜效果。当前，在发达国家，热激处理已经在苹果、柑橘的采后病虫害控制方面得到商业化应用。而且，将热激处理与杀菌剂结合使用，还能取得更好的杀菌效果。不过，热激处理的保鲜机理目前尚无明确定论。有学者认为热激处理可通过调控基因表达及蛋白质合成，降低乙烯生成及细胞壁降解，延缓衰老。也有学者认为热激处理可诱导调节果蔬活性氧产生及防御系统，延缓衰老进程。

三、速冻保鲜技术

食品速冻是近年来快速兴起的一种食品保存方法，也是保护食品色、香、味、形及营养成分的有效方法，尤其是在延长果蔬贮藏保鲜时间、减少损耗方面有着独特的作用。速冻保鲜技术可有效延长食物的贮藏期，既可以调节市场供应满足消费者需求，又可以增加果农、菜农的收入。

速冻保鲜机理是采用速冻方法排除果蔬中热量，使果蔬中的水分变成固态冰结晶结构，同时利用低温控制微生物生长繁殖和酶活动来完成的。在速冻时，细胞内外的水分同时形成晶核，晶体小且数量多，分布均匀，对果蔬的细胞膜和细胞壁不会造成挤压现象，因此组织结构破坏不多，解冻后仍可复原。保持细胞膜的结构完整对维持细胞内静压是非常重要的，可以防止营养成分流失和组织软化。

目前，我国速冻果蔬的品种主要有菜花、菠菜、香菇、辣椒、甜玉米、韭菜、荷兰豆、青豆、胡萝卜、山芋、番茄、马铃薯等，不仅可以满足国内需求，还可以大量出口创汇。未来，速冻保鲜技术的发展方向是改进速冻生产技术，建立原料生产基地，健全生产规范，完善冷链物流系统，促进速冻果蔬业的发展，不断提高我国果蔬产品的国际竞争力。

任务十三　果蔬细胞膜渗透率的测定

※ 任务工作单

学习项目：果蔬的贮藏方式与管理		工作任务：果蔬细胞膜渗透率的测定	
时间		工作地点	
任务内容		根据作业指导书，以小组为单位，自主选择果蔬材料，用电导仪测定外渗液电导率的变化，总结质膜受伤害的程度	

工作目标	知识目标： ①了解果蔬受伤害程度测定的原理； ②理解果蔬外渗液电导率与细胞质膜受伤害的关系； ③掌握电导仪的使用方法； ④掌握果蔬受伤程度的评价方法。 技能目标： ①能完成测定果蔬细胞质膜相对透性的操作； ②能够使用电导仪等相关仪器设备； ③能根据测定结果评价果蔬受伤害程度。 素质目标： ①小组分工合作，培养学生沟通能力和团队协作精神； ②阅读背景材料和必备知识，培养学生自学和归纳总结能力； ③讨论对比实验结果，培养学生分析解决问题和语言表达能力
成果提交	检测报告
验收标准	果蔬细胞质膜渗透液电导率高低
提示	

※ 作业指导书

【材料与器具】

1. 材料：低温处理过的果品、蔬菜。

2. 仪器设备：电导仪、真空泵、真空干燥器、水浴锅、打孔器、切片器、洗瓶、试管等若干。

3. 试剂：去离子水。

【作业流程】

选择测定样品 → 清洗器具 → 取样与处理 → 计算 → 伤害程度评价

【样品处理步骤】

1. 检测器具准备

清洗试管或烧杯，并向试管中加入去离子水，使用电导仪测定电导值，确定器具是否洗干净。

2. 取样及处理

用打孔器及切片器将样品制成厚薄均匀、大小一致的组织圆片，分别称取正常贮藏果蔬和低温伤害果蔬各 2g 样品，放入试管内，用去离子水冲洗 3 次，然后加入 30mL 去离子水。对照和处理均设 3～4 组重复。

3. 电导率测定

将试管放入真空干燥器抽气 10min，取出试管，静置保持 30min，测定外渗液的电导值（L_1）。然后将试管放入水浴锅沸水中 5min 以杀死组织，冷却后再次测定外渗液的电导值

(L_2)，计算果品的电导值。

4. 结果分析

比对正常贮藏果品和低温伤害果品的电导值，评价低温对果品组织的伤害程度。

5. 说明

植物组织在受到各种不利的环境条件危害时，细胞膜的结构和功能首先受到伤害，细胞膜透性增大。若将受伤害的组织浸入去离子水中，其外渗液中电解质的含量比正常组织外渗液中含量增加，组织受伤害越严重，电解质含量增加越多。

※ 工作考核单

工作考核单见附录。

任务十四　贮藏环境中氧和二氧化碳含量的测定

※ 任务工作单

学习项目：果蔬的贮藏方式与管理		工作任务：贮藏环境中氧和二氧化碳含量的测定
时间		工作地点	
任务内容	根据作业指导书，以小组为单位，使用奥氏气体分析仪对贮藏环境中 O_2 和 CO_2 含量进行测定；成果展示	
工作目标	知识目标： ①了解贮藏环境中氧和二氧化碳含量的测定原理； ②了解贮藏环境中氧和二氧化碳含量与果蔬生命活动的关系； ③理解贮藏环境中氧和二氧化碳含量的测定目的； ④掌握常用的贮藏环境中氧和二氧化碳含量的测定方法。 技能目标： ①能熟练使用奥氏气体分析仪； ②能自主完成贮藏环境中氧和二氧化碳含量的测定； ③能分析测定结果与果蔬生命活动的关系。 素质目标： ①小组分工合作，培养学生沟通能力和团队协作精神； ②阅读背景材料和必备知识，培养学生自学和归纳总结能力； ③讨论测定结果，培养学生分析解决问题和语言表达能力	
成果提交	检测报告	
验收标准	贮藏环境中氧和二氧化碳的实际含量	
提示		

※ 作业指导书

【材料与器具】

1. 材料：苹果、梨、桃、番茄、青椒等新鲜果蔬。

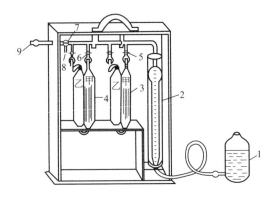

图 5-22 奥氏气体分析仪
1—调节液瓶；2—量气筒；3,4—吸收瓶；
5,6—二通磨口活塞；7—三通磨口活塞；
8—排气口；9—取样孔

2. 仪器：奥氏气体分析仪（图 5-22）、胶管、铁夹、塑料薄膜袋。

3. 试剂：焦性没食子酸、氢氧化钾、氯化钠、甲基橙、液体石蜡、凡士林、蒸馏水、盐酸等。

【作业流程】

选择贮藏场所果蔬 → 制订测定方案 →

实施测定 → 计算 → 测定结果讨论

【测定操作步骤】

1. 清洗与调整

（1）清洗　将仪器的所有玻璃部分洗净，磨口活塞涂凡士林，并按图装配好。在吸收瓶中注入吸收剂（3 中注入 CO_2 吸收剂，4 中注入 O_2 吸收剂），吸收瓶分甲、乙两部分，甲管内装有许多小玻璃管，以增大吸收剂与气样的接触面，乙管顶端用橡胶塞塞紧，底部由一个 U 形玻璃管连通。吸收剂不宜装得太多，一般装到吸收瓶的 1/2（与后面的容器相通）即可，后面的容器加少许（液面有一薄层）液体石蜡，使吸收液呈密封状态，调节液瓶中装入封闭液。将吸气孔接上待测气样。

（2）调整　将所有磨口活塞关闭，使吸气球管与梳形管不相通，转动排气口呈"卜"状，高举调节瓶，排出量气筒中空气，以后转动排气口呈"刂"状，打开活塞 5 并降下调节液瓶，此时吸收瓶中的吸收剂上升，升到管口顶部时，立即关闭活塞 5，使液面停止在刻度线上，然后打开活塞 6，同样使吸收剂液面达到刻度线。

2. 洗气　用气样清洗梳形管和量气筒内原有空气，使进入的气样保持纯度，避免误差。打开三通活塞，箭头向上，调节瓶向下，气样进入量气筒，约 100mL，然后把三通活塞箭头向左，把清洗过的气样排出，反复操作 2～3 次。

3. 取样　正式取气样，将三通活塞箭头向上，并降低调节瓶，使液面准确达到 0 位，取气样 100mL，调节瓶与量气筒两液面在同一水平线上，定量后关闭气路，封闭所有通道。再举起调节瓶观察量气筒的液面，堵漏后重新取样。若液面稍有上升后停在一定位置上不再上升，证明不漏气后，可以开始测定。

4. 测定　先测定 CO_2，旋动 CO_2 吸气球管活塞，上下举动调节瓶，使吸气球管的液体与气样充分接触，吸收 CO_2，当吸收剂液面回到原来的标线，关闭活塞。调节瓶液面和量气筒的液面平衡时，记下读数。如上操作，再进行第二次读数，若两次读数误差不超过 0.3%，即表明吸收完全，否则再进行如上操作。以上测定结果为 CO_2 含量，再转动 O_2 吸气球管的活塞，用同样的方法测定出 O_2 含量。

（1）O_2 吸收剂　取焦性没食子酸 30g 于第一个烧杯中，加 70mL 蒸馏水，搅拌溶解，定容于 100mL；另取 30g 氢氧化钾或氢氧化钠于第二个烧杯中，加 70mL 蒸馏水中，定容于 100mL；冷却后将两种溶液混合在一起，即可使用。

（2）CO_2 吸收剂　30% 的氢氧化钾或氢氧化钠溶液吸收 CO_2（以氢氧化钾为好，因氢氧化钠与 CO_2 作用生成碳酸钠的沉淀量多时会堵塞通道）。取氢氧化钾 60g，溶于 140mL 蒸馏水中，定容至 200mL 即可。

（3）封闭液的配制　在饱和的氯化钠溶液中，加 1～2 滴盐酸溶液后，加 2 滴甲基橙指示剂即可。在调节瓶中很快形成玫瑰红色的封闭指示剂。当碱液从吸收瓶中偶然进入量气筒内，会使封闭液立即呈碱性反应，由红色变为黄色，也可用纯蒸馏水做封闭液。

5. 结果计算

$$CO_2 含量（\%）=\frac{(V_1-V_2)}{V_1 \times 100} \qquad O_2 含量（\%）=\frac{(V_1-V_3)}{V_1 \times 100}$$

式中　V_1——量气筒初始体积，mL；

　　　V_2——测定 CO_2 时残留气体体积，mL；

　　　V_3——测定 O_2 时残留气体体积，mL。

6. 说明

（1）举起调节瓶时量气筒内液面不得超过刻度 100 处，否则蒸馏水会流入梳形管，甚至到吸气球管内，不但影响测定的准确性，还会冲淡吸收剂造成误差。液面也不能过低，应以吸收瓶中吸收剂不超出活塞为准，否则吸收剂流入梳形管时要重新洗涤仪器才能使用。

（2）举起调节瓶时动作不宜太快，以免气样因受压力大冲过吸收剂成气泡状而漏出，一旦发生这种现象，要重新测定。

（3）先测 CO_2 后测 O_2。焦性没食子酸的碱性溶液在 15～20℃时吸收氧的效能量大，吸收效果随温度下降而减弱，0℃时几乎完全丧失吸收力。因此，测定室温一定要在 15℃以上。

（4）多次举调节瓶读数不相等时，说明吸收剂的吸收能力减弱，需重新配制吸收剂。

※ 工作考核单

工作考核单见附录。

任务十五　当地主要果蔬贮藏设施性能指标调查

※ 任务工作单

学习项目：果蔬的贮藏方式与管理		工作任务：当地主要果蔬贮藏设施性能指标调查
时间		工作地点	
任务内容	根据作业指导书，以小组为单位，了解当地主要果蔬贮藏库种类、贮量、贮藏方法、管理技术、贮藏效益	
工作目标	知识目标： ①了解当地主要果蔬贮藏库的种类； ②了解当地主要果蔬贮藏库的结构布局； ③了解当地主要果蔬贮藏库的建筑材料； ④了解当地主要果蔬贮藏库的管理经验。 技能目标： ①能拟订调查方案； ②能根据调查结果评价贮藏效果； ③能指出贮藏库管理中存在的不足； ④能根据果蔬贮藏中的不足制订修订方案。	

工作目标	素质目标： ①小组分工合作，培养学生沟通能力和团队协作精神； ②阅读背景材料和必备知识，培养学生自学和归纳总结能力； ③讨论调查结果，培养学生分析解决问题和语言表达能力
成果提交	调查报告
验收标准	果蔬贮藏库的主要指标
提示	

※ 作业指导书

【场所与器具】

1. 场所：当地主要的果蔬贮藏库。
2. 器具：笔记本、笔、尺子、温度计等。

【作业流程】

选择调查对象 → 制订调查方案 → 实施调查方案 → 记录与计算 → 结果讨论

【调查内容】

1. 调查贮藏库的布局与结构

先丈量贮藏库外观大小，观察库的排列与库间距离以及工作间与走廊的布置及其面积，计算库房的容积。

2. 调查贮藏场所的结构与特点

调查贮藏库的隔热材料（库顶、地面、四周墙）的厚度；防潮隔热层的处理情况（材料、处理方法和部位）。

3. 调查贮藏库的主要设备

（1）制冷系统　冷冻机的型号规格、制冷剂、制冷量、制冷方式（风机和排管）；制冷次数和每次时间；冲霜方法、次数。

（2）气调系统　库房气密材料、方式；密封门的处理；降氧机型号、性能、工作原理；氧、CO_2和乙烯气体的调节和处理。

（3）温湿度控制系统　仪表的型号和性能及其自动化程度。

（4）其他设备　照明、加湿及其覆盖、防火用具等。

4. 调查贮藏管理经验

（1）对原料的要求　种类、产品、产地；质量要求（收获时期、成熟度、等级）；产品的包装用具和包装方法。

（2）管理措施　库房的清洁与消毒；入库前的处理（预冷、挑选、分级）；入库后的堆码方式（方向、高度、距离、形式、堆的大小、衬垫物等）；贮藏数量占库容积的百分数；如何控制温度，湿度，气体成分；检查制度，管理制度以及特殊的经验；出库的时间和方法。

5. 经济效益分析

调查贮藏库的贮藏量、进价、贮藏时期、销售价、毛利、纯利，计算其经济效益。

6. 记录与计算

将记录和计算的数据填入调查表（表5-6）。

表5-6 当地主要贮藏设施性能指标调查表

贮藏方式	贮藏种类	库址选择	建筑材料	通风系统	贮藏容量	贮藏品种	贮藏效果	经济效益
简易贮藏								
机械冷藏								
气调贮藏								
其他贮藏								
辅助措施								

7. 调查分析

分析贮藏设施性能指标调查表，发现存在问题，提出解决方法。

※ 工作考核单

工作考核单详见附录。

网上冲浪

1. 天津农学院《园艺产品贮藏加工学》精品课程
2. 中国冷库网
3. 中国冷库资源网

复习与思考

1. 果蔬简易贮藏的方式有哪些？各有什么特点？
2. 通风贮藏库的设计有哪些要求？如何管理？
3. 说明机械冷藏库的制冷原理和各种冷却方式的特点。
4. 说明土建式冷库墙体的基本构造。
5. 冷库常用的隔热材料和隔气防潮材料有哪些？
6. 说明冷库的使用和管理要点。
7. 什么是气调贮藏？气调贮藏有哪几种方式？
8. 气调贮藏的原理是什么？
9. 比较机械冷藏和气调贮藏在贮藏管理技术上的异同。

必备知识	主要介绍了常用的简易贮藏、土窑洞贮藏、通风库贮藏、机械冷藏和气调贮藏。根据贮藏温度的控制方式可将其归纳为自然降温和人工降温贮藏两大类，前者包括各种简易贮藏、土窑洞贮藏和通风库贮藏，后者包括机械冷藏和气调贮藏
扩展知识	介绍了一种先进的果蔬贮藏技术 —— 温度调控保鲜技术
项目任务	根据任务工作单下达的任务，按照作业指导书工作步骤实施，完成通风贮藏库隔热能力的计算、果蔬细胞膜渗透率的测定、贮藏环境中氧和二氧化碳含量的测定、当地主要果蔬贮藏设施性能指标调查等任务，并对学习任务作出自我评价和综合评价

果蔬的贮藏方式与管理

电子课件

果蔬贮藏病害

必备知识一　侵染性病害

由病原微生物侵染而引起的病害称为侵染性病害。果蔬采后发生侵染性病害，其病原物主要为真菌和细菌，只有极个别的为线虫和病毒。水果贮运期间的传染性病害几乎全由真菌引起，这可能与水果组织多呈酸性有关。而叶类蔬菜的腐烂，细菌是主要的病原。

一、病原菌侵染特点

病原菌的侵染过程从时间上可分为采前侵染和采后侵染，从侵染方式上则分为伤口侵染、自然孔口或穿越寄主表皮直接侵染。了解病原菌侵染的时间和方式对制定防病措施极为重要。

1. 采前侵染

有些病原菌在采前侵入果蔬体内后，经过一定程度的扩展，但由于寄主具有的抗病性或环境条件不适于发病，暂不表现症状，只有当寄主采收以后，随着成熟、衰老，抗病性降低或环境条件适宜时，才继续扩展出现症状，这种现象称为采前侵染或潜伏侵染。如板栗的黑霉病菌就是在树上或落地后侵入果实，贮藏前期不表现任何症状，贮藏后 1～2 个月后才发病，引起果实变黑腐烂；洋葱的灰霉病菌也是在田间入侵洋葱叶内，随着采收自上而下进入鳞茎，贮藏期间大量发病。对于这类病害的防治主要是应加强采前的田间管理，清除病原，减少侵染。

2. 采后侵染

引起果蔬腐烂的病原菌主要是在采后的各个环节侵入的。许多病菌的生活周期在田间完成，采前以孢子形式存在果面，采后环境条件适宜时孢子萌发，通过伤口或皮孔直接侵入，之后迅速发病，引起果实腐烂。如葡萄、草莓的灰霉病菌，柑橘、苹果的青霉病菌，以及桃的褐腐病菌等采后均可通过伤口或皮孔直接侵入果实。因此，采后处理（药剂、辐射、热水浸泡等）是防治这类病害的主要措施。

3. 伤口侵染

果蔬表面的各种创伤都可能成为病原菌入侵途径，如采收时造成的伤口，采后处理、加工包装以至贮运装卸过程中的擦伤、碰伤、压伤、刺伤等机械伤，脱蒂、裂果、虫口等，是果蔬采后病害的重要侵入方式。青霉病、绿霉病、酸腐病、黑腐病真菌以及许多细菌性软腐病细菌是从伤口侵入的。

4. 直接侵入

病原菌直接穿透果蔬器官的角质层或细胞壁的侵入方式称直接侵入。病原真菌中有一部分能够直接侵入。其典型过程是孢子萌发产生芽管，芽管顶端膨大形成附着器并分泌黏液，先把芽管固定在可侵染的寄主表面，然后再从附着器上产生纤细的侵入丝穿透被害体的角质层；此后，有的菌丝加粗后在细胞间蔓延，有的再穿透细胞壁在细胞内蔓延，如炭疽病菌和灰霉菌等。

二、发病的因素

果蔬贮藏病害的发生和发展与其他植物病害一样，都是果蔬与病原菌在一定的环境条件下相互作用，最后以果蔬不能抵抗病原菌侵袭而发生病害的过程。病害的发生不能由果蔬体单独进行，而是受三个因素的影响和制约，即病原菌、易感病的寄主（果蔬）的抗性和环境条件。

1. 病原菌

病菌是引起果蔬病害的病原，由于病菌具有各自的生活周期，许多贮藏病害都源于田间侵染。因此，可通过加强田间的栽培管理，清除病枝病叶，减少侵染源，同时配合采后药剂处理来达到控制病害发生的目的。

2. 易感病的寄主（果蔬）的抗性

果蔬的抗性又称抗病性，是指果蔬抵御病原侵染的能力。影响果蔬抗性的因素主要有成熟度、伤口和生理病害。一般来说，未成熟的果蔬有较强的抗病性，如未成熟的苹果不会感染焦腐病和疫病，但随着果蔬成熟度增加，感病性也增强。伤口是病菌入侵果实的主要门户，有伤的果实极易感病。果蔬产生生理病害（冷害、冻害、低 O_2 或高 CO_2 伤害）后对病原的抵抗力降低，也易感病，发生腐烂。

3. 环境条件

影响发病的环境条件主要是温度、湿度和气体成分。

（1）温度 病菌孢子的萌发力和致病力与温度关系极为密切。各种真菌孢子都具有其最高、最适及最低的萌发温度。离开最适温度越远，孢子萌发所需的时间越长，超出最高和最低温度范围，孢子便不能萌发。在病菌与寄主的对抗中，温度对病害的发生起着重要的调控作用，一方面温度影响病菌的生长、繁殖和致病力；另一方面也影响寄主的生理、代谢和抗病性，从而制约病害的发生与发展。一般而言，较高的温度加速果蔬衰老，降低果蔬对病害的抵抗力，有利于病菌孢子的萌发和侵染，从而加重发病。相反，较低的温度能延缓果蔬衰老，保持果蔬抗病性，抑制病菌孢子的萌发与侵染。因此，贮藏温度的选择一般以不引起果蔬产生冷害的最低温度为宜，这样能最大程度地抑制病害发生。

（2）湿度 湿度也是影响发病的重要环境因子，如果温度适宜，较高的湿度将有利于病菌孢子的萌发和侵染。尽管在贮藏库里的相对湿度达不到饱和，但贮藏的果蔬表面上常有结露，这是因为当果蔬的表面温度降低到库内露点温度以下时，果蔬表面就形成了自由水。在这种高湿度的情况下，许多病菌的孢子就能快速萌发，直接侵入果蔬引起病害。要减少果蔬产品表面结露，应对产品进行充分预冷。

（3）气体成分 低 O_2 和高 CO_2 对病菌的生长有明显的抑制作用。果蔬和病菌的正常呼吸都需要 O_2，当空气中的氧浓度降到 5％或以下时，对抑制果蔬呼吸、保持果蔬品质和抗性非常有用。空气中 O_2 含量控制在 2％时，对灰霉病、褐腐病和青霉病等的病菌生长有明显抑制作用。高 CO_2 浓度（10％～20％）对许多采后病菌的抑制作用也非常明显，当 CO_2 浓度大于 25％时，病菌的生长几乎完全停止。由于果蔬产品在高 CO_2 浓度下存放时间过长要产生毒害，因此一般采用高 CO_2 浓度短期处理以减少病害发生。另外，果蔬呼吸代谢产生的挥发性物质（乙醛等）对病菌的生长也有一定的抑制作用。

三、防治措施

1. 物理方法

果蔬采后病害的物理防治方法主要包括改善贮藏环境的温度和气体成分，还包括贮藏前处理。

（1）低温贮藏 果蔬贮藏过程中引起的损失通常表现在三个方面，即病原菌为害引起腐烂的损失；蒸发失水引起量的损失；果蔬生理活动自我消耗引起养分、风味变化造成品质上的损失。温度是上面三大损失的主要影响因素，采后低温贮藏，不但可以直接控制病菌危害，还可以通过保持果蔬新鲜状态而延缓衰老，因而具有较强的抗病力，间接地减少损失。同时必须注意，果蔬由于种类、品种不同，对低温的敏感性也不同，如果用不适当的低温贮藏，果蔬将遭受冷害而降低对微生物的抗病力，那么，低温不但起不到积极作用，而且适得其反，有可能造成更严重的损失。因此，果蔬采后贮藏温度的确定以该产品不产生冷害的最低温度为宜。

（2）气体成分 低 O_2 和高 CO_2 贮藏环境对许多果蔬采后病害都有明显的抑制作用，特别是高 CO_2 处理对防止某些贮藏病害十分有效，如用 30% CO_2 处理柿子 24h 可以控制黑斑病的发生；板栗用 50% CO_2 处理 48h 可以减少贮藏期间的黑霉病。

（3）热处理 热处理指用热蒸汽或热水对果蔬进行短时间处理，目的在于杀死或抑制表面微生物以及潜伏在表皮下的病原菌。如桃的褐腐病和软腐病可在 49℃ 热水中浸泡 3.5min 或 54℃ 热水中浸泡 1.5min 而得以控制；57℃ 热水中浸泡 1～2min，也能明显降低厚皮甜瓜软腐病、黑斑病、白霉病及粉霉病的发病率；采后用 52～55℃ 热水处理对芒果炭疽病的发生有一定的抑制作用。

果蔬的热处理类似乳制品的巴氏杀菌，由于处理的温度低、时间短，不会对产品质地和风味产生明显影响。但在处理之后，果蔬还很容易被病原菌侵染，所以，要想提高这种处理的有效性，可在热水中加入杀菌剂或 $CaCl_2$；另外，热处理必须与严格的消毒措施相结合。

（4）辐射处理 ^{60}Co 或 ^{137}Cs 产生的 γ 射线直接作用于生物体大分子，产生电离、激发、化学键断裂，使某些酶活性降低或失活，膜系统结构破坏，引起辐射效应，从而抑制或杀死病原菌。如用 400Gy/min 的 γ 射线处理柑橘，当辐射总剂量达到 1250Gy 时，可有效地防止贮藏期间的腐烂；用 250Gy/min 的 γ 射线处理桃，当辐射总剂量达到 1250～1370Gy 时，能防止褐腐病的发生。

2. 化学防治

化学防治是一般植物病害防治的重要方法，也是果蔬采后病害防治的有效方法。物理防治只能抑制病菌的活动和病害的扩展，而化学防治对病菌有毒杀作用，因此防治效果更为显著。例如，低温贮藏果蔬，一旦离开低温条件，曾暂时被抑制的病菌往往以加倍的速度发展和危害，而化学药剂处理可以弥补这一不足，尤其是对不耐低温的果蔬贮藏更为重要。

化学药剂一般具有保护作用和治疗作用。在病原物侵入寄主之前，使用具有保护性作用的杀菌剂，如代森锰等，杀死孢子或阻止病菌侵入，从而起到防治病害的作用。现今所使用的采后处理药剂绝大部分具有治疗作用，可以杀死或钝化果蔬表面附着的孢子；阻止病斑表面孢子的形成；抑制侵入体内病菌菌丝的生长；分解或钝化病原菌分泌的毒素；作用于病菌的酶系统，改变其新陈代谢的方向。这样，病菌的致病过程被改变，从而减轻或消除病害所造成的破坏作用。

化学药剂的使用方式有熏蒸、喷雾和浸泡。熏蒸是果蔬采后药物处理的常用方法之一，此法适于草莓、葡萄等果蔬的处理，在果蔬贮藏期间还可多次使用。目前，适于熏蒸处理的杀菌剂主要有 SO_2、NCl_3、仲丁胺等。喷雾时雾滴的直径越小，附着力就越好，分布也越均匀，覆盖面积也越大。浸泡处理是将果蔬产品浸泡在杀菌剂的溶液、悬浮液或乳浊液中，一定时间后取出。这是采后药剂处理最为常用、也最为有效的方法之一。浸泡处理的效果常与溶液浓度、温度、pH 值、浸泡时间及表面活性剂的种类、含量有着密切的关系。目前，生产上常用的主要杀菌药剂见表 6-1。

另外，常用的库房消毒药剂包括以下几类。

（1）漂白粉 杀菌成分是次氯酸，使用浓度为 4%，喷洒库房后密封 1～2d，再开门通风。

表 6-1　生产上常用的化学杀菌药剂

名　　称	使用浓度/（mg/kg）	使用方法	应用范围
联苯	100	浸纸或纸垫、熏蒸	柑橘青霉病、绿霉病等
仲丁胺	200	洗、浸、喷及熏蒸	柑橘青霉病、绿霉病等
联苯酚钠	0.2%～2%	浸纸垫、浸果	柑橘青霉病、绿霉病、苹果青霉病、甘薯黑斑病、软腐病等
多菌灵	1000	浸果	柑橘青霉病、绿霉病
甲基托布津	1000	浸果	柑橘青霉病、绿霉病
抑霉唑	500～1000	浸果	青霉病、绿霉病等
噻苯唑	1000～2000	浸渍、喷洒	灰霉病、褐霉病、青霉病、绿霉病、蒂腐病、焦腐病等
乙膦铝（疫霉灵）	500～1000	浸渍、喷洒	霜霉病、疫霉病等病
瑞毒霉（甲霜霉）	600～1000	浸渍、喷洒	对疫霉引起的柑橘褐腐病有特效
扑海因	500～1000	浸渍、喷洒	根霉病、链格孢病、灰霉病、葡萄孢病等
氯硝胺	1000	浸渍、喷洒	甜樱桃和桃黑根霉病等
SO_2	1%～2%	熏蒸、浸纸或纸垫	灰霉病、霜霉病等

（2）过氧乙酸　通常使用 0.5%～0.7% 的过氧乙酸溶液进行喷雾消毒。喷雾时一定注意不要将药液沾到皮肤上，因为过氧乙酸对皮肤有很强的腐蚀和烧伤作用。

（3）SO_2　每平方米库房用 20～25g 硫黄熏蒸，封库 2d 后开门通风。

（4）高锰酸钾与甲醛混合液　这种混合药剂适宜于污染严重的贮藏库，并且必须在贮藏果蔬前一周以上时间进行熏蒸消毒，以排除残余气味。方法是按重量比 1∶1 将高锰酸钾加到甲醛溶液中，每平方米库房使用 0.5kg 高锰酸钾和 0.5kg 甲醛溶液，先将高锰酸钾按量分几份放好，然后加入甲醛溶液，立即关闭库房门密闭 48～72h。

3. 生物防治

生物防治主要是指借助微生物及其代谢物对病害进行防治，是近年来研究较多的防病新方法。由于化学农药对环境和农产品的污染直接影响人类的健康以及病原菌的抗药性对病害防治的有效性降低，世界各国都在探索能代替化学农药的防病新技术。果蔬贮藏病害的生物防治研究虽然起步较晚，但有着广阔的应用前景。生物防治较化学防治安全，环境污染小，一般无残毒，尤其是果蔬贮藏环境相对要小，条件易控制，处理目标明确，不易受外界环境的干扰，使得生物防治在果蔬贮藏病害中的应用更为可能。

大量的实验都证明了许多拮抗菌对防治柑橘青霉病、绿霉病和蒂腐病，桃、李、杏和樱桃褐腐病，以及梨、苹果灰霉病和青霉病都有效。

4. 综合防治

果蔬产品采后病害的有效防治是靠综合技术措施的应用，包括了采前的田间管理和采后的系列配套处理技术。采前田间管理包括合理的施肥、灌溉、喷药，果树的修剪，疏花疏果，套袋栽培等技术措施。适时采收，对于减少病原菌的潜伏侵染、提高果蔬的耐贮性十分有效。采后处理则包括及时预冷，病、虫、伤果的清除，愈伤、洗涤、干燥及防腐药剂的应用，包装材料的选择，低温运输，选定适合于不同果蔬产品生理特性的贮藏温度、湿度、气体成分，以及确定适宜的贮藏时期等，对延缓衰老、减少病害、保持果蔬风味品质都非常重要。

一、苹果

1. 苹果炭疽病

（1）症状　又名苦腐病，是世界性病害，常于贮藏前期呈现症状。果实发病初期病斑呈针头状褐色小点，单个病果上病斑数不定，多数病斑发生在果实肩部。当病斑直径扩大至 1～2cm 时，中心开始出现小粒点（分生孢子盘），初为褐色，后变为黑色，很快突破表皮，常呈同心轮纹状排列。潮湿条件下，其上产生橙红色黏质团（分生孢子团）。烂部呈圆锥状，一般不深入果心，果肉褐色、较硬、味苦。

此病于果实成熟时开始在树上发生，高温高湿多雨条件下容易传播发展。病菌孢子发芽后可自皮孔或角质层侵入果肉，条件适宜时发展很快。炭疽病潜伏时间长，在贮藏期秦冠、国光、红玉等易发生。

（2）防治措施　在采收后喷洒 0.05％～0.10％苯来特、托布津、多菌灵等；或贮前做好防腐处理。

2. 苹果轮纹病

苹果轮纹病又称轮纹褐腐病，是我国苹果主要病害之一。果实在近成熟或贮藏初期发病。初期以皮孔为中心发生水浸状褐色斑点，以后逐渐扩大，表面呈暗红褐色，有清晰的同心轮纹，自病斑中心起，表皮下逐渐产生散生的黑色点粒，即分生孢子器。病果往往迅速软化腐烂，流出茶褐色汁液，但果皮不凹陷，果形不变，这是与炭疽病的区别之处。其发病条件同炭疽病，防治措施同苹果炭疽病。

3. 苹果褐腐病

（1）症状　又名菌核病，该病主要危害成熟果，是果实生长后期和贮运期间的主要病害之一。果实受害后，初期在果面出现浅褐色小环斑，随后迅速向四周扩展。在 0℃下病菌仍可活动，在 10℃下经 10d 左右，即可使整果腐烂，温度提高时腐烂更快。病果果肉松软，不表现多汁状软腐，而是呈海绵状，略有弹性，不可食用。在后期病斑扩大腐烂过程中，其中央部分形成很多突起的、呈同心轮纹排列的、褐色或黄褐色的绒球状菌丝团，这是苹果褐腐病的典型症状。

（2）防治措施　除加强果园卫生管理，及时清除病果、落果等，可于花前、花后各喷一次内吸性杀菌剂，成熟前后于 9 月上中旬和 10 月上旬喷布 2 次 1:(1～2):(160～180) 倍波尔多液保护果实，第 2 次也应在采前喷药，可防治贮运期发病。注意适期无伤采收，入贮产品应严格剔除各种病伤果。采后防治措施参考苹果炭疽病。

4. 苹果霉心病

苹果霉心病又称心腐病、霉腐病，通常在贮运期引起果实腐烂。

（1）症状　初期在果实心室内生有墨绿色或粉红色霉状物或两者同时生于果心内。部分心室或全部心室均有霉状物。在条件适宜时，可引起果心变褐坏死。往往果心一侧先腐烂，局部烂至果面。此时在果面可见到淡褐色至褐色的不规则病斑。剖开果实，果肉几乎全成为黄褐色腐烂状，果肉味苦。霉心果实，通常外观果面发黄，果形不正。以元帅、金星易患病。病原可能通过生长期间果实的萼洼侵入果心，潜伏至果实成熟或采收后发生。

（2）防治措施　采用 500 倍纤维素液加 50％多菌灵 1000 倍液，在 7～8 月喷布树体 3～4 次，对霉心病有一定的防治效果。贮藏期间保持适宜的低温和湿度，在 5℃的温度下，就可抑制霉心病的病斑扩展，尤其是向果肉的扩展会受到阻碍。

二、梨

1. 梨黑心病（疮痂病）

该病是我国梨产区普遍发生的重要病害。病害能侵染梨树上所有绿色组织。发病期主要为 5 月下旬至 9 月中旬。幼果受害早落，较大果实受害后，病部木质化，停止生长而成畸形果。长到一定大小的果受害后，形成疮痂状凹陷，发生星状开裂，后期病斑上生土粉色的粉霉菌或浅粉色的镰刀菌，近成熟时果面呈微凹陷的褪绿小圆斑，病斑扩大生黑霉。

防治方法是加强田间防病工作，贮运前严格别除伤病果，加强果园综合管理，增强树势。

2. 梨黑斑病

（1）症状　梨黑斑病主要危害果实、叶片及新梢。幼果受害，起初在果面产生一至数个黑色圆形针头大的斑点，逐渐扩大呈近圆形或椭圆形，病斑略凹陷，表面遍生黑霉。果实长大时，果面会发生龟裂，裂隙可深达果心，在裂缝内也会产生很多黑霉，病果往往早落。成果受害时，其前期症状与幼果相似，但病斑较大，呈黑褐色，后期果实软化，腐败脱落，有时表面微显同心轮纹。在贮运期果实易遭受腐生菌二次侵染，使果实腐烂更严重。

（2）防治措施　在梨树萌发前做好清园工作，加强栽培管理，进行果实套袋。在梨树发芽前，喷 1 次 5°Bé 石硫合剂，杀死枝干上的越冬病菌。在生长期喷药次数要多一些，喷药间隔约 10d，共喷 7～8 次。采收后的果实，可用杀菌剂浸果处理，例如用 50％扑海因 1500 倍液浸果 10min，可有效防止黑斑病的发生。

三、柑橘

柑橘青霉病、绿霉病是柑橘果实贮运期发生最严重的病害。一般情况下，青霉病发生多于绿霉病。但在病烂速度上，绿霉病发展较快，数天内可使全果腐烂；青霉病则发展较慢，要半个多月才使全果腐烂。在贮藏中柑橘果实常常先感染青霉病而后再感染绿霉病，不久使全果长满绿霉。

1. 发病症状

青霉病和绿霉病的症状基本相似。果实感病后，初期呈水浸状圆形软腐病斑，病部组织湿润柔软，褐色，略凹陷皱缩，2～3d 后病部出现白色霉状物（菌丝层），随后在白色霉层中部产生青色（青霉病）或绿色（绿霉病）粉状霉层，即分生孢子梗和分生孢子，外围有一圈白色霉带，白色带边缘与健康部交界处呈水浸状环。病部在高温高湿情况下扩展迅速，直至全果腐烂。采前发病一般始于果蒂及邻近处，贮藏期发病部位无一定规律。

2. 防治措施

（1）避免机械损伤　防止果实遭受机械损伤，如剪刀伤、擦伤、刺伤、碰伤及压伤等。因此，在具体操作时，用钝头的剪刀采果，果蒂必须剪得短而平，以免刺伤其他果实。盛果竹筐要光滑，容量不能太大，以免擦伤或压伤果实，雨天、重雾或露水未干时避免采果。长期贮藏的果实应当用纸包裹，以防接触侵染。运输中切忌重放、重压和翻动，以免果实受伤。

（2）库房及用具消毒　果实入库前10～15d，对库房进行熏蒸消毒，按每立方米容积的库房用30～50mL的1∶40福尔马林溶液喷洒。密封3～4d后敞开通气2～3d，当库内无刺激性气味时，果实方可入贮。

（3）采前喷药　在果实采前一周内，于树上喷洒1500～2000μg/L甲基托布津或2000μg/L多菌灵或苯莱特，能显著减轻贮藏期的果实腐烂。

（4）采后药物处理　在果实采后1～2d进行药物处理，果蒂在较长时期内保持新鲜，且防腐效果极好。

四、香蕉

1. 炭疽病

病菌主要通过采前潜伏及采后机械伤口侵入。病部初期呈近圆形的暗褐色凹陷斑点，不久斑点变黑，逐步扩大，相互连接形成大块凹陷的黑斑，甚至整个果实变黑、腐烂。环境湿度适宜时，病部会生出许多橙红色的黏质小粒，此小粒为病原菌的分生孢子盘和分生孢子。

采后用1000mg/kg的特克多或多菌灵或苯莱特浸果，防治炭疽病效果明显。

2. 冠腐病

香蕉冠腐病危害仅次于炭疽病，病原菌危害果梗、果轴，病害初期呈现黑褐色软化腐烂，表面出现白灰色棉絮状菌丝，后呈现黑褐色水浸状。高温高湿会加速该病发生，最终导致果实脱落。采后用1000mg/kg特克多处理果实，能有效地防治发病。

五、马铃薯

1. 细菌软腐病

块茎发病自茎部或伤口处开始。薯块外表出现褐色病斑，内部出现糜粥状软腐，干燥后呈灰白色粉渣状。病原菌由流水、地下害虫等传播。

防治要点：采收时尽量避免损失，采收后晒1～2d，待表面干燥后贮藏。注意贮藏库内温湿度管理，保持通风干燥。

2. 干腐病

（1）症状　初期块茎病斑较小，呈褐色，后缓慢扩展、凹陷并皱缩，有时病部出现同心轮纹，病斑下组织坏死，发褐变黑，严重者出现裂缝或空洞，其间可长出白色或粉红色的菌丝体和分生孢子，病斑外部还可形成白色绒团状的分生孢子座。此时若环境湿度大，极易使软腐细菌从干腐的病斑处侵入，迅速腐烂，甚至整个块茎烂掉。

（2）防治措施　采收、运输、装卸时要严格避免机械损伤，薯块入贮前要经过愈伤处理，入库前要严格挑选薯块，剔除病薯、虫薯和伤薯。贮藏前可用1500mg/L克菌丹或1000mg/L特克多浸泡1～2min。

贮藏期间要维持适宜的贮藏温度（3～5℃），并严格质量监控，发现病薯及时剔除，减少再侵染。

3. 环腐病

（1）发病症状　薯块外部症状不明显，纵切后可看到薯块从基部开始维管束部分变成黄色或褐色，重病薯维管束变色部分可连成一圈，严重时甚至皮层与髓部可以脱离。用刀切开病薯后，用手挤压，可以看到维管束部分挤出乳白色或黄色菌脓。经越冬贮藏，病薯芽眼干枯变黑，甚至有的外表开裂。

（2）防治措施

① 采前管理　该病的预防是在采前，选用无病种薯、整薯播种、减少切刀传病等。

② 选择抗病品种　较抗病的品种有郑薯4号、宁紫7号、乌盟601、长薯4号和5号、高原3号和7号、同薯8号、克新1号、庐山白皮、丰定22、铁筒1号等。

③ 低温贮藏。

六、蒜薹

1. 发病症状

灰霉病是蒜薹贮藏期最主要的侵染性病害。通常先出现在薹梢的干枯部分，之后向薹苞发展，菌落由白变黑；其次发生在薹梗基部，并逐步向上发展。该菌还可以从薹梗中部受伤处或坏死的组织侵入，形成腐烂断条。在干枯的薹梢上，菌落先呈灰白色，后变为黑色；在薹梗上，病斑初期呈黄色水浸状，呈圆形或不规则形，而后生灰霉状子实体。

2. 防治措施

（1）消灭菌源　蒜薹生长期间加强管理，贮藏库及包装用具要彻底消毒。

（2）减少机械损伤　灰霉菌主要通过幼嫩组织和伤口侵入，一旦侵入，病菌在蒜薹上迅速产孢，并不断再侵染，所以采收、整理、包装、运输过程中应尽量避免机械伤。新抽蒜薹茬口要避免被含有病菌的土壤污染，适当晾干后方可包装入贮。

（3）采后管理　入贮前要充分预冷，包装内可放入含熏蒸剂仲丁胺的棉球，抑制病菌发展。贮藏温度控制在（0±0.5）℃为宜。

任务十六　果蔬腐烂指数测定

※ 任务工作单

学习项目：果蔬贮藏病害		工作任务：果蔬腐烂指数测定	
时间		工作地点	
任务内容		根据作业指导书，以小组为单位，自主选择果蔬材料，对测定样品分等分级，及时对果蔬贮藏效果进行评价	

工作目标	知识目标： ①了解影响果蔬贮藏效果的因素； ②掌握果蔬腐烂指数的测定方法； ③掌握果蔬贮藏效果的评价方法； ④掌握果蔬腐烂指数与果蔬贮藏效果的关系。 技能目标： ①能选择合适的果蔬种类和品种； ②能自主完成对果蔬的分等分级工作； ③能分析影响果蔬贮藏效果的因素； ④能根据果蔬腐烂指数评价果蔬的贮藏效果。 素质目标： ①小组分工合作，培养学生沟通能力和团队协作精神； ②阅读背景材料和必备知识，培养学生自学和归纳总结能力； ③讨论并展示成果，培养学生分析解决问题和语言表达能力
成果提交	检测报告
验收标准	被测定果蔬的分级标准
提示	

※ 作业指导书

【材料与器具】

自选 3～5 批果蔬、笔记本、笔、尺子等。

【作业流程】

选择调查果蔬 → 制定果蔬分级标准 → 对果蔬分等分级 → 计算 → 贮藏效果评价

【操作要点】

1. 选择调查果蔬

选择经过贮藏的果蔬进行调查分析。

2. 制定分级标准

把果蔬分为 4 级，无腐烂斑的为 0 级；腐烂斑个数不超过 2 个，腐烂总面积不超过果实表面积的 1/10 为 1 级；腐烂总面积占果实表面积 1/10～1/3 的为 2 级；腐烂总面积大于果实表面积 1/3 的为 3 级。

3. 方法

先将果蔬按照标准分级，然后对每级果蔬个数进行计数。

4. 计算

对每级果蔬个数进行计数，计算腐烂率和腐烂指数。腐烂率与腐烂指数越高，表明保鲜效果越差。

$$腐烂率 = \frac{有病斑果个数}{果实总数} \times 100\%$$

$$腐烂指数 = \frac{\sum(腐烂级数 \times 该级的果数)}{果实总数 \times 腐烂最高级数} \times 100$$

5. 讨论分析

分析描述果蔬腐烂指数测定结果，总结果蔬腐烂率、腐烂指数高或低的原因，提出不足和改进措施。

※ 工作考核单

工作考核单详见附录。

必备知识二　生理性病害

由于采前不适宜的生长条件或采后不适宜的贮运环境引起的病害称为生理性病害或非侵染性病害。

一、致病的因素

果蔬采后的生理性病害是由采收前不适宜的生长条件或采后不适宜的贮运环境引起的。

1. 采前因素

（1）营养元素失调　植物的营养元素失调是指植物所需营养元素的过量或缺乏，或元素间比例不平衡，影响了植物体的正常生理代谢。在各种营养元素中，氮、钙、硼等营养的失调所导致的采后生理病害较为常见。组织缺钙可引起多种生理病害，如大白菜、甘蓝等的"干烧心"病（心叶叶尖、叶缘组织坏死，变褐色），番茄、甜椒的脐腐病；芹菜的黑心病，苹果的苦痘病、衰老褐变病、红玉斑点病等。生长期间氮肥过量可形成西瓜的"白硬心"。适当地进行土壤施硼或叶面喷硼，不仅可改善果实对钙营养的吸收和运转，同时果蔬的某些生理病害（如花椰菜褐变病、芹菜裂茎病、甜菜内部褐斑病、苹果缩果病等）也可得到不同程度的防治。因此，加强田间管理，做到合理施肥、灌水，以及采前喷营养元素对防止营养失调非常重要。

（2）水分失调　植物体水分含量一般在80%以上，水分过多或缺乏，常引起果蔬的各种不正常变化。灌水过多，常使果实水分含量增加，蔬菜变得脆而易折断，水果的膨压往往增大，易受到各种机械损伤；水分缺乏，使果蔬发育不良，造成柑橘果皮增厚，采后易发生"浮皮"病。生长期水分供给不均匀，如先旱后雨或灌水，常造成果实或球茎蔬菜的生长性开裂，如番茄、大枣、葡萄等的裂果。苹果的苦痘病也与生长期水分失调有关。

（3）高温伤害　果蔬对高温的忍耐有一定的限度，温度过高时，细胞器变形，蛋白质凝固，细胞迅速死亡，表现为凹陷、褐斑、软化、淌水等症状。果蔬在生长期间被强烈的阳光辐射，会在果蔬表面形成日灼、日烧和裂口。特别是亚热带的果蔬，如柑橘的日灼斑、无花果的棕黑色污点、石榴的褐斑、辣椒表面的水渍状和褐色斑以及豆荚表面的红褐色条纹等都是高温伤害的表现。

(4) 田间药物毒害　果蔬生长期间，生长调节剂使用不当可造成果蔬的各种畸形，青鲜素还会引起马铃薯内部褐变。过高浓度的杀菌剂、杀虫剂会在果面形成伤害斑等。

(5) 采收成熟度不当　长期贮藏的果蔬，如果采收成熟度把握不当，在贮藏中会出现一些生理性病害。如苹果采收过早易发生虎皮病，果皮易萎蔫发皱；采收过晚，常常导致水心病、果肉粉绵病等。芹菜收获过晚，叶柄中心组织变软并呈海绵状干枯，严重者叶柄中空，且纤维化程度增大。大白菜和甘蓝收获过早，叶球松软，易失水萎蔫甚至干缩；收获过晚，贮藏中发芽早，易出现叶球开裂现象。

2. 采后因素

(1) 温度

① 冷害　是指在冰点以上不适宜的低温引起果蔬生理代谢失调的现象。许多果蔬都有其适应的低温限度，低于这个限度，就将发生冷害。一些原产于热带、亚热带的果蔬，如香蕉、柑橘、芒果、柠檬、番茄、黄瓜、辣椒等，由于系统发育长期处于高温多湿环境中，形成对低温特别敏感的特性，即贮运中易遭受冷害。某些温带果蔬，如苹果和梨的早熟、中熟品种以及甜瓜等，也容易发生冷害。

冷害症状通常表现为：a. 果皮出现水浸状且大小不同的凹陷斑，如甜椒、番茄、甜瓜、西瓜、黄瓜、菜豆、茄子、柠檬等冷害的最初症状。b. 果皮变色或出现褐斑，如香蕉、芒果、茄子的冷害症状。c. 果实褐变或黑心，如甘薯、生姜、鸭梨、橄榄的冷害症状。d. 其他冷害症状，如南瓜的腐败、番茄不能正常成熟、桃与杏果实产生异味或失去滋味。冷害具体症状和开始发生冷害的临界温度因果蔬种类的不同而存在差异（表6-2）。果蔬最先出现冷害的部位，也因种类不同而异，许多瓜类对冷害最敏感的部位是花端。

表 6-2　部分果蔬发生冷害的临界温度及症状

种　　　类	温度/℃	症　　　状
香蕉	11~13	表皮出现褐色条纹或全部变黑,中心胎座变硬,成熟延迟
柠檬	10~12	油胞层产生干痕、脱绿缓慢,瓤间膜或心皮壁褐变
甜椒	7.2	表皮水浸状凹陷,种子、萼部褐变
黄瓜	7.2	表皮凹陷,水浸状斑点,果肉褐变、腐烂变质
茄子	7	表皮大面积下陷,黄色,腐烂增加
苹果	−1.5~2.2	橡皮病、烫害、果肉(心)褐变
梨(部分品种)	5.0~8.0	果肉(果心)褐变
厚皮甜瓜	3~5	表面水浸状或棕色斑,下陷或不下陷
南瓜	10~13	表面水浸状斑点
西瓜	4.4	凹陷、异味

受冷害的果蔬新陈代谢紊乱，果蔬的外观、质地和风味劣变，贮藏性状明显下降，各种抗逆性基本丧失，极易被微生物侵染。如香蕉的腐生菌、黄瓜的灰霉菌、柑橘的青绿霉菌、番茄的孢链霉菌等，使受冷害的果蔬迅速腐烂。

② 冻害　是指在冰点以下不适宜的温度引起果蔬组织结冰所受到的低温伤害。果蔬组织的冰点随其种类、细胞内可溶性物质的含量及生长环境温度的不同而存在差异。可溶性物质含量高的、生长环境温度低的，冰点较低，一般蔬菜为$-1.5\sim-0.7℃$，果品的冰点为$-2.5℃$以下。贮藏温度低于果蔬的冰点就会受冻，其症状是果蔬组织内的水分冻结成冰晶状（水泡状），组织呈现半透明或透明状，有的呈水烫状，色素降解，颜色变深、变暗，表面组织产生褐变，有异味。出库升温后，会很快腐烂变质。

有些蔬菜的耐寒力较强，如菠菜、芹菜等，当环境温度不太低，组织的冻结程度不重，细胞结构还未受到破坏，解冻后有可能恢复生理活性。这种果蔬结冰后非常容易遭受机械损伤，因此，在其解冻之前切不可任意搬动。此外，应选择一个适宜的使其缓慢解冻的温度，使细胞间隙的冰晶体融化为水，重新被细胞吸收，原生质恢复正常，整个果蔬又呈现新鲜饱满状态。

（2）湿度　贮藏环境的湿度状况与果蔬某些生理性病害的发生密切相关。例如长期贮藏在高湿下的温州蜜橘，果皮与果肉分离并出现空隙，即发生浮皮；根菜类蔬菜贮藏在相对湿度较低的环境中，常发生糠心；湿度低时叶菜类蔬菜则出现萎蔫、黄化，造成品质下降。

（3）气体成分　在果蔬贮藏中，尤其是气调贮藏中，往往因为气体成分失调而对果蔬造成伤害，主要有低O_2伤害和高CO_2伤害。

① 低O_2伤害　在正常的空气中O_2的含量为21%，果蔬产品能进行正常的呼吸作用。当贮藏环境中O_2的浓度低于2%时，果蔬产品正常的呼吸作用就受到影响，低O_2条件下导致无氧呼吸而产生和积累的大量挥发性代谢产物对细胞产生毒害，进而使果蔬的风味品质恶化。

低O_2伤害的症状主要表现为表皮局部组织下陷和产生褐色斑点，有的果实不能正常成熟，并有异味。如马铃薯在低O_2条件下产生黑心，若转移到高温下症状变得更为严重；番茄在低于1%的O_2浓度下，表皮产生局部凹陷变为褐色，伤害部分容易滋生霉菌，并有很浓的酒精味；柑橘受低O_2伤害后产生苦味，柑橘皮由橙色变为黄色，表现浮肿或呈现水浸状。

② 高CO_2伤害　CO_2作为植物呼吸作用的产物在新鲜空气中的含量只有0.03%，当CO_2浓度超过10%时，就会影响果蔬体内正常的代谢过程，引起组织伤害和风味品质恶化。

高CO_2伤害最明显的特征是果蔬表皮凹陷和产生褐色斑点。马铃薯和苹果受CO_2伤害后，往往产生褐心，有的发生果皮褐变，或者果心与果皮同时褐变，受害组织的水分很容易被附近组织消耗，使受害部分出现空腔。不同品种和不同成熟度的果蔬对CO_2的敏感性不同，如李、杏、柑橘、芹菜、绿熟番茄对CO_2较敏感，而樱桃、龙眼等对CO_2的忍耐力相对较强。

鉴于低O_2和高CO_2对果蔬的伤害，在气调贮运过程中，根据不同品种的特性，控制适宜的O_2和CO_2浓度，否则就会导致呼吸代谢紊乱而出现生理性伤害，这种伤害在较高的温度下更为严重，因为高温加速了果实的呼吸代谢。

（4）采后处理失调　果蔬采后处理不当，也会对果蔬造成伤害。如在以氨作制冷剂的机械冷库中，由于氨泄漏，常使果蔬发生氨伤害。不同果蔬种类，对氨的敏感性有很大差别。苹果、梨、香蕉、桃和洋葱，在氨浓度为0.8%时经过$1h$就产生严重的伤害，而扁桃、杏在此浓度下只要$0.5h$就开始出现伤害。再者，熏蒸处理中，如SO_2、甲醛等浓度过高也可造成伤害。SO_2可破坏植物组织的色素，如葡萄SO_2中毒后，常出现"漂白"现象。另外，采后热处理温度过高或处理时间过长可在果面形成烫伤。

（5）衰老 衰老是果蔬采后的生理变化过程，也是贮藏期间常见的一种生理失调症，如苹果采收太迟，或贮藏期过长要出现内部崩溃；桃贮藏时间过长果肉出现木化、发绵和褐变；甜樱桃衰老后果肉软化、不脆。因此，根据不同果蔬品种的生理特性，适时采收，适期贮藏，对保持果蔬产品固有的风味品质非常重要。

二、防治措施

果蔬生理性病害都是环境中的非生物因素引起的，与果蔬的采前状态如果蔬的成熟度、含水量、是否有病原物侵染、采收及采后的各种商品化处理以及贮藏过程中的运输、包装等因素均有密切关系，因此，必须考虑各种有关因素，对病害进行综合预防，即提高生长期的栽培管理水平，消除有害环境因素，改善贮运环境条件。

拓展知识　　　　　　　生理性病害实例

一、苹果

1. 虎皮病

（1）发病症状 该病又称褐烫病，是苹果贮藏后期发生的最严重的生理性病害，主要症状是果皮产生分散的、不规则的斑点。初期果皮呈不规则的浅黄色，后期为褐色至暗褐色，微凹陷。此病一般仅发生于苹果近表皮的几层细胞中，对果实风味品质无明显不良影响，但发病严重时，也能危及果肉细胞，病部深入果肉可达数毫米。

（2）控制措施

① 控制氮肥施入量，合理修剪使树冠通风透光，促进果实着色。

② 适期采收，控制贮藏温度，加强通风，促使苹果表皮中 α-法尼烯分散，减少氧化产物积累。采用低 O_2 和高 CO_2 气调贮藏，也可提高防治效果。

③ 化学药剂处理，用每张含有 $1.5\sim2mg$ 二苯胺或 $2mg$ 乙氧基喹包果纸包果，或用二苯胺溶液浸果，果实残留量不超过 $4\sim5\mu g/g$，或用浓度为 $0.25\%\sim0.35\%$ 的乙氧基喹溶液浸果，均可有效防病，也可用 $0.2\%\sim0.4\%$ 虎皮灵浸果，晾干后包装贮藏。

2. 苦痘病

（1）发病症状 以大国光、倭锦、青香蕉等品种发生较多。初期症状从外表不易识别，病部果皮下的果肉先发生病变。病斑多发生在近果顶部分，而果肩处则极少发生。果皮上出现以皮孔为中心的圆斑，在绿色或黄色果皮处为浓绿色，红色果面处为暗红色，稍凹陷。皮下果肉变褐呈蜂窝状，深达 $2\sim3mm$，严重者可至果心线。病部果肉继续发展逐渐干缩，表皮坏死，外表呈凹陷的褐色病斑，直径 $1\sim4mm$，有时可达 $1cm$。坏死的组织呈软木状，有苦味。

（2）防治措施 首先要选择适宜的品种、砧木组合。其次要改良果园土壤，降低地下水位，增施有机肥料，合理修剪，适量结果，中后期不能偏施氮肥。此外，可于采前喷洒或采后浸渍钙盐预防，也可用气调贮藏，能够减少发病。

二、梨

1. 鸭梨黑心病

（1）发病症状　病变初期，可在果心外皮上出现褐色斑块，待褐色逐步扩展到整个果心时，果肉部分会呈现界限分明的褐变，病果的风味也会变劣，严重时甚至不可食用。这种果心的逐渐褐变，在外表上通常观察不到症状。

（2）控制措施

① 生长前期应多施有机肥和复合肥，促使树体健壮；生长后期控制氮肥用量，并向树上喷洒钙盐或波尔多液，可减轻黑心病发生。

② 适时采收并于贮藏时缓慢降温，即先在 $10\sim12℃$ 放置 $7\sim10d$，然后每 3 天降 $1℃$，经 $35\sim40d$ 将贮藏温度降至 $0℃$，这是控制前期黑心病发生的有效措施。

③ 根据品种特性，确定适宜贮藏期限，控制库内 CO_2 积累量。若采用气调贮藏，应严格控制 CO_2 和 O_2 浓度，CO_2 一般不要超过 2%，有利于减轻后期黑心病的发生。

2. 梨黑皮病

（1）发病症状　黑皮病是果实衰老的一种表现，一般发生在贮藏后期。此病基本特征是果皮变黑，可表现为浅黄褐色、黑色及黑色不规则斑块，严重时扩展到整个果面，使果实变为黄褐色或黑色。该病类似苹果虎皮病。

（2）防治措施

① 适期采收，加强库房内外通风换气。

② 采用乙氧基喹溶液浸果，或用乙氧基喹处理过的包装纸包果。

③ 采用气调贮藏。

三、柑橘

1. 柑橘褐斑病

柑橘褐斑病又称干疤病，是柑橘类果实贮藏中发生的重要生理病害。尤其对甜橙类危害最严重，柑及柠檬次之，橘最轻。在贮藏一个月左右时，大多在果蒂周围发生，果身亦有时出现。初期为浅褐色不规则的斑点，以后逐渐扩大，颜色变深。在低温下，病斑会发展成为以蒂部为中心的不规则环形，每环之间有些地方相连、有些地方明显分开。病斑处油胞破裂、凹陷干缩，部位仅限于有色皮层，但时间久了，病斑下部的白皮层会变干，果肉风味也发生变化。

目前认为褐斑病为一种冷害症状，贮藏在低温条件下的褐斑病发生率较常温条件下贮藏的高，因此维持适宜的贮藏温度和较高的相对湿度，或采用塑料薄膜单果包装等方法，均有利于降低褐斑病发病率。

2. 柑橘枯水病

枯水又称浮皮，是柑橘类果实贮藏后期发生的一种生理性病害，主要发生于宽皮柑橘上。发病时，宽皮橘症状主要表现为：果皮发泡，皮肉分离，瓣瓣汁胞失水干缩；重量减轻，糖酸含量下降，风味渐失，严重时食如败絮；甜橙类表现为：果皮呈不正常的饱满状，色淡无光泽，油胞突出，果皮增厚，严重时果面凹凸不平，油胞层易与白皮层分离，白皮层疏松，瓣瓣壁变厚变硬，瓣瓣间易分离，汁胞失水，转为黄白色，随着枯水的加重，果实逐渐丧失固有风味，以致完全失去食用价值。

其预防措施是入贮前剔出带病果实，将果实置于低温通风环境进行预贮，待果皮水分部分蒸发，表面微显萎蔫时再入贮；贮藏中降低贮藏的相对湿度，维持适宜而稳定的低温。

3. 柑橘水肿病

发病初期，果皮无光泽，颜色变淡，手按感软绵，后期整个果皮颜色更为淡白，局部出现不规则半透明水浸状，果肉食之有煤油味，严重时，整个果实表面饱胀，呈半透明水浸状，手按柑类感到浮松、橙类感到软绵，均易剥皮，食之有浓郁的酒味。

水肿病发病的原因是贮藏温度偏低，或是库内通风换气不良，积累过多的 CO_2。其中任何一个因素都会引起水肿病的发生，若二者同时存在，则发病更加迅速、严重。保持贮藏环境适宜的温度，加强通风，库内 CO_2 不超过 1%、O_2 不低于 19% 均有预防效果。

四、香蕉

冷害是香蕉贮运中常见的一种生理性病害。香蕉对低温敏感，一般认为香蕉冷害的临界温度为 11~13℃。果实状态、品种等条件不同，临界温度也不相同。受害香蕉果皮变为暗灰色，上有条状或下陷的褐色条纹，严重时果皮为灰黑色；果心变硬，成熟延缓；未熟果不能正常后熟，经催熟后皮色深黑，长出白霉，皮肉难分离，肉质较硬，食之无味。

香蕉冷害发生与温度、相对湿度及气体成分有关。在贮运中，控制适宜的温度，避免贮运温度降到 11℃ 以下、相对湿度 90%~95%；另外，采用气调贮藏，控制 O_2 浓度在 3%~4%、CO_2 浓度低于 5%，可以减轻冷害的发生。

五、马铃薯

马铃薯黑心病多因堆后空气流通不畅，导致呼吸缺氧和 CO_2 浓度过高。病害薯块内部中心部位出现大面积的浅灰色、紫色，甚至黑色，呈辐射状到达薯皮。变色组织通常与健全组织周围明显地分开。病害组织可以脱水、收缩，在较长时间贮藏的情况下，薯块逐渐形成空腔。

在贮藏马铃薯时不能堆积过高过厚，薯堆中应留足孔隙以利通风；保持适宜贮藏温度（3~5℃），避免温度过高（>20℃）或过低（<0℃）。

六、蒜薹

蒜薹贮藏中，当袋内 CO_2 长时间高于 10%~13% 时，薹梗出现黄色小斑点，然后扩大成不规则凹陷，逐渐连接成片，使薹梗变软，薹梗绿色褪减变白，严重时组织坏死呈水渍状腐烂，并有浓烈的酒精味和蒜薹的腐臭气味。

贮藏中，维持稳定的库温（0℃±0.5℃）；选择 0.06~0.08mm 厚聚乙烯硅窗袋或蒜薹专用袋包装，严格控制装量；当袋内 CO_2 高于 10%~13% 时，立即开袋放风。

必备知识三　果蔬虫害

果蔬生产和贮运过程中发生的虫害是引起采后果蔬商品质量下降和腐烂的重要原因之一。被害程度轻则果蔬表面不洁，有孔眼、疤痕；重则果肉内部蛀食一空，使其降低甚至失去食用价值和商品价值。一些害虫还能传播病害，造成更大损失。

果蔬害虫主要是在生长期侵入或潜入，而在贮运期间继续为害，故应加强生长期果蔬害虫的综合防治。

一、主要虫害的种类及为害

1. 果品主要害虫及为害

（1）苹果和梨害虫　苹果和梨贮藏中发生的虫害很多，为害较严重的有食心虫类、象鼻虫类、卷叶蛾类和介壳虫类。

① 桃小食心虫　主要寄主有苹果、梨、桃、杏、李、枣、山楂、海棠等。幼虫蛀果多从萼洼及附近咬破果皮留下蛀孔，孔口流出乳白色果胶。

② 梨小食心虫　为害梨、苹果、桃、李、杏、山楂等。每年8～9月，幼虫从梗洼或萼洼处蛀入，孔小微凹陷，呈青绿色，随后蛀孔逐渐变黑腐烂，直向果心蛀食，大部分粪便排在果内，果外也有，果形不变，被害果易腐烂。

③ 苹果小食心虫　主要寄主有苹果、梨、沙果、山楂、海棠等，俗称"干疤虫"。幼虫多从果实胴部蛀入，在果皮浅层为害，不深入果心。为害部位果皮变褐、干裂，形成1cm的圆形干疤，周围有少量细粒虫粪。

④ 吸果夜蛾　主要寄主有苹果、梨、桃、杏、葡萄等。被害果果面出现针尖大的刺孔，孔周围果肉因失水呈海绵状，围绕刺孔开始腐烂。

⑤ 梨园介壳虫　寄主主要有梨、苹果、桃、枣、山楂等。该虫多集中在萼洼和梗洼处吸食果汁。苹果被为害时，围绕介壳形成紫红色的晕圈。果面虫口密度大时，紫红色晕圈连成一片。为害梨时，产生黑褐色斑点，严重时果面干燥龟裂。

⑥ 梨黄粉蚜　又叫黄粉虫、膏药顶，是梨树重要害虫。梨受害处产生黑点，严重时引起萼凹处变黑腐烂，果实龟裂，严重影响果实商品价值。

⑦ 梨蝽象　又叫臭蝽象、臭板虫等。该虫食性杂，主要为害梨。此虫以成虫或若虫刺吸果实汁液，被害部位果肉变褐，发育停止，形成硬疔，果面坑洼不平，果实发育畸形，形成"疙瘩梨"。其排泄物和分泌物常诱发霉菌污染果面，被害果的食用及商品价值降低。

（2）柑橘类害虫

① 柑橘锈壁虱　又称锈螨，柑橘、橙、柠檬受害最重，柚、金柑受害较轻。被害果果面失去光泽，似蒙上一层灰尘，果皮呈深红褐色至黑褐色，并且硬化、木栓化，出现许多纵横交错裂痕，经氧化后变为褐色。果肉质地粗糙，含糖量下降，风味变酸，贮藏时易腐烂。

② 柑橘卷叶蛾　除为害柑橘外，还为害荔枝、龙眼等。以幼虫蛀入果内为害，被害果贮藏时易被病菌从蛀孔侵染而发生腐烂。

③ 柑橘大实蝇　是柑橘的毁灭性害虫，尤以甜橙受害最重，该虫为国际重要检疫对象。成虫将卵产于果内，在果皮上的产卵孔周围呈乳突状隆起，外围出现未熟先黄、黄中带红现象。若果内虫少，果实可正常生长，但后期易腐烂，果肉呈糊状。

（3）其他果品常见害虫

① 桃蛀螟　主要为害桃、李、杏、柿、板栗、苹果、梨、石榴、龙眼、荔枝等。桃被害多从果实基部蛀入，蛀食成坑洼或孔洞，并堆有大量虫粪。

② 栗象　又称板栗象鼻虫、栗实象鼻虫，是板栗果实的主要害虫。幼虫为害种仁，其中有细锯末状虫粪。幼虫老熟后脱出时在种皮上留有圆形脱果孔，被害栗实易霉烂变质，不能食用。

③ 白小食心虫　主要为害山楂、苹果，其次为害桃、杏、李等。幼虫从山楂萼洼处蛀入，果外堆满虫粪并吐丝连缀成堆而不落。幼虫在果内蛀食不深，仅限皮下果肉。

④ "爻"纹细蛾　主要为害荔枝、龙眼。幼虫沿果皮与果肉为害果皮内层，然后转至果蒂下，蛀食果蒂与果核相连接部分。近成熟果实被害后不落果，果蒂内外充满粉末状虫粪，有时从虫孔溢出少量果汁。

2. 蔬菜主要害虫及为害

（1）菜粉蝶　又名菜白蝶，幼虫称菜青虫，是十字花科蔬菜的重要害虫之一，尤以甘蓝、花椰菜等蔬菜受害最重。仅以幼虫为害，将叶片咬成孔洞或缺刻状，仅剩叶柄和叶脉。幼虫排出虫粪污染菜面、菜心，引起腐烂。被害伤口易诱发软腐病，降低了蔬菜产量和质量。

（2）甘蓝夜蛾　是一种世界性害虫，主要为害甘蓝、白菜、花椰菜、萝卜、菠菜、茄果类、马铃薯、豆类及瓜类。幼虫为害叶片、嫩果及嫩荚，可蛀入叶球或菜心，排泄大量粪便，并能诱发软腐病引起腐烂。

（3）棉铃虫和烟青虫　是茄科蔬菜的重要害虫，二者寄主很广。在蔬菜上主要为害番茄、辣椒、茄子、豆类、南瓜、甘蓝、白菜等蔬菜，但棉铃虫偏食番茄，烟青虫偏食辣椒。两者均以幼虫蛀食蕾、花、果为主，也可为害嫩茎、叶片和芽，蕾、花受害引起大量落蕾、落花；幼虫钻入果内蛀食，造成腐烂和大量落果。

（4）豆野螟　又称豇豆荚螟，是世界性热带、亚热带豆科作物的重要害虫，尤以豇豆受害最重。幼虫主要蛀食花器、钻蛀豆荚为害豆粒，蛀孔为圆形，孔外堆有绿色虫粪，严重影响豆类蔬菜的产量和质量。

（5）葱蓟马　又名烟蓟马、棉蓟马，在蔬菜中主要为害葱、洋葱、大蒜、韭菜等百合科蔬菜及葫芦科和茄科，其中尤以葱、洋葱和蒜受害最重。成虫和若虫吸食寄主汁液，为害寄主心叶、嫩芽，使被害叶片形成许多细密而长形的灰黄白色斑点，尖端枯黄，严重时叶片扭曲枯萎。葱蓟马还可传播多种植物病毒病。

二、防治措施

果蔬害虫防治的方法主要有植物检疫、农业防治、生物防治、物理及机械防治、化学防治及综合防治等措施。

1. 植物检疫

植物检疫是国际或国家用法律的手段，禁止或限制危险性病虫、杂草人为地通过种子、苗木、果实以及包装材料等从国外进入本国，或从本国传到国外，或传入以后限制其在国内传播的一种措施。植物检疫是从根本上杜绝危险性病虫、杂草为害的基本措施之一。果品害虫如桃小食心虫、苹果小食心虫、柑橘大实蝇、柑橘小实蝇、地中海实蝇等是我国对外的检疫对象。

2. 农业防治

农业防治是综合利用各项农业措施，创造不利于害虫发生的环境，达到消灭和抑制害虫发生的目的。例如果园中应避免苹果、梨、桃、李的混栽，以及进行果园冬耕、清扫落叶杂草、刮除老翘树皮、摘除虫果等农业措施，都有减少或消灭田间虫卵和幼虫的作用。进行合理的蔬菜轮作或间作套种，加强田间的肥水管理，选择抗虫品种，以及适时采收等措施，对减轻虫害也都有一定作用。农业防治具有经济、有效、简便的特点。

3. 生物防治

生物防治是利用某些生物或生物代谢产物来控制害虫种群数量，达到消灭害虫的目的。生物防治可为市场和消费者生产出新鲜优质、无公害的果蔬，是果蔬害虫防治发展的方向。

4. 物理及机械防治

用简单机械和各种物理因素（光、热、电等）来防治害虫的方法称为物理及机械防治。常用捕杀、诱杀、阻隔、低温及低氧等方式防治害虫。

目前在苹果、桃、葡萄生产上实行的果实套袋，既控制了病虫为害，也减少了农药污染；在果园装黑光灯或挂糖醋液可诱杀桃蛀螟，利用黑光灯也可诱杀棉铃虫、烟青虫及甘蓝夜蛾；在温室内挂黄色板或在黄色塑料条上涂机油，可诱集蚜虫、温室白粉虱；将板栗堆垛，罩上塑料薄膜帐，然后充分降氧，使 O_2 浓度降至 $3\%\sim5\%$，4d 后栗果内害虫全部死亡。

5. 化学防治

根据不同果蔬发生害虫的类型、种群特点及生物学特性，在生长期尤其是产卵、幼虫等关键时期，进行相应的化学药剂处理，可大大减少果园、菜园田间害虫的发生。果蔬采收后，多采用挥发性杀虫剂熏蒸各种果蔬害虫，如板栗象鼻虫、栗食蛾和桃蛀螟等，贮藏期间，幼虫继续在果内蛀食为害。生产上常在贮运前用 $40\sim60g/m^3$ 溴甲烷熏蒸，时间为 $3.5\sim10h$，也可用 $40\sim50g/m^3$ 的二硫化碳熏蒸，时间为 $24\sim48h$，杀虫效果良好。

6. 综合防治

综合防治是指从生物与环境的整体观点出发，本着"以防为主，防治结合"的原则，因地制宜、合理地运用农业、生物、物理、化学等手段综合防治害虫，将果蔬害虫种群数量控制在允许水平之下。同时必须严格按照果蔬贮藏前的挑选、分级等操作规程，剔除病虫果，切断田间果蔬害虫进入贮藏场所为害的途径，以防止贮藏期间发生虫害及由此引起的霉烂。

拓展知识　　　　　　　　　**果蔬虫害实例**

一、桃

1. 桃蛀螟

幼虫蛀食桃果，由蛀孔分泌黄褐色透明胶液，果实变色脱落或果肉充满虫粪，不能食用，对产量和品质影响很大。

防治方法主要有以下几种。

（1）清除越冬寄主中的越冬幼虫，并将桃树老翘皮刮净，集中烧毁。

（2）拾毁落果　摘除虫果，消灭果内幼虫。

（3）诱杀成虫　用糖醋液或黑光灯诱杀成虫。

（4）喷药保护　在5月份、6月份桃蛀螟成虫盛发时喷药，适用药剂如40％乐果乳剂、50％敌敌畏乳剂1000～2000倍液等。

2. 桃蚜虫类

蚜虫常在桃树嫩梢和叶背吸食汁液，被害叶苍白蜷缩，以致脱落，影响桃果产量及花芽形成。

防治方法主要有以下几种。

（1）冬季结合修剪，除去有卵枝　在桃园或桃枝行间，不宜栽种烟草、十字花科蔬菜等夏季寄主作物。

（2）清洁田园。

（3）喷药保护　在春季桃花未开放而蚜卵已全部孵化，但尚未大量繁殖和卷叶时喷药，效果明显。药剂可用40％乐果乳剂1500～2000倍液、25％敌杀死乳剂等。

（4）生物防治　充分保护和利用蚜虫的天敌，如草蛉、瓢虫、蚜茧蜂等。

二、板栗

1. 栗象

栗象又叫板栗象鼻虫、栗实象鼻虫，属鞘翅目象虫科。在我国各板栗产区都有分布。

（1）症状　以幼虫为害栗实，发生严重时，栗实被害率可达80％，是为害板栗的一种主要害虫。幼虫在果实内取食，形成较大的坑道，内部充满虫粪。老熟幼虫脱果后在果皮上留下圆形脱果孔。被害栗实易霉烂变质，完全失去发芽能力和食用价值。

（2）防治措施

① 栽培抗虫品种　可利用我国丰富的板栗资源选育出球苞大，苞刺稠密、坚硬，并且高产优质的抗虫品种。

② 加强栽培管理　搞好栗园深翻改土，能消灭在土中越冬的幼虫。清除果园中的栎类植物，及时拾取落地虫果，集中烧毁或深埋，消灭其中的幼虫，对减轻栗象发生有一定效果。

③ 温水浸种　将新采收的栗实在50℃温水中浸泡15min，或在90℃热水中浸10～30s，杀虫率可达90％以上。处理后的栗实，晾干后即可沙贮，不影响栗实发芽。

④ 药剂熏蒸　将新脱粒的栗实放在密闭条件下（容器、封闭室或塑料帐篷内），用药剂熏蒸。例如用溴甲烷，每立方米栗实用药量60g，处理4h；用二硫化碳，每立方米栗实用30mL，处理20h。药剂处理要严格掌握用药量和处理时间，用药量过大或处理时间过长，会增加药剂在栗实中的残留量。

⑤ 药剂处理土壤　在虫口密度大的栗园，于成虫出土期在地面喷洒5％辛硫磷粉剂。喷药后用铁耙将药、土混匀。在土质的堆果场上，脱粒结束后用同样药剂处理土

壤，杀死其中的幼虫。

⑥ 药剂防治　在成虫发生期，往树上喷 40％乐果乳油 1000 倍液，或 50％敌敌畏乳油 800 倍液，或 90％敌百虫晶体 1000 倍液，消灭成虫效果都很好。

2. 栗实蛾

栗实蛾又叫栗子小卷蛾、栎实卷叶蛾，属鳞翅目卷蛾科，分布于我国东北、华北、西北、华东等板栗产区。其寄主有栗、栎、核桃、榛等植物，以板栗受害最重。以幼虫蛀食栗苞和坚果。

（1）症状　幼虫在栗蓬内蛀食，稍大后蛀入坚果为害。被害果外堆有白色或褐色颗粒状虫粪。幼虫老熟后果上咬一不规则脱果孔脱果。

（2）防治措施

① 人工防治

a. 栗树落叶后清扫栗园，将枯枝落叶集中烧掉或深埋树下，消灭在此越冬的幼虫。

b. 在堆栗场上铺篷布或塑料布，待栗实取走后收集幼虫集中消灭，或用药剂处理堆栗场。

② 药剂防治　在成虫产卵盛期至幼虫孵化后蛀果前喷药防治。常用药剂有：50％杀螟松乳油 1000 倍液，25％亚胺硫磷乳油 1000 倍液，50％敌敌畏乳油 1000 倍液。

③ 生物防治　在丹东板栗产区，用赤眼蜂防治栗实蛾取得了良好的防治效果，每公顷放蜂量约为 450 万头。

三、白菜、甘蓝

1. 菜粉蝶

（1）症状　菜粉蝶又称菜白蝶，属鳞翅目粉蝶科。仅以幼虫为害，初孵幼虫啃食叶片，残留表皮，3 龄后将叶片咬成孔洞和缺刻，仅剩叶脉和叶柄，苗期受害严重时整株死亡，成株受害影响植株生长和包心，幼虫排出粪便污染叶面和菜心，引起腐烂，被害的伤口易诱发软腐病，降低蔬菜产量和质量。

（2）防治措施

① 清除田间残株、菜叶，减少虫源。

② 用青虫菌粉（每克含芽孢 100 亿个）1kg 加水 1200～1500kg 喷雾。使用时按药液量加入 0.1％的洗衣粉或其他黏着剂，以提高效果。

③ 药剂防治可用 90％敌百虫 800 倍液，80％敌敌畏乳剂 1000 倍液，或 20％杀灭菊酯乳油 4000 倍液喷雾。

2. 菜螟

（1）症状　全国各地均有分布，是一种钻蛀性害虫。受害幼苗因生长点被破坏而停止生长，常造成缺苗、毁种，且能传播软腐病。

（2）防治措施

① 蔬菜收获后，清除残株、落叶，并进行深耕，消灭幼虫和蛹。

② 适当调节播种期，将受害最重的幼苗期与菜螟产卵及幼虫为害盛期错开，以减轻危害。

③ 菜苗出土后，掌握菜螟产卵盛期，施药1～2次。药剂种类可参照菜粉蝶，以施用敌敌畏效果最好，药液要注意喷洒在菜心上。

四、马铃薯

马铃薯瓢虫俗称花大姐，属鞘翅目瓢虫科，全国各地均有分布。

1. 症状

以幼虫、成虫取食寄主植物叶片，有时还为害果实、嫩茎。幼虫初期啃食叶肉，残留表皮，形成许多不规则透明斑，形似笋底。成虫及较大幼虫取食叶片，仅留叶脉，影响植株正常生长，严重时被害植株成片枯死。

2. 防治措施

(1) 清理越冬场所　及时清除田间杂草、残株落叶，带出田外深埋或烧毁，可消灭越冬成虫和残存的瓢虫，减少越冬虫源。

(2) 生物防治　慎重用药防治，保护利用天敌，可试用白僵菌防治，也可人工饲养双脊姬小蜂进行田间释放。

(3) 药剂防治　掌握在第1代幼虫孵化盛期、分散为害之前施药防治。可选用50%敌敌畏乳油，90%敌百虫晶体，40%乐果乳油1000倍液，20%菊马乳油，20%菊杀乳油，50%辛硫磷乳油1000～1500倍液喷雾。

任务十七　常见蔬菜贮藏病害识别

※任务工作单

学习项目：果蔬贮藏病害		工作任务：常见蔬菜贮藏病害识别	
时间		工作地点	
任务内容	蔬菜从采收到消费整个流通过程中，由于内外因素的影响，会造成品质下降，其中包括侵染性病害和各种物理化学因素导致的生理性病害。 以小组为单位，观察识别几种蔬菜的主要贮藏病害的典型症状，分析病害产生的原因（主要是侵染性病害），讨论防治办法，以及进行某种处理来观察蔬菜在贮藏期间的发病现象和防治效果		
工作目标	知识目标： ①了解影响蔬菜贮藏病害的因素； ②掌握几种蔬菜的主要贮藏病害的典型症状； ③掌握蔬菜侵染性病害的防治办法。 技能目标： ①能选择有代表性的蔬菜种类； ②能分析蔬菜贮藏病害产生的原因；		

工作目标	③能制定蔬菜贮藏病害的防治办法； ④能根据观察结果分析蔬菜贮藏病害的发病现象和防治效果。 素质目标： ①小组分工合作，培养学生沟通能力和团队协作精神； ②阅读背景材料和必备知识，培养学生自学和归纳总结能力； ③讨论并展示成果，培养学生观察能力和分析解决问题的能力
成果提交	实验分析报告
验收标准	被观察果蔬的病害特征
提示	

※ 作业指导书

【材料与器具】

1. 生理性病害材料：赤褐斑病莴苣，褐斑病蒜薹。

2. 侵染性病害材料：十字花科蔬菜和茄科蔬菜，侵染细菌性软腐病的马铃薯，芦，洋葱，芹菜；叶菜类菌核病，洋葱黑霉病。

3. 用具：放大镜，挑针，刀片，滴瓶，载玻片，盖玻片，培养皿，显微镜等。

【作业流程】

选择观察材料 → 分析病害产生原因 → 讨论防治办法 → 结论

【操作要点】

1. 观察蔬菜在贮运中主要生理性病害的症状特点，并了解致病原因。

2. 观察记录果实的外观、病症部位、形状、大小、色泽，镜下观察病原菌形态，分清生理性病害和微生物侵染性病害。

3. 区分正常果实和病果的味道、气味及质地。

4. 分析造成病害的原因。

【观察与结果分析表】

观察与结果分析表见表 6-3、表 6-4。

表 6-3　细菌性软腐病比较表（种类）

处理	好果		病果		病情指数					风味
	g	%	g	%	0	1	2	3	4	
药剂浓度对照										

注：病情指数按 0～4 级划分，0 级为好果，1 级为较轻，2 级为中等，3 级较重，4 级为腐烂。

$$病情指数 = \frac{\sum(级数 \times 质量)}{最大级数 \times 总质量} \times 100$$

表 6-4　霉菌发病率的观察结果（种类）

处理	好果		病果		病情指数					风味
	g	%	g	%	0	1	2	3	4	
药剂浓度对照										

注：0 级为整果，1 级腐烂果 10% 以内，2 级腐烂面积 30% 以内，3 级腐烂面积 50% 以内，4 级腐烂面积 50% 以上。

※ 工作考核单

工作考核单详见附录。

网上冲浪

1. 中国农业科技信息网
2. 农博果蔬
3. 中国广播网
4. ［农广天地］番茄病虫害识别与防治（20090409）
5. ［农广天地］蔬菜菌核病的发生与防治（20131120）
6. ［农广天地］柑橘黄龙病发生与防治
7. ［农广天地］大棚蔬菜灰霉病综合防治技术（20131118）
8. ［农广天地］枣缩果病的综合防治技术、如何防治枣裂果（20120606）
9. ［农广天地］温室草莓畸形原因及预防（20131029）
10. ［农广天地］白菜软腐病的发生与防治（20130722）
11. ［农广天地］番茄脐腐病的发生与防治（20140120）
12. ［农广天地］茄子畸形果的防治（20120704）
13. ［农广天地］马铃薯病虫害综合防治技术（20110411）
14. ［农广天地］大蒜常见病虫害防治技术（20120314）

复习与思考

1. 什么是果蔬的侵染性病害？果蔬采后侵染性病害的病原物主要是什么？
2. 造成采后腐烂的病原物是通过哪些途径进入果蔬体内的？
3. 果蔬侵染性病害发生的三个基本因素是什么？
4. 诱发果蔬采后生理性病害的因素有哪些？
5. 何谓果蔬的冷害？利用冰箱或冷库自己动手选择几种果蔬观察冷害的症状。
6. 怎样减轻或延缓贮藏期间果蔬冷害的发生？
7. 贮藏中控制侵染性病害的主要措施有哪些？
8. 主要果蔬采后害虫的种类及为害特点是什么？综合防治措施有哪些？
9. 果蔬的生理性病害除冷害和冻害之外，常见的还有哪些？
10. 果蔬贮运中一旦受冻，应采取哪些措施减少损失？
11. 怎样控制蒜薹贮藏期间灰霉病的发生？

项目小结

必备知识	介绍了果蔬贮藏期间发生的侵染性病害、生理性病害及果蔬虫害三部分，其中侵染性病害有病原菌侵染特点、发病条件及四种防病措施；生理性病害主要包括采收前不适宜的生长条件或采后不适宜的贮运环境等发病原因；果蔬的几种主要害虫及防治措施
扩展知识	介绍了三种危害在实际中的应用实例
项目任务	根据任务工作单下达的任务，按照作业指导书工作步骤实施，完成部分果蔬腐烂指数测定、常见蔬菜贮藏病害的识别等任务，然后开展自评、组间评和教师评，进行考核

果蔬贮藏病害

电子课件

项目七
常见果品贮藏技术

必备知识一　仁果类主要果品贮藏

一、苹果贮藏

苹果是世界上重要的落叶果树，2018 年世界总产量达到 6860 多万吨，与柑橘、葡萄、香蕉并称世界四大果品。苹果在我国大面积栽植有 100 多年历史，近年来我国苹果产业发展迅速，区域布局渐趋优化，经济、生态效益越来越显著，苹果已成为我国重要的优势农产品之一。据资料统计，2018 年中国苹果年产量 3923.34 万吨，超过全球总产量的 50%，出口量 103 万吨，居世界各国之首，已成为内销外贸的大宗果品。

苹果的贮藏性比较好，市场需求量大，以鲜销为主，是周年供应市场的主要果品。因此，做好苹果的贮藏保鲜，对于促进生产发展、繁荣市场以及扩大外贸出口具有重要意义。

1. 贮藏特性

（1）品种特性 苹果的品种很多，目前全国有几十个栽培品种，其中主栽品种有十几个。各品种由于遗传性所决定的贮藏性和商品性状存在明显差异。早熟品种（6～7 月成熟）采后因呼吸旺盛、内源乙烯发生量大等原因，因而后熟衰老变化快，表现为不耐贮藏，一般采后立即销售或者在低温下只进行短期贮藏。中熟品种（8～9 月成熟）如元帅系、金冠、乔纳金、嘎拉、葵花等是栽培比较多的品种，其中许多品种的商品性状可谓上乘，贮藏性优于早熟品种，在常温下可存放 2 周左右，在冷藏条件下可贮藏 2 个月，气调贮藏期更长一些。但由于不宜长期贮藏，故中熟品种采后也以鲜销为主，有少量的进行短期或中期贮藏。晚熟品种（10 月以后成熟）由于干物质积累多、呼吸水平低、乙烯发生晚且较少，因此一般具有风味好、肉质脆硬而且耐贮藏的特点。如红富士、秦冠、王林、北斗、秀水、胜利、小国光等目前在生产中栽培较多，其中红富士以其品质好、耐贮藏而成为我国苹果产区栽培和贮藏的当家品种。其他晚熟品种都有各自的主栽区域，生产上也有一定的贮藏量。晚熟品种在常温库一般可贮藏 3～4 个月，在冷库或气调条件下，贮藏期可达到 5～8 个月。

果实的商品性状如色泽、风味、质地、形状等对其商品价值及销售影响很大。因此，用于长期贮藏的苹果品种不仅要耐贮藏，而且必须具有良好的商品性状，以求获得更高的经济效益。

（2）呼吸跃变 苹果属于典型的呼吸跃变型果实，成熟时乙烯生成量很大，呼吸高峰时一般可达到 200～800μL/L，由此而导致贮藏环境中有较多的乙烯积累。苹果是对乙烯敏感性较强的果实，贮藏中采用通风换气或者脱除技术降低贮藏环境中的乙烯很有必要。另外，采收成熟度对苹果贮藏的影响很大，对计划长期贮藏的苹果，应在呼吸跃变启动之前采收。在贮藏过程中，通过降温和调节气体成分，可推迟呼吸跃变发生，延长贮藏期。

（3）贮藏条件

① 温度 大多数苹果品种的贮藏适宜温度为 $-1～0℃$。对低温比较敏感的品种如红玉在 0℃贮藏易发生生理失调现象，故推荐贮藏温度为 2～4℃。

② 湿度 在低温下应采用高湿度贮藏，库内相对湿度保持在 90%～95%。如果是在常温库贮藏或者采用 MA 贮藏方式，库内湿度可稍低些，保持在 85%～90%，以降低腐烂损失。

③ 气体 控制贮藏环境中的 O_2、CO_2 和 C_2H_4 含量，对提高苹果贮藏效果有显著作用。对于大多数苹果品种而言，2%～5% O_2 和 3%～5% CO_2 是比较适宜的气体组合，个别对 CO_2 敏感的品种如红富士应将 CO_2 控制在 3% 以下，以免造成 CO_2 伤害。在贮藏环境中，为避免 C_2H_4 加速果品衰老，除了采取降温、降 O_2、高 CO_2 处理等方法外，还可用降压或活性炭、$KMnO_4$ 载体等吸附的方法。大型现代化气调库一般都装置有 C_2H_4 脱除机，将 C_2H_4 控制在 $10μL/L$ 以下对苹果贮藏非常有利。

2. 贮藏方式

（1）沟藏 在地势平坦、背风面阴、土质坚实、高燥不积水、运输管理方便的地段，将经过严格挑选的苹果适当降温入沟贮藏。首先从沟的一端开始一层层摆果，厚度为60～70cm。入沟后在上方搭好屋脊状支架，盖上稻草、玉米秸秆或苇席等遮阴防寒保温。在整个贮藏期间，根据气候状况和苹果贮藏特性，做好初期、中期和后期管理工作。

(2) 窑窖贮藏 窑窖贮藏苹果可提供较理想的温度、湿度条件，既可筐装、箱装堆码，也可散放堆藏。从苹果入库到封冻前的贮藏初期，要打开窑门和通风孔，充分利用夜间低温降低窑温和土温，至窑温降到0℃时止。贮藏中期当窑温降到0℃左右时重点工作是防冻，第二年春季气温回升时，严密封闭窑门和通风孔，避免外界热空气进入窑内。

(3) 通风库贮藏 通风库贮藏苹果最好装筐、装箱堆码，筐、箱等容器的保护可以减少挤压碰撞，容器周围的空隙还有利于通风。贮藏过程中根据气候情况调节温度、湿度，开闭通风设施。通风库贮藏温度在-1～0℃，相对湿度维持在85%～90%，尽可能使库温接近或达到苹果贮藏要求的温度水平。

(4) 机械冷藏库贮藏 苹果冷藏的适宜温度因品种而异，大多数晚熟品种以-1～0℃为宜，空气相对湿度为90%～95%，苹果采后应尽快冷却到0℃，最好在采后3d内入库，入库后3～5d降温至贮藏要求的温度。苹果出库前几天应停止制冷，使果温逐渐上升至接近库外温度，避免苹果在货架期变软和腐烂。

(5) 塑料薄膜袋贮藏 在苹果箱或筐中衬以塑料薄膜袋，装入苹果，缚紧袋口，每袋构成一个密封的贮藏单位。一般用低密度PE或PVC薄膜制袋，薄膜厚度为0.04～0.07mm。薄膜袋包装贮藏，一般初期CO_2浓度较高，以后逐渐降低，这对苹果贮藏是有利的。冷藏条件下袋内的CO_2和O_2浓度较稳定，在贮藏初期的2周内，CO_2的上限浓度7%较为安全，但富士苹果的CO_2应不高于3%。

(6) 塑料薄膜帐贮藏 在冷库用塑料薄膜帐将果垛封闭起来贮藏苹果，目前在生产上应用很普遍。薄膜帐一般选用0.1～0.2mm厚的高压聚氯乙烯薄膜黏合成长方形的帐子，大小可根据贮藏量来决定。控制帐内O_2浓度可采用快速降氧、自然降氧和半自然降氧等方法。塑料大帐内因湿度高而经常在帐壁上出现凝水现象，凝水滴落在果实上易引起腐烂病害。凝水产生的原因很多，其中果实罩帐前散热降温不彻底、贮藏中环境温度波动过大是主要原因。因此，减少帐内凝水的关键是果实罩帐前要充分冷却和保持库内稳定的低温。

(7) 硅窗气调贮藏 在大帐壁的中部、下部粘贴上硅橡胶扩散窗，可以自然调节帐内的气体成分，使用和管理更为简便。硅窗的面积是根据贮藏量和要求的气体比例，经过实验和计算确定。例如贮藏1t金冠苹果，为使O_2维持在2%～3%、CO_2在3%～5%，大约5℃条件下，硅窗面积为0.6m×0.6m较为适宜。

(8) 气调库贮藏 气调库是密闭条件很好的冷藏库，设有调控气体成分、温度、湿度的机械设备和仪表，管理方便，容易达到贮藏要求的条件。对于大多数苹果品种而言，控制2%～5% O_2和3%～5% CO_2比较适宜。苹果气调贮藏的温度可比一般冷藏高0.5～1℃，对CO_2敏感的品种，贮温还可再高些，因为提高温度既可减轻CO_2伤害，又对易受低温伤害品种减轻冷害有利。

3. 贮藏技术要点

(1) 选择品种 选择商品性状好、耐贮藏的中熟、晚熟品种。苹果作为一种商品，尤其是果品生产发展到买方市场的情况下，贮藏时绝不可只追求品种的耐贮性而轻视其商品质量，必须选择贮藏性与商品性兼优的品种。

(2) 适时采收 根据品种特性、贮藏条件、预计贮藏期长短而确定适宜的采收期。常温贮藏或计划贮藏期较长时，应适当早采；低温或气调贮藏、计划贮藏期较短时，可适当晚采。采收时尽量避免机械损伤，并严格剔除有病虫、冰雹、日灼等伤害的果实。

（3）产品处理　产品处理主要包括分级和包装等。严格按照市场要求的质量标准进行分级，出口苹果必须按照国际标准或者协议标准分级。包装采用定量的小木箱、塑料箱、瓦楞纸箱包装，每箱装 10kg 左右。机械化程度较高的仓库，可用容量大约 300kg 的大木箱包装，出库时再用纸箱分装。不论使用哪种包装容器，堆垛时都要注意做到堆码稳固整齐，并留有一定的通风散热空隙。

（4）贮藏管理　在各种贮藏方式中，都应首先做好温度和湿度的管理，使二者尽可能达到或者接近贮藏要求的适宜水平。对于 CA 和 MA 贮藏，除了温度和湿度条件外，还应根据品种特性，控制适宜的 O_2 和 CO_2 浓度。根据品种特性和贮藏条件，控制适当的贮藏期也很重要，千万不能因待价而沽或者滞销而刻意延长贮藏期，以免造成严重变质或者腐烂损失。

（5）产地选择　在苹果贮藏中，产地的生态条件、田间农业技术措施以及树龄树势等是不可忽视的采前因素。选择优生区域、田间栽培管理水平高、盛果期果园的苹果，是提高贮藏效果的重要先天性条件。

二、梨贮藏

梨在我国栽培极为广泛，南起海南岛，北至黑龙江，东自沿海各省，西达新疆地区，到处都有蔚然成林的梨树栽培。尤其在我国北方，梨是仅次于苹果的第二大类果树，2018 年我国梨果种植面积为 9.21×10^5 公顷，产量达 1607.8 万吨。因此，梨不仅在国内市场占有重要地位，而且在国际市场上有举足之重。

1. 贮藏特性

（1）种类和品种　我国栽培梨的种类及其品种很多，其中作为经济栽培的有白梨、秋子梨、沙梨和西洋梨四大系统，各系及其品种的商品性状和耐贮性有很大差异。

① 白梨系统　主要分布在华北和西北地区。果实多为近卵形或近球形，果柄长，多数品种的萼片脱落，果皮黄绿色，皮上果点细密，肉质脆嫩，汁多渣少，采后即可食用。生产中栽培的鸭梨、酥梨、雪花梨、长把梨、雪梨、秋白梨、库尔勒香梨等品种均具有商品性状好、耐贮运的特点，因而成为我国梨树栽培和贮运营销的主要品系，其中许多品种在常温下可贮藏 4～5 个月，在冷库可贮藏 6～8 个月。

② 秋子梨系统　主要分布在东北地区。果实近球形或扁圆形，果柄粗短，果皮黄色，果肉石细胞多，肉质硬，味酸涩，采后经过后熟方可食用。其中品质好的品种有京白梨和南果梨，其次为秋子梨、鸭广梨、香水梨、花盖梨、尖把梨等。此系统的大多数品种品质差，不耐藏，因而生产中很少进行长期贮藏。

③ 沙梨系统　主要分布在淮河流域和长江流域以南各省区。果实多为近球形或扁圆形，果柄较长，萼片脱落，果皮为浅褐、浅黄或褐色，果肉乳白色，脆嫩多汁，石细胞较少，甜酸适口，采后即可食用。主要品种有早三花、苍溪梨、晚三吉、菊水等。此系统各品种的耐贮性较差，采后立即上市销售或者只进行短期贮藏。

④ 西洋梨系统　西洋梨原产欧洲中部、东南部以及中亚地区，19 世纪 70 年代引入我国栽培，目前主要在消费比较集中的城市郊区和工业区附近栽培。果实多呈葫芦形，果柄长而粗，果皮黄色或黄绿色，果皮细密，果肉质细多汁，石细胞少，香气浓郁，采后需经后熟软化方可食用。主要品种有巴梨、康德梨、茄梨、日面红、三季梨、考密斯等。该系统的品种

因采后肉质易软化而不耐贮藏，通常采后就上市销售，购买者在后熟过程中逐渐消费。也可在低温下进行短期贮藏，待果实后熟至接近食用但肉质尚硬时上市。

根据果实成熟后的肉质硬度，可将梨分为硬肉梨和软肉梨两大类，白梨和沙梨系统属硬肉梨，秋子梨和西洋梨系统属软肉梨。一般来说，硬肉梨较软肉梨耐贮藏，但对 CO_2 的敏感性强，气调贮藏时易发生 CO_2 伤害。

（2）呼吸跃变　国内外研究公认，西洋梨是典型的呼吸跃变型果实，随着呼吸跃变的启动，果实逐渐成熟软化。国内有关鸭梨、酥梨等品种采后生理特性的研究表明，白梨系统也具有呼吸跃变，但其呼吸跃变特征如乙烯发生和呼吸跃变趋势不似西洋梨、苹果、香蕉、猕猴桃那样典型，其内源乙烯发生量很少，果实后熟变化不甚明显。

（3）贮藏条件

① 温度　大多数梨品种贮藏的适宜温度为（0±1）℃，越接近冰点温度，贮藏效果就越好。但是鸭梨等个别品种对低温比较敏感，采后若迅速降温至 0℃贮藏，果实易发生黑心病。采用缓慢降温或分段降温，可减轻黑心病发生。

② 湿度　梨果皮薄，表面蜡质少，并且皮孔非常发达，贮藏中易失水萎蔫。因此，高湿度是梨贮藏的基本条件之一，在低温下的适宜湿度为 90%～95%。

③ 气体　梨贮藏中的低 O_2 浓度（3%～5%）几乎对所有品种都有抑制成熟衰老的作用。但是，品种间对 CO_2 的适应性却差异甚大，有少数品种如巴梨、秋白梨、库尔勒香梨等可在较高 CO_2 浓度（2%～5%）贮藏外，大多数品种对 CO_2 比较敏感，在低 O_2 浓度下，当 CO_2 浓度在 2%以上时，果实就有可能发生生理障碍，出现果心褐变。目前全国栽培和贮藏量比较大的鸭梨、酥梨、雪花梨对 CO_2 的敏感性比较突出。

2. 贮藏方式

梨同苹果一样，短期贮藏可采用沟藏、窑窖贮藏、通风库贮藏，在西北地区贮藏条件好的窑窖，晚熟梨可贮藏 4～5 个月。拟中期、长期贮藏的梨，则应采用机械冷库贮藏，这是我国当前贮藏梨的主要方式。

鉴于目前我国主产的鸭梨、酥梨、雪花梨等品种对 CO_2 比较敏感，所以塑料薄膜密闭贮藏和气调库贮藏在梨贮藏上应用不多。如果生产上要采用气调贮藏方式，应该有脱除 CO_2 的有效手段。

3. 贮藏技术要点

（1）选择品种　梨各系统均包括许多品种，中熟、晚熟品种较早熟品种耐贮藏。虽然有些晚熟品种极耐贮藏，但是由于肉粗渣多，商品质量不佳，经济价值不高，这类品种没有贮藏的必要。当前我国栽培的众多品种中，鸭梨、酥梨、雪花梨、库尔勒香梨、秋白梨、苹果梨等都是耐贮性好、经济价值高的品种，可进行长期贮藏；京白梨、茌梨、苍溪梨、21世纪梨、巴梨等的品质也比较优良，在适宜条件下可贮藏 3～4 个月。

（2）适期采收　采收期对梨的贮藏效果影响很大，采收过早或者过晚的梨均不耐贮藏。采收过早，果肉中的石细胞多，风味淡，品质差，贮藏中易失水皱缩，贮藏后期易发生果皮褐变；采收过晚，秋子梨和西洋梨系统的品种采后会很快软化，不但不宜贮藏，甚至长途运输都很困难，往往由于软化变质而造成极大损失。白梨和沙梨系统的品种采收过晚，虽然肉质不会明显软化，但果肉脆度明显下降，贮藏中期、后期易出现空腔，甚至果心败坏，同时对 CO_2 的敏感性增强。

适宜采收期可根据品种特性和贮藏期长短而定。对于白梨和沙梨系统的品种，当果面呈现本品种固有色泽、肉质由硬变脆、种子颜色变为褐色、果梗从果台容易脱落时即可采收。

对于西洋梨和秋子梨系统的品种，由于有明显的后熟变化，故可适当早采，即果实大小已基本定型、果面绿色开始减退、种子尚未变褐、果梗从果台容易脱落时采收为好。

（3）产品处理 梨的分级、包装可参照苹果进行。由于白梨和沙梨系统的品种对CO_2敏感，因而生产中一般不采用塑料薄膜袋密封贮藏方式。但是如果用 0.01～0.02mm 厚的聚乙烯小袋单果包装，既能起到明显的保鲜效果，又不至于使果实发生 CO_2 伤害，是一种简便、经济、实用的处理措施。

（4）贮藏管理

① 贮藏初期对低温比较敏感的品种如鸭梨、京白梨等，开始降温时不能太快，应采用缓慢降温，即果实入库后将温度迅速降至 12℃，1 周后每 3d 降低 1℃，至 0℃左右时贮藏，降温过程总共约 1 个月时间。

② 目前长期贮藏的梨大多数为白梨系统的品种，对 CO_2 比较敏感，易发生果心褐变，故气调贮藏时必须严格控制 CO_2 浓度低于 2%，普通冷库或常温库贮藏时，贮藏期间也应定期通风换气，以免库内 CO_2 和其他气体积累到有害的程度。

③ 梨的贮藏期应适当，贮藏期过长不仅使果肉组织出现蜂窝状空腔，更严重的是由于表皮细胞膜透性增大，酚类物质氧化而使果皮发生褐变，这种褐变有时在库内发生，有时在上市后很快发生，对销售造成极为不利的影响。

（5）产地选择 梨的品种很多，分布区域广泛，我国南北各地都有梨树栽培，但每个品种都有其主要栽培的区域。主产区栽培的梨之所以高产、优质并且耐贮藏，就在于当地具有适宜该品种生长发育的生态条件，再加上精耕细作、科学管理等人为条件，二者缺一不可。例如鸭梨、雪花梨原产河北省，现在华北各地以及辽宁、山东、陕西等地均有广泛栽培；酥梨是安徽、陕西、辽宁、山西、山东、甘肃等地主栽的优良品种；苹果梨原产吉林延边地区，库尔勒香梨原产新疆库尔勒地区，由于这两个品种对生态条件的特殊要求，苹果梨的主产区仅限于沈阳以南、内蒙古通辽、河北承德、甘肃河西走廊等气候冷凉干燥区域，库尔勒香梨的主产区仍限于其原产区。

任务十八　常见果品的贮藏保鲜

※ 任务工作单

学习项目：常见果品贮藏技术		工作任务：常见果品的贮藏保鲜	
时间		工作地点	
任务内容	根据作业指导书，以小组为单位，自主选择常见的水果 1～2 种入库贮藏保鲜，并进行贮藏管理，根据果品保鲜结果进行评价		
工作目标	知识目标： ①了解影响果品贮藏保鲜效果的因素； ②掌握果品贮藏保鲜条件及管理措施； ③掌握果品贮藏保鲜的评价方法。 技能目标： ①能选择适于贮藏保鲜的果品； ②能准确把握果品贮藏保鲜的条件；		

工作目标	③能做好果品贮藏保鲜的准备工作； ④能做好果品贮藏保鲜的管理工作。 素质目标： ①小组分工合作，培养学生沟通能力和团队协作能力； ②阅读背景材料和必备知识，培养学生自学和归纳总结能力； ③自主完成任务，培养学生的动手操作能力
成果提交	果品贮藏保鲜方案
验收标准	选择贮藏保鲜的果品质量标准
提示	

※ 作业指导书

【材料与器具】

苹果、梨；机械冷库、聚乙烯或聚氯乙烯薄膜袋、瓦楞纸箱、温度计、湿度计、硫黄、锯末等。

【作业流程】

采收及处理 → 消毒入库 → 贮藏保鲜 → 贮藏管理 → 效果评价

【操作要点】

1. 采收及处理

选择商品性状好，耐贮藏的中熟、晚熟品种进行贮藏。采收时尽量避免机械损伤，并严格剔除有病虫、冰雹、日灼等伤害的果实。

采收挑选后的苹果、梨必须进行预冷，预冷处理是提高苹果、梨贮藏效果的重要措施，采用强制通风冷却，迅速将果温降至接近贮藏温度后再包装存放。

将预冷后的苹果、梨装入瓦楞纸箱中，纸箱中预先衬以塑料薄膜袋，每箱装 10kg 左右，装入后束紧袋口，构成一个密封的贮藏环境。

2. 冷库消毒

苹果、梨入库前，冷库要清扫、晾晒和保温消毒。冷库消毒方法：把硫黄与锯末混合后点燃，使其产生 SO_2，密闭 2d，再打开通风。或用福尔马林（含甲醛 40％）1 份加水 40 份，配成消毒溶液，喷布地面及墙壁，密闭 24h 后通风。

3. 贮藏保鲜

苹果、梨贮藏的适宜温度因品种而异，大多数晚熟品种以 $-1 \sim 0℃$ 为宜，空气相对湿度 $90％ \sim 95％$。入贮前先将贮藏库的温度和湿度调整到适宜的条件。

4. 贮藏管理

贮藏期间必须控制库内温度、湿度恒定。冷藏苹果、梨出库时，应使果温逐渐上升到室温，否则果实表面会产生许多水珠，容易造成腐烂。同时若果实骤遇高温，色泽极易发暗，果肉易软。

5. 效果评价

经过一段时间的贮藏后，取出冷库中的果品，观察果品质量有无变化。如有变化，分析原因，找出问题。

※ 工作考核单

工作考核单详见附录。

必备知识二　柑橘贮藏

柑橘是我国的主要水果之一，南方各省普遍有栽培。柑橘的采收期因地区、气候条件和品种等情况而异。通过贮藏保鲜结合种植不同成熟期的品种，可显著延长鲜果供应期。

一、贮藏特性

1. 非呼吸跃变型水果

柑橘类果实在树上成熟的时间相对较长，成熟过程的变化较慢，属于非呼吸跃变型果实。果实成熟期间，糖分和可溶性固形物逐渐增多，有机酸减少，叶绿素消失，类胡萝卜素形成。柑橘类果实可溶性固形物、糖和酸含量因种类和品种而异，可溶性固形物含量为 5%～15%，柠檬酸含量为 0.3%～1.2%。柑橘类果实在贮藏过程中，由于呼吸作用的消耗，糖和酸含量不断减少，特别是酸含量下降较为明显。

2. 耐贮性

不同种类、不同品种的柑橘，其果实结构、成熟期、抗病力都有所不同，因而耐贮性必然会有差异。成熟期晚、果心小而充实、果皮细密光滑、海绵组织厚而且致密、呼吸强度低的品种较耐贮藏，反之则不耐贮藏。甜橙类、柚类的果面蜡质层较发达，果实水分蒸腾比宽皮柑橘类少。一般来说，柠檬、柚类最耐贮藏，其次为橙类、柑类、橘类；甜橙比宽皮柑橘类耐贮藏；晚熟品种比早熟品种耐贮藏。

3. 果实大小、结构与耐贮性密切相关

同一种类或同一品种的果实，常常是大果实不如中等大小果实耐贮藏。宽皮柑橘类容易出现枯水，尤其是大果、果皮粗糙的果实更容易出现枯水现象，枯水主要表现为浮皮现象，即果皮发泡，貌似新鲜，实际上已皮肉分离，瓤瓣和汁胞失水干枯。随着成熟度提高，果皮的蜡质层增厚，有利于防止水分的蒸腾和病菌的侵染。因此，成熟度较低的青果往往比成熟度高的果实容易失水。通常柑橘果实白皮层厚而致密者较耐贮藏。据测定，甜橙类的白皮层在 0.22cm，而宽皮柑橘类的白皮层仅 0.07cm，因此甜橙比宽皮柑橘类耐贮藏。

4. 冷害

柑橘是亚热带水果，由于系统生长发育处在高温多湿的气候环境中，对低温较为敏感，贮藏温度过低易发生冷害。柑橘类果实对低温的敏感性因种类和品种而异。水肿病是一种贮藏生理性病害，是由于贮藏温度偏低和 CO_2 浓度过高所致。根据华南农业大学的研究认为采用甜橙 1～3℃、蕉柑 7～9℃、椪柑 10～12℃的贮藏温度比较适宜。

5. 湿度对贮藏效果的影响

橙类一般适宜贮藏在比较高的湿度中，如四川南充地窖贮藏甜橙，相对湿度 95% 以上，

湖南洪江市用地下仓库贮藏甜橙，相对湿度一般保持在95％左右，均获得较好的贮藏效果。美国贮藏甜橙、柠檬和葡萄柚都是采用85％～90％的相对湿度。在高湿度贮藏时，必须注意对病菌的控制。

对于宽皮橘类果实，由于在高湿环境中容易发生枯水，故一般应采用较低的相对湿度。在高湿条件下，全果轻耗虽较小，但果皮吸水而产生浮皮，果肉内的水分和其他成分向果皮转移，使果实外观较好而果肉干缩，大部分轻耗是果肉失水，果皮则几乎没有轻耗，甚至有所增加；在低湿条件下，全果轻耗虽较多，但主要是果皮轻耗，果肉轻耗却较少。

6. 对气调贮藏的适应性

有不少关于柑橘类果实不适宜气调贮藏的报道，也有一些柑橘气调贮藏效果好的报道，也许是品种的差异和气体比例的原因。伏令夏橙在15％ O_2、无 CO_2 和1.1℃条件下贮藏12周，然后再放在21.1℃的空气中存放1周，其风味和品质比贮藏在其他空气组合或正常空气中要好。10％ CO_2 可以减少由于低温所引起的葡萄柚的褐斑病。

二、贮藏方式

1. 窖藏

我国窖藏柑橘的历史较长，南充地区普遍采用地窖贮藏甜橙。该方法成本低，建窖方便，适用于农户分散贮藏。地窖一般湿度大（RH 95％～98％）、温度稳定（12～18℃）、CO_2 含量稳定（2％～4％），形成一个比较适宜甜橙贮藏的环境。窖藏期间外界气温较高，应定期开启窖口，让凉冷空气进入窖内降温。窖内土壤含水量为15％～18％，即手握泥土成团而不溢水时，湿度基本能够满足贮藏需要，这样甜橙新鲜饱满，自然失重少，生理性褐斑病发生程度轻。

2. 通风库贮藏

通风库是利用冷热空气的对流作用来保持库内较低和较为稳定的温度。通风库能有效地利用冬季自然低温及昼夜温差的变化，操作方便，只要具备隔热保温和通风换气两个条件，都可以用来贮藏柑橘。贮藏期间要适时通风换气，降低库内的温度，一直降至贮藏适宜温度，即可减少通风。但是由于通风换气时水分会随气流带至库外，库内常常湿度偏低，因此通过向地面、墙壁上洒水，喷布水雾，放置加湿器等提高库内湿度。

3. 机械冷藏库贮藏

机械冷藏库可以通过人为的调节，对库内的温度、湿度以及通风换气进行严格的控制，可显著延长柑橘的贮藏期和有效地保持果实的新鲜。由于柑橘的种类、品种以及生长发育条件不同，贮藏的适宜温度也不一致，库内的湿度不可过高或过低，一般保持 RH 85％～90％。贮藏管理的关键是控制适宜的低温和湿度，并且要注意通风换气。柑橘在适宜的温度和湿度下贮藏4个月，风味正常，可溶性固形物、酸和维生素C含量无明显变化。

三、贮藏技术要点

1. 采前管理

采前应充分了解果园的栽培情况和果实状况，清除落果、裂果、烂果及异常着色的果实，并进行无害化处理；加强田间病虫害防治，减少病菌采前潜伏侵染；使用有机肥或磷钾肥进行施肥，采前10d内果园停止灌水。

2. 适时采收

用于长期贮藏的果实，以果面基本转黄、果实较坚实采收为宜，成熟度过高或过低的果实不耐贮藏。雨天、雾天、雪天、打霜、大风等天气及果面水分未干前不宜采收。应在晴好天气，露水干后采收为宜，中午阳光强烈时也不宜采收。

3. 采收方法

柑橘在采收、采后处理及贮运的全过程均应做到轻拿轻放，严防机械损伤。采摘者最好戴手套，以免指甲刺伤果皮。采收要用专门的采果剪，采果剪必须是圆头且刀口锋利、合缝，以利剪断果柄，又不刺伤果皮。采用两剪法（复剪法）采果，第一剪离果蒂1cm附近处剪下，第二剪齐果蒂剪，要求果蒂应平整、萼片完整。采收果实不宜直接堆放地面，应装入周转果筐，果筐顶部预留5~10cm空隙，且不宜中途倒筐。

4. 防腐保鲜处理

采收后应在24h内用规定的清洗剂或防腐保鲜剂进行处理。处理越迟，防腐效果越差。目前，防腐处理常用0.2%的2,4-D混合各类杀菌剂。常用杀菌剂有：①苯并咪唑类包括特克多、苯来特、多菌灵、托布津等，苯来特、多菌灵0.025%~0.1%，托布津0.05%~0.1%，进行浸果1~2min，或者喷淋处理，或者采前树上喷布处理均有良好的防腐效果；②抑霉唑0.05%~0.1%；③施保功0.025%~0.05%。

5. 晾果

柑橘的果皮包括油皮层和白皮层两部分，由于果皮含水量高，生理活性强，贮藏期间橘瓣中的部分水分转移至皮层，会发生枯水病，因此在贮藏前将果实在冷凉、通风的场所放置几天，使果实散失部分水分，白皮层因失水收缩而紧贴橘瓣，白皮层与油皮层之间变得松弛，增强了白皮层对橘瓣的保护功能。晾果处理又称发汗处理，应在通风良好的室内进行，控制温度7~10℃，相对湿度80%~85%。通常橘类、柑类、杂柑类晾果3~5d，果实失重2%；甜橙类、柠檬类和金柑2~3d，果实失重1%~2%；柚类5~7d，果实失重3%为宜。

6. 选果、分级

我国目前一般按果实横径或重量分为若干等级。剔除机械损伤、病虫害、脱蒂、干蒂等果实后，按分级标准或不同销售对象进行分级。分级方法有分级板人工分级、按直径分级的分级机或按果实重量分级的分级机。欧美、日本等已生产先进的光电筛选系统生产线。例如，意大利采后处理生产线，包括清洗、杀菌、打蜡、分选、贴标等，可根据果实的重量、颜色、大小进行分级，分选量为21000个果实/h。我国广东、湖南等地也研制成功了适合我国国情的采后防腐、分级、涂蜡的生产线。果型中等、果皮光滑、果身紧实的果实较耐贮藏，厚皮果、大果、脱蒂果和软身果不耐贮藏。

7. 打蜡

打蜡处理在柑橘类果实上应用较普遍。果实表面涂一层涂料，可起到增加果皮光泽、提高商品价值、减少水分蒸腾、抑制呼吸和减少消耗等作用。打蜡处理后的果实不宜长期贮藏，以防产生异味。涂料的种类很多，主要有果蜡、虫胶涂料、蔗糖酯等。

8. 包装

柑橘果实采用良好的包装不但对减少水分蒸发，保持外观新鲜饱满，抑制呼吸，控制褐斑病等均有很好的效果，而且还可提高果实的商品档次、商品宣传和增强柑橘在国内外市场的竞争能力。柑橘果实的内包装主要有薄膜袋单果包装，薄膜厚度 0.02mm，用这种薄膜袋包装甜橙，有防止果实水分蒸腾和自发性气调贮藏的作用。薄膜袋内的 O_2 为 19%～20%、CO_2 为 0.2%～0.8%。外包装形式主要有纸箱和竹箩，以薄膜单果包装结合纸箱外包装的商品档次较高。

9. 贮藏管理

柑橘贮藏环境条件包括温度、相对湿度和库内气体成分等方面。甜橙类、宽皮柑橘类和杂柑类温度宜控制在 5～8℃，柚类宜在 5～10℃，柠檬类宜在 12～15℃；甜橙类和柠檬类相对湿度宜控制在 90%～95%，宽皮柑橘类、柚类和杂柑类宜在 85%～90%；通风库尽量保持空气畅通，应保持库内空气新鲜，确保库内 O_2 不低于 15%，CO_2 不高于 3%。

必备知识三　浆果类主要果品贮藏

一、葡萄贮藏

葡萄是世界四大类水果之一，意大利、法国、美国、智利、俄罗斯、日本等国为葡萄的主产国家。我国主产区有新疆的和田、吐鲁番，河北的宣化、昌黎和涿鹿，山西的清徐、阳高，山东的烟台、青岛，河南的民权，陕西的丹凤、渭北地区，安徽的萧县及江苏的徐州等。

1. 贮藏特性

(1) 品种特性　葡萄品种很多，耐贮性差异较大。一般晚熟品种强于早熟、中熟品种，深色品种强于浅色品种。晚熟、果皮厚韧、果肉致密、果面富集蜡质、穗轴木质化程度高、果刷粗长、糖酸含量高等是耐贮运品种应具有的性状，如龙眼、玫瑰香、红宝石、粉红太妃、意大利、和田红、河北宣化的李子香、黑龙江的美洲红和红香水等品种耐贮性均较好。近年来引进的红提、秋黑、秋红、拉查玫瑰等有较好的耐贮性，果粒大抗病性强的黑奥林、夕阳红、巨峰、先锋、京优等耐贮性中等，而无核白等贮运中果皮极易擦伤褐变、果柄断裂、果粒脱落，耐贮性较差。

(2) 采后生理　葡萄是以整穗体现商品价值，故耐贮性应由浆果、果梗和穗轴的生物学特性共同决定。通常认为整穗葡萄为非跃变型果实，采后呼吸呈下降趋势，成熟期间乙烯释放量少，但在相同温度下穗轴尤其是果梗的呼吸强度比果粒高 10 倍以上，且出现呼吸高峰，果梗及穗轴中的 IAA、GA 和 ABA 的含量水平均明显高于果粒。葡萄果梗、穗轴是采后物质消耗的主要部位，也是生理活跃部位，故葡萄贮藏保鲜的关键在于推迟果梗和穗轴的衰老，控制果梗和穗轴的失水变干及腐烂。

(3) 贮藏条件

① 温度　葡萄浆果在高温条件下容易腐烂，穗轴和果梗易失水萎蔫，甚至变干，果粒脱落严重，对贮藏极为不利。大多数葡萄品种的适宜贮藏温度为 -1～0℃，保持稳定的贮温是葡萄贮运保鲜的关键。

② 湿度　保持适宜湿度，是防止葡萄失水、干缩和脱粒的关键。高湿度有利于葡萄保水、保绿，但却易引起霉菌滋生，导致果实腐烂；低湿可抑制霉菌，但易引起果皮皱缩、穗轴和果梗干枯。故采用低温、高湿、结合防腐剂处理，是葡萄贮运保鲜的主要措施。

生产上常用纸箱或木箱内衬塑料袋包装贮藏葡萄，控制相对湿度在 $90\%\sim98\%$ ，以袋内不结露为最佳。

③ 气体　在一定的低 O_2 和高 CO_2 条件下，可有效地降低葡萄的呼吸水平，控制果胶质和叶绿素的降解，从而延缓葡萄浆果的衰老。同时低 O_2 和高 CO_2 可抑制微生物病害，降低贮藏中的腐烂损失。一般认为气体条件为 O_2 浓度 $2\%\sim4\%$ ， CO_2 浓度 $3\%\sim5\%$ 适当组合，对大多数葡萄品种具有良好的贮藏效果。

2. 贮藏方式

(1) 窖藏　葡萄采收预冷后，待窖温降到 5℃ 以下入窖贮藏。入窖前 1 周，燃烧硫黄对窖内进行熏蒸灭菌，用量为 $20g/m^3$ 。入窖后改用 $2\sim3g/m^3$ 硫黄熏蒸 30min，每隔 $10\sim20d$ 熏蒸 1 次，硫黄用量可适当减少。当窖温降至 0℃，可每月熏蒸 1 次。入窖初期窖温较高，应加强通风换气，进气孔、排气孔白天关闭，夜间全部打开。待窖温降至 0℃，封闭所有气孔，使窖温保持在 $0\sim2$ ℃，窖内湿度为 $85\%\sim90\%$ 。此法可使葡萄贮藏 $2\sim3$ 个月，损耗一般不超过 10% 。

(2) 气调贮藏　葡萄气调贮藏时首先应控制适宜的温度和湿度条件，在低温高湿环境下，大多数品种的气体指标为 O_2 浓度 $2\%\sim4\%$ ， CO_2 浓度 $3\%\sim5\%$ 。葡萄采收后，剔除病粒、小粒并剪除穗尖，将果穗装入内衬 $0.03\sim0.05mm$ 厚的 PVC 袋的箱中，PVC 袋敞口，每袋装 5kg 左右。经预冷后放入保鲜剂，扎口后码垛贮藏。贮藏期间维持库温 $-1\sim0$ ℃，相对湿度 $90\%\sim95\%$ 。定期检查果实质量，发现霉变、裂果、腐烂、药害、冻害等情况，应及时处理。采用塑料帐贮藏时，先将葡萄装箱，按大帐的规格将其堆码成垛，待库温稳定在 0℃ 左右时罩帐密封。在贮藏期间定期测定 O_2 和 CO_2 含量。

(3) 机械冷藏库贮藏　葡萄采收后迅速预冷至 5℃ 左右，然后入库堆码贮藏。入库后要迅速降温，力争 3d 内将库温降至 0℃，降温速度越快越有利于贮藏。随后在整个贮藏期间保持库温为 $-1\sim0$ ℃，库内湿度为 $90\%\sim95\%$ 。

3. 贮藏技术要点

(1) 采前管理　葡萄浆果的品质是环境条件和栽培技术的综合体现。葡萄贮藏期出现的裂果、脱粒、腐烂等均与栽培措施不当有关。

① 肥水管理　施肥种类配比对葡萄品质与耐贮性有密切关系。葡萄浆果上色初期追施硫酸钾、草木灰或根外追施磷酸二氢钾，有利于果实增糖、增色，提高品质。钙对延缓果实衰老、提高耐贮性十分有益。

灌溉条件下生长的葡萄，其耐贮性不如旱地条件下生长的葡萄。生产上采前 $7\sim15d$ 应停止灌水，采前涝害导致巨峰贮藏期大量裂果。

② 合理修剪　夏季进行合理修剪，除控制果实负载量外，保证树势中庸健壮，架面通风透光，及时防治病虫害，进行套袋等对葡萄贮藏均十分重要。

用于贮藏的葡萄，产量应控制在 $1500\sim2000kg/$ 亩。结果量过大，果实糖分含量低，着色差，不耐贮藏。合理负载是葡萄稳产优质及提高耐贮性的保证。

③ 药剂处理　果实采前 3d 用 $50\sim100mg/L$ 的萘乙酸或萘乙酸和 $1\sim10mg/L$ 的赤霉素

处理果穗，可防止脱粒；用 1mg/L 的赤霉素和 1000mg/L 的矮壮素在盛花期浸蘸或喷洒花穗，可增加坐果率，减少脱粒。

（2）适时采收　葡萄属非跃变型果实，在成熟过程中没有明显的后熟变化。因此，在气候和生产条件允许的情况下，采收期应尽可能延迟。充分成熟的葡萄含糖量高，着色好，果皮厚，韧性强，且果实表面蜡质充分形成，能耐久藏。果实糖分积累在迅速增长以后趋于稳定，可作为葡萄浆果充分成熟的一个判断标准。在北方葡萄主产区，许多品种的果粒含糖量达 15%～19%、含酸量达 0.6%～0.8% 时，即进入成熟期。

葡萄采收宜在天气晴朗、气温较低的清晨或傍晚进行。采摘时用剪刀小心剪下果穗，剔除病粒、破粒、青粒，剪去穗尖成熟度低的果粒。采收后按质分级，分别平放于内衬有包装纸的筐或箱中，包装时果穗间空隙越小越好，然后置于阴凉处或运往冷库。

（3）预冷　葡萄采后带有大量田间热，不经预冷就放入保鲜剂封袋，袋内将出现大量结露使袋底积水。故葡萄装入内衬有 0.03～0.05mm 厚 PE 或 PVC 薄膜的箱，5～10kg/箱，入库后应敞口，待果温降至 0℃，放药剂封口。快速预冷对任何品种均有益，如巨峰等品种葡萄预冷超过 24h，贮藏期间易出现干梗脱粒，超过 48h 更严重，故预冷时间以不超过 12h 为宜。而欧洲种晚熟葡萄品种预冷时间可延续至 2～3d。美国有研究指出，采后经过 6～12h 将品温从 27℃ 降至 0.5℃ 效果最好。为实现快速预冷，应在葡萄入贮前 1 周开机，使库温降至 0℃。此外，葡萄入贮时应分批入库，以防库温骤然上升和降温缓慢。

（4）防腐处理　防腐保鲜处理是葡萄贮运保鲜的关键技术之一。目前国内外使用的葡萄保鲜剂主要有以下几种。

① 仲丁胺　据中国农业大学与河北通化葡萄研究所试验，仲丁胺在宣化牛奶葡萄上保鲜效果较好。每千克果用仲丁胺原液 0.1mL，用脱脂棉或珍珠岩等作载体，将药袋装入开口小瓶或小塑料袋内，装药前须将仲丁胺稀释，否则易引起药害。仲丁胺防腐保鲜剂的缺点是释放速度快，药效期只有 2～3 个月。

② SO_2　SO_2 处理对葡萄常见的真菌病害如灰霉菌有较强的抑制作用，同时还可降低葡萄的呼吸强度。

a. SO_2 熏蒸法　即在密闭的库房或将果筐、果箱堆垛罩上塑料大帐封闭，硫黄用量为 2～3g/m³，燃烧熏蒸 20～30min，然后揭帐通风。

为使硫黄充分燃烧，每 30 份硫黄可拌 22 份硝石和 8 份锯末。也可从钢瓶中直接通入 SO_2 气体，0℃ 下每千克 SO_2 占 0.35m³ 体积，可直接以 SO_2 占 0.3%～0.5% 的帐内容积比例进行熏蒸。

b. 亚硫酸盐熏蒸　亚硫酸氢盐如亚硫酸氢钠、亚硫酸氢钾或焦亚硫酸钠与硅胶混合，使之缓慢释放 SO_2 气体，达到防腐保鲜的目的。将亚硫酸氢盐 1 份、硅胶 2 份研碎混合后，包成小包，每包重 3～5g，按葡萄的贮藏量，亚硫酸氢盐约占 0.3% 左右的比例放入混合物。葡萄箱、筐上面盖 2～3 层纸，将药包均匀放在纸上，然后堆码。

c. 保鲜剂　天津农产品保鲜研究中心生产的 CT2 葡萄专用保鲜剂，具有前期快速释放和中后期缓慢释放的杀菌特点，药效期达 8 个月。每千克果用 2 包药，每包用大头针扎 2～3 个眼。一般在入贮预冷后，放入药剂，扎口封袋。若进行异地贮藏或经较长时间运输，采后立即放药效果更好。

进行硫处理应注意药剂用量。葡萄成熟度不同，对 SO_2 的忍耐性不同。SO_2 浓度过低，达不到防腐目的，过高易使果实褪色漂白，果粒表面生成斑痕。一般以葡萄中 SO_2 的残留

量为 $10\sim20\mu g/g$ 比较安全。此外，使用熏硫法常出现袋内空气与 SO_2 混合不均匀，局部 SO_2 浓度偏高，使葡萄果皮出现褪色或产生异味。

SO_2 溶于水生成 H_2SO_4，易对库内的铁、铝、锌等金属器具产生腐蚀，故应在每年葡萄出库后检查清洗。SO_2 对呼吸道和眼睛黏膜有强烈刺激作用，对人体危害很大，工作人员应戴防护面具，注意安全。

二、猕猴桃贮藏

猕猴桃属浆果，外表粗糙多毛，颜色青褐，风味独特，营养丰富，其维生素 C 含量为 $100\sim420mg/100g$，富含维生素 C。

我国从 20 世纪 70 年代开始重视猕猴桃资源的开发、保护及发展，近年陕西、河南、四川、湖北等省猕猴桃人工栽培发展很快，在山西秦岭北麓至渭河流域已建成全国规模最大的猕猴桃商品生产基地。猕猴桃果实为皮薄多汁，常温下极易软化腐烂，采后损失率极高，造成了巨大的经济损失。因此，搞好猕猴桃的贮藏保鲜具有重要的现实意义。

1. 贮藏特性

（1）种类和品种 猕猴桃种类很多，我国现有 50 多个种或变种，其中有经济价值的 9 种，以中华猕猴桃（又称软毛猕猴桃）和美味猕猴桃（又称硬毛猕猴桃）在我国分布最广，经济价值最高。目前国内主栽的是秦美和海瓦德品种，属美味猕猴桃；属中华猕猴桃的品种有魁蜜、庐山香、武植 3 号等。各品种的商品形状、成熟期及耐贮性差异很大，早熟品种 9 月初即可采摘，中熟、晚熟品种的采摘期在 9 月下旬～11 月上旬。从耐贮性看，晚熟品种明显优于早熟、中熟品种，其中秦美、海瓦德是商品性状好、比较耐贮藏的品种，在最佳条件下能贮藏 5～7 个月。

（2）呼吸跃变 猕猴桃是具有呼吸跃变的浆果，采后必须经过后熟软化才能食用。刚采摘的猕猴桃内源乙烯含量很低，一般在 $1\mu g/g$ 以下，并且含量比较稳定。经短期存放后，迅速增加到 $5\mu g/g$ 左右，呼吸高峰时达到 $100\mu g/g$ 以上。与苹果相比，猕猴桃的乙烯释放量是比较低的，但对乙烯的敏感性却远高于苹果，即使有微量的乙烯存在，也足以提高其呼吸水平，加速呼吸跃变进程，促进果实的成熟衰老。

（3）贮藏条件

① 温度 温度对猕猴桃的内源乙烯生成、呼吸水平及贮藏效果影响很大，乙烯发生量和呼吸强度随温度上升而增大，贮藏期相应缩短。秦美猕猴桃在 $0℃$ 能贮藏 3 个月，而在 $20\sim30℃$ 常温下 7～10d 即进入最佳食用状态，10d 之后进一步变软，进而衰老腐烂。大量研究和实践表明，$-1\sim0℃$ 是贮藏猕猴桃的适宜温度。

② 相对湿度 空气湿度是贮藏猕猴桃的重要条件之一，适宜湿度因贮藏的温度条件而稍有不同，常温库 RH $85\%\sim90\%$ 比较适宜，在冷藏条件下 RH $90\%\sim95\%$ 较为适宜。

③ 气体 对猕猴桃而言控制环境中的气体成分较之其他果实显得更为重要。由于猕猴桃对乙烯非常敏感，并且易后熟软化，只有在低 O_2 和高 CO_2 的气调环境中，才能明显使内源乙烯的生成受到抑制，呼吸水平下降，软化速度减慢，贮藏期延长。猕猴桃气调贮藏的适宜气体组合是 O_2 浓度 $2\%\sim3\%$ 和 CO_2 浓度 $3\%\sim5\%$。

2. 贮藏方式

（1）简易贮藏 简易贮藏方式包括沟藏、窑窖贮藏、地下室贮藏等。中熟、晚熟猕猴桃品种是在晚秋成熟采收，此时我国北方的气候已变得比较冷凉，利用这一气候条件，可对猕猴桃进行短期贮藏，晚熟品种可贮藏2个月左右。

贮藏期间的管理：早晚和夜间打开窗门，尽量纳入冷凉空气，使库温降到0℃，白天关闭所有窗门隔热，使库内维持较稳定的低温。库内相对湿度应维持在90%～95%，有利于保持果实的品质风味和降低损耗。

（2）机械冷库贮藏 恒定的低温可以抑制果实的呼吸代谢，降低酶活性与乙烯的产生，降低淀粉转化的速度，从而延缓猕猴桃果实的后熟和衰老过程。海瓦德和秦美品种最适宜的贮藏温度是0℃，相对湿度为95%。

（3）塑料薄膜封闭贮藏 在机械冷库内用塑料薄膜袋或帐封闭贮藏猕猴桃，是当前生产中应用最普遍的方式。此种方式与气调库的贮藏效果相差无几，晚熟品种可贮藏5～6个月之久，果实仍然新鲜并保持较高的硬度。

塑料薄膜袋用0.03～0.05mm厚的聚乙烯袋，每袋装果5～10kg。塑料薄膜帐用厚度0.2mm左右的聚乙烯或者无毒聚氯乙烯制作，每帐贮量1t至数吨。贮藏中应控制库温在−1～0℃、库内相对湿度85%以上，并使塑料袋、帐中的气体达到或接近猕猴桃贮藏要求的浓度。

（4）气调库贮藏 气调库贮藏猕猴桃是当前最理想的贮藏方式，在严格控制温度（0℃左右）、湿度（90%～95%）、气体（2%～3%的O_2和3%～5%的CO_2）条件下，晚熟品种的贮藏期可达到6～8个月，果实新鲜、硬度好，贮藏损耗在3%以下。如果气调贮藏配置有乙烯脱除器，贮藏效果会更好。

3. 贮藏技术要点

（1）采收 目前国内外普遍将可溶性固形物含量作为判断猕猴桃采收成熟度的指标，当可溶性固形物含量在6%～10%时，为贮藏最佳采收期，采收的果实可贮藏4～5个月。但不同国家和地区具体指标有所不同，如美国为6.5%，新西兰为6.2%，日本为6%～7%，法国为7%～7.5%。我国尚未有统一的采收指标，一般认为以7.5%～8.5%为宜。适时采收可增加果实的耐贮性，减少失重率。

（2）采后处理 主要包括预冷、分级和包装。猕猴桃分级主要是按果实体积大小划分。依照品种特性，剔除过小、畸形、有机械伤和病虫害的果实，一般将单果重80～120g的果实用于贮藏。

猕猴桃采收后应及时入库预冷，最好在采收当日入库，库外最长滞留时间不要超过2d，同一贮藏室应在3～5d内装满，封库后2～3d将库温降至贮藏适温，然后将果实装入0.05～0.07mm厚的聚乙烯袋中，封口后进行贮藏。采用塑料大帐贮藏时，降温接近0℃时封帐贮藏，有条件的可进行充氮降氧处理。

（3）贮藏管理 对于贮藏期不超过3个月的品种，只要控制贮藏要求的低温和高湿条件即可。对长期贮藏的猕猴桃，除控制适宜的温度和湿度条件外，还应采用CA或者MA贮藏方式，控制O_2和CO_2浓度，使二者尽可能达到或者接近贮藏所要求的浓度，有条件时可在气调库配置乙烯脱除器。另外，由于猕猴桃对乙烯非常敏感，故不能与易产生乙烯的果实如苹果等同贮一室，以免其他果实产生的乙烯诱导猕猴桃成熟软化。

三、柿子贮藏

柿树是我国主栽果树之一，分布地域辽阔，资源丰富，遍及20多个省市，年产鲜柿数亿千克。柿果上市集中，采后容易软化腐烂，故应市时间很短，直接影响了柿的商品价值。因此，柿的贮藏保鲜越来越受到重视。

1. 贮藏特性

（1）品种特性 柿的品种很多，一般分为涩柿和甜柿两大类。甜柿在树上能够自然脱色，采收后即可食用；涩柿充分成熟时尚含有较高的单宁，不能食用，在食用前需要进行人工脱涩。目前我国栽培的甜柿品种很少，主要有从日本引进的"富有""次郎"等品种。

（2）呼吸跃变 柿果属于呼吸跃变型果实。硬柿采收后经过一定时间可以自然软化，软化一旦发生就无法控制。柿果对乙烯十分敏感，约 $0.01\mu L/L$ 的外源乙烯就可以诱发呼吸高峰，导致柿子软化。因此，柿子可采用气调贮藏，并及时脱除贮藏环境中的乙烯。另外，柿子的脱涩处理均促进果实后熟衰老，脱涩后极易软化，不耐贮存、运销。因此，生产上长途运输或较长时间贮藏时，常采用先保硬后脱涩的方法。

（3）贮藏条件

① 温度 柿子的贮藏温度以 $0℃$ 为好，温度变幅应控制在 $±0.5℃$。为使柿子能够适应这一贮藏温度，采收后应及时预冷，使果温降至 $5℃$ 后入贮。

② 湿度 空气湿度对贮藏柿果很重要，适宜湿度为 $85\%\sim90\%$。

③ 气体 柿子对乙烯非常敏感，受乙烯影响易软化。但柿果对高 CO_2 和低 O_2 有较高的忍耐性，而 CO_2 又具有保硬和抑制呼吸、延缓衰老的作用。柿果气调贮藏的适宜气体组合为 $2\%\sim5\%$ 的 O_2 和 $3\%\sim8\%$ 的 CO_2，CO_2 伤害阈值是 20%。

2. 贮藏方式

（1）室内堆藏 在阴凉干燥且通风良好的室内或窑洞的地面，将选好的柿子在草上堆 $3\sim4$ 层，也可装箱贮藏。室内堆藏柿果的保硬期仅一个月左右。

（2）冻藏 生产中的冻藏方式分自然冻藏和机械冻藏两种。自然冻藏即寒冷的北方常将柿果置于 $0℃$ 以下的寒冷之处，使其冻结，可贮到春暖化冻时节。机械冻藏即将柿果置于 $-20℃$ 冷库中 $24\sim48h$，待柿子完全冻硬后放进 $-10℃$ 冷库中贮藏。冻藏柿果的色泽风味变化甚少，可以周年供应。但解冻后果实易软化流汁，必须及时食用。

（3）液体保藏 将耐藏柿果浸没在明矾、食盐混合溶液中。溶液配比为：水 $50kg$、食盐 $1kg$、明矾 $0.25kg$。保持在 $5℃$ 以下，此法可贮至春节前后，柿果仍保持脆硬质地，但风味变淡变咸。有研究认为，向液体中添加 0.5% $CaCl_2$ 和 $0.002g/L$ 赤霉素，可明显改善贮后的品质。

（4）气调贮藏 柿果在常温下各种贮藏方式的保硬期仅 1 个月左右，而 $0℃$ 冷藏条件下贮藏 2 个月，仍然保持良好的品质和硬度，但超过 2 个月则开始劣变。柿果对高 CO_2 和低 O_2 有较高的忍耐性，因此，柿果多采用 MA 或 CA 贮藏。气体成分可控制在 O_2 浓度 $2\%\sim5\%$，CO_2 浓度 $3\%\sim8\%$，应根据品种不同而调整气体组合。

3. 贮藏技术要点

（1）品种 通常晚熟品种比早熟品种耐贮藏，同一品种中，迟采收的比早采收的耐贮藏。如涩柿中陕西的七月燥柿、江西的于都盆柿等不耐贮藏，贮藏期仅约 1 个月。而广东、福建的元宵柿，河北赞皇等地的绵羊柿，河北、河南、山东、山西等省的大磨盘柿，陕西的火罐柿、鸡心柿及各地干帽柿、马奶头、大盖柿、莲花柿、牛心柿、镜面柿等可贮藏 $5\sim6$ 个月。此外，甜柿中的富有、次郎等品种也有较好的耐贮性。

（2）采收　贮藏的柿果，一般在9月下旬～10月上旬采收，即在果实成熟而果肉仍然脆硬，果面由青转淡黄色时采收。采收过早，脱涩后味寡质粗。甜柿最佳采收期是皮色变红的初期。采收时将果梗自近蒂部剪下，要保留完好的果蒂，否则果实易在蒂部腐烂。

4. 柿子脱涩

（1）脱涩原理

① 使单宁氧化　柿子在后熟过程中，由于旺盛的呼吸作用，单宁在酶的催化作用下被氧化，而变为不溶性沉淀，涩味消失。果肉的褐斑即为单宁氧化后所生成的物质。

② 使单宁凝固　由于柿子无氧呼吸产生的中间产物乙醛可与单宁物质结合，使之凝固成不溶性的树脂状物质，因而感觉不到涩味。如果采用人工方法，加速果实无氧呼吸的进行，在短时间内产生大量的乙醛，则柿子可在短时间内脱涩。

（2）脱涩方法

① 软柿脱涩　软柿也叫烘柿、丹柿。烘柿方法主要是利用乙烯、酒精等启动柿子的后熟过程，促使柿子进行旺盛的呼吸以氧化单宁，由于用乙烯催熟，提高了果胶酶的活性，因而使脱涩的果实变软，故称软柿。脱涩方法有以下几种。

a. 乙烯脱涩法：将装满柿子的果箱或筐，堆垛于专门的密封催熟室或薄膜大帐内，按照容积千分之一浓度通入乙烯气体，在20～25℃下密封2～3d开启，放置2～4d便可脱涩。脱涩后柿子色泽鲜艳，质地优良。

b. 乙烯利脱涩法：采果前用250mg/L的乙烯利溶液在树上喷果至果面潮湿；或采果后用500～1000mg/L的乙烯利溶液喷果或浸果，约经5d便可脱涩。

c. 酒精脱涩法：将柿果装入果箱中，用少量的酒精或60°以上的曲酒喷果，然后用塑料薄膜密封，在20～25℃下密封6～7d就可脱涩。

此外，可把柿果与其他成熟的果如苹果、香蕉、芒果、番木瓜等混装，借助这些水果所产生的乙烯脱涩。

② 硬柿脱涩　硬柿脱涩方法主要是促使柿子进行无氧呼吸以凝固单宁。方法有以下几种。

a. 热水脱涩：将柿果浸在30～40℃的热水中，保持这种温度16～18h，涩味即可消失。

b. 石灰水脱涩：每100kg柿果用生石灰5～7kg，生石灰先用少量水溶解，再加水稀释。石灰水用量以淹没柿果为度。浸果2～3d便可脱涩。

c. CO_2脱涩：适用于大批量柿果的脱涩。把柿果装入可以密闭的容器或塑料帐（薄膜厚0.2mm）中，然后通入CO_2，容器或塑料帐开两个小孔，一个作排气用，一个作充气用。用CO_2置换出容器中的空气后再密封，保温20～25℃。此法脱涩约需1周。据资料介绍，用塑料帐密封的方法，1次能处理2～2.5t，CO_2通气需用1.5h，气体用量约15kg，脱涩需4d左右。

四、草莓贮藏

草莓果色鲜红，柔软多汁，甜酸适口，有特殊的香味，是一种老幼皆宜的水果。它营养丰富，钙、磷和铁的含量比苹果、葡萄高，维生素C含量比苹果多10倍以上。但是草莓含水量高达90%～95%，果皮极薄，外皮无保护作用，在采收和运输过程中易受损伤而遭受病原菌侵染而腐烂变质。常温下果实放置1～3d就开始变色、变味，贮藏保鲜较为困难。

1. 贮藏特性

(1) 品种特性　草莓品种间的耐贮性差异较大。比较耐贮运的品种有：鸡心、硕密、狮子头、戈雷拉、宝交早生、绿色种子、布兰登保等，上海、春香、马群等品种不耐贮运。在用速冻法贮藏保鲜时，宜选用肉质致密的宝交早生和布兰登保等品种。

(2) 呼吸跃变　草莓属非跃变型果实，但果实采后水解酶活性大，呼吸强度较大。因此，尽管草莓对气体反应不敏感，但仍然要及时进入气调状态，以保持较高的酸度和叶柄、萼片绿色。

(3) 贮藏条件

① 温度　草莓0℃一般仅贮藏7～10d，接近冰点（－1.0℃）时可贮藏1个月左右。因此，草莓同其他果实一样，在不受冻害的情况下，贮藏温度越低越好。

② 湿度　湿度对草莓贮藏十分重要，高湿或积水对草莓贮藏极为不利。其组织娇嫩，极易产生机械伤害，高湿极易腐烂，并产生异味。相对湿度一般90％～95％较适宜。

③ 气体　草莓可耐高CO_2，10％～30％的CO_2可降低呼吸强度和微生物腐烂，但长时间30％CO_2或更高的CO_2会引起不良变味。一般2％～3％的O_2和5％～6％的CO_2较适于草莓的贮藏。

2. 贮藏方式

(1) 冷库贮藏　草莓适宜的贮藏温度为0℃，相对湿度为90％～95％。所以草莓采收后及时强制通风冷却，使果温迅速降至1℃，再进行冷藏，效果较好。

(2) 气调贮藏　将采收预冷后的草莓，按定量0.5kg左右装入聚乙烯塑料盒或纸盒中，将其置于厚度为0.06mm的聚乙烯塑料袋中，在袋内放入适量亚硫酸钠及乙烯吸收剂，扎紧袋口，进行气调贮藏（15％～20％的CO_2和3％～5％的O_2，温度0℃）。注意：贮藏环境中CO_2不宜超过25％，O_2不宜太低，以免损伤果实。

(3) 速冻贮藏　选成熟度80％（果面4/5着色）的草莓，大小适中、无损伤、新鲜的果实，品种以果肉致密的宝交早生、戈雷拉等耐冻品种为佳，可避免冷冻时出现裂果。

工艺流程：选果→洗果→消毒→淋洗→沥水→称量→加糖→摆盘→速冻→装袋→密封→装箱→冻藏

在－40～－35℃低温、风速3m/s的条件下，20min内完成冻结，然后在－18℃下贮藏。出库前，应在5～10℃下缓慢解冻80～90min，草莓品质保持较好。加糖的草莓比不加糖的草莓解冻速度要快。

(4) 涂膜贮藏　涂膜是近几年发展较快的保鲜技术，应用较多、效果较好的有壳聚糖膜。壳聚糖涂膜31d后仍能使草莓保持较高的硬度和维生素含量。壳聚糖浓度会影响草莓的品质及贮藏效果。目前推荐的壳聚糖的最适浓度为0.5％，也可采用0.8％的对羟基苯甲酸乙酯和0.5％的硬脂酸单甘酯复合涂膜，使用效果较好。

3. 贮藏技术要点

(1) 品种　一般选择戈雷拉、宝交早生、鸡心、硕密、狮子头、绿色种子、布兰登保和硕丰等耐贮藏的中熟、晚熟品种进行贮藏。

(2) 采收　草莓最好分次分批采收，一般每日或隔天采收一次。一般在草莓表面3/4颜色变红时采收为宜，过早采收，果实颜色和风味都不好。采摘时连同花萼自果柄处摘下，避免手指触及果实。果实边采边分级，以减少翻动所造成的机械损伤。采下的草莓宜用小容器盛装，切勿使其受损伤。

(3) 产品处理 主要包括预冷和包装。草莓宜采用子母箱，子箱采用 PE 塑料盒或纸盒，果实整齐排列，封盖后将其装入内衬保鲜袋的母箱，母箱装量为 5～10kg。装箱时切忌翻动，避免碰破果皮。盛满草莓后，应及时预冷，进行药剂处理，入冷库贮藏。

任务十九　常见果品采后病害的识别与防治

※ 任务工作单

学习项目：常见果品贮藏技术		工作任务：常见果品采后病害的识别与防治	
时间		工作地点	
任务内容	根据作业指导书，以小组为单位，通过观察识别几种常见果品的主要采后病害，分析病害的产生原因，探讨防治途径		
工作目标	知识目标： ①了解常见果品采后病害的特征； ②掌握常见果品采后病害的识别方法； ③掌握常见果品采后病害的防治方法。 技能目标： ①能识别常见果品病害的发病特征； ②能准确分析病害产生的原因； ③能做好常见果品病害的防治措施。 素质目标： ①小组成员分工合作，培养学生沟通和协作能力； ②阅读背景材料和必备知识，查阅文献，培养学生自学和归纳总结能力； ③讨论分析病因，培养学生的分析解决问题能力； ④讨论防治措施，培养学生的思考和语言表达能力		
成果提交	调查分析报告		
验收标准	常见果品采后病害的特征		
提示			

※ 作业指导书

【材料和用具】

柑橘、香蕉、苹果、梨；仲丁胺、甲基托布津、乙氧基喹（虎皮灵）；冰箱、通风贮藏库、聚乙烯薄膜、解剖刀、显微镜。

【作业流程】

选择病害果品 → 识别病害 → 分析病发原因 → 探讨防治措施 → 分析结果总结

【操作方法】

1. 预先收集果品的主要贮运病害以供鉴别使用

常见的病害有苹果和梨的虎皮病、苦痘病、红玉斑点病、蜜病、黑心病、CO_2伤害、青绿霉病、炭疽病、轮纹病；柑橘的褐斑病、枯水病、水肿病、冷害、青绿霉病、蒂腐病、褐腐病、酸腐病。

2. 果品外观观察

观察记载果实的外观、病症或病斑的部位、形状、大小、色泽，有无菌丝或孢子，区分生理性病害和侵染性病害。记载果品的外观、病症或病斑部位、形状、大小、色泽、微生物等特征，记载染病组织和健康组织的形态和风味差异。

3. 果品切开观察

切开病果，观察病部和正常部位的组织形态差异，感官鉴别病果和正常果的风味和质地。

4. 果品的镜检

对于侵染性病害，如有菌落或孢子着生，可镜检病部微生物的形态，尝试鉴别病原菌。镜检并描绘致病微生物菌体或孢子的形态。

5. 统计发病率和病情指数

$$发病率（\%）=\frac{病果数}{总果数}\times100\% \qquad 病情指数=\frac{\sum（级数\times果数）}{最高级数\times总果数}\times100$$

式中的级数一般可按 0～4 级划分：

（1）0 级为健康果；

（2）1 级为轻微病果（仅有少量的病部或病斑）；

（3）2 级为中等程度的病果（病部或病斑占 1/5～1/3 左右的果实组织或总表面）；

（4）3 级为较重的病果（病部或病斑占 1/3～1/2 左右果实组织或总表面）；

（5）4 级为严重病果（病部或病斑占 1/2 以上的果实组织或总表面）。

6. 说明（几种重要病害的发生和防治）

（1）低温伤害 取一定量的青香蕉，分别贮藏于 5℃、8℃、11℃、14℃、17℃。定期测定果实中的乙醛、乙醇含量和细胞膜电解液渗透率的变化，鉴别冷害的外观和组织特征，观察比较不同温度条件下果实的冷害发生情况。

（2）苹果虎皮病 取一定量的小国光苹果，分别做如下处理。

① 2.5g/L 乙氧基喹溶液（加适量表面活性剂如洗洁精等）浸果 1min，以清水加适量表面活性剂做对照处理，果实处理后在通风场所晾干。

② 0.01mm 聚乙烯薄膜袋包果处理，以不包果为对照。

③ 不同贮藏温度处理。将经上述处理的果实贮藏于 0℃、5℃、10℃的冰箱中和室温中。

试验应设 2～3 次重复。经一定时期的贮藏后，检查虎皮病的发病状况，比较各种处理和不同贮藏温度对虎皮病发病率的影响。

（3）侵染性病害 以观察研究贮藏中果品的青绿霉病为主。

取适量的柑橘，分为 3 组。第一组用仲丁胺以 0.2mL/kg 的剂量做熏蒸处理。处理方法：按 1kg/袋的装量将柑橘装入薄膜袋，袋内放入滤纸，滴入 0.2mL 仲丁胺，封闭袋口。第二组采用 1g/L 甲基托布津洗果，室温下晾干后装袋。第 3 组为对照，不做任何处理直接装袋。试验重复 3 次，贮藏在室温下，使其自然发病。发病后观察霉菌和菌落形态，并计算发病率和病情指数。

7. 结果分析

根据调查结果，分析贮运环境条件和各种处理对病害发病率的影响、造成病害的可能原因，并提出改进措施。

※ 工作考核单

工作考核单详见附录。

必备知识四　核果类贮藏

桃、李、杏和樱桃都属于核果类果实。核果类果实色鲜味美，成熟期早，对调节晚春和伏夏的市场供应起到了重要作用。这类果实成熟期正值一年中气温较高的季节，果实采后呼吸十分旺盛，很快进入完熟衰老阶段。因此，一般只做短期贮藏。

一、贮藏特性

1. 品种

核果类果实不同品种的耐贮性差异很大。一般早熟品种不耐贮运，中熟、晚熟品种耐贮性较好。如桃的早熟品种五月鲜、水蜜桃等不耐贮藏；晚熟品种肥城桃、深州蜜桃、陕西冬桃等则较耐贮运。另外，大久保、白凤、岗山白、燕山红等品种也有较好的耐贮性。离核品种、软溶质品种等的耐贮性差。李、杏和樱桃的耐贮性与桃类似。

2. 生理特性

（1）**呼吸强度与乙烯变化**　桃、李、杏均属呼吸跃变型果实。桃采后具有双呼吸高峰和乙烯释放高峰，呼吸强度是苹果的 3～4 倍，果实乙烯释放量大，果胶酶、纤维素酶、淀粉酶活性高，果实变软败坏迅速，这是桃不耐藏的重要生理原因。

通常认为，樱桃属于非呼吸跃变型果实，成熟果实采后用乙烯处理不引起呼吸的明显加快。甜樱桃果实采后生理代谢旺盛，呼吸强度高达 1000～1400mg CO_2/（kg·h），是苹果和梨的 40～60 倍，而且呼吸高峰出现在采后 1～4d，所以极易发生变质和腐烂。

（2）**低温伤害**　核果类果实除樱桃外，其他几种对低温非常敏感，一般在 0℃ 下贮藏 3～4 周即发生低温伤害，表现为果肉褐变、生梗、木质化，丧失原有风味。一般贮藏适温为 0～1℃。

（3）**气体成分**　桃对低 O_2 忍耐程度强于高 CO_2。对大久保、绿化 9 号桃研究发现，0～1℃ 下控制 O_2 浓度 2%～3% 和 CO_2 浓度 3%～8%，贮藏 60d 后，果实未发现衰败症状。研究发现 CO_2 浓度过高，无论低温或常温贮藏，都会造成核果类果实（除樱桃外）不可逆转的硬化，品质劣变或有异味。但甜樱桃果实对高浓度 CO_2 具有较强的忍耐力。甜樱桃果实在 10% CO_2 条件下比在 5% CO_2 中生成的乙醇含量低，说明高浓度 CO_2 不会加重甜樱桃果实的无氧呼吸。

二、贮藏方式

1. 桃

(1) 常温贮藏　虽然桃不宜采取常温贮藏方式，但由于运输和货架保鲜的需要，可采取一定的措施来延长桃的常温保鲜寿命。

① 钙处理　用 0.2%~1.5% 的 $CaCl_2$ 溶液浸泡 2min 或真空浸泡数分钟桃果，沥干液体，裸放于室内，对中熟、晚熟品种可提高耐贮性。

② 热处理　用 52℃ 恒温水浸果 2min，或用 54℃ 蒸汽保温 15min，可杀死病原菌孢子，防止腐烂。

③ 薄膜包装　一种是用 0.02~0.03mm 厚的聚氯乙烯袋单果包装，也可与钙处理或热处理联合使用效果更好。另一种是特制保鲜袋装果。国家农产品保鲜研究中心研制成功的 HA 系列桃保鲜袋，厚 0.03mm，该袋通过制膜时加入离子代换性保鲜原料，可防止贮藏期发生 CO_2 伤害，其中 HA-16 用于桃常温保鲜效果显著。

(2) 冷库贮藏　在 0℃、相对湿度 90%~95% 的条件下，桃可贮藏 3~4 周。若贮藏期过长，果实风味变淡，产生冷害且移至常温后不能正常后熟。冷藏中采用塑料小包装，可延长贮藏期，获得更好的贮藏效果。

(3) 气调贮藏　国内推荐 0℃ 下，1%~2% 的 O_2 和 3%~5% 的 CO_2，桃可贮藏 4~6 周，其中 1% 的 O_2 和 5% 的 CO_2 贮藏油桃，贮藏期可达 45d。将气调或冷藏的桃贮藏 2~3 周后，移到 18~20℃ 的空气中放 2d，再放回原来的环境继续贮藏，能较好地保持桃的品质，减少低温伤害。据报道，国外用此法贮藏桃的耐藏品种，贮藏期可达 5 个月。这是目前桃贮藏期最长的报道，但贮藏条件及操作程序要严格掌握。

(4) 间歇升温贮藏　间歇升温贮藏是高于冷害临界温度贮藏以减轻冷害的一种方法。当温度低于冷害临界温度时，果实就会发生冷害，中断低温会推迟冷害的发生，减轻冷害程度。七八成熟大久保桃置于 (2±1)℃ 条件下冷藏，每隔 10d 将果实置室温（25~28℃）升温 24h，36h，然后再进行冷藏。这样间歇升温既可使桃果实避免冷害，又可保持果实良好的色泽和风味。白凤桃果实在 0℃ 下贮藏 20d 以后出现肉质发绵和干化的絮败现象，而每隔 9d 在 18℃ 下升温 24h，能有效减缓絮败的发生。

2. 李

李采后软化进程较桃稍慢，果肉具有韧性，耐压性比桃强，商业贮藏多以冷藏为主。在 0~1℃、85%~90% 相对湿度下，贮藏期一般可达 20~30d，若结合间歇升温处理，贮藏期可进一步延长。用 0.025mm 厚的聚乙烯薄膜袋包装，每袋装果 5kg，在 0~1℃、1%~3% 的 O_2 和 5% 的 CO_2 条件下，贮藏期可达到 10 周左右，腐烂率较低。

3. 杏

杏很少在商业上大量贮藏，生产上可进行短期机械冷藏。贮温 0~1℃，相对湿度 90%~95%，若再辅以调节气体成分，控制 O_2 浓度 2%~3%，CO_2 浓度 2.5%~3%，可贮藏 20d。杏在常温下贮运和低温下贮藏时间过长，都易发生褐变和由根霉引起的腐烂。

4. 樱桃

(1) 简易包装贮藏　简易包装贮藏适于短期贮藏。温度为 1℃，其方法简便易行，成本低，但要注意选用无毒和透气性较好的薄膜袋包装，使其具有一定的气调平衡能力，有效地将 O_2 和 CO_2 浓度控制在 3%～10% 之间，以发挥其自发性气调延缓衰老、抑制病菌生长和减少水分损失的作用。由于果实皮薄多汁、抗机械损伤能力差，因此薄膜袋不宜过大，以每袋装果 0.5～2kg 为宜。

(2) 气调贮藏　气调贮藏适于长期贮藏。气体指标为 3%～5% 的 O_2 和 5%～10% 的 CO_2，相对湿度为 90%～95%，而且每个果箱中不宜装果太多。在此条件下，早熟品种可存放 50～60d，晚熟硬质品种则可存放 90d 之久。通过气调贮藏，其果实腐烂率和褐变程度均较低，而且硬度、颜色和风味仍能保持良好。

三、贮藏技术要点

1. 采收

影响核果类贮藏效果的因素很多，其中采收期是影响的主要因素之一。采收过早，产量低，果实成熟后风味差且易受冷害；采收过晚，果实过软易受机械伤，腐烂严重，难以贮藏。因此，掌握适宜的采摘期，既能让果实生长充分，基本体现出本品种的色、香、味等品质，又能保持果实肉质紧密时适时采收，是延长贮藏寿命的关键措施。

一般用于贮运的桃应在七八成熟时采收。李应在果皮由绿转为该品种特有颜色，表面有一薄层果粉，果肉仍较硬时采收。樱桃果实柔软，皮薄，易擦伤，采后应放在垫有软草或纸屑的浅篮中。采收时要带有果柄，减少病菌入侵机会。果实在树上成熟不一致时应分批采收。

2. 预冷

核果类果实采收季节气温高，高温下果实软化腐烂很快，故采后应尽快除去田间热。一般在采后 12h 内、最迟 24h 内将果实冷却到 5℃ 以下，可有效地抑制桃褐腐病和软腐病的发生。迅速预冷可更好地保持果实硬度，减少失重，控制贮藏期病害。

3. 包装

桃包装容器不宜过大，以防振动、碰撞与摩擦。一般是用浅而小的纸箱盛装，箱内加衬软物或格板，每箱 5～10kg。也可在箱内铺设 0.02mm 厚的低密度聚乙烯袋，袋中加乙烯吸收剂后封口，可抑制果实软化。

李装载量不宜过多，包装容器宜用格箱，一般装量在 8～12kg。内包装可用聚乙烯薄膜袋，每袋装果 3kg，再装入容器中。

樱桃适于装入 0.06～0.08mm 厚的聚氯乙烯薄膜袋中，每袋装果 2～2.5kg，扎紧袋口，置于小型纸箱中贮藏。

4. 间歇升温控制冷害

间歇升温处理可以分解排除冷害条件下积累的有毒物质，并补充冷害中消耗的物质，修补冷害对膜、细胞器和代谢途径的伤害，从而推迟冷害的发生，减轻冷害程度。对低温敏感的李贮藏 15～20d 后，进行升温处理，可有效防止冷害。李丽萍研究了 25～28℃ 的间歇升温处理对 (2±1)℃ 冷藏条件下的大久保桃的影响，结果表明，适当的间歇升温既可使果实避免冷害，又可保持其良好的色泽和风味。

必备知识五　坚果类贮藏

一、板栗贮藏

板栗营养丰富，种仁肥厚甘美，是我国特产干果和传统的出口果品。目前种植面积66.67万公顷以上，产量居世界首位。板栗采收季节气温较高，呼吸作用旺盛，导致果实内淀粉糖化，品质下降，大量的板栗因生虫、发霉、变质而损失掉。因此，做好板栗贮藏保鲜十分必要。

1. 贮藏特性

（1）生理特性　板栗采收脱苞后，由于含水量高和自身温度高，淀粉酶、水解酶活性强，呼吸作用十分旺盛，故板栗采后应及时进行通风、散热、发汗，使果实失水达5%～10%，可减少腐烂霉变。板栗贮藏中既怕热怕干，又怕冻怕湿，防止霉烂、失水、发芽和生虫是板栗贮藏技术的关键。

（2）品种　一般嫁接板栗的耐贮性优于实生板栗，北方品种优于南方品种，中熟、晚熟品种又较早熟品种耐贮藏。我国板栗以山东薄壳栗、山东红栗、湖南和河南油栗等品种最耐贮。

（3）贮藏条件　板栗适宜的贮藏温度为：从入库至次年1月底前温度为0℃，2月份以后温度为-3℃；相对湿度控制在85%～95%；贮藏环境的气体条件为O_2 2%～3%，CO_2 10%～15%。

2. 贮藏方式

（1）沙藏法　南方多在室内阴凉地面上铺一层高粱秆或稻草，然后铺沙约6cm厚，沙的湿度以手握成团、手松散开为宜。然后以一份栗二份湿沙混合堆放，或栗和沙交互层放，每层约10cm厚，最上层覆沙5～7cm，然后用稻草覆盖，高度约1m。每隔20～30d翻动检查一次。

（2）架藏法　在阴凉的室内或通风库中，用毛竹制成贮藏架，每架三层，长3m，宽1m，高2m。架顶用竹制成屋脊形。栗果散热2～3d后，连筐（25kg/筐）浸入清水2min，捞出后堆码在竹架上，再用0.08mm厚的聚乙烯大帐罩上，每隔一段时间揭帐通风1次，每次2h。进入贮藏后期，可用2%食盐水加2%纯碱混合液浸泡栗果，捞出后放入少量松针，罩上帐子继续贮藏。

（3）冷藏和气调贮藏　板栗不同贮藏周期选用不同贮藏方式。短期贮藏（<4个月）可采用冷藏，中长期贮藏（4～6个月）采用自发气调贮藏（MA），较长期贮藏（>6个月）采用气调贮藏。可用麻袋（90kg/袋）包装板栗，在温度0～1℃、相对湿度85%条件下堆高6～8袋进行贮藏。如在麻袋内衬0.06mm厚的打孔聚乙烯薄膜袋，可减少栗果失水，使贮藏期达到1年。为防止栗果发霉，洗果后可用500倍的甲基托布津浸果10min，晾干后装袋，贮藏6个月以上，霉烂果仅有1%～2%。

3. 贮藏技术要点

（1）采收　果实采收适期为板栗苞呈黄色并开始开裂，坚果变成棕褐色。对整棵树来说，有1/3总苞数开裂时即为适宜采收期。采收过早，气温偏高，坚果组织鲜嫩，含水量高，淀粉酶活性高，呼吸旺盛，不利贮藏。若采收过迟，则栗苞脱落，造成损失。雨水或露水未干时采收，果实易于腐烂，因此，须避开雨天和有露水的时间采收。

(2) 预冷 及时冷却对板栗贮藏极为重要，这在南方地区尤为突出，田间热除去不及时和呼吸热积累会造成板栗种仁被"烧死"。在采收后迅速摊晾降温，如有可能采用强制通风的预冷方法，促使板栗的品温迅速降至贮藏温度要求。预冷前最好解除包装，因为在板栗降温的过程中，会出现大量的凝结水，附着在果实表面致使板栗贮藏中霉烂增加。预冷达到要求并包装后整齐堆放，不要太"实"，防止垛中热量散发不出来。

(3) 防腐处理 导致板栗腐烂的病菌多为腐生性真菌，主要有青霉菌属、毛霉菌属、根霉菌属等。可用 500 倍甲基托布津或 0.1％ $KMnO_4$ 溶液浸果 3min，晾干后贮藏，既能减少腐烂，又能抑制板栗发芽。

二、核桃贮藏

核桃是一种营养价值极高的干果，又是很好的木本油料。据报道，每 100g 干核桃仁中含有蛋白质 15.4g、脂肪 63g、糖类 10g。核桃多分布在我国北方各省，如山西的光皮绵核桃和穗状绵核桃，河北的露仁核桃，陕西的商洛核桃，山东的麻皮核桃及新疆的薄皮核桃均为味美、出油率高的优良品种。核桃在贮藏期间容易发生霉变、虫害和变味。核桃富含脂肪，而油脂易发生氧化败坏，尤其在高温、光照、氧充足条件下，加速氧化反应，这是核桃败坏的主要原因。因此，核桃贮藏条件要求冷凉、干燥、低 O_2 和背光。

1. 贮藏特性

核桃脂肪含量高，约占种仁的 60％～70％，因而易发生脂肪氧化败坏。核桃贮藏期间，脂肪在脂肪酶作用下水解成脂肪酸和甘油，甘油进行代谢或进入呼吸循环；脂肪酸因组分不同，可进行 α-氧化、β-氧化等，生成许多反应产物。低分子脂肪酸氧化生成醛或酮都有臭味，油脂在日光下可加速此反应。

核桃在 21℃下贮藏 4 个月就会发生败坏，而在 1℃下贮藏 2 年才有败坏变质表现。种仁的皮中含有一些类似抗氧化剂的化合物，这些化合物首先与空气中的氧发生氧化，从而保护种仁内的脂肪酸不易被氧化。脱壳的核桃仁在贮藏过程中转为深色就是种皮被氧化的结果，虽然种仁的商品外观不雅，但仍能使种仁风味无太大变化。

2. 贮藏方式

(1) 常温贮藏 将晒干的核桃装入布袋或麻袋吊在室内，或装入筐（篓）内堆放在冷凉、干燥、通风、背光的地方，可贮藏至翌年夏季之前。

(2) 冷藏 核桃适宜的冷藏温度为 1～2℃，相对湿度为 75％～80％，贮藏期在 2 年以上。

(3) 塑料薄膜大帐贮藏 将核桃密封在帐内，抽出帐内部分空气，通入 50％ CO_2 或 N_2，可抑制呼吸，减少损耗，抑制霉菌活动，还可防止油脂氧化。北方地区冬季气温低，空气干燥，一般秋季入帐的核桃不需要立即密封，至翌年 2 月下旬气温回升时开始密封，如果空气潮湿，帐内必须加吸湿剂，并尽量降低贮藏室内的温度。

3. 贮藏技术要点

(1) 采收 生产上核桃果实的成熟标志是青皮由深绿变淡黄，部分外皮裂口，个别坚果脱落。核桃在成熟前一个月内果实大小和鲜重（带青皮）基本稳定，但出仁率与脂肪含量均随采收时间推迟呈递增趋势。采收过早的核仁皱缩，呈黄褐色，味淡；适时采收的，核仁饱满，呈黄白色，风味浓香；采收过迟则使核桃大量落果，造成霉变及种皮颜色变深。

我国主要采用人工敲击方式采收核桃，此法适于小面积的分散栽培。国外有的采用振荡法振落采收，当95％的外果皮与坚果分离时，即可采收。适时采收的核桃约50％的坚果可自然脱出，可不用堆积处理。外皮尚未开裂的核桃则需堆起，并随时翻动以免外果皮污染种壳，经5～7d外果皮脱落后，用水将坚果淘洗干净，晾干后即可贮藏。

（2）干燥　坚果干燥是使核壳和核仁的多余水分蒸发掉，其含水量均应低于8％，高于这个标准时，核仁易生长霉菌。生产上以种仁皮色由白变为金黄、隔膜易于折断、种仁皮不易和种仁分离为宜。研究认为，核桃干燥温度不应超过43.3℃，温度过高会使核仁脂肪败坏，并破坏核仁种皮的天然化合物。

我国核桃的干燥，北方以日晒为主，先阴凉半天，再摊晒5～7d可干。南方由于采收时多阴雨天气，多采用烘房干燥，温度先低后高，至坚果互相碰撞有清脆响声时，即达到水分要求。美国普遍采用固定箱式、吊箱式或拖车式干燥机，以0.5m/s、43.3℃的热风吹过，核桃干燥速度快，效率高。

任务二十　果品贮藏保鲜效果鉴定

※ 任务工作单

学习项目：常见果品贮藏技术		工作任务：果品贮藏保鲜效果鉴定	
时间		工作地点	
任务内容	根据作业指导书，以小组为单位，通过对果品贮藏效果的鉴定，了解其贮藏前后的变化，分析变化原因，探讨管理措施，提高贮藏效果		
工作目标	知识目标： ①了解果品贮藏保鲜效果鉴定原理； ②掌握果品贮藏效果鉴定的内容； ③掌握果品贮藏效果鉴定的方法。 技能目标： ①能熟练使用天平、糖度计等工具； ②能对果品正确地分等分级； ③能按要求计算保鲜指数； ④能根据保鲜指数高低确立最优贮藏条件。 素质目标： ①小组成员分工合作，培养学生沟通和协作能力； ②阅读背景材料和必备知识，查阅文献，培养学生自学和归纳总结能力； ③讨论分析病因，培养学生的分析解决问题能力； ④讨论管理措施，培养学生的思考和语言表达能力		
成果提交	鉴定报告		
验收标准	果品分等分级标准		
提示			

※ 作业指导书

【材料与器具】

经不同贮藏方法贮藏的柑橘；台秤、天平、糖度计等。

【作业流程】

样品选择 → 贮藏效果鉴定 → 数据记录 → 保鲜指数计算 → 鉴定报告

【操作要点】

1. 样品选择

随机称取经过贮藏保鲜的果品20kg，平均分成4份。

2. 贮藏效果鉴定

贮藏效果鉴定主要包括颜色、饱满度、可溶性固形物和硬度、病虫害损耗等。可通过感官或仪器鉴定，见表7-1。

表 7-1 柑橘的贮藏效果鉴定

品种	贮藏时间		含汁量/%		固形物		色泽		风味	采后药剂处理		烂耗	备注
	贮藏期	贮藏天数	果汁	滤渣	贮前	贮后	果皮	橘瓣		种类	浓度	好果率/%	

3. 分级标准制定

将样品食用价值和商用价值标准分3～5级。最佳品质为最高级，损耗为0级。品质居中的个体按标准分别划入中间级值，通过级值反应品质的差异，因此，拟定分级标准时，要求级间差别应当相等，并明确指标。然后进行鉴定分级，保鲜指数越高，保鲜效果越好，计算保鲜指数公式如下。

$$保鲜指数 = \frac{\sum(各级级数 \times 数量)}{各级级数 \times 总数量} \times 100$$

4. 结果分析

分析记录的数据，对贮藏结果进行分析，探索比较理想的贮藏组合，对发现的不足提出改进措施。

※ 工作考核单

工作考核单详见附录。

必备知识六　香蕉、枣贮藏

一、香蕉贮藏

香蕉属热带水果，在我国的水果生产中占有重要的位置。我国香蕉的主产区是广东、广西、福建、海南、云南和台湾等地区。香蕉生产的最大特点是周年生产，四季收获，因此香蕉的保鲜问题是运销而非长期贮藏。

1. 贮藏特性

（1）品种 我国原产的香蕉优良品种高型蕉主要有广东的大种高把、高脚顿地雷、齐尾；广西高型蕉；台湾、福建和海南的台湾北蕉。中型蕉有广东的大种矮把、矮脚顿地雷。短型蕉有广东高州矮香蕉、广西那龙香蕉、福建天宝蕉、云南河口香蕉。近年引进的有澳大利亚主栽品种"威廉斯"。

（2）呼吸跃变 香蕉是典型的呼吸跃变型果实。随着呼吸跃变的到来，果实会发生一系列明显的生理生化变化：果实变软，果皮褪绿变黄，这是由于叶绿素分解后，原来已存在的类胡萝卜素的颜色显现出来并成为优势颜色；果实由绿色转黄色首先是中间先转黄，然后是两端转黄，果实两端未转黄时，表明果肉的淀粉还未全部转化为糖，果实的甜味和香味不浓，略带涩味，当果实两端都变黄时，淀粉基本转化为糖，风味变甜，并散发出浓郁的香气；当全黄果出现褐色小斑点（俗称梅花斑）时，已属过熟阶段。香蕉对乙烯非常敏感，只要贮藏环境存在极微量的乙烯就足以启动香蕉的后熟作用，引发呼吸高峰。因此，抑制乙烯的产生和延缓呼吸跃变的到来是香蕉贮藏保鲜的关键。

（3）冷害 降低环境温度是延迟呼吸跃变到来的有效措施。但是香蕉对低温十分敏感，11℃是冷害的临界温度。香蕉冷害的典型症状是果皮变暗无光泽，呈暗灰色，严重时则变为灰黑色，催熟后果肉不能变软，果实不能正常成熟。冷害是香蕉夏季低温运输或秋冬季北运过程不可忽视的问题。一般认为11～13℃是广东香蕉的最适贮温。

2. 贮藏方式

（1）低温贮藏 低温贮运是香蕉最常用、效果最好的方式。香蕉在低温贮运前最好进行预冷，以便迅速除去果实所带的田间热，使冷藏车船上的香蕉能尽快降到适宜的冷藏温度，避免温度波动。香蕉低温贮藏运输的适宜温度是11～13℃，低于11℃会发生冷害。

（2）常温贮藏 香蕉常温贮藏运输一般只可用于短期或短途的贮运，并要注意防热防冻。在常温运输中，配合使用乙烯吸收剂，可显著延长贮运时间。

（3）气调贮藏 气调贮藏对延长香蕉的贮藏寿命是有效的，在低O_2、高CO_2条件下乙烯的生物合成受到抑制，从而延缓了香蕉的后熟进程。气调贮藏适宜的气体比例是2％～5％的CO_2和2％～5％的O_2。已有实验证明，自发气调贮藏结合乙烯吸收剂技术，可将香蕉保鲜时间延长2～4倍。

3. 贮藏技术要点

（1）采收 根据香蕉采后运输时间、贮运条件及采收季节不同，确定适当的采收成熟度，可使用目测果穗中部果指的果棱和果皮颜色来判断成熟度，判断标准见表7-2。在采

表7-2　香蕉成熟度判断标准

成熟度	判断标准
<70％，不宜采收	果实棱角明显高出，果面凹至平，果色浓绿
70％，可采收	果身近于平满，果实棱角较明显，果色青绿，横切面果肉发白
80％，可采收	果身较圆满，尚现棱角，果色褪至浅绿，横切面果肉中心微黄，发黄部位直径不超过1cm
90％，可采收	果身圆满，基本无棱角，果色褪至黄绿，果肉大部分变黄，发黄面积超过横切面的2/3

后处理及贮运过程中，要防止受到机械损伤，损伤会导致香蕉成熟加快，病菌侵染，引起腐败。

（2）去轴落疏　由于蕉轴含有较高的水分和营养物质，而且结构疏松，易被微生物侵染而导致腐烂，而且带蕉轴的香蕉运输、包装均不方便，因此香蕉采后一般要进行去轴落疏。用专用的弧形落疏刀逐疏脱离果轴，切口距果指分叉口为 3～4cm，落疏后将果柄切口修整平滑。

（3）清洗防腐　落疏后进行浸泡清洗，然后使用配好的杀菌剂均匀喷雾或浸泡进行防腐，再用风扇吹干或晾干。使用的杀菌剂有噻菌灵、咪鲜胺锰络合物、异菌脲、抑霉唑等，可单用也可复合使用。同时除去果指末端上的残花。

（4）催熟　香蕉采后必须要经过一个催熟过程才能食用，如果让其自然成熟则需要较长的时间，而且果实易失水萎蔫，着色不均，香味逸散，品质较差。香蕉催熟的方法主要有以下两种。

① 乙烯催熟　将香蕉放入一个密封室内，按 1∶1000 的浓度（乙烯与催熟室的空气容积比）通入乙烯气体，在 20℃、85％相对湿度下，经过 24h 的处理即可达到催熟效果。

② 乙烯利催熟　将乙烯利配制成一定浓度的溶液（17～19℃用 2000～4000μL/L；20～23℃用 1500～2000μL/L；24～27℃用 1000μL/L），直接喷洒或浸蘸，以每个蕉果都蘸到药液为宜，处理后让其自然晾干，一般存放 3～4d 即可。

除以上两种方法外，民间还有采用熏香催熟和混果催熟的方法来催熟香蕉。

（5）包装　近年来香蕉的包装多用瓦楞纸箱，内衬聚乙烯薄膜袋，聚乙烯薄膜袋的厚度宜在 0.03～0.04mm。在包装内加入浸有饱和高锰酸钾溶液的蛭石或其他的轻质多孔材料，可显著延长香蕉的贮藏期。

（6）贮藏　香蕉最适贮运条件为：温度 13～14℃，空气相对湿度 80％～90％，O_2 和 CO_2 浓度均为 2％～5％。添加乙烯吸收剂时也可在常温下贮藏，夏季常温下可贮藏 15～30d，冬季常温下可贮藏 1～2 个月。

二、枣贮藏

枣原产于我国，已有 3000 多年的栽培历史，主要分布在河北、河南、山东、山西、陕西、甘肃等省。枣是我国独具优势的果树之一，鲜枣营养丰富，肉脆味美，具有很高的营养价值和药用价值，尤其以维生素 C 含量丰富而著称，100g 鲜果肉中维生素 C 含量可高达 400～600mg。近年来发现枣果肉中含有的环磷酸腺苷和黄酮类物质有助于防治冠心病、心肌梗死等疾病。

鲜枣采后常温下果肉极易失水皱缩、软化变褐和发酵霉烂，自然放置 3～5d 即失去鲜脆感，生产上常将其制成干枣或加工品，显著降低了枣的营养价值。故做好鲜枣贮运保鲜，对减少采后损失，延长市场供应期，促进我国枣业资源开发和产业化具有重要意义。

1.贮藏特性

（1）品种　鲜枣的耐贮性因品种不同而差异很大。一般而言，晚熟品种较早熟品种耐贮，鲜食与制干兼用品种较耐贮，抗裂果品种较耐贮，小果型品种耐贮性较好。比较耐藏的品种有襄汾圆枣、冬枣、蛤蟆枣、临汾团枣等，太谷壶瓶枣、骏枣、朗枣、板枣等耐贮性较差。枣的贮藏是以延长加工时间为目的时，所选品种一定要具备良好的加工适性，如屯屯枣、朗枣、团枣和木枣等。贮藏以鲜食为目的时，选用品种要有上乘的鲜食品质，如襄汾圆枣、蛤蟆枣、梨枣等。

（2）生理特性　枣采后呼吸变化较复杂，目前对枣呼吸类型的看法不一。吴延军等研究认为，赞皇大枣、园铃枣、冬枣、胜利枣、太白枣属非跃变型果实，采后无呼吸高峰；用乙烯利处理赞皇大枣和园铃枣可使呼吸强度有所提高，但未能刺激呼吸高峰的出现。但赵国群、朱向秋研究报道，冬枣采后具有明显的呼吸跃变和乙烯释放高峰，属呼吸跃变型果实。因此，不同地区枣品种的呼吸类型及乙烯生成规律有待进一步研究。

伴随贮藏期延长和果实衰老，鲜枣果肉中乙醇含量显著提高，而维生素 C 含量迅速降低，果肉软化变褐。故延缓枣果肉软化，是鲜枣贮藏保鲜的关键。

（3）贮藏条件　温度是影响鲜枣贮藏寿命最主要的环境因素。贮藏期间为鲜枣提供适宜的温度条件，既能延长贮藏期、抑制果实的呼吸作用和防止微生物侵染，又能减少营养物质的消耗。不同品种鲜枣贮藏的适宜温度存在差别，一般在 $-2 \sim 1 ℃$，但是贮藏温度不能低于枣果冰点，否则会使枣果冻伤，鲜枣冰点一般在 $-5 \sim -2 ℃$。

枣果构造与其他核果不同，枣外果皮有气孔、中果皮有气室，极易与外部发生气体交换，所以鲜枣是一种极易失水的果品，控制果肉水分散发也是贮藏保鲜的关键措施之一，相对湿度控制在 $90 \% \sim 95 \%$ 为好。

气体成分对鲜枣的贮藏寿命也有明显影响。鲜枣不能耐受长时间较高浓度的 CO_2，当 $CO_2 > 5 \%$ 时会加速鲜枣果肉的软化褐变。适宜鲜枣贮藏的气体组成为 O_2 浓度在 $3 \% \sim 5 \%$，CO_2 浓度 $< 2 \%$。

2. 贮藏方式

（1）窖藏　在 9 月份、10 月份枣采收时，我国北方的窖温一般不高于 $12 ℃$，10 月底降至 $5 ℃$，11 月底降至 $0 ℃$。适时采收的鲜枣经过挑选后，在窖内预冷 12h，然后装入 $0.01 \sim 0.02mm$ 厚的 PVC 或 PE 袋中，每袋不超过 2.5kg，袋两侧各打直径为 10mm 的孔 2 个，然后将袋竖放在货架上。定期观察袋内果实的变化，若发现果实红色变浅或出现病斑，说明果实已变软，应及时出库销售。在此条件下可使尖枣、襄汾圆枣、蛤蟆枣等贮藏 $20 \sim 60d$，脆果率达 70% 以上。

（2）低温简易气调贮藏　选用初红至半红枣，经充分预冷后，装入 $0.03 \sim 0.05mm$ 厚的打孔袋中，每袋装果 $2.5 \sim 5kg$，也可在箱内衬 0.03mm 厚的薄膜袋，每箱装量不超过 10kg。待果温降至与库温基本相同时，掩口封箱，码垛贮藏。箱子呈"品"字形排列，箱间留通风道。一般鲜枣的贮藏温度为 $-1 \sim 0 ℃$、冬枣为 $-2 \sim -1 ℃$，相对湿度为 $90 \% \sim 95 \%$。一般鲜枣可贮藏 $10 \sim 30d$，冬枣可贮藏 $20 \sim 60d$。

（3）气调贮藏　适时采收的果实，经预冷、防腐处理后，装箱入气调库码垛贮藏。贮藏条件：一般鲜枣温度为 $-1 \sim 0 ℃$、冬枣为 $-2 \sim -1 ℃$，相对湿度为 $90 \% \sim 95 \%$，O_2 浓度 $8 \% \sim 12 \%$，CO_2 浓度低于 0.5%。此条件下一般鲜枣可贮藏 $30 \sim 50d$，冬枣可贮藏 $60 \sim 90d$。

3. 贮藏技术要点

（1）采收　采收成熟度直接影响枣的耐贮性。在一定时期内，成熟度越低，果实耐贮性越好。早采的果皮蜡质层薄，贮藏中易失水皱皮，含糖量低，口感差。随成熟度提高，果实风味变好，但果肉软化褐变加快，保脆时间短，耐贮性下降。枣的成熟期可分为以下几个阶段。

① 白熟期　果实大小形态基本完成，果皮由绿转黄白。此时糖分积累最快，维生素C含量不断增加。

② 初红期　果梗处开始着色（红圈），也有品种从果顶开始着色。此时糖仍在不断积累。

③ 半红期　果皮着色面积达到50%～80%，风味口感基本能表现出该品种的特点。

④ 全红期　果面全部着色，由浅红变为深红，糖分和维生素C含量达最大值，之后果肉逐步软化变褐。

鲜枣贮藏时一般应在初红至半红期采收，果实风味和耐贮性均较好。

果实在采收时应尽量避免机械伤害，做到无伤采收，为贮藏提供完好的果实。为减少伤害，在采果时可提前7d向树上喷洒250～300μL/L的乙烯利，3～4d后，在树下接一漏斗形的布制接果装置，在此装置的最低处有一果实出口，轻振树枝，果实即可跌落到接果装置中，并随时经果实出口流入包装容器，如袋子、筐子等。

（2）防腐处理　枣采后极易变软腐烂，因而常在采前或采后进行药剂处理，减少果实腐烂。采前15d对树冠喷0.2% $CaCl_2$ 溶液，或采后用2% $CaCl_2$ ＋30mg/kg GA_3 浸果30min，有利于果实保脆和提高贮藏效果。

（3）包装　鲜枣呼吸旺盛，易失水，对 CO_2、乙醇等气体敏感，果皮薄不抗挤压碰撞。故常采用0.03～0.05mm厚的PE或PVC薄膜打孔小包装贮藏，装量以2.5～5kg/袋为宜。

拓展知识　　　　　　　其他贮藏技术

一、辐照保鲜

食品辐照是指利用电离辐射在食品中产生的辐射化学与辐射生物学效应而达到抑制发芽、延迟或促进成熟、杀虫、杀菌、防腐或灭菌等目的的辐照过程。经过一定剂量电离辐射过的食品称为辐照食品。食品辐照可用的电离辐射源有：①^{60}Co、^{137}Cs产生的γ射线；②电子加速器产生的能量不高于10MeV的电子束；③电子加速器产生的能量不高于5MeV的X射线。将食品辐照用于果蔬保鲜就是辐照保鲜技术，可以最大限度地减少食品损失，保持食品品质，延长食品保藏期。

1. γ射线辐照保鲜

使用不同剂量的γ射线辐照食品，会有不同的作用效果（表7-3）。

表7-3　辐照作用与辐照剂量的关系

辐照剂量	辐照作用效果
低剂量＜1kGy	影响植物代谢，抑制块茎、鳞茎类发芽，杀死寄生虫
中剂量1～10kGy	抑制代谢，延长果蔬贮藏期，阻止真菌活动，杀死沙门菌
高剂量10～50kGy	彻底灭菌

许多易腐水果，如草莓以2.0～2.5kGy剂量辐照处理后，可以抑制腐败、延长货架期，并且保持原有的质构和风味。辐照还可以延迟香蕉等热带水果的后熟过程。此外，辐照处理对果品杀虫也有一定效果。蔬菜类辐照处理的主要目的是抑制发芽和延缓新陈代谢作用，对马铃薯、洋葱效果最明显，经0.04～0.08kGy剂量的处理后，

可在常温下贮藏1年以上。低剂量辐照预处理保鲜与冷冻、漂烫等技术相结合，可以减少辐照保鲜所要求的剂量。通过热水浸渍或蒸汽（温度为50～55℃）加热5min，可以产生更好的保鲜效果，此项技术在柑橘、桃、樱桃保鲜过程中已广泛应用。目前，我国已批准允许辐照的有马铃薯、洋葱、大蒜、生姜、番茄、苹果等7大类30多种食品。

γ射线辐照保鲜贮藏具有穿透能力强（食品包装后处理时无须拆包）、处理均匀、杀菌效果显著、剂量可调、几乎无热量产生，能最大程度保持果蔬原有特性，方法简便、快捷、无污染、无残留等优点。该技术是继传统物理、化学方法之后，又一发展较快的食品保藏技术和新方法。但是，在辐照食品发展过程中尚存一些困难，比如基建投资大、公众对辐照食品心存疑虑等。随着科学技术的进一步发展，辐照食品必将得到迅速发展，成为将来食品贮藏中具有广阔前景的重要方法。

2. 电子束辐照保鲜

电子在电场中受力而加速，提高能量，产生电子束。帮助电子提高能量的设备称为电子加速器。电子束辐照是电离辐射的一种，其原理是利用电子加速器产生的电子束（最大能量10MeV）辐照食品产生物理效应、化学效应以及生物学效应，杀灭虫卵及微生物、推迟成熟、抑制发芽、促进物质转化，从而达到食品保藏和保鲜的目的。实验表明，花椰菜经1kGy电子束辐照在2～3℃冷库中贮藏60d，其感官及营养品质保持良好。用1kGy电子束辐照可以延长西洋芹的贮藏期且不影响其品质及感官指标。5kGy电子束辐照可以显著降低草莓中的微生物等。

与其他食品保鲜方法相比，电子束辐照在常温下操作，不需要辐射源，辐照效率高，可实现连续在线作业；对食品品质破坏较小、无化学残留和无放射性污染等。电子束辐照是目前其他保鲜方法无法替代的一种绿色食品保鲜加工技术。

二、电磁保鲜

1. 电磁场处理保鲜

果蔬生物体是一个天然的生物蓄电池，带有不同的质和量的电荷，但整体处于电荷平衡状态。在电磁场的作用下，果蔬会发生各种生理变化和生化变化，如抑制果蔬呼吸、延缓后熟、减少腐烂等。

电磁场的保鲜原理：①高频电磁场辐照食品以达到灭菌、保鲜作用，可较长时间保藏各种食品；②在高频电磁场产生的交变电场和磁场脉冲的辐照作用下，对食品表面的菌类细胞中的原生质产生电解作用，抑制了食品表面微生物的生长；③在高频电磁场辐照处理后，果蔬中水分子的大分子团破裂成小分子团或单个水分子，活性增强，渗透力和溶解力加大，能溶解和渗透物质的表面，活跃表面细胞组织，长期保持食品色泽鲜亮。

有实验表明，凤尾菇、草莓、莲藕、葡萄经高频电磁场处理后均有较好的保鲜效果。日本有研究发现，水分较多的水果（如蜜柑、苹果之类）经磁场处理，可以提高生理活性，增强抵抗病变的能力。

高频电磁场保鲜技术具有工艺简单、容易控制、节约能源、不污染环境、加工过程不会带入任何杂质、不改变加工物质温度等优点。高频电磁场保鲜可避免加热法引起的蛋白质变性和维生素破坏，无放射性及各种化学污染，是一种高效环保、健康型的杀菌保鲜新技术，对保障食品的安全、促进国际贸易、提高我国农业和食品业国际竞争力具有重要的意义。

2. 高压静电技术保鲜

高压静电保鲜技术是将果蔬等食品放在或通过金属极板组成的高压电场中，在电场的直接和间接作用下可以提高贮藏期果蔬硬度、色泽等感官指标，能推迟呼吸高峰，提高机体内相关酶的活性，延长贮藏期。高压静电场直接实现果蔬保鲜的机理大致有三种假说，分别是：①外加电场能改变果蔬细胞膜的跨膜电位，影响生理代谢；②果蔬内部生物电场对呼吸系统的电子传递体产生影响，减缓了生物体内的氧化还原反应；③外加能量场可使水产生共鸣现象，引起水结构及水与酶的结合状态发生变化，最终导致酶失活。另外，高压静电场能电离空气产生负离子雾和一定量的臭氧，负离子具有抑制果蔬新陈代谢、降低其呼吸强度、抑制酶的活性等作用；而臭氧是一种强氧化剂，除具有杀菌能力外，还能与乙烯、乙醇和乙醛等发生反应，从而破坏果蔬的后熟条件。

有实验表明，采用 80kV/m 的高压静电场处理红星苹果 1min，贮藏 3 个月（0℃、相对湿度90％）后，与对照组相比，其呼吸强度降低约20％，硬度、可溶性固形物含量分别提高10％、1.8％；经静电场处理后再贮藏一定时间的鸭梨、西瓜、桃和黄瓜，其腐烂率降低，保鲜期延长。利用静电产生臭氧处理河套蜜瓜，可使蜜瓜的腐烂率下降94％，效果十分明显。

高压静电保鲜技术与其他技术相比，具有无热效应、能耗极小、操作灵活、食品温度上升幅度小、对食品本身品质基本无影响等特点，是一种无污染的物理保鲜方法。高压静电技术在果蔬采后生理上的研究始于20世纪末，作为新型的保鲜技术，在科学研究和生产实践上都有着很大的空间和很广阔的发展前景，是当今果蔬保鲜方面的热点技术。随着研究的不断深入，对该技术的作用机理认识会更加透彻，从而在应用过程中可以更好地调控各种因素，达到果蔬保鲜、延长贮藏期的目的。

3. 紫外线照射保鲜

紫外线是电磁波谱中波长从 10～400nm 辐射的总称，其中短波紫外线（200～280nm，UV-C）属于可杀菌波段范围，能杀死细菌和病毒。UV-C（尤其是波长254nm）能穿透微生物的细胞膜，引起同一 DNA 链中相邻的胸腺嘧啶和胞嘧啶之间发生交联，导致 DNA 翻译和复制受阻，危害细胞的功能，最终导致微生物细胞死亡。UV-C 处理能通过杀灭表面微生物、刺激产生非生物胁迫效应等作用改善食品的保鲜品质。UV-C 处理还能够诱导新鲜农产品提高抗病性，产生功能成分，延缓成熟衰老，抑制病原微生物的生长繁殖。

草莓果实在10℃、12d贮藏期间，用 3kJ/m² 的 UV-C 处理能显著抑制草莓果实采后腐烂和丙二醛（MDA）的积累，延缓果实失重、硬度和可溶性固形物含量的降低；用 0.9kJ/m² 的 UV-C 处理可有效地延缓牛角椒果实的采后衰老进程，保持果实品质；UV-C 处理还可抑制鲜切西瓜上微生物的生长，提高其货架期。

紫外线保鲜技术是一种物理保鲜技术，没有化学保鲜的弊端，无污染、无残留、成本低，深受人们的喜爱。未来紫外线保鲜技术会针对不同果蔬实际情况而研究各自照射条件，如将该技术与其他保鲜技术相结合，能创造出更多操作简便且实用高效的保鲜方法，为该技术在保鲜领域的应用推广开辟一条新的道路。

4. 等离子体保鲜

等离子体就是经气体电离产生的由大量带电粒子（离子、电子）和中性粒子（原子、分子）所组成的体系，其气体的正电荷与负电荷数值相等，故称为等离子体，也被称为继"固、液、气"三态以外新的物质聚集态，即物质第四态。低温等离子体在产生的过程中，高能电子与工作气体分子碰撞，发生一系列物理、化学反应并将气体激活，产生多种活性基，能够清除乙烯、乙醇等危害果蔬贮藏保鲜的代谢物，具有诱导果蔬气孔缩小、降低果蔬呼吸强度等作用，对于真菌、细菌类病害还有较强的预防作用，对病毒也有一定抑制作用。

5. 微波与超声波处理保鲜

超声波作为一种非热加工技术，可以产生强烈的空化效应，扰动效应，高剪切、破碎和搅拌等多重效应，其在果蔬保鲜中主要是通过机械作用和空化作用，有效地除去果蔬表面的污垢，杀灭微生物，降解农药残留，抑制酶的活性，能有效地调控和改善果蔬质构、颜色、营养等采后品质，延长货架期，保证食品安全，减少因食品腐败变质等原因造成的损失。超声波保鲜技术与传统保鲜方法相比，具有条件温和、安全、清洁和无副作用等特点。目前，该技术已被应用于桃、草莓、李子、番茄、猕猴桃、西洋芹和生菜等果蔬，并取得了良好的采后贮藏保鲜效果。但是该技术还没有在食品工业中大规模应用，还需要进行更多的实用性试验以及与其他方法相结合的研究。

微波是指波长在 0.1～1m 的电磁波，频率范围为 300～300000MHz。微波属于非电离波，其量子能比其他类型的电磁辐射要低很多，只能使分子中的原子发生运动，而不能通过与分子的化学键直接作用而引起化学变化。微波保鲜技术主要是利用微波能的热效应和非热效应杀死果蔬内外的病虫和微生物、钝化成熟生理过程中关键调控酶的活性而实现延缓果蔬后熟和品质劣变进程、延长果蔬贮藏期的保鲜技术。如用微波处理板栗，可有效降低板栗腐烂率和虫果率，还能一定程度降低板栗呼吸强度、减缓淀粉等物质的降解；用微波处理雷笋，能有效地缓解其木质素和纤维素的生成，延缓笋体创面褐变发生，抑制硬度增加，具有较好的保鲜效果。微波保鲜技术与传统技术相比，具有穿透能力强、加热速度快、营养物质损失少、节约能源、工作环境温和等多种优点。

三、压力调节保鲜

压力调节保鲜是采用调节果蔬环境压力而进行贮藏保鲜的技术，包括减压保鲜和超高压保鲜技术。

1. 减压保鲜

减压保鲜又称低压保鲜、真空保鲜，其原理是果蔬在气体始终流动的低压、高湿环境中，当压力低于 2.7kPa 时，可有效抑制呼吸热和内源乙烯产生；有效抑制微生物尤其抑制霉菌生长；杀死物品内外成虫、幼虫、蛹和卵；及时排出贮藏环境中乙烯、乙醇等有害气体。因而，使用减压保鲜可使果蔬的贮藏期比常温的冷藏、气调贮藏延长数倍，果蔬品质保持良好，而且出库后货架期也会明显延长。

与普通冷藏或气调冷藏保鲜效果比较，减压保鲜贮藏具有独特的优点：具备持续的低压、低温、高湿、换气的贮藏环境，能有效地阻止细菌和霉菌活动，杀灭物品内外昆虫，不产生低氧毒害，能有效地保持原味原香原色，失水率低，有效地延长货架期和延续贮后果蔬的保鲜效果，应用范围极广，一些不同物品可混合贮藏等。减压贮藏技术的适用范围和保鲜效果均远优于冷藏、气调贮藏技术，是食品安全一项新的物理技术。目前，减压贮藏技术在国内外已从试验阶段进入规模化应用阶段。但是，减压贮藏技术还有一些问题需要解决，比如：对其基本原理的认知有待深入，关键共性核心技术需要突破，低成本、系统化减压贮藏及贮运设备的研制和产业化需提高，减压贮藏保鲜与其他保鲜技术的集成与应用推广需加快等。相信在不远的将来，减压贮藏保鲜技术在我国的研究与应用，尤其在果蔬产业方面的应用会取得长足的发展。减压贮藏库结构示意图见图 7-1 所示。

2. 超高压保鲜（高压保鲜）

超高压技术简称高压技术或高静压技术，是指在室温或温和加热条件下，将食品放入液体介质（通常是水）中使食品在 $100 \sim 1000$MPa 的压力下产生酶失活、蛋白质变性、淀粉糊化和微生物灭活等物理化学及生物效应，从而达到灭菌和改性的目的，是一种重要的非热加工技术。超高压处理是一个物理过程，其基本效应是减少样品的体积（即减少物质分子间、原子间的距离），从而使得物质的电子结构和晶体结构发生变化。超高压处理只对构成生物大分子立体结构的氢键、离子键和疏水键等非共价键起作用，对维生素、色素和风味物质等小分子化合物的共价键无明显影响，因此能较好地保持了食品原有的营养、色泽和风味。

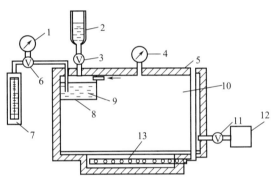

图 7-1　减压贮藏库结构示意

1—真空表；2—加水器；3—阀门；4—温度计；5—库墙；
6—真空调节器；7—空气流量器；
8—加湿槽；9—水；10—减压贮藏室；
11—真空节流阀；12—真空泵；13—冷却管

有实验表明，经超高压处理后的果蔬拥有更长的货架期，在果蔬保鲜产业中已得到广泛应用，而且，将超高压与冷藏保鲜技术结合使用效果更佳。当前超高压在国内外的产业化应用程度已有较大发展，但是还存在一些薄弱环节，比如国产超高压设备性能不稳定、易损坏且耗资较大，对果蔬贮藏因素、货架期等的影响作用机理有待深入研究，在高经济价值果蔬方面的应用研究还需扩展，工程化普及水平不高等。随着国内超高压技术的研究与应用的深入，超高压技术的应用会更加广泛，会逐渐缩小与发达国家的差距，进一步推进食品业的发展，满足消费者对高品质食品的需求。

网上冲浪

1. 食品伙伴网
2. 山东农业科技网
3. 河北农大太行之路网站
4. ［农广天地］苹果和梨的贮藏保鲜（20081013）
5. ［农广天地］菠萝采收贮存保鲜（20100706）
6. ［农广天地］葡萄采前管理及贮藏保鲜（20090916）

复习与思考

1. 苹果、柑橘、葡萄、香蕉等常见果品的贮藏特性各有哪些？
2. 常见果品贮藏保鲜的综合技术措施有哪些？
3. 简述常见果品的贮藏方式及其管理技术要点。
4. 简述本地区主要果品的贮藏特性、贮藏条件、贮藏方式。
5. 选择 1～2 个具有代表性的果品，叙述其贮藏保鲜的技术要点。

项目小结

必备知识	主要介绍了生产上栽培数量较大、市场上比较常见果品的贮藏保鲜知识与技术，包括苹果、梨、柑橘、葡萄、香蕉、猕猴桃、枣，以及核果类、坚果类和浆果类的贮藏。主要从各种果品的贮藏特性、贮藏方式及贮藏技术要点进行阐述，对每种果品都提出了其适宜的贮藏条件，为各种果品在生产上的保鲜提供了理论依据
扩展知识	介绍了辐照保鲜、电磁保鲜以及压力调节保鲜三大类贮藏保鲜技术
项目任务	根据任务工作单下达的任务，按照作业指导书工作步骤实施，完成常见果品的贮藏保鲜、果品采后病害的识别与防治、果品贮藏保鲜效果鉴定等任务，然后开展自评、组间评和教师评，进行考核

电子课件

常见果品贮藏技术

项目八

常见蔬菜贮藏技术

知识目标

1. 了解根茎菜类、叶菜类、果菜类等蔬菜的贮藏特性、贮藏基本条件；
2. 了解花菜类、食用菌类和瓜类等蔬菜的贮藏特性、贮藏基本条件；
3. 掌握主要的蔬菜贮藏方法及贮藏管理和贮藏技术要点。

技能目标

1. 能根据蔬菜贮藏特性选择有效的贮藏方法；
2. 能制订出当地常见蔬菜贮藏技术方案；
3. 能解决当地常见蔬菜贮藏出现的问题。

思政与职业素养目标

1. 理论联系实际，让学生学会具体问题具体分析，掌握典型蔬菜品种的贮藏特性、贮藏技术和管理措施，为社会提供高质量的蔬菜，满足社会需求；
2. 推广环保无公害贮藏技术，为扩大农民就业、提高农民收入，加快乡村振兴提供保障。

背景知识

中国幅员辽阔，物产丰富，作为人民生活必不可少的重要食品之一的蔬菜更是资源丰富、品种繁多，据相关文献统计：现在全国栽培的蔬菜就有160余种。各种蔬菜其食用部分遍及植物的不同器官，因此不同种类、不同品种的蔬菜有着不同的生理特性，这些特性绝大部分都与贮藏有密切的关系。要进行蔬菜贮藏，必须根据不同蔬菜所具有的生理特性及对贮藏环境的要求，选择适宜贮藏的品种，给予良好的栽培管理，适时采收，这样才能获得生长发育充分、健康完好的产品，在此基础上，要尽量创造一个相对适应的贮藏环境，尽可能保持蔬菜的新鲜品质、增加耐贮性、延长贮藏期，从而达到贮藏保鲜的目的。

必备知识一　根茎菜类贮藏

一、萝卜与胡萝卜贮藏

萝卜和胡萝卜是世界各国普遍栽培的蔬菜，其营养丰富。萝卜属十字花科；胡萝卜又名红萝卜、黄萝卜，是伞形花科，属二年生草本植物，内含有丰富的胡萝卜素，深受人们喜爱。萝卜和胡萝卜均为重要的秋贮蔬菜，在调节中国冬春季蔬菜供应中起了重要作用。

1. 贮藏特性

萝卜和胡萝卜两者都属于根菜类蔬菜，萝卜、胡萝卜所含的营养成分见表8-1、表8-2。

表8-1　100g萝卜的营养成分

萝卜	水分/g	糖类/g	纤维素/g	维生素C/mg
	87~95	1.5~6.5	0.8~1.7	8.3~29.0

表8-2　100g黄胡萝卜、红胡萝卜营养成分

种类	蛋白质/g	脂肪/g	糖类/g	钙/mg	磷/mg	铁/mg	胡萝卜素/mg	维生素C/mg
黄胡萝卜	0.6	0.3	7.6	32	30	0.6	3.6	13
红胡萝卜	0.6	0.3	8.3	19	29	0.7	1.35	12

萝卜和胡萝卜都以肥大肉质供食，贮藏特性和方法基本一致，均喜冷凉多湿的环境条件，无生理上的休眠期，在贮藏中遇到适宜条件便可萌芽抽薹造成糠心。糠心是由萝卜、胡萝卜的水分失调，肉质心部细胞缺水造成的，是薄壁细胞中的养分和水分向着生长点转移的结果。萝卜、胡萝卜生长过程中，气温过高，气候干燥，空气相对湿度小等环境因素均会导致水分蒸腾加快，当出现缺水现象时，萝卜、胡萝卜便会形成糠心。此外，采后贮藏过程中，窖温高、空气干燥、机械伤害以及在经营中受到太阳暴晒等均能促进萝卜、胡萝卜呼吸作用加强，水解旺盛，造成糠心。糠心使萝卜变粗变老，通常导致皮色发暗，呈灰黄色，表皮凹凸不平，重量变轻，并带有辣味或苦味。糠心与萌芽的出现不仅使萝卜、胡萝卜的肉质不均匀，糖分减少，而且使其组织绵软，风味淡化，大大降低了食用品质。所以防止糠心和萌芽是贮藏萝卜和胡萝卜的首要问题。

多年实践研究经验表明，提高贮藏萝卜、胡萝卜的食用品质，预防萝卜、胡萝卜糠心和萌芽的基本措施有：应在萝卜、胡萝卜生长期及时均匀地供水；贮藏时，应保持一定的相对湿度；在经营中应勤进勤销，尽量缩短在菜市场的存放时间。此外，由于萝卜、胡萝卜的肉质根主要由薄壁组织构成，缺乏蜡质、角质等表面保护层，保水能力很弱，容易蒸腾脱水，由此看来，贮藏根菜类必须保持低温高湿的条件，同时要注意防冻。因此，温度不能低于0℃，通常最适宜贮藏温度为0~5℃，相对湿度为90%~98%。由于萝卜和胡萝卜肉质根长期生长在土壤中；加之其细胞和细胞间隙很大，通气良好，因而能忍受较高浓度的CO_2。据资料报道，CO_2浓度达8%时，也没有任何伤害现象，因而萝卜和胡萝卜适宜于密闭贮藏，如堆藏、气调贮藏等。

萝卜的品种、外观、性状、生长部位等的不同，耐贮性也不同。因此，用以长期贮藏的萝卜，以秋播的皮厚、质脆、含糖量高的晚熟品种为主。

2. 贮藏方法

（1）原地贮藏法 适用于冬季冻土层小于 10cm 的地区，原地贮藏法是指将成熟的萝卜留在地里不采收，经过三次盖土的方法使其安全过冬。具体盖土时间为：第一次在初霜后、严霜前，目的是把裸露于土地面上的萝卜用土盖住，作用是提高萝卜周围的温度，防止萝卜因低温而造成伤害，利于其继续生长；第二次在严霜后，土壤封冻前，在不压顶的情况下将萝卜裸露在外面的部分全部封严，目的是保证叶片正常的光合作用，供肉质根生长；第三次在土壤封冻期，将萝卜的裸露部分及顶叶全部封严，封土的厚度应大于冻土层，保证安全过冬。采用原地贮藏法应注意以下几点：①田间不能存积水；②操作过程保证根部不受损伤；③应多施有机肥；④前两次覆土时保证光合作用的正常进行；⑤封土的厚度要大于冻土层厚度，但不宜太厚，一般以 20～25cm 为宜。

（2）沟藏法 沟藏法在中国南方应用较少，北方地区应用较多。贮藏沟的情况各地不同，主要是入土深度和沟宽上有差异。一般来说，贮藏沟的深度应比冻土层稍深些，宽度一般为 1～1.5m。选择地下土层深厚、地下水位较低的地段挖东西方向长沟，长度视贮藏量而定。表面土堆在沟的南侧，用来遮阴，深层土含杂质少，杂菌少，用来覆盖用。将挑选好的萝卜散堆在沟内，头朝下、根朝上，土层与胡萝卜层交错排列，一般码 3～4 层。沟内萝卜的堆积厚度应不大于 0.5m，防止底层产品受热。在产品表面覆盖一层薄土，随着气温的下降逐渐加土，最后土层应高于当地冻土层 10～15cm。为了防止底层产品温度过高和表层产品的受冻，掌握沟内的温度情况，人们常在沟的中部设有竹筒，将温度计置于竹筒中，定期观察沟内每一层的温度情况，以便及时覆盖。

萝卜贮于高湿的环境中，才能保持其新鲜状态。如覆盖的土壤湿度不足时，应在盖土时适当浇些水，保证土壤的含水量达 18%～20%，为防止底层积水而上层过于干燥，积水易引起腐烂，浇水前应将覆土层踩实，使水分均匀而缓慢地向下渗透。一般为一次出沟上市。

（3）窖藏法 萝卜收获后拧去缨叶，剔除有病害、虫伤的直根。经过短期预贮后入窖堆放。堆放时，可散堆也可码垛，先在窖底层铺 9cm 厚的湿沙子，然后一层萝卜一层沙交替放置。因为码垛太大，易引起温度升高、产品腐烂，为增进通风散热效果，可在萝卜码垛时每隔 1.5m 左右放一层稻秆做成的通气管来通气。一般堆成高为 2m 左右的土堆。入贮初注意控制窖内的温湿度和通风，一般温度为 2℃，RH 为 90%～95%。若空气干燥时，应向沙堆适量喷水，以防糠心，此法可贮藏 3～4 个月。

（4）通风贮藏库和冷藏法 将采收的萝卜预冷后入库，采用散堆、层积或箱贮方式贮藏。通风贮藏库温度在 1～3℃，相对湿度保持在 90%～95%；机械制冷库温度控制在 1℃，相对湿度应调至 95%，贮藏期间应保持温湿度的相对稳定。

胡萝卜采收后尽快入库贮藏，可采用箱式托盘、装箱或装袋贮藏，也可散装堆放。通风贮藏库温度在 1～5℃，相对湿度保持在 90%～95%；机械制冷库温度保持在 0～1℃，相对湿度应调控在 95%～98%。采用上述贮藏条件和贮藏管理，萝卜和胡萝卜的贮藏期可达到 3～6 个月。

二、马铃薯贮藏

马铃薯，又名土豆、洋芋、山药蛋，属茄科，一年生作物，原产于南美高山地区，是世界各国的主贮蔬菜之一，全国各地均有栽培，其中以北方地区如黑龙江、山西、内蒙古等地产量比较大。马铃薯体内除有大量的糖类物质外，还含有丰富的矿质元素，特别是人体所需要的钙。马铃薯极易消化，质地细腻，是人们深为喜爱的蔬菜。

1. 贮藏特性

马铃薯的含水量大，表皮薄，不耐碰撞，易造成机械损伤。在适宜条件下，马铃薯的机械伤口会逐渐木栓化，形成保护层，既能阻止氧气进入块茎内，又可以控制水分散失及各种病原微生物的侵入。马铃薯富含淀粉和糖（中国现有品种淀粉含量一般为 12%～20%），试验证明：在贮藏期间淀粉和糖在酶的作用下可互相转化。温度较低，淀粉水解酶活性增强，可使薯块内单糖积累；温度较高，单糖又可合成淀粉，随着温度继续升高，淀粉又开始水解为糖，再次使糖的含量积累，不利于贮藏。

马铃薯以肥大的地下块茎供食，喜凉爽，忌高温，是一种典型的具有休眠特性的蔬菜，休眠期一般为 2～4 个月。在休眠期，马铃薯的呼吸、新陈代谢、水分散失都减弱，抗性增强。即使处于适宜的条件，也不会萌芽生长。但生理休眠期结束后，条件满足就会发芽，发芽后的马铃薯食用和种用价值都相应降低。相关研究表明：马铃薯的休眠特性与品种、成熟度、气候、生长条件、贮藏特性等因素有关。就同一品种马铃薯而言，一般秋季栽培的休眠期较长，未成熟的块茎较已成熟的休眠期长，低温贮藏比高温贮藏的休眠期长。此外，地区生态特性、南北方差异对马铃薯休眠期的长短也均有重要影响。所以，马铃薯的贮藏关键是延长贮藏期。

研究得出，土豆最适宜的贮藏温度为 2～3℃，RH 为 85%～90%。温度过低会引起生理失调，产生低温伤害。湿度过小，则失水较多；湿度过大，则易引起发芽腐烂。另外，马铃薯应避光贮藏，因为光照能促使其萌芽和表皮发绿，增加薯块内茄碱苷含量，薯块安全的茄碱苷含量应不大于 0.02%，但光照后或萌芽时，茄碱苷含量急剧上升，会引起不同程度的中毒。马铃薯的贮藏寿命一般为 5～8 个月。

2. 贮藏方法

待马铃薯茎叶枯黄开始时，采收的马铃薯一般薯块发硬，外皮坚韧，淀粉含量高，耐贮性好。马铃薯在贮藏期间易发生环腐病、脱疫病、炭疽病等侵染性病害。在贮藏前一般要进行预贮和适当的药物处理。夏季收获的马铃薯因气温高，采收后应进行预贮，尽快让薯块散热和蒸发部分水分。预贮 2～3 周，剔除腐烂薯块即可贮藏，此时马铃薯已处于休眠期，不需制冷降温。秋季收的马铃薯，采收后先在田间晾晒，蒸发部分水分，以减少机械伤害，因气温低，不需进行单独降温处理，所以主要以防冻保温贮藏为主。

马铃薯的贮藏方式很多，但以堆藏、窖藏、沟藏较为成熟，另外有条件的地方对马铃薯使用机械冷藏、通风库贮藏，药剂贮藏法贮藏效果更好。

(1) 沟藏法 中国东北地区收获马铃薯在 7 月下旬左右，收获后在荫棚内预贮，直到 10 月份才下沟贮藏。沟深 1～1.2m，宽 1～1.5m，长度因贮量而定。沟内薯块堆放距地面 0.2m 处，上面覆土保温，随气温的变化分批次加添土，添土的总厚度约为 0.8m。

(2) 窖藏法 中国西北地区因土质黏重坚实，故适合窖藏。窖藏分为井窖贮藏、窑窖贮藏，贮藏量一般可达 3～5t。由于只通过窖口通风换气调节温湿度，所以保温性能较好。但入贮初不易降温，井窖尤其明显，使入贮初的薯块温度过高，呼吸损耗大。所以窖内薯块不能装得太满，一般堆放高度不超过 1.5m，否则入贮初不但降温慢，而且堆内温度升高易造成萌芽；窖内湿度过高易造成薯块表面"出汗"的现象。为此，寒冷地区可在薯堆表面铺放草毡，以吸收汗层，防止萌芽腐烂，延长贮藏期，也可采用定期打开窖口的方式进行通风换气和降温。一些经济发展较快的地区，在窖内人为加入机械制冷设备，这样既可改进降温慢的缺点，又可提高人为操作性。

（3）机械冷藏法 机械冷藏是马铃薯贮藏中另一种应用较广的方法，由于马铃薯贮藏时间较长，所以入贮前要进行严格的挑选和预贮、预冷。贮藏库内温度一般维持在 0～2℃ 范围内，要注意防止冻害的发生。在贮藏过程中，要定期进行检查，及时拣出腐烂变质的薯块，以防交叉感染。堆放时堆与库壁留一定空隙，堆与堆之间留有过道，箱与箱之间留有空隙，以便于通风散热和检查作业。

（4）通风库贮藏法 通风库贮藏法也是马铃薯贮藏的常用方法之一，全国各地使用也较广泛。常将薯块装筐堆于库内，通风效果、单位面积贮量都有提高。具体要求：薯堆高不超过 2m，堆内放有通风塔。经过预贮的马铃薯入库 2 个月内，应加强通风量。待生理休眠期结束后，呼吸旺盛时，应加以制冷措施有助于降温。不管采用哪种贮藏方式（沟藏除外），薯堆周围、堆内都要留有一定空隙，以便于通风散热，以通风库为例，库的有效利用率为 70% 左右。

三、洋葱和大蒜贮藏

洋葱又名葱头、圆葱、玉葱等，属百合科葱属，种类很多，种植面积很广，原产于中亚，早在 3000 年之前古埃及就有食用洋葱的记载，约于 20 世纪初传入我国。但主要以我国的西北、东南、华北等地栽培生产为主。洋葱的组织细胞内含有一种油脂状挥发成分——蒜素，蒜素具有杀灭病菌的作用，营养价值也很高，是深受消费者喜欢的蔬菜之一。营养成分见表 8-3。

表 8-3 100g 洋葱营养成分　　　　　　　　　　　　　　　　单位：g

营养成分	含量	营养成分	含量	营养成分	含量
蛋白质	1.0	磷	46×10^{-3}	核黄素	0.05×10^{-3}
脂肪	0.3	铁	0.6×10^{-3}	硫胺素	0.08×10^{-3}
粗纤维	0.5	维生素 C	14×10^{-3}	胡萝卜素	1.2×10^{-3}
钙	12×10^{-3}	烟酸	0.5×10^{-3}		

大蒜属百合科葱属，原产于欧洲南部，最早在地中海沿岸栽培，但当时仅作药用，公元前 113 年引入我国，距今已有 2000 多年的栽培历史，目前我国为大蒜主要生产国和出口国，种植面积和产量均居世界之首。大蒜蒜瓣中同样含有丰富的蒜素，是当代餐桌上必不可少的调味品。营养成分见表 8-4。

表 8-4 100g 大蒜营养成分　　　　　　　　　　　　　　　　单位：g

大蒜	蛋白质	碳水化合物	磷	铁	镁	青蒜苗中维生素 C
	4.3	23.6	96×10^{-3}	2.1×10^{-3}	28×10^{-3}	77×10^{-3}

1. 贮藏特性

洋葱属二年生蔬菜，其食用部分是肥大的鳞茎，收获后其外层鳞片干缩形成膜质鳞片，具有阻止水分进入内部和耐热耐干的特性。洋葱具有明显的休眠期，夏季收获后即进入休眠期，生理活动减弱，遇到适宜的环境条件，鳞片也不发芽。洋葱的休眠期长短因品种而异，一般为 1.5～2.5 个月，休眠期结束后，遇到合适的外界环境条件便能出芽生长，机体贮藏的大量养分被利用，呼吸旺盛，鳞茎发软中空，品质下降，失去原有的食用价值，故延长洋葱的休眠期，防止其萌芽是贮藏洋葱的关键所在。

洋葱可分普通洋葱、顶生洋葱、分蘖洋葱三个类型，普通洋葱按皮色可分为黄皮、红（紫）皮、白皮三类，按形状又分为扁圆形和圆形两类，其中黄皮种和扁圆形洋葱休眠期长，耐贮性好；红皮种属晚熟种，产量高，耐贮藏；白皮种为早熟种，不耐贮藏。

洋葱在贮藏过程中，温度不宜过低，温度过低易造成洋葱组织冻结；湿度、温度过高会促使洋葱发芽，影响耐贮性，因此，如何延长洋葱的休眠期，预防其发芽生长就成了洋葱贮藏技术的关键所在。洋葱和大蒜适宜的贮藏条件见表 8-5。

表 8-5 洋葱和大蒜适宜的贮藏条件

种类	温度	相对湿度	O_2 浓度	CO_2 浓度
洋葱	0～1℃	70%～75%	3%～6%	8%～12%
大蒜	0℃	65%～75%	1%～3%	12%～16%

大蒜食用部分是肥大的鳞片，成熟后外部鳞片逐渐形成干膜，防止水分蒸发，隔绝外部水分、病菌的侵入，有利于贮藏。大蒜一般在 5 月份、6 月份收获，收获后一般有 2～3 个月的休眠期。处于休眠期的大蒜不会发芽，耐贮性较好，但休眠期过后，条件适宜便萌芽，萌芽后的蒜瓣会很快收缩变黄，失水，蒜味寡淡，口感粗糙，降低食用价值。故延长大蒜的休眠期，防止萌芽现象的出现是大蒜贮藏的关键因素。

大蒜的耐贮性与其采收、品种有很大关系，采收过早，鳞茎不充实，含水量高，不耐贮；采收过晚，蒜瓣易发黑，散瓣不耐贮。用来贮藏的大蒜应选择耐贮藏的品种，无病虫害、机械伤，不散瓣，外皮颜色正常的蒜头。

2. 贮藏方式

（1）洋葱的贮藏 民间贮藏洋葱较成熟普通的方法有：挂藏、垛藏、筐藏等，还有些地区将冷库贮藏、空调贮藏法引入了洋葱实际贮藏。但无论采用什么贮藏技术，目的是延长洋葱的休眠期，防止其发芽。

① 挂藏法 将经过晾晒的洋葱编成辫或装入筐内，挂在支架上或吊在仓库通风处贮藏，使编好的洋葱下端距地面 0.1m，如挂在荫棚内，需用席子等物围好，注意防止雨淋。该法贮藏量小，简便易行，适合于家庭贮藏。

② 冷库贮藏法 在洋葱处于休眠期时，将葱头装筐或装入塑料袋内架藏或垛藏，贮藏于 0℃ 的冷库内。此方法是当前洋葱贮藏较好的方法。洋葱在维持 0℃ 的库温内能够较长时间贮藏，但一般冷库湿度较高，鳞茎常会长出不定根，并存在一定的腐烂率。因此，为了减少损失，可在洋葱贮藏库内适当地使用无水氯化钙、生石灰等吸湿剂吸潮，同时用 0.01mL/L 的美帕曲星熏蒸贮藏库。

③ 气调贮藏法 将晾干的葱头装筐或在常温窖（库）、冷库内码垛，在脱离休眠期之前用塑料帐封闭，每垛可贮藏 500～1000kg。利用自然降氧法，将库内 O_2 浓度维持在 3%～6%，CO_2 浓度维持在 8%～12% 范围内，贮藏效果好。CO_2 的浓度对洋葱的品质影响不大，主要是外皮层对内部鳞片起保护作用，但 O_2 浓度作用效果却非常明显，O_2 浓度过高，洋葱的发芽率会显著上升。故在贮藏期间尽量不要打开塑料帐检查，以防止 O_2 浓度的升高；而

O_2浓度过低，会造成长期缺 O_2，导致葱头的根部发软、凹陷、鳞片呈青绿色，最终导致坏死。因此使用气调法贮藏洋葱时一定要注意封帐时间、帐内温湿度及洋葱本身的干湿程度。

④ 化学法　采用马来酰肼作为抑芽剂，调配成 0.25% 的溶液喷涂于洋葱叶片上，MH 对生长的限制无选择性，因此应严格把握喷药时间，一般控制在收获前 7d，喷药早晚都不利，如遇雨淋要重新施药，每公顷用药液约 750kg。虽然用马来酰肼作为抑芽剂抑芽效果明显，但是贮藏后期的腐烂率有所增加。

（2）大蒜的贮藏

① 冷库贮藏法　使用机械冷库贮藏大蒜，可使其食用品质保持最佳。在大蒜结束休眠期前，将经过挑选的蒜头装入网眼编织袋、纸箱或筐内，先放入预冷间降温，待其品温接近 0℃ 时，入冷库贮藏。库温维持在 0℃ 左右，波动幅度控制在 ±0.5℃，RH 为 65%～75%，贮藏期间应保持空气循环流动。

② 气调贮藏法　将待贮藏的大蒜堆藏于用聚乙烯塑料薄膜做成的可密闭帐中，帐底铺一层刨花或草帘子，帐内严格密封，可以利用大蒜自身的呼吸作用来调节帐内的气体成分，使帐内 O_2 保持 2%～5%，CO_2 应低于 16%，可抑制呼吸作用。帐内温度保持在 0～1℃，可较长时间贮藏。

③ 射线照射贮藏法　利用放射性元素 ^{60}Co 所释放的 γ 射线对大蒜的蒜头进行一定剂量的辐射处理，可抑制蒜头发芽，杀虫灭菌，此法目前实践中最为经济、方便、有效。经辐照处理后的大蒜，贮藏期可达 6 个月之久。

四、姜贮藏

姜又名生姜，属姜科姜属，在我国有悠久的栽培历史和广阔的种植面积。姜除了含有大量的维生素和矿物质外，还含有一些特殊的成分，如姜酮、姜烯、姜酚等，这些物质有辛辣味和芳香味道，故常被作为调味品广泛应用。

1. 贮藏特性

姜喜欢温暖高湿的环境，不耐高温、低温。当贮藏温度低于 10℃ 时，姜易发生冷害，发生冷害的姜在温度回升时极易腐烂；而温度过高，由于姜皮薄、肉嫩，水分极易蒸散而失水萎缩，使耐贮性、抗病性下降，易受微生物侵染加剧腐烂，故姜最适宜的贮藏温度为 13～17℃。另外，相对湿度对姜的贮藏也有很大的影响，RH 小于 90%，由于姜的保水性能极差，所以易造成姜的失水干痕。通风也不宜过多、过大，以防引起"伤风"，所以姜的适宜贮藏湿度为 90%～95%。贮藏用的姜在霜降至冬至间收获，挑取充分成长的根茎。

2. 贮藏方式

姜常见的贮藏方式有井窖贮藏和坑藏。这两种贮藏方式的原理基本一样，管理方式基本相同。只是地区土质和地下水位的不同而产生了井窖和坑窖。井窖贮藏适合于土质黏重，冬季气温较低的地区；而坑窖则适合于地下水位较高，土质不好的地区。除了井窖、坑窖贮藏外，生姜还可以冷库贮藏和堆藏。

（1）井窖贮藏法　井窖贮藏是姜越冬长期贮藏多采用的方式。井窖的位置除了选择在地下水位较低的地方，还应满足地势高、背风向阳。井窖由井筒和贮藏洞组成，井深由地下水位而定，一般北方 6～7m，南方 2～3m；井筒直径约 80cm，井筒直径随着深度逐渐增大，井底直径达 1.1～1.2m。在井筒的两侧挖坎，便于上下井进行管理。井筒挖好后，在井底侧旁挖 2~3 个贮藏洞，贮藏洞的大小依贮量而定，一般高 1.4~1.5m，宽 1.2~1.4m，长 2~3m，每个贮藏洞的容积约为 3~4m³，可贮姜 800~1000kg。将井窖彻底清扫消毒后，姜方可入窖。但姜入窖前应置阳光下晒 1~2d，以降低表皮水分，有利于贮藏。生姜入窖后，放置 10~15d，暂不封口，用席子遮盖井口即可。因为此期间姜块呼吸作用强，积累大量 CO_2，窖内严重缺 O_2，此期间人进出窖一定注意安全，待贮藏到 20~25d 时，呼吸逐渐减弱，CO_2 浓度基本恢复正常，人便可下窖封洞口，随着气温逐渐下降，还应封井口，一般北方多在 11 月下旬，南方则在 12 月下旬。

（2）冷库贮藏法　机械冷藏是在一个绝热建筑中，借助机械冷凝系统的作用，将库内的热量导出库外，使库温保持在有利于延长姜贮藏寿命的水平上。将 10 月下旬~11 月上旬收获的姜在田间宽 50~80cm、深 50~60cm 的沟内预贮一段时间，或为了防止低温伤害，也可在塑料大棚内进行预贮，预贮可增加姜的耐贮性。入库后要用沙土和姜一起层积保藏，层积最高不超过 1m，库温应保持在 15℃ 左右。如库内沙层和地面较干燥，应在库内多洒水，利用土的保湿性保持姜周围的高湿环境，冷库贮藏一个重要问题是设法减少热源流入库内。

必备知识二　叶菜类贮藏

一、大白菜贮藏

大白菜又名白菜，属十字花科芸薹属作物，原产于我国山东、河北一带，是我国特产之一，栽培历史悠久。

1. 贮藏特性

大白菜的叶球是供食用的营养贮藏器官，它是在冷凉多湿的环境条件下生长的，贮藏损失主要由脱帮、腐烂和失水造成的。不同贮藏时期大白菜的损耗也不同，入窖初期以脱帮为主，伴随着水分的蒸发，后期以腐烂为主。脱帮是由于叶帮基部离层活动溶解所致，由贮藏温度偏高所导致，贮藏前晾晒过度，组织失水萎蔫或贮藏环境湿度过高都会使其脱帮。由于大白菜含水量高，叶片柔嫩，比表面积大，所以贮藏中易失水萎蔫，一般温度过高，RH 降低，失水严重；温度下降，RH 过高，易增加腐烂和脱帮。因此，贮藏环境的湿度伴随着温度的变化而发生变化，所以湿度和温度应协调，一般适宜的贮藏温度为（0±1）℃，RH 为 85%~90%。腐烂是由病原微生物侵染而引起的。大白菜病原微生物能产生危害的温度比较低，温度升高时腐烂更严重。病原微生物的活动受湿度影响也非常大，一般湿度过高时，大白菜在 0℃ 时也能引起腐烂，使其在贮藏过程中抵抗能力逐渐下降，所以腐烂一般发生在贮藏中后期。

中国大白菜品种很多，不同品种的贮藏性也不同。一般晚熟品种比早熟品种耐贮，晚熟品种抗寒性也特别强，青帮类型比白帮类型耐贮，同一品种不同产地、不同栽培环境耐贮性也有差异。

适时的采收对大白菜的耐贮性也很重要。收获过早，气温较高，产量减少，对贮藏不利；收获过晚，气温过低，大白菜易发生冻害。所以应根据不同气候条件的变化情况确定适时的采收期。大白菜的耐贮性同叶球的成熟度有关，"心口"过紧即为充分成熟，但不利于贮藏，一般适宜的采收期则是以"八成心"为好。同时适当的晾晒和预贮对提高大白菜的耐贮性都有一定的帮助。

2. 贮藏方式

贮藏大白菜常用的方法有埋藏、堆藏、窖藏、通风库贮藏。埋藏是在菜地挖沟，将大白菜单层直立于沟内，上面覆土防冻，此方法简单适用。在窖或通风库内可采用垛贮、架贮、筐贮等方法。在大型库内采用机械辅助通风或机械冷藏，冷藏效果更好。但大白菜主要栽培于北方，适宜的贮藏温度为 $-1 \sim 1$℃，所以在北方地区主要利用自然降温来贮藏大白菜。

(1) 堆藏 在长江中下游地区多采用堆藏来贮藏大白菜，寒冷地区不宜采用。白菜收获后，经过晾晒，选择地下水位低、土壤干燥的田间或浅坑中进行堆放。表面用席子、秸秆等覆盖，维持适宜的温湿度，保水，防热，防冻，避免风吹、雨淋。垛应堆成圆形或长条形。圆形垛的堆放方法为：将大白菜堆放在一层秸秆上，菜根向内，菜叶向外，每层递减 $2 \sim 3$ 棵，堆成圆形，最上层用 $1 \sim 2$ 棵白菜封顶。长条形垛的堆放方法为：将大白菜两行相对，菜根向内，菜叶向外，堆成长条形，两行之间留 $16 \sim 20$cm，以便通风，垛顶部合拢到一起，呈"人"字形，天冷时，可用菜将两头封死，用来防冻。不论是圆形堆藏还是长条形堆藏，都应随气温的降低逐渐添加覆盖物，一般覆盖物厚约 15cm，此方法贮藏期短，损耗大。

(2) 窖藏 窖藏有垛贮、筐贮、架贮等几种方式，是北方地区贮藏大白菜的主要方法，窖藏与埋藏相比较，优点是可自由进出和检查产品，可以适时对贮藏室进行通风，便于调节库内的温湿度，保证最佳的贮藏环境。不足之处是窖不能周年使用，需要更新修建，成本较高。

① 垛贮 垛贮是大白菜窖藏的主要方式。它是将大白菜在窖内码成数列，高近 2m，宽 $1 \sim 2$m 长的条形垛，垛间留有一定距离，以便通风和管理。垛码方法不尽相同，寒冷地区多为实心垛，严寒时叶稍向内、根朝外，有利于保温防寒。实心垛堆码简便整固，贮量大，但通风效果不好。为了提高通风效果，可采用花心垛，花心垛内每层之间都有较大的空隙，便于通风散热，但贮量小。大白菜码垛的具体方法可根据当地的具体贮藏环境和贮藏任务灵活掌握。

② 架贮和筐贮 架贮是将大白菜摆放在分层的菜架上。在窖内设立两排固定的架柱，间隔为 $1 \sim 2$m 为宜，在架柱间设立若干活动或固定的横杆，层层之间距离为 $20 \sim 40$cm，在同层的两排横杆上平架几对活动架杆，每对架杆上放 $1 \sim 2$ 层大白菜。架贮大白菜在每层之间都有一定空隙，从而改善了菜体周围的通风散热效果。所以架贮藏期限长，效果好，倒菜次数少，但需架杆多，库的利用率低。筐贮是用直径 0.5m、高 0.3m 的条筐或塑料筐装大白菜约 $15 \sim 20$kg。菜筐在窖内码成 $5 \sim 7$ 层，垛与垛、箱与箱、垛与墙体之间都留有适当的空隙，同样能起到架贮的作用。

(3) 通风库贮藏 先将采收修整后的大白菜在背阴处码成长方形或圆形垛预贮 $10 \sim 15$d，待气温降到 $-2 \sim 0$℃ 时再入通风库贮藏。将入库的大白菜码成高约 $1.5 \sim 2.0$m，宽为 2 棵菜长的条形垛（跟向外），或按 1 棵菜宽码成一排，码约 10 层高，每层菜摆向相反。码垛走向与库内空气流动方向一致，垛间通道留有 1m 距离以便通风和倒垛管理。码垛与地面、墙面和顶部预留空隙。贮藏温度应控制在 $0 \sim 2$℃，贮藏温度不应低于 -1℃，贮藏相对湿度应控制在 $85\% \sim 90\%$。贮藏期间保持温湿度的稳定，可贮藏 $5 \sim 6$ 个月。

(4) 机械冷藏库贮藏 将采收修整后的大白菜在 24h 内预冷至 5℃ 左右入库，采用架贮或箱贮方式贮藏。将大白菜摆放在多层菜架上，菜架间隔 $20 \sim 30$cm，每层放菜 $1 \sim 2$ 层，或将大白菜装于 $15 \sim 20$kg 容量的塑料周转箱，码成 $5 \sim 7$ 层高的垛，注意箱内垫衬、箱间及垛间预留通风道。贮藏温度应控制在 0℃，相对湿度应控制在 85％～90％，保持贮藏期间温湿度的相对稳定和定时通风换气，贮藏时间可达到 8 个月。

二、甘蓝贮藏

甘蓝常指结球甘蓝，是十字花科芸薹属，属二年生草本植物，又名包心菜、卷心菜、莲花菜、洋白菜等，是一种营养价值、经济价值较高的蔬菜。

甘蓝在中国栽培历史较短，但发展迅速。由于甘蓝具有很强适应性、高抗病性、易贮运、耐寒等特点，已成为中国种植面积最广的蔬菜之一。

1. 贮藏特性

甘蓝属于叶菜类蔬菜，但有强迫休眠期，所以只要将贮藏环境控制得当，便可控制甘蓝呼吸代谢下降到最低程度。甘蓝的抗寒能力优于大白菜，所以可适当地晚入库。采收的甘蓝进行适当晾晒后，保留 1～2 层外叶，可起到减少机械伤和病虫害的侵入，进而起到保护叶球的目的。

甘蓝的耐贮性与品种有重要关系。按照收获的时间可将甘蓝分为早熟、中熟、晚熟品种；按照叶球的形状可分为尖头、圆头、平头类型。早熟和中熟品种叶球形状多为尖头、圆头形，如南方的小鸡心，北方大牛心等。晚熟品种多为平头类型，例如黑叶小平头、大平顶形等。用于贮藏的甘蓝最好选择晚熟，结球紧实，叶球外层叶片粗厚坚韧并且有蜡质，耐寒性强，高抗病性，品质优良的品种。甘蓝适宜的贮藏环境条件见表 8-6。

表 8-6　甘蓝适宜的贮藏环境条件

温度	相对湿度	O_2浓度	CO_2浓度
1～3℃	90％～95％	3％～5％	5％～6％

2. 贮藏方式

（1）沟藏　库址应选择给排水方便通畅、地势高燥的地方，挖沟深为 0.8～1.0m、宽为 1.5～2.0m，长度视贮藏量而定，将采收的甘蓝堆放于沟内，堆至 2～3 层。堆放时，底层菜根朝下，次层菜根朝上，再上以此类推。在覆土之后为方便随时检测沟内温度和防止甘蓝热伤，应在堆放时加入一些秸秆、稻草或每隔 2～3m 远埋通风管和测温筒，更方便随时对温度进行管理。堆放完毕，先盖干草，在干草上覆土，覆土的厚度视气温的下降情况而定，以保持沟内温度 0～2℃ 为宜，最上层土应轻轻拍平。沟藏甘蓝时覆盖土层应高于地面，在沟的两边还应挖排水沟，以防止雨水的渗入和沟内积水而造成甘蓝腐烂。

（2）机械冷藏　用机械冷库贮藏要选择包心坚实的叶球，将根削平，适当留一些外叶，装入筐内，放入冷库，或者将菜放入库内的菜架上，每层放 2～3 颗菜的高度。库温控制在 1℃，RH 为 90％ 左右，贮藏的甘蓝质量新鲜，效果良好。不论是筐藏，还是架藏，一定要保证筐与筐、架与架、菜垛之间及垛与地面、四壁、顶棚都应留有一定空隙。此外，还应特别注意保证菜与冷风机的距离应在 1.5m 以外，以防局部低温。在冷库贮藏甘蓝过程中，还可结合气调贮藏，使库内 O_2 浓度控制在 3％～5％，CO_2 浓度控制在为 5％～6％，这样能够更好地延缓甘蓝衰老，并对防止失水、失绿、脱帮、根部长须、抽薹都有一定效果。

（3）假植贮藏　假植贮藏适用于包心不够充实，晚熟品种的甘蓝。甘蓝收获时连根拔起，保留外叶，适当晾晒，外叶稍微失水萎缩后，将菜根朝下紧密排列在长方形沟内，沟的长宽视贮藏量而定。向沟底浇水少许，将甘蓝外叶覆盖于甘蓝菜体上，在上面覆土，这样外层叶的营养可转移到甘蓝的叶球上，使叶球变得充实。一般此法总覆土厚度应为20~30cm，覆土力求均匀，薄厚适中，太薄甘蓝易受冻，太厚则易热伤。

三、芹菜贮藏

芹菜又名芹、旱芹、药芹，属伞形科芹属，二年生草本植物。芹菜有悠久的栽培历史，早在汉代就传入中国，后培育成细长叶柄类型。芹菜在中国有广阔的栽培面积，同时也是中国重要的绿叶蔬菜，营养丰富。芹菜营养成分见表8-7。

表8-7　100g芹菜的营养成分

蛋白质	脂肪	碳水化合物	钙	磷	铁	维生素 C
2.2g	0.3g	1.9g	160mg	61mg	8.5mg	6mg

1. 贮藏特性

芹菜属耐寒性蔬菜，生长与贮藏都需要冷爽湿润的条件。芹菜可在0℃恒温贮藏，也可在-2~-1℃条件下微冻贮藏，但贮藏温度低于-2℃则易遭受冻害而发生劣变，难以复鲜。芹菜的品种不同，耐贮性差异很大，包括实心种和空心种，每一种又有深绿色和浅绿色的不同种类。其中空心种贮藏后易发生叶柄变糠，纤维增多，质地粗糙等现象，所以不适宜贮藏。而实心种叶柄髓腔很小，腹沟窄而深，品质好，春季栽培不易抽薹，产量高，耐寒力较强，较耐贮藏，经过贮藏后仍能较好地保持脆嫩品质。在芹菜贮藏中水分蒸散萎蔫是引起芹菜劣变的主要原因之一，所以要求贮藏环境必须保持较高的湿度，气调贮藏可以降低腐烂和延缓褪绿。综上所述，一般适宜芹菜贮藏的条件见表8-8。

表8-8　芹菜适宜的贮藏条件

温度	相对湿度	O_2浓度	CO_2浓度
0~2℃	98%~100%	2%~3%	4%~5%

2. 贮藏方式

(1) 冷库贮藏　将芹菜装入有孔的聚乙烯薄膜衬垫的板条箱或纸箱内，或者装入开口的塑料袋内，因为这些包装既可保持高湿而减少失水，同时又可预防CO_2的积累伤害和缺氧伤害。冷库贮藏的环境条件中的温度应保持在0℃左右，相对湿度应保持在98%~100%。

(2) 微冻贮藏　微冻贮藏法贮藏芹菜在山东地区应用较多，技术较成熟，效果较好。具体做法是在风障北侧修建冻藏窖，窖四周用夹板填土打实而成墙，厚高分别为0.5~0.7m和1m。窖的南墙设通风筒，然后在每个通风筒的底部挖厚宽分别为0.3m的通风沟。窖的北墙设有进风口，这样，每个进风口、通风沟、通风筒成一个通风系统。在强寒流来临之前，将芹菜带根采收，选择叶柄粗壮、无病虫害、无机械损伤的芹菜，捆成5~10kg的捆，把通风沟上铺两层秫秸、一层细土，将芹菜根向下斜放窖内，装满后在芹菜上覆一层细土，保证菜叶呈似露非露的状态。以后依据外界温度的下降分期覆土。但总盖土厚度不超过0.2m，通过开关通风系统将窖内温度控制在-2~-1℃。一般在芹菜上市前3~5d进行解冻，将芹菜从冻藏沟内取出，放于0~2℃的环境条件下缓慢解冻，便可使之恢复新鲜状态。

(3) 假植贮藏　在中国北方地区民间多采用假植贮藏法贮藏芹菜。假植贮藏是把芹菜密集假植于沟内或窖内，使蔬菜处于很微弱的生长状态，但要保持正常的新陈代谢过程。具体做法为：挖宽约1.5m、深1～1.2m的沟，长度不限，沟的2/3在地下，1/3在地上，地上部分用土打成围墙，将芹菜带土连根收割，后将其以单株或成簇假植于沟内，沟内注水至淹没根部，以后视土壤的湿润情况可浇水1～2次。在沟内芹菜间横架一束秫秸把或在沟帮两侧隔一定距离均匀地挖直立通风道，便于更好地通风散热。将芹菜用草帘覆盖或在沟内做成棚盖然后在其上覆土，盖上留通风口，以后视气温下降情况增添覆盖物，堵塞通风口。在芹菜的整个贮藏期间要维持沟温0℃或稍高，勿使受热受冻。

（4）简易气调贮藏　在我国哈尔滨、沈阳等地多采用简易气调贮藏，具体做法是：采收后的芹菜经挑选装入用0.08mm厚的聚乙烯薄膜制成的袋中，每一袋装约10～15kg，扎紧口袋，分层摆放在冷库的菜架上，库温控制在0～2℃，利用芹菜自身的呼吸作用起自然降氧的目的。当袋中O_2下降到5%左右时，打开袋口通风换气，然后再扎紧，或者可松扎袋口，使其自然缓慢地通风换气，在贮藏中不需人工调气。此种贮藏法可将芹菜从10月贮藏到春节，商品率达85%以上。

四、菠菜贮藏

菠菜属藜科，是以绿叶为食用器官的一二年生草本植物。菠菜原产于亚洲西部的伊朗，有着悠久的栽培历史，约7世纪传入我国，南北方均有栽培。菠菜含有丰富的营养成分（表8-9）。

表8-9　100g菠菜的营养成分

蛋白质	脂肪	碳水化合物	粗纤维	胡萝卜素	维生素C
2.4g	0.5g	3.1g	0.7g	3.87mg	39mg

除上表中所列举的营养成分以外，菠菜中还含有较多的草酸，有涩味，摄入量大对身体不利。

1. 贮藏特性

菠菜为绿叶菜类，有很强的适应性。菠菜品种按照叶形可分为圆叶、尖叶两种类型。圆叶形菠菜叶薄、不耐寒，不适于贮藏；尖叶形菠菜叶厚、色深，耐寒性很强，适合贮藏。因此，贮藏用的菠菜应选择尖叶品种。菠菜的播种时间对其耐贮性也有很大的影响，若播种过早，植株的生长期过长，容易出现黄叶，从而导致耐贮性下降；如果播种过晚，又会造成植株的生长量不够，影响产量。用于贮藏的菠菜应适当地晚播，在采收前1周应停止灌水，以减少菜体的水分，增强耐贮性。秋菠菜地上部分能够忍受-9℃的低温，轻微冻结的菠菜经过缓慢解冻后仍然可以恢复新鲜状态，所以菠菜在冻结温度下可以长期贮藏。

2. 贮藏方式

菠菜的耐贮性很强，一般可在-4～-2℃下冻藏或在0℃左右冷藏。因此，中国北方地区冬季多采用这两种方法来贮藏菠菜以调节市场需要。

（1）冷藏　将菠菜用塑料薄膜袋包装，松扎袋口，调节库温维持在-0.5～0.5℃，在创造一个稳定低温环境的基础上，提供较高的相对湿度、适宜的CO_2浓度的贮藏法即为菠菜的冷库贮藏法。具体做法为，将收获后的菠菜经过挑选整理，剔除病株及机械伤害植株，然后捆扎成0.5kg左右的捆。将捆扎好的菠菜捆放入筐中，每筐约10kg，在0～1℃的冷库内预冷约一昼夜，预贮后的菠菜采用叶对叶的摆放方式装入厚 0.08mm，长宽分别为 1.1m、0.8m 的聚乙烯薄膜袋中。装好后平放在冷库内的架子上，敞口约 24h。次日松扎袋口，以保证袋内的空气质量和温湿度，方法为将直径约 2cm 的圆棍放在袋口处扎住袋口，再将棍取出。库内温度维持在 $-0.5 \sim 0.5$℃，0℃的冷库里袋内 CO_2 浓度应维持在 $1\% \sim 5\%$（偏上限为宜）。为了保证适宜的 CO_2 浓度，应每隔 $7 \sim 10$d 取气，测袋中 CO_2 的含量，含量偏高时应及时开口放气调节，然后再松扎袋口。采用塑料薄膜袋的简易气调法冷藏菠菜既可以保证稳定的低温，又有保湿、气调的作用，是菠菜较有效的贮藏方法之一。用这种方法贮藏可将春菠菜贮藏 30d 左右，秋菠菜可贮藏将近 3 个月，商品率可达 90% 以上。

（2）冻藏 冻藏的地点应选在高燥阴凉处或房屋北侧的阴冷地方，用以保证提供菠菜冻藏时所需的低温环境。具体做法为：挖沟时，按沟宽度的不同将其分成窄沟和宽沟两大类，窄沟宽度为 $0.2 \sim 0.3$m，无须设通风道；宽沟宽度为 $1 \sim 2$m，需在沟底挖 $1 \sim 3$ 条通风道，每条通风道宽度为 $0.2 \sim 0.3$m，其上横铺席或高粱秆，两端应露出地面与外界相通。沟的深度可与菠菜的高度相同或稍浅于菠菜的高度。沟的长度视贮藏量而定。沟挖完后，将菠菜扎成捆，根朝下直立地排列在沟内，为保证沟内维持一定湿度和防止风吹，应在菠菜上面覆盖一层细湿土，厚度应刚刚盖严菜叶为好，但不要太厚。此时，对于宽沟应及时将通风道打开，以便使菠菜迅速降温而冻结，以后视温度的下降情况逐渐添加盖土。各地的温度下降情况不同而导致覆土的总厚度也不相同，但应达到一个目的，即沟内温度维持在 $-4 \sim -2$℃，保持菠菜冻结状态。贮藏期结束后，菠菜需经过 $2 \sim 3$d 的解冻过程，使之充分恢复新鲜状态方可上市。上市前应先把菠菜上面的覆土挖开，将其小心地取出，然后将菜捆放在菜窖或冷屋 $0 \sim 2$℃下缓慢地进行解冻。在搬运过程中，要特别注意减少或避免碰撞挤压。因为受挤、碰撞后，细胞间隙的冰晶会将细胞刺破，解冻后汗液流出，造成腐烂；不能将菠菜置于高温下骤然化冻，迅速解冻会导致菠菜变得绵软，严重影响其食用品质，降低了经济价值。解冻后菠菜经过解捆，摘除黄枯叶，整理后捆把方可上市，菠菜的冷冻贮藏技术简单，不需要特殊的制冷设备，但受外界环境的影响大，故在贮藏过程中需精心管理，否则损耗较大。

必备知识三　果菜类贮藏

果菜类包括番茄、茄子、辣椒和菜豆等，均以果实为实用器官，是深受人们喜爱的一类蔬菜。

一、番茄贮藏

番茄，又名西红柿、洋柿子、番柿等，源于南美洲一带，约在 $17 \sim 18$ 世纪传入我国。番茄中含有丰富的可溶性糖、有机酸和钙、铁、磷等矿物质，更重要的是含有丰富的纤维素和多种氨基酸，是营养价值很高的蔬菜之一，故番茄是一种菜果兼用的深受人们喜爱的食品。

1. 贮藏特性

番茄属喜温呼吸跃变型果实，果实的成熟存在着明显的阶段性。番茄的成熟分成五个阶段：绿熟期、微熟期（转色期至顶红期）、半熟期（半红期）、坚熟期（红而硬）和软熟期（红而软）。用于贮藏的番茄一般选用绿熟期至顶红期的果实，因为此期间的果实已充分长大，糖酸等干物质的积累基本完成，生理上恰处于跃变初期，果实健壮，具有较强的贮藏性和抗病性。同时在贮藏期间能够完成后熟转红的过程，接近于在植株上成熟的色泽和品质。一般来说，成熟果实能承受较低的贮藏温度。番茄最适贮藏温度取决于其成熟度和预计的贮藏天数。

2. 贮藏方式

(1) 简易常温贮藏 夏秋季节利用土窖、地下室、通风贮藏库等阴凉场所对番茄进行贮藏。将番茄装入浅筐或木筐中，一般容器中装 4～5 层，筐堆码 4 层高，堆码的筐之间应留有一定空隙，利于通风。也可将番茄堆放在菜架上，每层菜架堆放 2～3 层果，架堆宽应不超过 1m。贮藏期间，加强夜间通风换气降低库温，要经常检查，随时挑出已成熟不易贮藏的果实供应市场，剔除有病、腐烂果实。该法一般可贮藏 20～30d。

(2) 冷藏 将采收的番茄经挑选后放入适宜的包装容器内预冷，待番茄品温与库温一致时进行贮藏。绿熟期或变色期番茄的贮藏温度为 12～13℃，红熟前期至中期为 9～11℃，红熟后期为 0～2℃；空气相对湿度保持在 85%～90%。在保持番茄贮藏期温湿度平衡的同时，要注意贮藏库内的空气流通，适时更换新鲜空气。

(3) 气调贮藏 简易气调贮藏番茄目前在生产实践中应用的比较多，此法贮藏番茄效果好，保鲜时间长。塑料薄膜帐贮藏法：贮前先将贮藏库消毒，然后在库内先铺底膜，上面放枕木，为了防止 CO_2 浓度过高，应在枕木间散放石灰，然后将经过预冷、挑选、装箱的番茄码放其上，码好的垛用塑料大帐罩住，将码底四周严密封住，这样即构成一个密闭的环境。此法贮藏最好采用快速降氧法，但生产中因为费用的问题，一般采用自然降氧法来调节 O_2、CO_2 的浓度。贮藏中为了防止凝集水落到果实上，应使密闭帐悬空成弓形，在垛顶上放一些吸水物。另外为了防止微生物的生长繁殖，可用漂白粉进行处理，一般用量为果重的 0.05%，有效期为 10d，也可用仲丁胺，使用浓度 0.05～0.1mL/L，过量时易产生药害，有效期为 20～30d。此外还可以在帐内加入一定量的乙烯吸收剂来延缓番茄在贮藏过程中的后熟。贮藏过程中应定期测定帐内 O_2、CO_2 的浓度，以利于及时进行调节，此法贮藏番茄 1.5～2 个月最佳，这样既能调节市场供应，又能得到较好的品质，同时损耗也小。

二、辣椒贮藏

辣椒是重要的蔬菜之一，原产于中南美洲的热带和亚热带地区，在我国有着悠久的栽培历史，分布广泛，品种多样。辣椒可以鲜食、干制、腌制、调味、观赏，也可用于天然色素的提取，同时还有一定的药用价值，故在人们的健康、生理膳食中起着重要的作用。

1. 贮藏特性

辣椒是以嫩绿果供食为主，含有大量的水分，所以在贮藏中应防止失水萎蔫，同时还应抑制完熟变红。因为当辣椒变红时，呼吸作用有明显的上升趋势，同时伴随有微量乙烯生成，生理上已进入完熟和衰老阶段。辣椒喜温暖多湿的环境，但因产地、采收时期及品种的不同而略有不同。辣椒冷害临界温度一般在 5～13℃，8℃根部停止生长，9℃以下会发生冷害，同时诱导乙烯释放量增加。因采收季节的不同，辣椒对低温的忍受程度也不尽相同。不同品种的辣椒对低温的忍受时间也不同，夏椒比秋椒对低温更敏感，冷害发生时间更早。国内外研究资料表明：气调对辣椒保鲜，抑制后熟变红等有明显效果。一般认为辣椒气调贮藏的 O_2 浓度应稍高些，CO_2 浓度应低些。

综上所述，适宜辣椒贮藏的环境条件为：温度为 $9\sim11℃$，RH 为 $90\%\sim95\%$，O_2 浓度 $3\%\sim5\%$，CO_2 浓度 $1\%\sim2\%$。

2. 贮藏方式

（1）窖藏 辣椒多种类型的窖藏方法基本相似。北京地区多采用湿薄包衬筐贮藏辣椒，具体做法为：先将薄包洗干净、消毒、沥水成半湿状态，放入筐内，再将辣椒装入筐中薄包内，一般装 $7\sim8$ 层。然后堆码成垛，垛的上方用湿薄包覆盖。贮藏时在白天气温高时不通风，只揭开垛面的薄包，夜间温度低时放风，同时将薄包覆好，定期检查，如湿度不足时，可换湿薄包，换下的湿薄包可重复利用，如湿度过高时，可适当地加大通风量。

（2）缸藏 缸藏主要用于农家小批量贮藏，所以选用中小型缸为好。具体做法为：贮藏前将缸洗净，用 1% 的漂白粉消毒自然晾干，然后将辣椒柄向上整齐放在缸内，装满后，用塑料薄膜封口。为了保证一定的通透性，需在薄膜上打 $3\sim4$ 个花生米粒大的通气孔，或者在未打孔的情况下，每隔 $5\sim8$d 打开薄膜，通气 15min。缸藏适宜的贮藏条件是 $8\sim10℃$，放在室内，如温度低时，可围盖草苦防冻。

（3）气调贮藏 气调贮藏使用较多的是厚度为 0.06mm 的聚乙烯小包装袋或厚度为 $0.1\sim0.2$m 的大中帐两种材料，具体做法为：将辣椒严格挑选整理，剔除病虫害、机械伤的果实，装入聚乙烯小包装袋或大中帐中，放于温度为 $9\sim11℃$ 的条件下贮藏。气调贮藏的管理：因为气调贮藏的辣椒是处于密闭高湿的环境，极易腐烂，所以同时要结合用 $0.05\sim0.1$mL/L 的仲丁胺熏蒸剂处理。辣椒对 CO_2 比较敏感，CO_2 含量过高时会导致果实抗病性下降，所以应在塑料帐内加入石灰吸收多余的 CO_2。贮藏初期少数企业用快速降 O_2 法，封帐后进行充氮降氧处理，使 O_2 含量降至 $2\%\sim5\%$，CO_2 含量达到 5% 以内，定期检查，剔除病变腐烂果。生产实践中多采用自然降 O_2 法，利用辣椒自身的呼吸作用使帐内的 O_2 降低，CO_2 含量增高，一般 O_2 浓度控制在 $3\%\sim6\%$，CO_2 浓度控制在 6% 以下。

三、茄子贮藏

茄子又称矮瓜、落苏等，原产于东南亚热带地区。我国也有悠久的栽培历史，栽培面积广泛，遍及全国各地，是我国重要的蔬菜作物。茄子以鲜果供食用，鲜果具有较高的营养价值（表 8-10）。

表 8-10　100g 茄子的营养成分

蛋白质	脂肪	碳水化合物	钙	磷	铁	胡萝卜素	硫胺素	核黄素	烟酸	抗坏血酸
2.3g	0.1g	3.1g	22mg	31mg	0.4mg	0.04mg	0.03mg	0.04mg	0.5mg	3mg

1. 贮藏特性

茄子喜温暖，不耐寒，为冷敏型蔬菜。一般选用晚熟深紫色、圆果形、含水量低的品种来贮藏，应适时把握采收时期。如采收过早，茄子含水量高，产量低；采收过晚，果皮变厚，种皮坚硬，种子变褐，衰老不易贮藏。因此，茄子采收一般在下霜前，晴天气温较低时进行。茄子采收的标志为：在萼片与果实连接处有一条白绿色的带状环，环带不明显，即为采收期。茄子在 $5\sim7℃$ 下易发生冷害。将采收的茄子在 24h 内入预冷库，预冷至 $9\sim12℃$ 后再进行贮藏，贮藏温度保持在 $10\sim14℃$，空气的相对湿度宜保持在 $90\%\sim95\%$。贮藏期间应确保温度和相对湿度的稳定。

2. 贮藏方式

（1）埋藏 库址应选择地势高燥，排水良好的地方，挖深 1.2m、宽 1～1.5m 的沟，长度视贮量而定。将经过严格挑选，剔除机械伤、病虫害，整理为中等大小的茄果放于阴凉处预贮降温。降温达到要求后入沟贮藏。具体做法为：将果柄向下，整齐层码，次层将果柄插入底层的空隙中，以防刺伤果实，这样以此类推，共堆码 4～5 层，在最上层盖草或牛皮纸，上面覆土，盖土厚度视气温下降情况而定。为避免茄子贮藏中受热伤，应在沟内每隔 3～4m 处设立通风筒和测温筒，以便更有效地调节沟内温度，如温度过高应打开通风筒进行通风降温；如温度过低应加厚土层，堵严通风筒。采用此法，一般可贮藏 40～50d。

（2）气调贮藏 将茄子采收后装入塑料袋中或装筐入库堆码，用塑料大帐密封（具体做法如番茄气调贮藏），利用快速降 O_2 或自然降 O_2 法将茄子周围 O_2 浓度控制在 2%～5%，CO_2 浓度控制在 5% 左右，温度控制在 8～10℃，此法可以较好地保持茄子的质量，同时气调贮藏还能防止和减少脱柄，因为低 O_2 和高 CO_2 有降低茄子组织产生乙烯、延缓衰老的作用。

四、菜豆贮藏

菜豆为豆科，属一年生草本植物，原产于中南美洲热带地区，16 世纪传入我国，现我国以软荚菜豆作为蔬菜有广泛的栽培面积，以成熟种子供食用的菜豆在东北、西北、华北部分地区有栽培。菜豆品质鲜嫩，营养丰富（表 8-11、表 8-12）。

表 8-11　100g 菜豆的营养成分（嫩荚菜豆）

水分	蛋白质	脂肪	碳水化合物	维生素C	维生素A	维生素B$_1$	维生素B$_2$	烟酸	Ca	P	Fe
88～94g	1.1～3.2g	0.8g	2.3～6.5g	7mg	0.3mg	0.08mg	0.12mg	0.6mg	66mg	49mg	1.6mg

表 8-12　100g 干种子营养成分

水分	蛋白质	碳水化合物
11.2～12.3g	17.3～23.1g	59.6g

1. 贮藏特性

菜豆喜温暖，不耐寒霜冻，温度低时易发生冷害，出现凹陷斑，严重时，呈现水渍状病斑，甚至腐烂，但温度也不能太高，如高于 10℃ 时容易老化，豆荚外皮变黄，纤维化程度增高，种子膨大硬化，豆荚脱水，也易发生腐烂。菜豆多食用嫩荚，在贮藏中表皮易出现褐斑。同时豆荚对 CO_2 较为敏感，浓度为 1%～2% 的 CO_2 对豆荚锈斑的产生有一定的抑制作用，但 CO_2 浓度高于 2% 时锈斑增多，甚至发生 CO_2 中毒。因此，用于贮藏使用的豆荚应选择荚肉厚，纤维少，种子小，锈斑轻，适合秋季栽培的品种。综上所述，菜豆适宜的贮藏条件为：温度 4～10℃，RH 为 80%～90% 左右，CO_2 浓度 1%～2%，O_2 浓度 5%。

2. 贮藏方式

（1）土窖贮藏 将菜豆采摘后进行严格挑选，剔除病虫害、机械伤的菜豆，放入容积为 15～20L 的荆条筐内进行贮藏，但在菜豆装筐前应将荆条筐用石灰水浸泡消毒，晾干方可使用。装筐时筐底和四周铺塑料薄膜，防止菜豆机械伤，塑料薄膜略高于筐，便于密封。在筐的四周打直径 5mm 左右的小孔 20～30 个，以防 CO_2 的大量积累，同时还应注意菜豆的散热，最后采用 1.5～2.0mL 仲丁胺熏蒸处理，防止病害发生。菜豆入窖后加强夜间通风，维持窖温在 9℃左右，还应定期倒筐，及时挑选剔除腐烂豆荚，此法可贮藏 30d。

（2）气调贮藏　将豆荚采收后进行挑选，剔除病虫害、机械伤的菜豆，放入冷库内先预冷，待品温与库温基本一致时，装入 PVC 小包装塑料袋中，每袋 5kg 左右，袋内装入生石灰。最后将袋子单层摆放于菜架上，也可将经预冷处理的菜豆装入 PVC 的筐中或箱中，折口放好。堆放时应留有一定空隙，便于很好地通风。贮藏期间每两周左右检查 1 次，可贮藏 1 个月，最长可达 50d，好荚率可达 80％～90％。

任务二十一　常见蔬菜的贮藏保鲜

※ 任务工作单

学习项目：常见蔬菜贮藏技术		工作任务：常见蔬菜的贮藏保鲜	
时间		工作地点	
任务内容	根据作业指导书，以小组为单位，自主选择常见的蔬菜 1～2 种贮藏，并进行定时观察，借助仪器和感官对其外观、质地、病害、腐烂、损耗等进行综合评定，通过分析贮藏前后变化，及时进行管理，提高贮藏效果		
工作目标	知识目标： ①了解影响蔬菜贮藏保鲜效果的因素； ②掌握蔬菜贮藏保鲜条件及管理措施； ③掌握蔬菜贮藏保鲜的评价方法。 技能目标： ①能选择适于贮藏保鲜的蔬菜； ②掌握该地区蔬菜适宜的贮藏环境条件； ③能熟练使用天平、硬度计等相关器具； ④能自主完成实验设计工作。 素质目标： ①小组分工合作，培养学生沟通和团队协作能力； ②阅读背景材料和必备知识，培养学生自学和归纳总结能力； ③自主完成任务，培养学生的动手操作能力		
成果提交	蔬菜保鲜方案		
验收标准	经过贮藏保鲜的蔬菜质量标准		
提示			

※ 作业指导书

【材料与器具】

辣椒，番茄等常见蔬菜；温度计，湿度计，气体分析仪，台秤，天平，果实硬度计，糖度计等用具。

【作业流程】

选择蔬菜品种 → 实验小组方案设计 → 定期质量测定 → 检查记录 → 结果分析

【操作要点】

1. 贮藏前先对产品的外观、色泽、病虫害、硬度、含糖量、含酸量进行观察测定，记录入贮前的各项指标，如品种、收获日期、是否预贮、呼吸强度、含糖量、含酸量等。

2. 设计不同的处理组合　在温度、湿度、气体成分均不同情况下进行贮藏，例如：温度、湿度、气体成分各取 3 个数值时最多应分成 27 组，变换每一条件时做一组试验，进行观察测定。

3. 观察测定时间间隔　每隔一定时间（不宜过长或太短，一般为 5d）对贮藏产品进行观察和测定，每测定完一次做好详细记录。

4. 贮藏期设置　贮藏期到每组产品开始腐烂变质为止。若时间短，对比结果不明显。

5. 结果分析　将观察测定结果记录下来，绘制曲线图进行平等对比，确定最适贮藏条件。

6. 说明

（1）只有对每一个贮藏条件多设参数段，才能得出更准确适宜的贮藏条件，例：温度应分为 0℃、2℃、4℃、6℃、8℃、10℃等。

（2）如有最适宜的贮藏条件，应做参考对照。见表 8-13。

表 8-13　辣椒和番茄适宜贮藏条件参考

品名	温度	RH	O_2浓度	CO_2浓度
辣椒	9～11℃	90%～95%	3%～5%	1%～2%
番茄	0～2℃	85%～95%	2%～5%	2%～4%

※ 工作考核单

工作考核单详见附录。

必备知识四　花菜类贮藏

一、菜花贮藏

1. 贮藏特性

菜花属十字花科蔬菜，品种有紫菜花、绿菜花、橘黄菜花、白菜花和普通菜花。其中普通菜花和绿菜花在市场上销量较大。绿菜花也称西兰花，是野生甘蓝的一个变种，主花球采收后侧枝还可以再结成花球，继续采收。食用部分是脆嫩的花茎、花梗和绿色的花蕾，保鲜期短，采收后在 20～25℃下 24h 花蕾即变黄，失去商品价值。

菜花的贮藏环境条件：适温为 0～2℃，在 0℃以下花球易受冻，相对湿度为 90%～95%。

菜花贮藏中易松球、花球褐变（变黄、变暗、出现褐色斑点）及腐烂，使质量降低。菜花松球是发育不完全的小花分开生长，而不密集在一起，松球是衰老的象征。采收期延迟或采后不适当的贮藏环境条件，如高温、低湿等，都可能引起松球。引起花球褐变的原因很多，如花球在采收前或采收后较长时间暴露在阳光下，花球遭受低温冻害，以及失水和受病菌感染等，严重时花球表面还能出现灰黑色的污点，甚至腐烂失去食用价值。

2. 贮藏方式

(1) 窖藏 菜花采收时将花球带2～3轮叶片，捆扎在一起，留根长3～4cm，装筐码垛或放在窖内菜架上，在适宜的温度、湿度条件下定期倒动检查。有时用薄膜覆盖但不封闭，每天轮流揭开一侧的薄膜放风，具有较好的保鲜作用。

(2) 假植贮藏 冬季来临前，利用棚窖、贮藏沟、阳畦等有保护设施的场所，将未成熟的幼小花球连根拔起，按行距26cm、株距9～13cm进行假植。可用稻草等防寒物捆绑包住花球，适时放风，维持温度在2～3℃，最好使菜花接受少许阳光，并根据需要适当浇水。

(3) 机械冷库贮藏 冷藏库是目前贮藏菜花较好的场所，能调控适宜的贮藏温度，可贮藏2个月左右。

① 筐贮法 将挑选好的菜花根部朝下码在筐中，最上层菜花低于筐沿。也有认为花球朝下较好，以免凝聚水滴落在花球上引起霉烂。

将筐堆码于库中，要求稳定而适宜的温度和湿度，并每隔20～30d倒筐一次，将脱落及腐败的叶片摘除，并将不宜久放的花球挑出上市。

② 单花球套袋贮藏 用0.015～0.04mm厚聚乙烯塑料薄膜制成30cm×35cm大小的袋（规格可视花球大小而定），将预冷后的花球装入袋内，折口后装入筐（箱），将容器码垛或直接放在菜架上，贮藏期可达2～3个月。花球带叶与去叶对贮藏效果有影响，带叶的贮藏两个月，去叶的贮藏三个月。因为花球外叶在贮藏两个月后开始霉烂，不但不能对花球起保护作用，反而互相感染，不利于花球的贮藏。

(4) 气调贮藏 在冷库内将菜花装筐码垛，用塑料薄膜封闭，控制O_2浓度为2%～5%、CO_2浓度1%～5%，则有良好的保鲜效果。入贮时喷洒0.3%的苯来特或托布津药液，有减轻腐烂的作用。菜花在贮藏中释放乙烯较多，在封闭帐内放入适量乙烯吸收剂对外叶有较好的保绿作用，花球也比较洁白。要特别注意帐壁的凝结水滴落到花球造成霉烂。

3. 贮藏技术要点

(1) 采收 应在晴天上午6～7点钟进行采收，严禁在中午或下午采收，采收工具应使用不锈钢刀具，从花蕾顶部往下约16cm处切断，除去叶柄及小叶，选择七八成熟、结球紧实、品质好的中晚熟品种进行贮藏。

采收后的花球由于机械伤口的出现，呼吸强度会急剧升高，造成体内物质消耗速度加快，应立即进行预冷，或使用冷藏车、保温车运输。

(2) 采后处理 预冷处理：无论是淋水还是浸水，都应保持水温在1℃左右，当茎中心温度达到2～2.5℃时取出。

分级修整：使用不锈钢刀具，按照外销标准剔除过大、过小以及畸形花球。

运输：使用冷藏车或者冷藏集装箱，在整个运输过程中都应将温度严格掌握在0℃左右。

二、蒜薹贮藏

1. 贮藏特性

蒜薹又称蒜毫，在一些地区也称蒜苗，是抽薹率高的大蒜品种在生长过程中抽生出来的幼嫩花茎，一般长 60～70cm，有薹梗和薹苞两部分组成。蒜薹鲜脆细嫩，含有多种营养物质，不仅内销还可出口。随着蒜薹产量不断增加，其贮藏量也在日益扩大。

蒜薹采收正值高温季节，呼吸代谢旺盛，物质消耗和水分蒸发增强，采后极易失水老化。老化的蒜薹表现为黄化、纤维增多、薹条变软变糠、薹苞膨大开裂长出气生鳞茎，降低或失去食用价值。

蒜薹比较耐寒，对湿度要求较高，湿度过低，易失水变糠。另外，蒜薹对低 O_2 和高 CO_2 也有较强的忍耐力，短期条件下，可忍耐 1% 的 O_2 和 13% 的 CO_2。对于长期贮藏的蒜薹来说，适宜的贮藏条件为：温度 -1～$0℃$，相对湿度 90%～95%，O_2 浓度 3%～5%，CO_2 浓度 5%～8%。在上述条件下，蒜薹可贮藏 8～9 个月。

2. 贮藏方式

(1) 薄膜袋气调贮藏 本法是用自然降氧并结合人工调节袋内气体比例进行贮藏。将蒜薹装入长 100cm、宽 75cm、厚 0.08～0.1mm 的聚乙烯袋内，每袋装 15～25kg，扎住袋口，放在菜架上。在不同位置选定样袋安上采气的气门芯，进行气体浓度测定。每隔 2～3d 测定一次，如果 O_2 含量降到 2% 以下，应打开所有的袋换气，换气结束时袋内 O_2 恢复到 18%～20%，残余的 CO_2 为 1%～2%。换气时若发现有病变腐烂薹条应立即剔除，然后扎紧袋口。换气的周期大约为 10～15d，贮藏前期换气间隔的时间可长些，后期由于蒜薹对低 O_2 和高 CO_2 的耐性降低，间隔期应短些。温度高时换气间隔期应短些。

(2) 硅窗袋气调贮藏 硅窗袋贮藏可减少甚至省去解袋放风操作，降低劳动强度。此法最重要的是要计算好硅窗面积与袋内蒜薹重量之间的比例。由于品种、产地等因素的不同，蒜薹的呼吸强度有所差异，从而决定了硅窗的面积不同。故用此法贮藏时，应预先进行试验，确定适当的硅窗面积。目前市场上出售的硅窗袋，有的已经明示了袋量，按要求直接使用即可。

(3) 大帐气调贮藏 用 0.1～0.2mm 厚的聚乙烯或无毒聚氯乙烯塑料帐密封，采用快速降氧法或自然降氧法，在 $0℃$ 库内控制气体成分，使帐内 O_2 控制在 2%～5%，CO_2 5%～7%。CO_2 通常用消石灰吸收，消石灰装在小袋内放置在帐底，把袋子的两端扎住。当降 CO_2 时松开袋子，使消石灰吸收帐内的 CO_2，停止吸收时重新扎紧袋口。蒜薹与消石灰之比为 40:1。

(4) 机械冷藏库贮藏 将选好的蒜薹经过充分预冷后装入筐、板条箱等容器内，或直接在贮藏货架上堆码，然后将库温和湿度分别控制在 $0℃$ 左右和 90%～95% 即可进行贮藏。此法只能对蒜薹进行较短时期贮藏，贮藏期一般为 2～3 个月，贮藏损耗率高，蒜薹质量变化大。

3. 贮藏技术要点

(1) 采收 适时采收是确保贮藏蒜薹质量的重要环节。蒜薹的产地不同，采收期也不尽相同，我国南方蒜薹采收期一般在 4～5 月，北方一般在 5～6 月，但在每个产区的最佳采收期往往只有 3～5d。一般来说，当蒜薹露出叶梢出口、叶长 7～10cm，苞色发白，蒜薹甩尾后生长第二道弯时采收为宜。在适合采收的 3d 内采收的蒜薹质量好，稍晚 1～2d 采收的薹苞偏大，质地偏老，故采收过晚、过早均不利于贮藏。

采收时应选择病虫害发生少的产地，在晴天时采收。采收前 7～10d 停止灌水，雨天和雨后采收的蒜薹不宜贮藏。采收时以抽薹最好，不得用刀割或用针划破叶鞘抽薹。采收后应及时迅速地运到阴凉通风的场所，散去田间热，降低品温。

用于贮藏的蒜薹应选择成熟度适宜、质地脆嫩、色泽鲜绿、薹苞发育良好、梢长、无病虫害、无机械损伤、无杂质、无畸形、薹茎粗壮且粗细均匀、条长度大于 30cm 的蒜薹。

（2）采后处理

① 挑选　经过高温长途运输后的蒜薹体温较高，老化速度快。因此，到达目的地后，要及时卸车，在阴凉通风处加工整理，剔除过细、过嫩、过老、带病和有机械伤的薹条，剪去薹条基部老化部分（约 1cm 长），然后将蒜薹薹苞对齐，用塑料绳在距离薹苞 3～5cm 处扎把，每把重量 0.5～1.0kg。

② 预冷　有条件的最好放在 0～5℃ 预冷间进行挑选，按要求扎把后放入冷库，上架继续预冷，当库温稳定在 0℃ 左右时，将蒜薹装入塑料保鲜袋，并扎紧袋口，进行长期贮藏。

③ 防腐　蒜薹入库后灭菌防腐处理是近年来采用的一项新技术。用防腐保鲜剂处理的方法是：在蒜薹预冷期间，用液体保鲜剂喷洒薹梢，再用防霉烟剂进行熏蒸，烟剂使用量为 4～5m³/g，当烟剂完全燃烧后，恢复降温，待蒜薹温度降至 0℃ 时装袋封口，再进行贮藏管理。

任务二十二　常见蔬菜贮藏病害识别

※ 任务工作单

学习项目：常见蔬菜贮藏技术		工作任务：常见蔬菜贮藏病害识别
时间		工作地点	
任务内容	根据作业指导书，以小组为单位，通过观察识别几种蔬菜的主要贮藏病害的典型症状，分析病害产生的原因（主要是侵染性病害），讨论防治办法，以及进行某种处理来观察蔬菜在贮藏期间的发病现象和防治效果	
工作目标	知识目标： ①了解常见蔬菜贮藏病害的特征； ②掌握常见蔬菜贮藏病害的识别方法； ③掌握常见蔬菜贮藏病害的防治方法。 技能目标： ①能识别常见蔬菜贮藏病害的发病特征； ②能熟练使用显微镜、培养皿、刀片等工具； ③能制定常见蔬菜贮藏病害的防治措施。 素质目标： ①小组成员分工合作，培养学生沟通和协作能力； ②阅读背景材料和必备知识，培养学生自学和归纳总结能力； ③讨论病因及防治措施，培养学生的分析解决问题能力	
成果提交	调查分析报告	
验收标准	常见蔬菜贮藏病害的特征	
提示		

※ 作业指导书

【材料和器具】

1. 生理性病害材料：莴苣赤褐斑病，蒜薹褐斑病。

2. 侵染性病害材料：十字花科蔬菜和茄科蔬菜，马铃薯、芦笋、洋葱、芹菜等细菌性软腐病，叶菜类菌核病，洋葱黑霉病。

3. 用具：放大镜，挑针，刀片，滴瓶，载玻片，盖玻片，培养皿，显微镜等。

【作业流程】

选择观察样品 → 观察蔬菜病害特征 → 病害类别鉴定 → 分析病害原因 → 结果分析

【操作要点】

1. 预先收集蔬菜的主要贮运病害以供鉴别使用

观察蔬菜在贮运中主要生理性病害的症状特点，并了解致病原因。

2. 蔬菜外观观察

观察记录蔬菜的外观、病症部位、形状、大小、色泽、镜下观察病原菌形态；分清生理性病害和微生物侵染性病害；能区分正常蔬菜和染病蔬菜的味道、气味和质地。

3. 蔬菜切开观察和镜检

切开染病蔬菜，观察病部和正常部位的组织形态差异，感官鉴别病果和正常果的风味和质地，也可以进行镜检观察病原菌形态。

4. 观察记录表（表8-14、表8-15）

表8-14　细菌性软腐病比较（种类）

处理	好果		病果		病情指数					风味
	斤	%	斤	%	0	1	2	3	4	
药剂浓度对照										

注：病情指数按0～4级划分，0级为好果，1级为较轻，2级为中等，3级为较重，4级为腐烂。

$$病情指数 = \frac{\sum(级数 \times 斤数)}{最大级数 \times 总斤数} \times 100$$

表8-15　霉菌发病率的观察结果（种类）

处理	好果		病果		病情指数					风味
	斤	%	斤	%	0	1	2	3	4	
药剂浓度对照										

注：0级为整果，1级腐烂果10%以内，2级腐烂面积30%以内，3级腐烂面积50%以内，4级腐烂面积50%以上。

5. 结果分析

根据调查结果，分析病害产生的原因（主要是侵染性病害），讨论防治办法并提出改进措施。

工作考核单详见附录。

必备知识五　食用菌类贮藏

我国是食用菌生产大国，经过多年努力，我国的食用菌产值和行业发生了巨大发展，2018 年全国食用菌总产量 3842.04 万吨，总产值达到 2937.37 亿元，自 2015 年以来已成为我国农业产业中继粮食、蔬菜、果树、油料作物之后的第五大产业。

一、贮藏特性

食用菌是药膳两用的食品，营养丰富，风味独特，质地柔软，既是餐桌上的美味佳肴，又有助于提高机体免疫功能、预防或治疗某些疾病，因而深受大众的喜爱。

食用菌含水量高，组织细嫩，呼吸强度大，营养物质的消耗快，极易腐烂和老化变质，耐贮性很差，不适于长期贮藏。适宜的低温有助于降低食用菌的代谢水平，延缓其衰老过程，延长保鲜期。

食用菌的贮藏需要适宜的贮藏环境条件，但是不同的食用菌对贮藏环境的温湿度要求有所不同（表 8-16）。

表 8-16　食用菌贮藏环境的最适温湿度要求

种类	温度/℃	相对湿度/%
双孢蘑菇、香菇、平菇、白灵菇	0～1	95～98
金针菇	1～2	95～98
草菇	11～12	90～95

二、贮藏方式

1. 冷藏

大多数新鲜食用菌经过冷藏后有 20d 以上的保鲜期，贮藏效果好于常温下贮藏。因此，生产中新鲜食用菌的保鲜普遍采用冷库贮藏，贮藏温度以 0～3℃ 为宜，库房内的相对湿度控制在 95% 左右，要求贮藏期间温度、湿度维持恒定。经过冷藏的食用菌出库后，在常温下会很快衰老腐烂，造成常温销售的货架期很短，故新鲜食用菌的贮藏和销售过程最好有一条完整的冷链。

2. 气调库贮藏

有试验证实，高浓度的 CO_2 对新鲜食用菌具有明显的抑制生长作用，目前商业上采用气调库贮藏鲜蘑菇时，CO_2 浓度达到 25%，开伞极少，颜色洁白，品质保存效果很好。

3. 塑料薄膜袋包装贮藏

通常是对新鲜食用菌用厚 0.08mm 的 PE 塑料薄膜做成 40cm×50cm 的袋子，每袋装 1kg 蘑菇，封口后，利用自发气调，48h 以后袋内的 O_2 浓度可下降到 0.5% 左右，CO_2 浓度达到 10%～15%，在 16℃下可保鲜 4d 不开伞，不变质。利用打孔的纸塑复合袋进行自发气调，在 15～20℃下贮藏草菇，可保鲜 3d。用孔径为 4～5mm 的多孔 PE 塑料袋包装香菇，在 10℃下可保鲜 8d，在 1℃下可保鲜 20d 左右。

4. 化学药剂贮藏

化学药剂可防治病菌对食用菌的侵染、抑制呼吸强度、抑制腐败微生物的活动、抑制开伞等，延缓衰老，延长贮藏期。各种食用菌适宜的化学药剂的种类和浓度，只有通过实验才能确定。如金针菇在采收高峰期，为了防止鲜菇褐变，喷洒 0.1% 的抗坏血酸溶液，于 0～5℃下贮藏，其色泽、鲜度可保持 24～30h 基本不变。

5. 辐射贮藏

将采收的未开伞的子实体，装入多孔的聚乙烯塑料袋内，进行不同放射源的处理，在低温下贮藏。辐射处理能有效地减少鲜菇变质，得到较好的保鲜效果，且处理规模大，见效显著，适合于自动化生产。用 300krad 的 γ 射线照射蘑菇，可在 16～18℃、相对湿度 65% 的条件下贮藏 4～5d。

三、贮藏技术要点

食用菌成功贮藏的技术要点有三个，分别是：适时无伤采收；及时的采后处理；合理的贮藏方式及管理。

1. 采收

采收质量的好坏直接影响到食用菌的保鲜效果。

（1）最佳采收时机 各种菇基本上是在七八成熟时，其外观优美，口感好。此时采收的食用菌色泽鲜艳，香味浓，菌盖厚，肉质软韧。具体要求见表 8-17。

表 8-17　食用菌最佳采收时机要求

种类	要求
双孢蘑菇	菇盖直径达到 2.5～3.5cm，未开伞时
香菇	菇盖达七八分展开，菌盖边缘内卷，内卷的边缘处尚与菌褶相连时
平菇	菌盖充分展开，但边缘紧收，颜色由深渐变浅，下凹部分开始出现白色毛状物
杏鲍菇	子实体的菌盖开展，中间下凹，表面稍有绒毛，孢子尚未弹射时

（2）采摘技术 在食用菌采摘时，凡是带柄菇类的必须根据"采大留小"的原则采收。摘菇时大拇指和食指捏紧菇柄的基部，先左右旋转，再轻轻向上拔起，注意不要碰伤小菇蕾。对胶质体的菌类，采收时用利刀从基部整朵割下，注意保持朵形完整。

（3）适宜采收天气 选择晴天采收有利于加工；阴雨天采收含水量高，难以干燥，影响品质。

（4）采收容器 采下的鲜菇，宜用小箩筐或小篮子盛装，并要轻放轻取，保持子实体的完整，防止互相挤压损坏。特别不宜采用麻袋、木桶、木箱等盛装。

2. 采后处理

要延长食用菌的贮藏期需要解决的两个主要问题是：抑制呼吸和防腐。进行必要及时的采后处理有助于在随后的贮藏中减轻腐烂、降低呼吸强度。主要的采后处理措施包括挑选、化学药剂处理、辐射处理等。

（1）挑选 有病虫伤的食用菌在贮藏中极易腐烂并感染其他个体，造成严重损失。所以食用菌在采收后贮藏前，一定要经过严格的挑选，选出新鲜、无病虫害、无机械伤的个体进行贮藏。在采后贮运的过程中也应轻搬、慢卸，尽量避免机械伤的产生。

（2）化学药剂处理 某些化学药剂可以抑制病菌感染，另有些植物生长调节剂可以抑制食用菌的呼吸、抑制开伞、延缓衰老。目前生产上常用 $0.1\%Na_2S_2O_5$ 或 $0.6\%NaCl$ 作为抑菌剂；采用 CCC、MH、IAA、NAA、B9 等植物生长调节剂作为保鲜剂（浓度一般在每千克几个到几十个毫克）处理采后的食用菌。应该注意的是，植物调节剂使用浓度过高，往往会对施用对象起到促进生长的作用。因此，植物生长调节剂的使用浓度应通过试验，针对各种食用菌加以准确确定，切忌任意使用。

（3）辐射处理 近年来国内外生产实践中采用放射性元素 ^{60}Co 所放出的 γ 射线对采后的鲜蘑菇进行照射，起到了明显延长贮藏期的作用。一般辐射剂量达到 $12.9\sim25.8C/kg$，在 $0\sim10℃$ 的环境下可将鲜蘑菇的保鲜期延长至 40d 左右。

3. 贮藏管理

在食用菌产品入库贮藏前，应对库房、贮藏用具进行清洁消毒，以减少库房中病害微生物的数量，降低食用菌在贮藏期间的被侵染率，防止病菌蔓延。可使用的防腐剂有：亚硫酸氢钠、苯来特、MBC、托布津等，一般使用浓度为 $5\sim20mg/kg$。食用菌在库房内最好搭架堆放，防止挤压造成损伤。食用菌装袋前必须进行预冷，贮藏期间应保持库房温度的稳定，以免出现"发汗"而引起腐烂。

必备知识六　瓜类贮藏

一、冬瓜贮藏

1. 贮藏特性

（1）品种特性 冬瓜富含维生素 A、维生素 C 和钙，含有的陈化酶能将不溶性蛋白质转变成可溶性蛋白质，便于人体吸收。冬瓜有青皮冬瓜、白皮冬瓜和粉皮冬瓜之分。青皮冬瓜的茸毛及白粉均较少，皮厚肉厚，质地较致密，不仅品质好，抗病力也较强，果实较耐贮藏。粉皮冬瓜是青皮冬瓜和白皮冬瓜的杂交种，早熟质佳，也较耐贮藏。

（2）贮藏条件 冬瓜贮藏的最适温度为 $10℃$，空气相对湿度为 $70\%\sim75\%$。

2. 贮藏方式

（1）堆藏 堆藏是选择阴凉、通风、干燥的房间，把选好的瓜直接堆放在房间里。贮前用高锰酸钾或福尔马林进行消毒处理，然后在堆放的地面铺一层麦秸，再在上面摆放瓜果。瓜摆放时一般要求和田间生长时的状态相同，原来是卧地生长的要平放，原来是搭棚直立生长的要瓜蒂向上直立放。冬瓜可采取两个一叠"品"字形堆放，这样压力小、通风好、瓜垛稳固。直立生长的瓜柄向上只放一层。

（2）架藏法 架式贮藏中的库房选择、质量挑选、消毒措施、降温防寒及通风等要求与堆藏基本相同。所不同的是仓库内用木、竹或角铁搭成分层贮藏架，铺上草帘，将瓜堆放在架上。此法通风散热效果比堆藏法好，检查也比较方便。管理同堆藏法，目前多采用此法。

（3）冷库贮藏　在机械冷库内，可人为地控制冬瓜贮藏所要求的温度和湿度条件，贮藏效果会更好，一般品种的贮藏期可达到半年左右。

3. 贮藏技术要点

（1）选择品种　冬瓜应选择个大，形正，瓜毛稀疏，皮色墨绿，无病虫害的中熟、晚熟品种贮藏。

（2）适时采收　冬瓜于九成熟时带一段果梗剪下。冬瓜的根瓜不作贮藏用，应提前摘除，留主蔓上第二瓜用作贮藏。霜打后的瓜易腐烂，因此可以适当提前贮藏冬瓜的播种时间。采收时应尽可能避免外部机械损伤和振动、滚动引起的内部损伤。

采收宜在晴天的早晨进行，采前1周不能灌水，雨后不能立即采摘。摘下的瓜要严格挑选，剔除幼嫩、机械损伤和病虫瓜，然后置24～27℃通风室内或荫棚下预贮约15d，使瓜皮硬化，以利贮藏。

（3）贮藏管理　冬瓜是耐贮藏的蔬菜，只要选好品种，成熟采收，没有伤病，即可安全贮藏。控制10～15℃的贮藏温度和70%～75%的相对湿度条件，贮藏效果更佳。

二、南瓜贮藏

1. 贮藏特性

（1）品种特性　南瓜也称番瓜、倭瓜，品种主要有黄狼南瓜、盆盘南瓜、枕头南瓜和长南瓜。黄狼南瓜质嫩而糯，味极甜；盆盘南瓜肉厚而含水量较多；长南瓜品质中等。除枕头南瓜水少、质粗、品质差而不宜贮藏外，其他3个品种均耐贮藏。青熟期的南瓜含有较为丰富的维生素C和葡萄糖，老熟的南瓜含胡萝卜素、糖类比较多。

（2）贮藏条件　南瓜贮藏温度最好控制在15～20℃，空气相对湿度在80%～85%，贮藏期间必须注意经常通风。

2. 贮藏方式

（1）常温贮藏　在通风库或地窖内进行堆藏或架藏，保持贮藏温度15～20℃，相对湿度80%～85%。当气温下降至0℃左右时，需要用草毡等覆盖，进行防寒保暖。

（2）低温贮藏　南瓜适合贮藏在温度7～10℃、相对湿度低于70%的条件中，只有成熟良好、保留果梗、无机械损伤的南瓜才能进行低温贮藏。

3. 贮藏技术要点

（1）选择品种　南瓜应采摘老熟瓜贮藏。

（2）适时采收　贮藏的南瓜应采老熟瓜，采收标准为果皮坚硬，显现固色泽，果面布有蜡粉，采收时也应保留一段果梗。其他如冬瓜的适时采收。

（3）贮藏管理　南瓜也是耐贮藏的蔬菜，只要选好品种，成熟采收，没有伤病，即可安全贮藏。控制适宜的贮藏温度和湿度条件，贮藏效果更佳。

三、佛手瓜贮藏

1. 贮藏特性

（1）品种特性　佛手瓜是一种富含营养的蔬菜，主要以嫩瓜为食用器官，其嫩蔓及块根亦可食用。佛手瓜的食用范围广，生食熟食兼备，美、日等国称之为"超级蔬菜"，具有很大的利用价值和开发前景。因其供应时间短，难以满足周年供应的需要，贮藏保鲜显得尤为重要。

我国佛手瓜大致可分为绿皮无刺、绿皮有刺、白皮无刺和白皮有刺4种类型，其中以绿皮无刺类型的外形美观，具有更好的商品性，易被广大消费者接受。而白皮无刺类型的长势弱、产量低、维生素含量低，虽有较好的风味，也难与绿皮无刺类型相比。两个有刺类型因表面刚刺的存在，其商品性大为降低。就贮藏性而言，佛手瓜属瓜类蔬菜中耐贮藏的种类。

(2) 呼吸强度　佛手瓜在5℃下的呼吸强度为2.3mg CO_2/(kg·h)，低于马铃薯、胡萝卜、洋葱等耐贮蔬菜的呼吸强度，在蔬菜中为低呼吸强度的产品，说明其在贮藏期间内部生理生化反应弱，养分消耗少。这可能与佛手瓜的果皮组织致密，气体交换困难，使氧化系统活性降低有关。

(3) 贮藏条件　佛手瓜贮藏的适宜温度为3～5℃，相对湿度为85%～95%。另外，5%～8%的 O_2 和3%～5%的 CO_2 对其成熟衰老有明显的抑制作用。

2. 贮藏方式

(1) 简易贮藏　由于佛手瓜耐贮藏，所以目前生产上多采用缸藏、沟藏和窖藏等方式。

(2) 冷库贮藏　入贮前必须剔除伤病瓜和过嫩的瓜，将瓜放在冷凉通风的场所2～3d，使瓜散失部分田间热。

(3) 塑料袋包装贮藏　在冷库中必须将瓜体温度降到5℃左右时，才能将瓜装入约0.03mm厚PE塑料袋；为减少腐烂病害，入贮前可用800倍多菌灵浸泡大约1min，捞出后沥水、晾干即可贮藏。

3. 贮藏技术要点

(1) 选择品种　选择商品性状好、风味好的绿皮无刺类型进行贮藏，除具有果肉脆甜、富含各种营养物质、有很好的保健作用外，还具有表面光滑无刺的良好商品性状，有着更大的市场潜力。

(2) 适时采收　佛手瓜是当年陆续开花连续结果的植物。供贮藏的瓜应在雌花开放20～25d后，当瓜生长到一定大小、表皮具有光泽、肉瘤上的刚刺不很明显时即可采收。若采收过晚，瓜皮绿色褪为黄绿色，肉瘤上的刚刺开始脱落，这种成熟度的瓜就不能长期贮藏。佛手瓜皮薄，肉质脆嫩，易遭受损伤。因此，采收时应做到轻拿轻放，尽量避免损伤。

(3) 贮藏管理　虽然佛手瓜具有良好的耐贮性，但在实际贮藏中应注意其种子存在"胎萌"现象，即果实在植株上成熟后或贮藏过程中，其种子在瓜内无休眠期而立即发芽生根。佛手瓜出现"胎萌"后，果实内营养物质转化与消耗加速，导致果实品质变劣，这对果实的质量与耐贮性都有较大的影响。

四、哈密瓜贮藏

1. 贮藏特性

(1) 品种特性　哈密瓜为葫芦科1年生蔓性草本植物，味美甘甜，香气浓郁，多汁爽口，属于厚皮甜瓜，为新疆特产。哈密瓜早熟、中熟、晚熟品种搭配，在市场供应期仅2～3个月，哈密瓜生产的地域性极强，因而对贮藏和运输的要求十分迫切。

哈密瓜有早、中、晚熟多种品种，一般晚熟品种生长期长（＞120d），瓜皮厚而坚韧，肉质致密而有弹性，含糖量高，种腔小，较耐贮藏，如黑眉毛密极甘、炮台红、红心脆、青麻皮和老铁皮等是用于贮藏或长途运输的主要品种。早熟品种不耐贮藏，采后立即上市销售。中熟品种只能进行短期（1～2个月）贮藏。

（2）贮藏条件　哈密瓜晚熟品种贮藏的适宜温度为 3～5℃，早熟、中熟品种为 5～8℃，相对湿度为 80％～90％，气体指标为 O_2 浓度 3％～5％和 CO_2 浓度 1％～2％。

2. 贮藏方式

（1）简易贮藏　在冷凉通风的地窖或者其他场所，可使哈密瓜进行短期贮藏。在地面上铺设约 10cm 厚的麦秸或干草，将瓜按"品"字形码放 4～5 层，最多不超过 7 层。也有在瓜窖将瓜采用吊藏或搁板架藏的方法，这些方式可降低瓜的损伤和腐烂。

贮藏初期夜间多进行通风降温，后期气温低时应注意防寒保温，尽可能使温度降至 10℃ 以下，保持在 3～5℃，相对湿度 80％ 左右，这样可贮藏 2～3 个月。

（2）冷库贮藏　在冷库中控制适宜的温度和湿度条件，可使哈密瓜腐烂病害减少，糖分消耗降低，贮藏期延长。一般晚熟品种可贮藏 3～4 个月，有的品种可贮 5 个月以上。

在冷库中贮藏时，可将瓜直接摆放在货架上，或者用箱、筐包装后堆码成垛，或者装入大木箱用叉车堆码，量少时也可将瓜直接堆放在地面上。

（3）气调库贮藏　哈密瓜适用于气调贮藏，但其瓜皮在高湿度下易滋生炭疽病而导致腐烂，所以不适宜用塑料薄膜帐、袋以及塑料薄膜单瓜包装。一般气调贮藏时最好在气调库中进行，控制温度 3～5℃，相对湿度 80％～90％，3％～5％ 的 O_2 和 1％～2％ 的 CO_2。这种方法贮藏期可比冷库延长 1 个月以上。

3. 贮藏技术要点

（1）选择品种　选择品质优、耐贮运的黑眉毛密极甘、炮台红、红心脆、青麻皮、老铁皮等晚熟品种用于贮藏。

（2）适时采收　哈密瓜具有后熟变化，用于贮藏或长途运输的瓜，应在八成熟时采收。判断其成熟度最科学的方法是计算雌花开放至采收时的天数，如晚熟品种一般为 50 多天。此外，可根据瓜的形态特征，如皮色由绿转变为品种成熟时固有的色泽，网纹清晰，有芳香气味，用手指轻压脐部有弹性，瓜蒂产生离层等都是成熟时表现的特征。采前 5～7d 严禁灌水，有利于提高瓜肉的可溶性固形物含量和瓜皮韧性，增强耐贮性。

（3）贮前处理

① 晾晒　将瓜就地集中摆放，加覆盖物晾晒 3～5d，以散失少量水分，增进皮的韧性。如果不加覆盖物，只需晾晒 1～2d。晾晒期间，要注意防止瓜被雨水淋湿。

② 药剂灭菌　用 0.2％ 次氯酸钙或 0.1％ 特克多、苯来特、多菌灵、托布津，或 0.05％ 抑霉唑等浸瓜 0.5～1min，也可几种药剂混合使用，有一定的防腐效果。刘雪山等研究，用 0.05％ 和 0.075％ 的抑霉唑浸果 0.5min，有明显的防腐效果，哈密瓜贮藏 3 个月好瓜率达 90％ 左右。

③ 辐射处理　用 β 射线辐射处理，剂量 10～60krad，辐射后在 0～14℃、相对湿度 50％～90％ 的条件下贮藏，腐烂率明显降低，一般能贮藏 6 个月。

拓展知识　　　　　　　　其他贮藏技术

一、新型材料保鲜技术

1. 多功能聚烯烃基保鲜膜保鲜

主要包括纳米防霉、微孔透气、防雾和脱除乙烯等多功能保鲜膜的研制开发以及MA保鲜技术及设备的研究与开发。

（1）纳米防霉保鲜膜保鲜　使用银纳米材料，由于银离子的毒性很小，抗菌能力强，而且在人体内难积累，所以早在古代人们就利用其安全性和抗菌性来制成餐具和抗菌药物。目前已商品化的纳米无机抗菌剂大多是银系抗菌剂。

（2）微孔保鲜膜保鲜　当普通保鲜膜的透气性达不到贮藏要求时，往往经过特殊工艺生产微孔保鲜膜。根据微孔薄膜的性能要求适当选择添加剂母粒类型和过滤器的细度。

（3）防霉保鲜膜保鲜　贮藏过程中，致使MA保鲜经常处于温度、湿度剧烈变化状态，袋内常发生结雾、结露、积水现象，促使病原菌生长繁殖，导致果蔬大量腐烂。由此可见，通过加入防雾材料，研制防雾保鲜膜十分重要。

（4）脱乙烯保鲜膜保鲜　通常果蔬成熟时会释放出乙烯气体，这种气体具有催熟功能，如果将乙烯及时吸收，那么果蔬腐烂的速度会大大降低。通过在保鲜膜的生产过程中加入能吸收乙烯的物质，生产出的保鲜袋用于果蔬保鲜，袋内乙烯被吸收，保鲜效果明显提高。

2. 多功能可食性涂被保鲜剂保鲜

（1）防腐型果蔬涂被保鲜剂保鲜　含有天然多糖类物质及其他有效活性因子，能在果蔬表面形成一层透明的保护膜，具有广谱抗菌、防霉、保湿的功能，可有效防止果蔬腐烂，提高保鲜性能。

（2）防褐型果蔬涂被保鲜剂保鲜　含有天然生物保鲜因子——壳聚糖和食品级护色添加剂，能在果蔬表面形成一层透明的保护膜，可通过调节环境 O_2，抑制氧化酶的活性，有效防止果蔬褐变，达到保持质量的目的。

（3）护绿型果蔬涂被保鲜剂保鲜　含有天然多糖类物质及其他食品级成分复配而成，可在果蔬表面形成一层透明薄膜，以此实现分子调节、裂缝调节及厚度调节的统一，达到适宜的气调效果，可明显保持果蔬原有绿色，防止水分蒸发，抑制微生物的侵染与繁殖。

（4）增亮型果蔬涂被保鲜剂保鲜　研制含有蜡制剂、助溶剂、乳化剂及其他有效活性因子，能迅速在水果表面形成一层透明光亮的薄膜，使水果光亮诱人，并能抑制水分蒸发和微生物的侵染与繁殖，显著延长货架期。

3. 环保型生理保鲜剂保鲜

（1）矿物型保鲜剂　采用带微孔的矿石，经粉碎后生产出吸附乙烯的材料，提高果蔬的保鲜性能。

（2）新型代谢抑制剂（1-MCP）　1-MCP是最新研制出的一种乙烯竞争性抑制剂，它的成功研制是以乙烯受体研究为理论基础的。MCP的应用可部分取代气调库的应用，大大降低投资成本，是特别适合我国国情的一种保鲜剂。1-MCP加水后即释放出1-MCP气体，1-MCP接触植物细胞中的乙烯受体，产生不可逆反应，阻碍该受体与乙烯气体的结合，从而延缓植物成熟的生理反应。

二、生物保鲜技术

生物保鲜技术是利用自然或人工控制的微生物菌群和（或）它们产生的抗菌物质来延长食品的货架期和提高食品的安全性的一种技术。与其他方法相比，食品生物保鲜技术的特点和优势为：可以有效地抑制或杀灭有害菌，更有效地达到保鲜目的；无毒物残留、无污染；能更大程度地保持食品原有的风味和营养成分，并且外观形态不发生变化；符合绿色环保要求，并能节省资源和减少能源浪费，防止污染；在保鲜的同时，还有助于改善、提高食品的品质和档次，从而提高产品的附加值。目前，生物保鲜技术主要有：微生物类保鲜、天然提取物保鲜、生物酶保鲜、基因工程保鲜等。

1. 微生物类保鲜

微生物保鲜技术主要利用微生物菌体及其代谢产物，抑制有害微生物生长，降低果蔬采后腐烂损失，从而达到贮藏保鲜的目的。其作用机理是利用菌体本身及其代谢产物隔离果蔬与空气的直接接触，从而延缓氧化；或者通过诱导寄主抗性及重寄生作用抑制病原菌，进而达到保鲜与护色效果。微生物保鲜果蔬的作用方式主要有微生物菌体保鲜、代谢产物保鲜、多糖保鲜、细菌素保鲜等。

有资料报道，利用拮抗菌的悬浮液处理番茄能显著降低果实的腐烂率、失水率和总损耗率，采后番茄早疫病及根霉腐烂病害明显降低，果实营养成分含量和感官品质也没有受到不良影响。使用蜡样芽孢杆菌发酵液浸泡处理苹果，可在一定程度上防止水分的蒸发、减缓褐变，减少因霉菌等霉腐微生物生长而导致的苹果腐烂，减少苹果营养成分（如维生素C、糖类、蛋白质等）的损失。总之，果蔬的微生物保鲜技术是一种安全、无毒、有效的生物保鲜技术，具有经济、简便、无污染等优势，已成为防止果蔬腐烂变质的研究热点，应用前景广阔。

2. 天然提取物保鲜

天然提取物是以动物、植物和微生物为原料，按照提取的最终产品用途需要，通过物理或者化学的提取分离过程，科学定向地获取、浓缩和富集原料中某一种或多种具有生物活性的物质，而不改变其有效成分结构。天然提取物种类繁多、来源广泛。天然提取物中的生物活性物质具有抗菌、杀菌和抗氧化等作用，将其应用在果蔬的贮藏保鲜中既无残留，又无毒副作用，是纯天然安全可靠的保鲜技术。经天然提取物保鲜处理过的果蔬不仅能延长贮藏期，还能有效抑制呼吸作用和微生物的污染、延缓维生素C含量及失重率等生理生化指标的下降。天然提取物在果蔬保鲜方面具有很好的研究和发展前景。

3. 生物酶保鲜

生物酶保鲜技术是一种新型的果蔬保鲜技术。生物酶保鲜技术的作用机理是利用酶的催化作用，防止或消除外界因素对果蔬的不良影响，从而保持果蔬原有的优良品质。将生物酶用于果蔬保鲜中具有特殊的保鲜作用，可以除去食品包装中的氧，延缓氧化作用；生物酶物质本身具有的良好抑菌作用，能使某些不良酶失去生物活性，从而达到防腐保鲜的效果。用于果蔬保鲜的生物酶主要有葡萄糖氧化酶、异淀粉酶、纤维素酶和溶菌酶等。葡萄糖氧化酶可以除去果蔬及其制品包装中的氧，防止氧化变色，抑制微生物生长，延长果蔬的保藏期。溶菌酶可以有选择性地溶解微生物细胞壁，从而使其失活，达到延长果蔬保鲜期的目的。

4. 基因工程保鲜

基因工程保鲜技术是利用基因工程方法促使果蔬遗传基因特性的改变，改善贮藏特性，延缓果蔬衰老而达到保鲜目的的一种技术，包括基因选育耐贮藏果蔬品种和基因编辑调控果蔬成熟基因的表达等。通过遗传育种选育具有耐贮藏品质的果蔬新品种，提高果蔬采后保鲜期，降低果蔬采后损耗率。乙烯作为植物体的一种内源性激素，能增加细胞膜透性，促使呼吸作用增强，对果蔬果实成熟和衰老具有强烈的促进作用，是造成果蔬采后腐烂的重要原因，可以采用转基因或反义 RNA 技术，将乙烯生物合成与分解过程中所需关键酶的基因和细胞壁水解酶基因转化到植物体内，从而延长果蔬保鲜期。

三、其他保鲜技术

1. 细胞间水结构控制保鲜

细胞间水结构控制保鲜技术是指利用一些非极性分子（如氙气）在一定的温度和压力条件下，与游离水结合而形成笼形水合物结构的技术。通过细胞间水结构控制技术可使果蔬组织细胞间水分参与形成结构化水，使整个体系中的溶液黏度升高，从而产生下面两种效应：①酶促反应速率将会减慢，有望实现对有机体生理活动的控制；②果蔬水分蒸发过程受到抑制。这为果蔬贮藏保鲜提供了一种全新的原理和方法。有日本学者用氙气处理甘蓝、花卉等，研究其细胞间水结构化以及对其保鲜效果的影响，获得了较为满意的保鲜效果。不过，高纯度氙气使用成本太高，可以通过惰性气体的混合使用来降低成本。

2. 臭氧保鲜

臭氧是极强的氧化剂，又是良好的消毒剂和杀菌剂。果蔬臭氧保鲜的作用机理主要体现在以下几方面。

① 消除并抑制乙烯的产生，从而抑制果蔬的后熟作用；

② 具有杀菌作用，既可杀灭微生物及其分泌的毒素，又可抑制并延缓果蔬有机物的水解，防止果蔬的霉变腐烂；

③ 诱导果蔬表皮的气孔收缩，可降低果蔬的水分蒸发，减少失重。

臭氧对柑橘、柠檬、荔枝、银杏等的保鲜和防腐效果均较好，而且对其营养成分无影响。如果将臭氧保鲜技术结合包装、冷藏、气调贮藏等技术，可以进一步提高果蔬的贮藏保鲜效果。

任务二十三　蔬菜贮藏保鲜效果鉴定

※ 任务工作单

学习项目：常见蔬菜贮藏技术		工作任务：蔬菜贮藏保鲜效果鉴定	
时间		工作地点	
任务内容	根据作业指导书，以小组为单位，通过对蔬菜贮藏效果的鉴定，了解其贮藏前后的变化，分析变化原因，探讨管理措施，提高贮藏效果		
工作目标	知识目标： ①了解蔬菜贮藏保鲜效果鉴定原理； ②掌握蔬菜贮藏效果鉴定的内容； ③掌握蔬菜贮藏效果鉴定的方法。 技能目标： ①能熟练使用天平、糖度计等工具； ②能对蔬菜正确地分等分级； ③能按要求计算保鲜指数； ④能根据保鲜指数高低确立最优贮藏条件。 素质目标： ①小组成员分工合作，培养学生沟通和协作能力； ②阅读背景材料和必备知识，查阅文献，培养学生自学和归纳总结能力； ③讨论分析病因，培养学生的分析解决问题能力； ④讨论管理措施，培养学生的思考和语言表达能力		
成果提交	鉴定报告		
验收标准	蔬菜分等分级标准		
提示			

※ 作业指导书

【材料与器具】

一种或几种贮藏场所，不同贮藏方法贮藏的蔬菜产品，台秤、天平、糖度计等。

【作业流程】

样品选择 → 蔬菜贮藏效果鉴定 → 数据记录 → 保鲜指数计算 → 鉴定报告

【操作要点】

1. 样品选择

随机称取经过贮藏保鲜的蔬菜样品 20kg，等量分成 4 份。贮藏效果鉴定主要包括颜色、饱满度、可溶性固形物和硬度、病虫害损耗等，可通过感官或仪器鉴定，见表 8-18。

表 8-18 贮藏效果鉴定

贮藏方法	贮藏时间		质量		可溶性固形物		色泽		药剂处理		烂耗			备注
	入贮藏期	贮藏天数	贮前	贮后	贮前	贮后	贮前	贮后	种类	浓度	好条	烂条	好条率/%	

2. 制定分级标准

将样品食用价值和商用价值标准分 3～5 级。最佳品质为最高级，损耗为 0 级。品质居中的个体按标准分别划入中间级值，通过级值反应品质的差异。在拟定分级标准时，要求级间差别应当相等，指标明确。

3. 计算保鲜指数

根据分级标准进行鉴定分级，计算保鲜指数。保鲜指数越高，保鲜效果越好，计算保鲜指数公式如下：

$$保鲜指数 = \frac{\sum(各级级数 \times 数量)}{各级级数 \times 总数量} \times 100$$

4. 结果分析

根据结果分析蔬菜的贮藏效果，探索理想的贮藏组合，如有不足提出改进措施。

※ 工作考核单

工作考核单详见附录。

网上冲浪

1. 食品伙伴网
2. 中国农业科技信息网
3. ［农广天地］马铃薯冷库贮藏管理（20130304）
4. ［农广天地］冬笋的采收与贮藏（20111124）
5. ［农广天地］大白菜的贮藏保鲜技术（20090828）

复习与思考

1. 简述本地区主要蔬菜的贮藏特性、贮藏基本条件、贮藏方式。
2. 结合本地区蔬菜的贮藏特性，简述本地区应采取的主要贮藏方式和管理措施。
3. 简述各类蔬菜的贮藏保鲜技术要点。
4. 分别说明叶菜类、果菜类、花菜类、根茎类及瓜类蔬菜的贮藏特性。
5. 从每一类蔬菜中各选择 1～2 个具有代表性的蔬菜种类，叙述其贮藏保鲜的技术要点。

必备知识	主要介绍了市场上常见蔬菜的贮藏保鲜知识与技术，包括萝卜与胡萝卜、马铃薯、洋葱与大蒜、姜、大白菜、甘蓝、芹菜、菠菜、番茄、辣椒、茄子、菜豆、菜花、蒜薹，以及食用菌类和瓜类的贮藏。主要从各种蔬菜的贮藏特性、主要贮藏方式及贮藏管理技术要点进行阐述
扩展知识	介绍了新型材料保鲜技术、生物保鲜技术以及其他保鲜技术
项目任务	根据任务工作单下达的任务，按照作业指导书工作步骤实施，常见蔬菜的贮藏保鲜，常见蔬菜贮藏病害的识别，蔬菜贮藏保鲜效果鉴定等任务，然后开展自评、组间评和教师评，进行考核

电子课件

常见蔬菜贮藏技术

项目九

果蔬流通管理

知识目标

1. 了解果蔬流通与管理的基本要求；
2. 掌握流通对果蔬质量的影响因素及控制措施；
3. 熟悉果蔬运输前准备工作及运输过程环境控制。

技能目标

1. 在果蔬流通管理过程中能采取正确的操作；
2. 能按不同果蔬要求完成其流通管理；
3. 能按不同果蔬特点选择合适的运输工具。

思政与职业素养目标

1. 祖国各地名优蔬菜水果多不胜数，各具特色，激发学生的自信心、自豪感和爱国情怀；
2. 结合果蔬贮藏特性和产销距离远近，选择合适的流通工具、贮藏和分销设施，促进果蔬的绿色生产与流通；
3. 以果蔬贮藏技术为载体，培养学生团结协作的团队精神、创新能力及科学、严谨的工作作风。

背景知识

我国幅员辽阔，南北方物产各有特色，只有通过运输才能调剂果蔬市场供应，互补余缺。流通是果蔬生产与消费之间的桥梁，也是果蔬商品经济发展必不可少的重要环节。在某些发达国家，水果大约有90%以上、蔬菜约有70%是经运输后被销售。近年来随着我国商品经济的飞速发展，果蔬流通管理也受到了前所未有的重视。

流通可以看作是动态贮藏，流通过程中产品的振动程度、环境中的温度、湿度和空气成分都对运输效果产生重要影响。如前所述，新鲜果蔬水分含量多，采后生理活动旺盛，易破损，易腐烂。因此，只有具备良好的贮运设施和技术，才能达到理想的流通效果，保证应有的社会效益和经济效益。

必备知识一　果蔬流通质量影响因素

流通对果蔬质量的影响主要表现在以下几方面。

1. 物理损伤

在果蔬的贮藏运输和搬运过程中，机械振动、挤压和碰撞三方面作用会对果蔬造成四种主要形式的机械损伤：表皮裂纹、撞伤、破裂和破碎，受损伤的果蔬极易遭受细菌、真菌和病毒的侵害，进而造成微生物污染，使果蔬在短时间内腐烂变质。运输中商品遭受物理损伤对质量影响很大。造成物理损伤的主要原因有不良操作、超载、堆垛安排不当等。

(1) 不良操作　长期以来不良操作是引起果蔬质量损伤的一个主要因素。虽然使用包装对缓解运输中商品遭受物理损伤的程度起很大作用，但是，仍然不能防止运输中不良操作的影响。绝大多数果蔬含水量在 80% 以上，属于鲜嫩易腐性产品，如果在运输装卸中不注意轻装轻卸，就会遭受破损。破损后的商品不易贮藏，十分容易腐烂，因而在果蔬运输中要严格做到轻装轻卸。

目前，我国绝大多数果蔬商品运输中的装卸仍然依靠人力，在短时间内实现装卸机械化是不可能的。因而，人工轻装轻卸仍是一项长期任务。

(2) 超载　超载是指果蔬堆码过高使货堆底部压力过大的状况。运输途中的晃动会使这些压力增大，使包装部分或全部损坏，增大商品损失。载货的安全高度要由包装物强度来确定。当运输途中产品出现过度挤压受损的情况时，必须加强包装强度和减少载货高度。

(3) 堆垛安排不当　运输中码货的安排也是十分重要的。即便货物没有超载，也必须小心地将果蔬有序地堆好、码好，最大限度地保护好。各包装之间要靠紧，这样在运输途中各包装物间就不会有太大的晃动。包装要放满整个车的底部，以保证货物中的静压分布均匀。要注意垛码不要超出车边缘。要使下层的包装承担上层整个包装件的重量而不是由下层的商品来承受上层的重量。为此，长方形的容器比较好，形状不规则的容器，如竹筐、荆条筐，要堆放成理想的格式就困难得多。

此外，人工装卸果蔬过程中或运输过程中，站或坐在包装商品上也会产生类似于超载造成的损伤。这类情景在我国是不少见的，需要竭力制止。

2. 失水

果蔬保鲜在很大程度上可以说是保持水分。果蔬在运输期间发生失水现象是不可避免的。因呼吸代谢要消耗部分水分，由于种种原因造成的水分蒸发是果蔬水分损失的主要方面。果蔬的水分蒸发主要指果蔬本身含有的游离水和呼吸代谢产生的生理水。在一定条件下以水蒸气的状态存在，当果蔬体内水蒸气压大于周围环境的水蒸气压，即果蔬体内相对湿度大于周围环境相对湿度时，果蔬体内的水分就通过皮孔、气孔和表皮细胞蒸发出来。这种水分蒸发使果蔬产生萎蔫，一般果蔬失水超过 5%，就明显萎蔫，失水还损失销售数量。控制运输中果蔬失水的主要方法有以下几种。

(1) 运输中减少空气在产品周围的流动　空气在产品周围的流动是影响失水速率的一个重要因素，空气在水果和蔬菜表面流动得越快，水果和蔬菜的失水速率也越大，然而这一点与加强空气运动、防止聚热的要求又相冲突，这就需要某些折中的安排。如何折中则需要根据各种商品萎蔫的难易程度来定。

在相同的运输环境中，梨比苹果水分蒸发快，草莓两天的失水率相当于梨两个月的失水率。同样是苹果，金冠苹果要比国光苹果水分蒸发量大，表面积大的叶菜类比其他蔬菜水分蒸发量大得多。原因在于内部组织结构、理化和生化特性不同，形成了各自的蒸发性。例如，在水果中，处于低温条件下，水分蒸发量明显减少的有柿子、梨、苹果、西瓜等；在低温下水分蒸发作用仍十分强烈的有樱桃、杨梅、美国种葡萄等；白桃、李子等则处于以上两者之间。根据运输中果蔬的蒸发特性，即失水的难易程度，来确定运输中商品通风程度和通风方式。

（2）可以适当地加强运输中水果和蔬菜的湿度控制 空气湿度是影响果蔬蒸腾作用的另一重要因素，大多数果蔬贮存所需最佳相对湿度为80%～95%。为保证在果蔬运输中经常处于湿度较高的环境中，特别是在炎热天气情况下，可以向运输中的水果和蔬菜上洒一些水。空气湿度过低往往容易造成果蔬高度脱水萎蔫，同时引起果蔬中维生素含量的减少。

（3）包装对水蒸气的渗透性以及封装的密集度决定包装降低失水速率的程度 聚乙烯薄膜等材料与纸板和纤维板比较，前者允许水蒸气通过的比例比较低。但是只要有纸箱或纸袋包装，同无包装的散装商品比较，也能大大减少失水量。因此，对于长途运输的商品一定要有合适的包装，防止失水。

3. 聚热

由于果蔬的组织柔嫩，酶系活性较强，含有大量的水分和可溶性的成分，在采后较长距离的运输中，具有较高的呼吸作用产生热量，在果蔬堆码的内部发生热量聚集现象。特别是在外界温度较高的情况下和呼吸强度较高的叶菜类，这个问题尤为严重。

解决聚热问题一般是用运输车辆加冰降温的办法，或者使用冷藏车运输。

在普通车辆运输果蔬时，防止聚热产生，可以加强果蔬堆码内部的通风，就是在堆放包装件时，使各包装之间空气可以自由流动。特别是要注意利用运输工具行驶时产生的空气流动，使空气流过果蔬堆，甚至流过包装件内部。在高温季节，还要注意遮盖货物，使阳光不能直接照射在商品上，但是，遮盖物不要挡住货物前后通风道，同时又要防止外围果蔬过度失水。

必备知识二　果蔬的流通与管理

一、果蔬流通与管理的基本要求

新鲜果蔬与其他商品相比，运输要求较为严格。我国地域辽阔，自然条件复杂，在运输过程中气候变化难以预料，加之交通设备和运输工具与发达国家相比还有很大差距，因此，必须严格管理，根据果蔬的生物学特性，尽量满足果蔬在运输过程中所需要的条件，才能确保运输安全，减少损失。

1. 快装快运

果蔬运输只是果蔬流通的一种手段，最终目的地是销售市场、贮藏库或包装厂。一般而言，运输过程中的环境条件是难以控制的，很难满足运输要求，特别是气候的变化和道路的颠簸，极易对果蔬质量造成不良影响。因此，运输中的各个环节一定要快，使果蔬尽快到达目的地。

2. 轻装轻卸，防止机械损伤

合理的装卸直接关系到果蔬运输的质量，因为绝大多数的果蔬含水量为80%～90%，属于鲜嫩易腐性产品。如果装卸粗放，产品极易损伤，导致腐烂，这是目前运输中存在的普遍问题，也是引起果蔬采后损失的一个主要原因。因此，装卸过程中一定要做到轻装轻卸。

3. 防热防冻

任何果蔬对温度都有严格的要求，温度过高，会加快产品衰老，使品质下降；温度过低，使产品容易遭受冷害或冻害。此外，运输过程中温度波动频繁或过大都对保持产品质量不利。

目前很多交通工具都配备了调温装置，如冷藏卡车、铁路的加冰保温车和机械保温车、冷藏轮船以及近几年来发展的冷藏气调集装箱、冷藏减压集装箱等。然而，我国目前这类运输工具应用还不是很普遍，因此必须重视利用自然条件和人工管理来防热防冻。日晒会使果蔬温度升高，提高呼吸强度，加速自然损耗；雨淋则影响产品包装的完美，过多的含水量也有利于微生物的生长和繁殖，加速腐烂。遮盖是普通的处理方法，但要根据不同的环境条件采用不同的措施。此外，在温度较高的情况下，还应注意通风散热。

4. 合理包装、科学堆码

运输过程中果蔬处于动态不平衡状态，因此，产品必须选择科学合理的包装和堆码使其稳固安全。包装材料和规格应与产品相适应，做到牢固、轻便、防潮，且利于通风降温和堆垛。一般果蔬可用"品"字形、"井"字形等装车堆码法，篓、箩、筐多采用筐口对扣法使之稳固安全，且有利于通风和防止倒塌，并能经济利用空间，增加装载量。

二、果蔬运输前的准备工作

果蔬从产地运输到销售地后，一部分在产地已进行了精细的零售包装，可直接投放到超级市场销售；一部分由大包装运来，需在销售地进行零售包装后再投放到市场销售；一部分则不经过小包装，直接以散货的形式投放到市场的货架上销售。果蔬不管以何种形式投放到市场，其在运输前都要进行处理、包装和预冷等一系列准备工作。

1. 运输前的处理和包装

（1）采收 采收的时期和方式与产品的成熟度和天气情况有关，也与产品处理方式、速度和商业使用目的、工业使用目的有关。如果是一种过熟的产品则不能用机械处理，也不能运输到远距离市场。

（2）交货和验收 为把货交给处理场，一般使用农用拖拉机或普通的卡车把盛果蔬的采收容器运到处理场。采收容器多为小型或中型的木箱子，但使用塑料箱会更好。箱子的大小要根据产品的柔嫩性而定，越柔嫩的果蔬，箱子越要小。交货时要由有经验的工作人员对该批货物进行质量评价，作出等级评价。

（3）倒箱 由人工或机械完成这一工作。如葡萄和一些蔬菜需人工从箱子取出后进行包装，而大多数产品可倒在传送带上或水槽里。

（4）洗涤和挑选 各种产品在挑选前洗涤。有时洗涤还结合化学处理（苹果、梨）和脱毛（桃）。洗涤时继续清理工作，去根和择叶（芹菜、刺菜蓟）。一些产品洗涤后还需进行干燥处理，并挑选出不合格的产品。

（5）分级 由人工或机械对产品根据重量、大小和颜色分级。

（6）各种处理 用物理或化学方法处理，目的在于预防果蔬病害和延缓衰老。处理可在挑选前后或在包装前进行。另外，还可进行美容处理以改善产品的外观，如柑橘染色、柑橘、葡萄柚、苹果涂蜡等。

（7）包装 产品应该普遍进行预包装，分为内包装和外包装。果蔬内包装材料应无毒、清洁、无污染、无异味，保证果蔬干净卫生，还应具有一定通透性。对于不耐压果蔬，包装时应在包装容器内加支撑物或衬垫物。新鲜果蔬包装内的支撑物和衬垫物的作用见表9-1。

表 9-1 新鲜果蔬包装内的支撑物和衬垫物的作用

种类	作用
纸	衬垫,缓冲挤压,保洁,减少失水
塑料托盘,泡沫塑料盘	衬垫,分离果蔬,减少碰撞
瓦楞插板	分离果蔬,增大支撑强度
泡沫塑料网或网套	衬垫,减少碰撞,缓冲震动
塑料薄膜袋	控制失水和呼吸
塑料薄膜	保护果蔬,控制失水

果蔬外包装容器应符合国家标准要求和具有足够的机械强度，保护货品在装卸、运输和码放过程中免受损伤。果蔬外包装容器应具有防潮性及清洁、无污染、无异味、无有害化学物质、内壁光滑、美观、重量轻、成本低等特点。新鲜果蔬外包装材料的种类及适用范围见表9-2。水果应按品种、等级和成熟度分类进行包装。每一包装上应清楚标明品名、产地、商标、净重或数量、规格（等级）、保存条件、保存期限、生产企业信息和生产日期等货品信息，且字迹应当清晰、完整、准确。

表 9-2 新鲜果蔬外包装材料的种类及适用范围

种类	材料	适用范围
物流篮、塑料箱	聚乙烯、聚丙烯	适用于任何果蔬
纸箱	瓦楞纸板	适用于任何果蔬
纸袋	具有一定强度的纸张	装果量通常不超过 2kg
纸盒	具有一定强度的纸张	适用于易受机械伤的果蔬
木箱	木质	适用于较不易受损的果蔬

2. 运输前产品的保藏

包装后的产品一般要放入冷藏库贮藏以等待装车发运。果蔬包装后经常进行预冷（采用对包装无害方式）或其他的方式处理，如葡萄的硫处理。在冷藏库安排临时贮藏是很有用的，既可消除田间热，又可消除代谢热。若不安排在冷藏库贮藏时，至少要把果蔬贮藏在凉爽和通风的环境，并协调采收、采后处理和装车工作，以便在可承受范围内缩短等待时间。

3. 预冷

预冷是一种物理处理，采后通过预冷可快速消除产品的田间热，直至达到贮藏运输要求的温度。预冷既可在采后加工整理前后进行，也可在加工整理期间进行。预冷所采用系统不同，产品由环境温度降到贮藏温度所需时间也不同，一般约需40min到几个小时不等，多至十几个小时（有特殊要求的品种除外）。

预冷系统分为：冷水预冷、强制冷空气预冷、真空预冷和层冰预冷等。预冷的目的有：①降低产品呼吸强度，延缓产品成熟和衰老，延长采后加工整理时间，延长产品的货架期和流通销售期；②降低果蔬对采后侵染性病害的敏感性；③降低产品的失水和失重。实践证明，预冷对产品的生理效应特别明显，已引起商业领域广泛的兴趣。

需要强调的是：运输工具所装的制冷设备其制冷能力有限，主要是为了保持温度而不是降温，所以，要把田间温度下装入的货物，冷却到贮运要求的温度，需要很长时间。在整个运输期间，未预冷的产品的成熟和衰老进程要比预冷产品快得多。例如，经过预冷后再运输的桃子可减少 17%的过熟果，李子可减少 12%，甜瓜可减少 6%。当观察运输工具制冷设备的运行时，可能发现开机几个小时，温度计的显示温度就已达到要求的温度。这表示运输工具内循环空气的温度已达到或几乎达到要求的温度，但未经预冷的产品温度仍然很高，因为降温速度非常缓慢。

经过预冷的产品，如果暴露在外部较高的气温中，可引起周围水蒸气的凝结，在产品表面形成水膜。这种水分可增加侵染性病害发生的概率。因此要避免和抑制凝结水现象的出现，应采取以下几种技术措施：①装货速度要快，装货期间尽可能缩短产品在空气中的暴露时间；②当条件允许时，要在与冷库连接的缓冲部位（缓冲间）装货（此部位环境温度比外部低）；③用塑料薄膜临时保护产品，这样可使凝结水先沉积在膜的表面上；④设置"冷袖子"，在运输工具与冷库隔开处设置一个控制适宜温度的通道。

运到目的地市场后同样特别要注意这方面的问题，在低温下经过长时间运输后，要避免到达目的地后短时间内发生温度剧烈变化，这样会严重影响产品质量。因此，要确保在适当范围内维持"冷链"的原则。

4. 装卸工具

现代化装卸应有科学先进的装卸搬运工具，推广使用货物传送带、叉车、电瓶车、起重车以及船用浮吊等设备，对改善搬运装卸条件、提高工作效率具有重要作用。

三、运输环境条件控制

果蔬运输的环境条件主要是指温度、湿度、气体成分和防振动处理等。

1. 温度的控制

温度是运输过程中的重要环境条件之一。低温运输对保持果蔬的品质及降低运输中的损耗十分重要。随着冷库的普及使用以及运输工具性能的改进，国内在果蔬的流通过程中也逐渐实现了冷链流通。如冰保车、机冷车、冷藏集装箱等都为低温运输提供了方便。对于有些耐贮运的果蔬，预冷后采用普通保温运输工具可进行中短途运输，也能达到同样的效果。但对于秋冬季节，南方果蔬向北方调运时，要注意加热保暖防冻。

2. 湿度的控制

湿度对果蔬的运输影响较小。但如果是长距离运输或运输所需时间较长时，就必须考虑湿度的影响。尤其是对水分含量较高的蔬菜，在运输途中要观察水分的散失状况，及时增加环境中的湿度，防止过度失水造成萎蔫，从而影响产品品质。环境湿度的调节与加湿方法可参照所果蔬的贮藏相关要求和技术进行。对于果品由于有良好的内外包装，在运输途中失水造成品质下降的可能性不大，但要注意因温度的控制不稳定，造成结露的现象发生。

3. 气体成分的控制

对于采用冷藏气调集装箱运输的方式和长距离运输时，要注意气体成分的调节和控制，气体成分浓度的调节和控制方法可参照所运果蔬的气调贮藏相关要求和技术进行。对较耐CO_2果品，可采用塑料薄膜袋的内包装方式，达到微气调的效果；对CO_2敏感果品，应注意包装不能太严密或进行通风处理。

4. 防振动处理

在运输途中剧烈的振动会造成新鲜果品的机械伤，机械伤会促使水果中乙烯的发生，加快果品的成熟；同时易受病原微生物的浸染，造成果品的腐烂。因此，在运输中尽量避免剧烈的振动。比较而言，铁路运输振动强度小于公路运输，水路运输又小于铁路运输，振动的程度与道路的状况、车辆的性能有直接关系，路况差，振动强度大；车辆减振效果差，振动强度也会加大。在启运前一定要了解路径状况，在产品进行包装时增加填充物，装载堆码时尽可能使产品稳固或加以牢固捆绑，以免造成挤压、碰撞等机械损伤。

四、运输的注意事项

目前我国果蔬运输的设备有汽车、轮船和火车，有条件的地方可使用保温或冷藏设备。为了搞好运输，应注意以下几点。

① 运输的果蔬质量要符合运输标准，没有腐烂，成熟度和包装应符合规定，并且新鲜、完整、清洁，没有损伤和萎蔫。

② 果蔬承运部门应尽力组织快装快运，现卸现提，保证产品的质量。

③ 装运时堆码要注意安全稳当，要有支撑与垫条，防止运输中移动或倾倒。堆码不能过高，堆间应留有适当的空间，以利通风。

④ 装运应避免撞击、挤压、跌落等现象，尽量做到运行快速平稳。

⑤ 装运应简便快速，尽量缩短采收与交运的时间。

⑥ 如用敞篷车船运输，果蔬堆上应覆盖防水布或芦席，以免日晒雨淋。冬季应盖棉被进行防寒。

⑦ 运输时要注意通风，如果用棚车、敞车通风运载，可将棚车门窗打开，或将敞车侧板调起捆牢，并用棚栏将货物挡住。保温车船要有通风设备。

⑧ 在装载果蔬之前，车船应认真清扫，彻底消毒，确保卫生。

⑨ 不同种类的果蔬最好不要混装，因各种果蔬产生的挥发性物质相互干扰，影响运输安全。尤其是不能和产生乙烯量大的果蔬在一起装运，因微量的乙烯也可促使其他果蔬提前成熟，影响果蔬质量。

⑩ 一般运输的距离短，可以不要冷却设备，但长距离运输最好用保温车船。在夏季或南方运输时要降温，在冬季尤其是北方运输时要保温。用保温车船运输果蔬，装载前应进行预冷。要保持果蔬的新鲜度和适宜的相对湿度，以防止果蔬萎蔫。

五、冷链流通

冷链是指根据物品特性，为保持其品质而采用的从生产到消费的过程中始终处于低温状态的物流网络。果蔬冷链物流是指使水果、蔬菜类生鲜农产品从产地采收后，在产品加工、贮藏、运输、分销、零售等环节始终处于适宜的低温控制环境下，最大程度地保证产品品质和质量安全、减少损耗、防止污染的特殊供应链系统。

果蔬冷藏链主要有采后冷却加工、冷却贮藏、冷藏运输及配送、冷藏销售等环节。采后冷却加工是冷藏链的"前端环节"，包括果蔬采后的原料预处理和低温状态下的加工作业过程

（预冷），对食品的质量影响很大。冷却贮藏是冷藏链的"中端环节"，是保证果蔬贮藏品质的低温保鲜环境。冷藏运输贯穿于全冷藏链的各个环节，包括果蔬的中途、长途运输及短途运输等物流环节的低温状态。在冷藏运输中，温度波动是引起食品品质下降的主要原因之一。冷藏销售包括食品进入批发零售环节的低温贮藏和销售，由生产厂家（产地）、批发商和零售商（超市）共同完成，是冷藏链的"末端环节"。贯穿全冷藏链各环节的是各种装备、设施，主要有原料前处理设备、预冷设备、冷藏库、冷藏运输设备、冷藏陈列柜、家用电冰箱等（图9-1）。

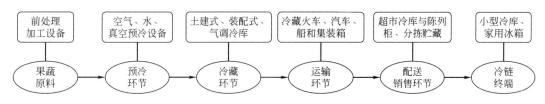

图 9-1　果蔬冷链主要设备

随着我国农业结构调整和居民消费水平的提高，生鲜果蔬的产量和流通量逐年增加。我国现代农产品贮藏、保鲜技术起步于 20 世纪初，自 20 世纪六七十年代开始在生鲜农产品采后加工、贮藏及运输等环节逐步得到应用。进入 21 世纪以来，我国农产品贮藏保鲜技术迅速发展，农产品冷链物流发展环境和条件不断改善，果蔬冷链物流得到较快发展，冷链物流基础设施基本完善、初具规模。到 2015 年，我国的果蔬冷链流通率达到 22%，冷藏运输率为 35%。我国是冷库建设发展最快的国家，截至 2016 年，我国冷库容量达到了 1.07 亿立方米，居世界第三位。但是，人均冷库容量只有美国的 1/4、日本的 1/3，还存在其他一些发展瓶颈，比如达标的冷藏运输工具数量有限、冷链物流成本居高不下、农村冷链物流水平不高等。因此，我国果蔬冷链物流的发展趋势是：形成布局合理、覆盖广泛、衔接顺畅的冷链基础设施网络；基本建立"全程温控、标准健全、绿色安全、应用广泛"的冷链物流服务体系；培育一批具有核心竞争力、综合服务能力强的冷链物流企业；冷链物流信息化、标准化水平大幅提升；普遍实现冷链服务全程可视、可追溯；生鲜农产品和易腐食品冷链流通率、冷藏运输率显著提高，腐损率明显降低，食品质量安全得到有效保障。

拓展知识　　　　　果蔬贮运规范、运输方式和工具

一、果蔬贮运规范

果蔬贮运规范是为了保证果蔬的食用价值，对果蔬必须达到的某些或全部要求所做的技术规定。果蔬在销售或交付之前通常会经过短途或长途运输及短时间的贮藏，建立果蔬的贮运规范是产品质量的重要保证。各种果蔬的贮运标准主要规定了果蔬物流的库房与容器消毒、采收、分级、分装、预冷与包装、贮藏与运输以及销售等操作环节的技术要求。果蔬贮运标准的指标主要是对物流流程、贮前要求、包装要求、贮藏要求、运输要求、配送要求及销售等操作要求的规定。

1. 水果贮运规范

（1）水果质量的基本要求　要求具有本品种固有的特征和风味，并适于市场销售的食用成熟度。果实完整良好，新鲜洁净，无异臭或异味，无不正常的外来水分。污染物限量及农药最大残留限量应分别符合 GB 2762 和 GB 2763 的有关规定。我国法律、法规和规章另有规定的，应符合其规定。

（2）流通过程要求

① 产地采购　采购方宜与基地对接，实行订单采购。采购方应向水果提供方（种植户、种植基地或产地经纪人等）索要产地证明、产品质量检验合格证明和认证证书等材料备案。产地证明应至少包含产地、数量、品种、采摘日期等内容。采购的水果应按规定进行分级、包装和标识。采购方应做好进货记录，对每批水果的提供方、进货时间、品种、数量、等级、产地、采收及包装日期等进行记录。采购的水果宜及时运走，不能及时运走的水果应在适宜的温度和湿度条件下暂存。

② 运输　运输工具应清洁、卫生、无污染、无杂物，具有防晒、防雨、通风和控温设施，可采用保温车、冷藏车等运输工具。装载时应确保包装箱顺序摆放，防止挤压，运输中应稳固装载，留通风空隙，不得与有毒有害物质混运。装卸时应轻搬轻放，严防机械损伤。运输过程中在不损害水果品质的情况下，综合考虑产地温度、运输距离、销地温度、适宜贮存温度和湿度等因素，采取保温措施，防止温度波动过大。应做到物、证相符，保留相关票据备案。

③ 批发　批发商应建立购销台账，如实记录水果提供者、水果名称、产地、等级、进货时间、销售时间、价格、数量等内容，如实记录交易双方的姓名及联系方式等。采用电子交易系统的批发市场，购销商应根据系统要求做好信息的预先录入和登记工作，电子交易系统管理方应做好交易数据的定时备份和系统维护工作。

批发商应向批发市场和采购方提供产地证明、质量检验合格证明和购销票证等。交易模式产生的购销票证应包含：批发商姓名、采购方姓名、水果名称、产地、等级、成交量、成交价格、成交时间等。电子交易模式产生的购销票证应包含：电子查询条码、批发商姓名（也可为系统生成代码）、采购者姓名（也可为系统生成代码）、产品名称、产地、等级、成交量、成交价格、成交时间等。批发商和电子交易系统管理方应做好购销台账和相关证明（包括电子交易数据）的保管工作，保管期限为2年。对于包装破损的水果，应查明原因，确认无安全危害时，才能上市销售；对于认定不合格的水果，应按《农产品批发市场食品安全操作规范》有关规定做好下架、退市、销毁等处理。批发过程应注意保持适宜的温度、湿度，并快速销售。

④ 零售　零售应有固定的经营场地（摊位），应挂牌销售，明确标识水果的品种、产地、等级、价格和质量状况等信息。零售时可采用透明薄膜、聚乙烯袋等小包装销售，包装材料应符合GB/T 4456的规定。零售标识应包括超市（市场）名称、水果品种、销售日期、等级、重量、价格、产地等内容。零售场所宜配备水果陈列货架、电子条码秤、冷藏设施等，注意控制温度和湿度。

我国现行有效的水果贮运规范如表9-3所示。

2. 蔬菜贮运规范

（1）贮藏与运输前的准备　贮运蔬菜应符合相应蔬菜品种的质量标准，污染物限量和农药最大残留限量应符合GB 2762和GB 2763的有关规定。贮运前应根据需要对新鲜蔬菜进行挑选、清洗、整修和分级等前处理，剔除有机械伤、枯萎、老化、病虫害和畸形的蔬菜。前处理过程应在阴凉通风处，应轻拿轻放，减少损伤。新鲜蔬菜应进行包装，包装材料、容器、方法和包装标识参照SB/T 10158和SB/T 10448的相关规定和要求。

表 9-3 水果贮运标准

标准编号	标准名称	标准编号	标准名称
GB/T 16862—2008	鲜食葡萄冷藏技术	SB/T 10091—1992	桃冷藏技术
GB/T 25870—2010	甜瓜 冷藏和冷藏运输	SB/T 11030—2013	瓜类贮运保鲜技术规范
GB/T 17479—1998	杏冷藏	SB/T 10890—2012	预包装水果流通规范
NY/T 1530—2007	龙眼、荔枝产后贮运保鲜技术规程	SB/T 10892—2012	预包装鲜苹果流通规范
NY/T 1394—2007	浆果贮运技术条件	SB/T 10894—2012	预包装鲜食葡萄流通规范
NY/T 983—2015	苹果采收与贮运技术规范	SB/T 11026—2013	浆果类果品流通规范
NY/T 3026—2016	鲜食浆果类水果采后预冷保鲜技术规程		
NY/T 2001—2011	菠萝贮藏技术规范	SB/T 11028—2013	柑橘类果品流通规范
NY/T 1198—2006	梨贮运技术规范	SB/T 10885—2012	香蕉流通规范
		SB/T 10891—2012	预包装鲜梨流通规范

根据蔬菜的品种特性选择适宜的预冷方式并尽快进行预冷。预冷方法参照 SB/T 10448 的相关规定和要求。预冷后的蔬菜应尽快进行贮藏或运输。若采用冷库预冷，应控制入库量，保证预冷效果。

贮藏库或运输工具应符合相关设计规范、技术标准和卫生要求（如清洗、消毒、通风等）。

贮藏库或运输工具不应接触有毒、有害、有异味、易污染的物品。在贮藏或运输前应对贮藏库或运输工具进行定期的检修和维护，并做好降温准备。

（2）贮藏　根据新鲜蔬菜的品种和用途，可采用通风库贮藏、冷藏、气调贮藏等贮藏方式。堆垛的排列方式应与空气循环方向一致。垛底应留有一定空隙（如加托盘等），垛间应留有一定间隙。冷库贮藏时靠近蒸发器和冷风口的部位应遮盖防冻。每垛应有品种、来源、质量等级、采收及入库时间等标识。冷藏的温度和相对湿度应符合相应蔬菜品种的要求。气调贮藏参照 SB/T 10447 的相关规定和要求。贮藏期间应每 1~2h 测定并记录贮藏库内的温度和相对湿度，定期进行空气循环，并定期检查，及时剔除有质量问题的蔬菜。出库应遵照"先进先出"的原则。贮藏管理应建立应急预案，并确保有效实施。

（3）运输　运输方式和运输工具参照 SB/T 10448 的相关规定和要求。运输的温度和相对湿度等环境条件应符合相应蔬菜品种的要求。运输过程中应定时观测并记录温度和相对湿度等环境条件，应保持运输工具内的气流畅通。运输的蔬菜应保证质量完好、包装坚固，运输工具内的垛码应紧凑，捆扎结实，防止滑落和挤压。

我国现行有效的蔬菜贮运标准如表 9-4 所示。

二、运输的方式

目前，果蔬运输方式主要有陆路运输（公路运输、铁路运输）、水路运输和航空运输等，各有特点，详见表 9-5 和表 9-6。具体采用哪一种运输方式，需要综合考虑运输物品的种类、运输量、运输距离和运输费用，也可以在果蔬从产地到目的地的运

表 9-4　蔬菜贮运标准

标准编号	标准名称	标准编号	标准名称
GB/T 26432—2010	新鲜蔬菜贮藏与运输准则	SB/T 10893—2012	预包装鲜食莲藕流通规范
GB/T 25871—2010	结球生菜　预冷和冷藏运输指南	SB/T 10966—2013	芦笋流通规范
GB/T 18518—2001	黄瓜　贮藏和冷藏运输	SB/T 11029—2013	瓜类蔬菜流通规范
GB/T 20372—2006	花椰菜　冷藏和冷藏运输指南	SB/T 10887—2012	蒜苔保鲜贮藏技术规范
GB/T 23244—2009	水果和蔬菜　气调贮藏技术规范	SB/T 10967—2013	红辣椒干流通规范
GB/T 25867—2010	根菜类　冷藏和冷藏运输	SB/T 10889—2012	预包装蔬菜流通规范
GB/T 8867—2001	蒜薹简易气调冷藏技术	SB/T 11031—2013	块茎类蔬菜流通规范
GB/T 24700—2010	大蒜　冷藏	LY/T 1649—2005	保鲜黑木耳
GB/T 25873—2010	结球甘蓝　冷藏和冷藏运输指南	NY/T 1202—2006	豆类蔬菜贮藏保鲜技术规程
LY/T 1651—2019	松口蘑采收及保鲜技术规程	SB/T 10717—2012	栽培蘑菇　冷藏和冷藏运输指南
GB/T 25868—2010	早熟马铃薯　预冷和冷藏运输指南	NY/T 1934—2010	双孢蘑菇、金针菇贮运技术规范
NY/T 1203—2006	茄果类蔬菜贮藏保鲜技术规程	SB/T 10729—2012	易腐食品冷藏链操作规范果蔬类
GH/T 1191—2017	叶用莴苣(生菜)预冷与冷藏运输技术	NY/T 2117—2012	双孢蘑菇　冷藏及冷链运输技术规范
SB/T 10728—2012	易腐食品冷藏链技术要求　果蔬类		

表 9-5　不同的运输方式的特点

运输方式	运输特点	运输装备
公路运输	机动、灵活、及时；可实现门对门运输，较适合中短途运输，尤其是短距离配送；运费较高，对产品损伤较小；可直达，也可配合进行短途转运	汽车
铁路运输	全天候运营、安全；中长距离货运价廉；大批量运输、速度快、节能；不适合短距离运输；受线路、站点、运行时间限制，灵活性差；全国基本可达；国际运输比例大，比如当前我国"一带一路"倡议中开通的中欧货运班列	火车
水路运输	运量大、占地少、运费低；大批量、耐贮藏、长远距离运输；受港口、水位、季节、气候影响大，速度慢；干线运输、国际贸易中的主要运输方式	冷藏船；冷藏集装箱
航空运输	速度快，运费高，运量小，耗能大；适合高档、易腐、特需的货物运输，不适合大众化产品；适合远距离、国际运输	货运飞机；保温集装箱

表 9-6　不同的运输方式的比较

运输方式	运输线路	运输工具	运输价格	速度	运量	应用
水路运输	河道、海洋	船舶	最低	最慢	大	大宗、远距离
陆路运输	铁路	火车	居中	居中	居中	长途、数量大
	公路	汽车				短途、鲜活货物
航空运输	航空	飞机	最高	最高	最快	贵重、急需、少量

输过程中采用两种或两种以上不同运输工具的相互衔接的运送方式，即多式联运。总之，果蔬运输的整体要求是速度快、运量大、成本低、投资小，尽量降低季节和环境的影响。

三、运输的工具

1. 陆路运输工具

陆路运输工具包括汽车、火车，根据是否采用冷源分为无冷源和有冷源运输工具。

（1）无冷源运输工具　无冷源运输工具包括普通汽车和火车以及车体加设隔热层的汽车和火车。

① 普通汽车和棚车　由于目前我国冷藏汽车运输尚无普及，大量果蔬产品的公路运输仍然由普通汽车或厢式汽车承担，车厢内没有冷源和温度控制设备，受自然气温影响很大。与冷藏车相比，优点是费用低、装载量大；缺点是运输条件不易控制，果蔬产品质量很难保证。普通棚车（列车）适宜在合适的季节运输耐贮藏的果蔬，如马铃薯、洋葱、冬瓜等。在高温和低温季节里运输果蔬损耗很大，甚至高达40%以上。所以，使用普通汽车和棚车运输果蔬时，需要注意防冻害、防高温和防雨淋等。

② 隔热保温车　隔热保温车（汽车和火车）是一种车内无冷源、无任何制冷和加热设备，仅具有隔热功能的车体。在果蔬运输的过程中，主要依靠隔热性能良好的车体的保温作用来减少车内外的热交换，以保证果蔬在运输期间温度在允许的范围内波动。这种车辆具有投资少、造价低、耗能少和节省运费等优点。由于我国的水果和蔬菜在多数情况下，是以未预冷的状态运输，就要求隔热保温车应具有良好的通风性能，此种车也称通风隔热车。

（2）有冷源运输工具　根据制冷方式可以分为加冰、液氮或干冰制冷，蓄冷板制冷和机械制冷等多种汽车、火车冷藏车。

① 加冰铁路冷藏车　该车以冰或冰盐作为冷源，利用冰或冰盐混合物的溶解，使车内温度降低，在冷藏车内可获得0℃及0℃以下的低温。该车厢内带有冰槽，可以设置在车厢顶部，也可以设置在车厢两端。加冰铁路冷藏车的示意图如图9-2所示。如果车厢内要维持0℃以下的温度，可向冰中添加某些盐类，车厢内最低温度随盐的浓度而变化。

② 液氮或干冰冷藏车　此类车常用的制冷剂包括液氮、干冰等。液氮冷藏汽车主要由隔热车厢、液氮罐、喷嘴及温度控制器组成，其制冷原理主要是利用液氮汽化吸热，使液氮从−196℃汽化并升温到−20℃左右，吸收车厢内的热量，实现制冷并达到要求的低温。液氮冷藏汽车如图9-3所示。液氮冷藏汽车的优点：装置简单，一次性投资小；降温速度很快，可较好地保持食品的质量；无噪声；与机械制冷装量比较，重量大大减轻。缺点：液氮成本较高；运输途中液氮补给困难，运输距离受限。

干冰制冷的铁路冷藏车是以干冰为制冷剂，先使空气与干冰换热，然后借助通风使冷却后的空气在车厢内，吸热升华后的CO_2由排气管排出车外。使用干冰制冷的铁路冷藏车运输新鲜的果蔬类产品时，要注意通风或果蔬的包装，避免干冰融化产生

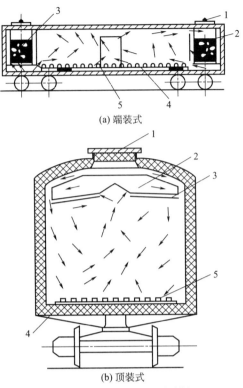

(a) 端装式

(b) 顶装式

1—冰箱盖；2—冰箱；3—防水板；
4—通风水槽；5—沥水格栅

图 9-2　加冰铁路冷藏车

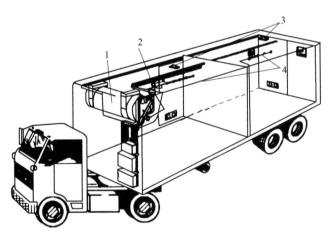

图 9-3　液氮冷藏汽车
1—液氮罐；2—液氮喷嘴；3—门开关；4—安全开关

过高浓度的 CO_2，造成果蔬无氧呼吸，加速果蔬的腐烂变质。干冰冷藏车优点：设备简单，投资费用低；故障率低；无噪声。缺点：车厢内温度不够均匀，冷却时间长；干冰成本高。

③ 蓄冷板（冷冻板）冷藏车　利用冷冻板中充注的低共晶溶液进行蓄冷和放冷，实现冷藏车的降温。冷冻板外表为钢板壳体，内腔充注蓄冷用的低共晶溶液，内装有充冷用的盘管（制冷蒸发器），板厚50～150mm。制冷剂在蒸发盘管内汽化使低共晶溶液冻结，即冷冻板"充冷"。当冷冻板装入汽车车厢后，冻结的共晶体就不断吸热，即进行"放冷"，使车内降温，维持与共晶体溶液凝固点相当的冷藏温度。在冷冻板内，低共晶体吸热全部融化后，可充冷后再次使用。蓄冷板冷藏汽车如图9-4。蓄冷板冷藏汽车的优点：设备费用相对较低，无噪声；故障少。缺点：蓄冷能力有限，不适合超长距离运输；蓄冷板减少了汽车的有效容积和载货量；冷却速度慢。蓄冷板不仅用于冷藏汽车，还可用于铁路冷藏车、冷藏集装箱、小型冷藏库和食品冷藏柜等。

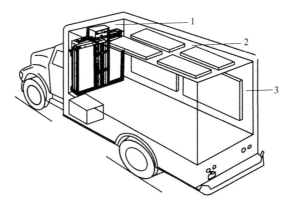

图 9-4　蓄冷板冷藏汽车
1—前壁；2—箱顶；3—侧壁

④ 机械制冷冷藏车　机械制冷冷藏车是以机械式制冷装置为冷源的冷藏汽车和火车。

机械制冷冷藏汽车内装有蒸汽压缩式制冷机组，采用直接吹风冷却，车内温度实现自动控制，很适合短、中、长途或特殊冷藏货物的运输。图9-5为机械制冷冷藏汽车基本结构及制冷系统。该冷藏汽车属分装机组式，由汽车发动机通过传动带带动制冷压缩机，通过管路与车顶的冷凝器、车内的蒸发器及有关阀件组成制冷循环系统，向车内供冷。制冷机的工作和车厢内的温度由驾驶员直接通过控制盒操作。这种由发动机直接驱动的汽车制冷装置，适用于中小型冷藏汽车，其结构比较简单，使用灵活。机械冷藏汽车的优点：车内温度均匀稳定且可调，运输成本较低。缺点：噪声大，结构复杂，易出故障，维修费用高；购车投资高；大型汽车冷却速度慢，用时长；需要融霜。

机械制冷铁路冷藏车（图9-6）是目前铁路冷藏运输中的主要工具之一。机械制冷铁路冷藏车的优点：制冷速度快、温度调节范围广、车内温度分布均匀和运送迅速；可以根据运输货物的特点调节车内温度，既可运输10℃以上的南方果蔬产品，又可运输处于冻结状态的冷冻食品；能实现制冷、加热、通风换气及融霜的自动化。缺点是造价高，维修复杂，使用技术要求高。

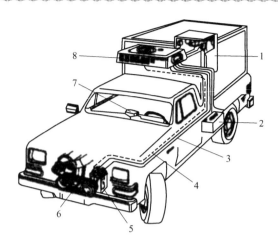

图 9-5　机械制冷冷藏汽车的基本结构及制冷系统

1—冷风机（蒸发器＋风机）；2—蓄电池；3—制冷管路；4—电器线路；5—制冷压缩机；
6—传动带；7—控制盒；8—风冷冷凝器

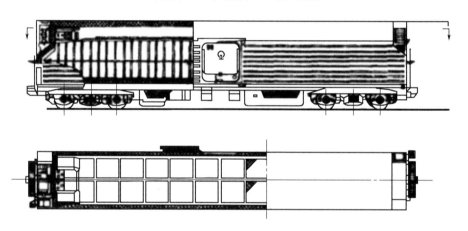

图 9-6　机械制冷铁路冷藏车

2. 水路运输工具

水路运输工具包括内河和海洋运输工具，既有内河运输船，又有近海轮船、远洋轮船等。水路运输最大优点是运费便宜，国外的海运价格约为铁路运输的 1/8、公路运输的 1/40。水上运输的货舱同样也分为普通、保温和冷藏，但是目前主要为冷藏集装箱船和冷藏船。冷藏船隔热保温性能好，温度波动不超过 ±0.5℃，此种运输方式在国际航线均广泛使用，但船速度慢，一般需要 1～4 周的时间。目前在国际贸易中，远距离的大宗果蔬产品进出口主要依赖轮船运输。例如，香蕉等产品横跨大洋的运输，使用万吨级集装箱专用船，装卸已实现机械化。总之，水路运输适合承担运量大、远距离的货运运输，运输成本远低于空运，而且长途运输时，可提供良好的温度与环境条件。

3. 航空运输工具

航空运输工具主要是各种型号的飞机，其最大特点是运输速度快，振动小，产品损伤小，但是装载量小，运价昂贵，适合急需特供、价格高的高档果蔬，如车厘子、草莓、鲜猴头、松茸等产品已较多采用航空运输。由于航空运输用时短，数小时航程中无须使用制冷装置，只要将果蔬在装机前预冷至一定温度，并采取一定的保温措施即能取得满意的效果。空运是以毛重来计费的，所以空运产品的包装既要坚固又要质轻，多采用纸箱、聚苯乙烯泡沫塑料箱、钙塑箱等。空运飞行时间短，但装卸时间较长，如果在夏季，包装内最好加入密封的冰袋以控制温度。目前，航空运输在我国占的份额还很小。

4. 集装箱

集装箱是一种大型的、标准化的、能反复使用的载货容器。集装箱运输就是将货物装在集装箱内，以集装箱为一个货物集合单元，进行装卸、运输（包括船舶运输、铁路运输、公路运输、航空运输及多式联运）的运输工艺和运输组织形式。集装箱运输是对传统的以单件货物进行装卸运输工艺的一次重要革命，是当代世界上最先进的运输工艺和运输组织形式，是杂货运输的发展方向，是交通运输现代化的重要标志。经过几十年努力，我国在国际集装箱运输的运力和运量上位于世界前列。

（1）集装箱的定义　根据国际标准化组织（ISO）TC/04 委员会规定，我国制定了 GB/T 1413—2008《系列 1 集装箱　分类、尺寸和额定质量》，规定集装箱是一种供货物运输的设备，应该具备以下条件。

① 具有足够的强度，在有效使用期内可以反复使用；

② 适于一种或多种运输方式运送货物，途中无须倒装；

③ 设有供快速装卸的装置，便于从一种运输方式转到另一种运输方式；

④ 便于箱内货物的装满和卸空；

⑤ 内容积等于或大于 $1m^3$。

（2）集装箱的分类　集装箱按照运输方式、货物种类和箱体结构分为不同类型，见表 9-7。除有特殊要求外，集装箱应能够适应运输的要求。

表 9-7　集装箱的类型

集装箱	类别	型号
普通货物集装箱	通用集装箱	—
	专用集装箱	封闭式透气/通风集装箱、敞顶式集装箱、平台式集装箱和台架式集装箱
特种货物集装箱	保温集装箱	隔热集装箱、消耗冷却剂式冷藏集装箱、机冷式冷藏集装箱、冷藏和加热集装箱、带气调或调气装置的冷藏和加热集装箱等
	罐式集装箱	—
	干散货集装箱	—
	按货种命名的集装箱	—
航空集装箱	空运集装箱	—
	空陆水联运集装箱	—

（3）集装箱的结构与尺寸　集装箱的结构因种类不同而有差异，主要介绍通用型集装箱的结构，是一个六面体的长方箱体，主要由侧壁、端壁、箱顶、箱底和箱门等构成，其结构如图9-7所示。

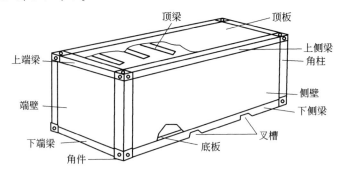

图 9-7　通用型集装箱结构图

为了方便运输，国际标准化组织对国际集装箱标准参数做过多次规定和修改。目前，在国际集装箱运输中，最常用的是1CC型和1AA型，其次是1C、1A和1AAA型集装箱。我国的集装箱标准已与国际接轨，在国际贸易中采用1AAA、1A、1AX、1CC、1C和1CX六种型号。除此之外，在国内运输中，还有5D、10D两种型号（表9-8）。国际制冷学会推荐的新鲜果蔬运输与装载温度见表9-9。

表 9-8　我国使用的集装箱型号的标准参数

箱型	长度/mm	宽度/mm	高度/mm	最大总质量/kg
1CC	6058	2438	2591	30480
1C			2438	
1CX			＜2438	
1AA	12192		2591	30480
1A			2438	
1AX			＜2438	
5D	1968		2438	5000
10D	4012			10000

表 9-9　国际制冷学会推荐的新鲜果蔬运输与装载温度　　　　单位：℃

果实	2～3d 的运输条件		5～6d 的运输条件	
	最高装载温度	建议运输温度	最高装载温度	建议运输温度
杏	3	0～3	9	0～2
香蕉（大密舍）	≥12	12～13	≥2	12～13
香蕉	≥15	15～18	≥15	15～16
樱桃	4	0～4	建议运输≤3d	
板栗[①]	20	0～20	20	0～20
甜橙	10	2～10	10	4～10

续表

果实	2～3d 的运输条件		5～6d 的运输条件	
	最高装载温度	建议运输温度	最高装载温度	建议运输温度
柑和橘	8	2～8	8	2～8
柠檬	12～15	8～35	12～15	8～15
葡萄	8	0～8	6	0～6
桃	7	0～7	8	0～3
梨②	5	0～5	3	0～3
菠萝	≥10	10～11	≥30	10～11
草莓	8	−1～2	建议运输≤3d	
李	7	0～7	3	0～3

① 我国板栗运输温度≤10℃。

② 我国鸭梨在5℃时可能发生冷害。

(4) 保温集装箱（冷藏集装箱）的主要类型　保温集装箱是指具有隔热的箱壁（包括端壁和侧壁）、箱门、箱底和箱顶，能阻止内外热交换的集装箱，包括消耗冷却剂式冷藏集装箱、机冷式冷藏集装箱、制冷/加热集装箱、隔热集装箱、气调冷藏集装箱等。

① 隔热集装箱　隔热集装箱是指不设任何固定的、临时附加的制冷和/或加热设备的冷藏集装箱。隔热集装箱具有良好的隔热性能，为实现其保温功能，必须有外接制冷或加热设备，向箱内输送冷风或热风以达到保温目的。隔热集装箱的特点是箱体本身结构简单，箱体货物有效装载容积率高，造价便宜，适合大批量、同品种冷冻或冷藏货物在固定航线上运输。其缺点是缺少灵活性，配套设施要求高。隔热集装箱在20世纪70年代前是国际上冷藏保鲜货物的主要运输工具之一，目前隔热集装箱已逐步被更为灵活的机冷式冷藏集装箱所取代。

② 消耗冷却剂式冷藏集装箱　消耗冷却剂式冷藏集装箱泛指各种无须外接电源或燃料供应的冷藏集装箱，包括蓄冷板冷藏集装箱、干冰冷藏集装箱、液氮冷藏集装箱等。消耗冷却剂式冷藏集装箱的特点是在运输过程中，不需要外接电源或燃料供应，无任何运动部件，维修保养要求低；主要缺点是无法实现连续制冷，冷却剂放热和消耗后必须重新充冷或补充，难以实现精确温度控制。消耗冷却剂式冷藏集装箱主要适用于小型冷藏集装箱的短距离运输，在国际冷藏运输中已逐步被淘汰。

③ 机冷式冷藏集装箱　机冷式冷藏集装箱是指设有制冷装置（如压缩式制冷机组、吸收式制冷机组等）的冷藏集装箱。机冷式冷藏集装箱是目前技术最为成熟、应用最为广泛的冷藏集装箱，与其他冷藏集装箱相比具有调温范围广（常温到−30℃均可）、自动控制方便、箱内温度分布均匀、适宜远距离运输等。机冷式冷藏集装箱根据是否内置制冷机组又可分为内置式机冷式冷藏集装箱和外置式机冷式冷藏集装箱。

④ 制冷/加热集装箱　制冷/加热集装箱是设有制冷装置（机械式制冷或消耗制冷剂制冷）和加热装置的冷藏集装箱。此集装箱不仅有制冷装置，还具有加热装置，可以根据需要采取制冷或加热手段，使冷藏集装箱内的温度控制在所设定的范围内，

一般箱内控制温度范围为－18～38℃。

⑤ 气调冷藏集装箱 气调冷藏集装箱具有机冷式冷藏集装箱的所有制冷功能，同时装有一种气调设备，可以调节和控制箱体内的空气成分，能够减弱新鲜果蔬的呼吸强度，从而减缓果蔬的成熟进度，达到保鲜的目的。气调保鲜的关键是调节和控制货物贮存环境中的各种气体的含量。目前最常见的是用充氮降氧方法来降低环境中的氧气含量，控制乙烯含量，减缓果蔬成熟。气调冷藏集装箱的气密性要求较高。采用气调冷藏集装箱运输具有保鲜效果好、贮藏损失少、保鲜期长和不污染果蔬等优点。但由于技术要求高，箱体价格高，因此目前使用还不普遍。

任务二十四　当地果蔬贮运企业参观调查

※ 工作任务单

学习项目：果蔬流通管理		工作任务：当地果蔬贮运企业参观调查
时间		工作地点
任务内容	\multicolumn{2}{l}{根据作业指导书，以小组为单位，拟订参观调查方案，到当地典型果蔬贮运企业参观，实地调查流通管理与果蔬质量差异的关系，总结流通管理对果蔬贮藏质量的影响}
工作目标	\multicolumn{2}{l}{知识目标： ①了解果蔬流通过程对果蔬质量的影响； ②掌握果蔬贮运场所的类型和贮运管理； ③掌握果蔬贮运现状调查的方法； ④掌握流通管理与果蔬质量的关系。 技能目标： ①结合实际学会主要流通场所的结构、设施和贮运品种的选择； ②学会果蔬流通场所的调查方法，了解调查项目； ③能够发现果蔬贮运管理过程存在的问题，提出改进意见。 素质目标： ①小组分工合作，培养学生沟通能力和团队协作精神； ②阅读背景材料和必备知识，培养学生自学和归纳总结能力； ③讨论并制订调查方案，培养学生的组织和观察能力}
成果提交	\multicolumn{2}{l}{调查报告}
验收标准	\multicolumn{2}{l}{果蔬流通管理规范}
提示	\multicolumn{2}{l}{}

※ 作业指导书

【材料与器具】

本地主要的果蔬流通企业；笔、尺子、笔记本、计算器等。

【作业流程】

查阅资料 → 制订调查方案 → 实地调查 → 观察结果记录 → 贮运效果评价

【调查方案制订】

1. 果蔬贮运企业基本经营情况

2. 果蔬贮运企业贮藏管理经验

3. 贮运场所的结构与特点

（1）贮藏冷库的建筑材料、隔热材料（库顶、地面、四周墙）的性质和厚度；

（2）防潮隔气层的处理（材料、处理方法和部位）；

（3）通风系统（门、窗、进气孔、出气孔）的结构、排列、面积；

（4）贮藏库附属设施（制冷系统、气调系统、温度控制系统、湿度控制系统、其他设备等）；

（5）贮运设备（结构、特点、温湿度控制方式、通风方式）。

4. 调查记录

（1）果蔬贮藏与运输前的准备工作。按表 9-10～表 9-13 所列项目进行。

表 9-10　果蔬贮藏与运输前的准备工作

果蔬种类	前处理	包装	预冷	贮藏库	运输工具

（2）果蔬贮藏调查。

表 9-11　果蔬贮藏调查

果蔬种类	贮藏方式	垛码	贮藏条件	贮藏管理

（3）果蔬运输调查。

表 9-12　果蔬运输调查

果蔬种类	运输方式	运输工具	运输条件	运输管理

（4）果蔬贮运管理效果调查。

表 9-13　果蔬贮运管理效果调查

果蔬种类	贮运期限	贮运过程质量变化（微生物、生理病害、品质变化）	不同时期损耗	贮运存在问题

注：1. 贮运期限包括入库期、出库期、最长贮藏期。
2. 不同时期的损耗包括自然损耗、病害及其他损耗最多的季节。

（5）辅助设施调查　照明、防火、贮藏架、称量、避雷、防鼠、通风设备、隔热结构等。

5. 说明

（1）到果蔬贮运企业参观要注意安全。

（2）选择当地典型的贮运企业，注意企业的贮运管理。

（3）要有耐心，多看、多问、多思考。

（4）人多可分组进行，总结果蔬产品贮运管理经验。

※ 工作考核单

工作考核单详见附录。

网上冲浪

1. 中国果品网

2. 中国蔬菜协会流通官网

3. 食品伙伴网

4. 交通运输部

5. 中国铁路总公司

6. 中远集团

复习与思考

1. 简述果蔬流通对果蔬质量的影响因素。

2. 简述果蔬流通与管理的基本要求。

3. 简述果蔬运输前的处理和包装。

4. 简述果蔬运输环境控制条件。

必备知识	主要介绍了果蔬流通过程中影响产品质量的因素；果蔬流通与管理的基本要求；果蔬运输前的处理和包装；运输前产品的保藏，预冷、装卸工具要求；运输环境条件控制，如温度、湿度、气体成分、防振动处理等。最后还介绍了运输的注意事项以及冷链物流
扩展知识	介绍了果蔬的贮藏保鲜管理标准以及运输方式和工具
项目任务	根据任务工作单下达的任务，按照作业指导书工作步骤实施，组织学生到当地果蔬贮运企业实地参观调查，制订参观调查方案，撰写参观调查报告，并对参观学习作出自我评价和综合评价

电子课件

果蔬流通管理

附录 工作考核单

学习项目			工作任务		
班级		组别		姓名	

序号	考核内容	考核标准	分数	权重		
				自评	组评	教师评
				30％	30％	40％
1	学习态度	积极主动，实事求是，团队协作，律己守纪	5			
2	组织纪律	上课考勤情况	5			
3	任务领会与计划	理解生产任务目标要求，能查阅相关资料，能制订生产方案	15			
4	任务实施	能根据生产任务单和作业指导书实施生产步骤，完成任务	40			
5	项目验收	依据相关技术资料对完成的工作任务进行评价	25			
6	工作评价与反馈	针对任务的完成情况进行合理分析，对存在问题展开讨论，提出修改意见	10			
合计						

评语	

参 考 文 献

[1]　刘兴华，饶景萍．果品蔬菜贮运学．西安：陕西科学技术出版社，1998.

[2]　周山涛．果蔬贮运学．北京：化学工业出版社，1998.

[3]　曹子刚．桃李杏樱桃病虫害看图防治．北京：中国农业出版社，1999.

[4]　彭永宏，成文．果实采后操作技术研究概述．果树科学，1999.

[5]　朱维军，陈月英．果蔬贮藏保鲜与加工．北京：高等教育出版社，1999.

[6]　陈昆松．乙烯与猕猴桃果实的后熟软化．浙江农业大学学报，1999，25（3）：251-254.

[7]　陈发河，吴光斌．甜椒果实冷藏方法的研究．北方园艺，2000（4）：1-3.

[8]　杜玉宽，杨德兴．水果蔬菜花卉气调贮藏及采后技术．北京：中国农业大学出版社，2000.

[9]　田世平．果蔬产品产后贮藏加工与包装技术指南．北京：中国农业出版社，2000.

[10]　张有林．蔬菜贮藏保鲜技术．北京：中国轻工业出版社，2000.

[11]　张有林，苏东华．果品贮藏保鲜技术．北京：中国轻工业出版社，2000.

[12]　罗云波，蔡同一．园艺产品贮藏加工学（贮藏篇）．北京：中国农业大学出版社，2001.

[13]　赵丽芹．园艺产品贮藏与加工学．北京：中国轻工业出版社，2001.

[14]　孟志良，李宏斌，程亚鹏．建筑材料．北京：科学出版社，2001.

[15]　吴锦涛，张昭其．果蔬保鲜与加工．北京：化学工业出版社，2001.

[16]　刘升，冯双庆．果蔬预冷贮藏保鲜技术．北京：科学技术文献出版社，2001.

[17]　崔伏香，等．蔬菜贮藏保鲜新技术．郑州：中原农民出版社，2002.

[18]　邓伯勋．园艺产品贮藏运销学．北京：中国农业出版社，2002.

[19]　张子德．果蔬贮运学．北京：中国轻工业出版社，2002.

[20]　赵晨霞．果蔬贮运与加工．北京：中国农业出版社，2002.

[21]　朱维军，等．果品贮藏保鲜新技术．郑州：中原农民出版社，2002.

[22]　刘兴华，陈维信．果品蔬菜贮藏运销学．北京：中国农业出版社，2002.

[23]　吕劳富，等．果品蔬菜保鲜技术和设备．北京：中国环境科学出版社，2003.

[24]　李家庆．果蔬保鲜手册．北京：中国轻工业出版社，2003.

[25]　李建华，王春．冷库设计．北京：机械工业出版社，2003.

[26]　白世贞，周维．冷冻仓库设备安装与应用．北京：中国物资出版社，2003.

[27]　李喜宏．果蔬微型节能保鲜冷库．天津：天津科学技术出版社，2003.

[28]　王文辉，许步前．果品采后处理及贮运保鲜．北京：金盾出版社，2003.

[29]　中国标准出版社第一编辑室编．绿色食品标准汇编．北京：中国标准出版社，2003.

[30]　吴光斌，陈发河，等．热激处理冷藏枇杷果实冷害的生理作用．植物资源与环境学报．2004，13（3）：1-5.

[31]　潘瑞炽．植物生理学．第5版．北京：高等教育出版社，2004.

[32]　赵晨霞．果蔬贮藏加工技术．北京：科学出版社，2004.

[33]　马凯．园艺通论．北京：高等教育出版社，2004.

[34]　王文生，等．果蔬贮运病害防治技术．北京：中国农业科学技术出版社，2004.

[35]　刘北林．食品保鲜与冷藏链．北京：化学工业出版社，2004.

[36]　李富军．果蔬采后生理与衰老控制．北京：中国环境科学出版社，2004.

[37]　陆兆新．果蔬贮藏加工及质量管理技术．北京：中国轻工业出版社，2004.

[38]　运广荣．中国蔬菜适用新技术大全．北京：科学技术出版社，2004.

[39]　王平．控制果蔬失水有新招．农村实用科技，2005（3）：42.

[40]　孙彦．生物分离工程．北京：化学工业出版社，2005.

[41]　朱立新，李光晨．园艺通论．第2版．北京：中国农业出版社，2005.

[42]　农业部农产品质量安全中心编辑．无公害食品标准汇编（上、下）．北京：中国标准出版社，2006.

[43]　曹建康，蒋微波，赵玉梅．果蔬采后生理实验指导．北京：中国轻工业出版社，2007.

[44]　赵晨霞．果蔬贮藏加工实验实训教程．北京：科学出版社，2010.

[45]　王鸿飞，邵兴峰．果品蔬菜贮藏与加工实验指导．北京：科学出版社，2012.

[46]　皮钰珍．果蔬贮藏及物流保鲜实用技术．北京：化学工业出版社，2013.

[47]　梁文珍．果蔬贮藏加工实用技术．北京：化学工业出版社，2011.

[48]　杨清，吴立鸿．冷链物流运营管理．北京：北京理工大学出版社，2018.

[49]　李海波，苏元章．物流基础实务．北京：北京理工大学出版社，2018.

[50]　杨宇清，陈晓夏．集装箱货运．武汉：武汉大学出版社，2015.

[51]　刘新社，杜保伟．果蔬贮藏与加工技术．北京：中国轻工业出版社，2014.

[52]　刘新社，聂青玉．果蔬贮藏与加工技术，第2版．北京：化学工业出版社，2018.

[53]　赵云峰．不同贮藏方式对果蔬品质影响的研究．长春：东北师范大学出版社，2018.

[54]　于海杰．果蔬贮藏加工技术．北京：中国计量出版社，2017.

[55]　金昌海．果蔬贮藏与加工．北京：中国轻工业出版社，2016.

[56]　李君兰，康慧仁．园艺产品贮藏加工学综合实验指导．兰州：甘肃文化出版社，2014.

[57]　罗云波，生吉萍．园艺产品贮藏加工学　贮藏篇．北京：中国农业大学出版社，2010.

[58]　卢锡纯．园艺产品贮藏加工．北京：中国轻工业出版社，2012.

[59]　秦文，王明力．园艺产品贮藏运销学．北京：科学出版社，2012.

[60]　林海，郝瑞芳．园艺产品贮藏与加工．北京：中国轻工业出版社，2017.

[61]　王鸿飞．果蔬贮运加工学．北京：科学出版社，2014.